Bachillerato 1

Límite

Matemáticas aplicadas a las Ciencias Sociales

M. Á. Ingelmo
Y. Á. Zárate

TEIDE

Advertencia
De acuerdo con la ley, este libro de texto no es un material fungible; por lo tanto, los ejercicios propuestos no deben ser resueltos en él, sino en el cuaderno del alumnado. Si en el libro se dejan espacios en blanco, recuadros vacíos o líneas de puntos, es simplemente para que el alumnado tenga un modelo o una pauta de resolución.

Cubierta
La Page

Ilustraciones
Admagraf, Kaffa

Fotografías
Shutterstock

Primera edición, 2021

info@editorialteide.com
www.editorialteide.com

ISBN: 978-84-307-5414-4
Depósito legal: B 5259-2021
Impreso en Arlequin & Pierrot, S. L. - 08210 Barberà del Vallès

Índice

Cómo es el libro

Introducción

Pequeño texto que presenta la unidad a través de aplicaciones prácticas, anotaciones históricas o curiosidades sobre los contenidos de la unidad.

Pruebas de acceso a la Universidad

En 2.º de Bachillerato, tanto en los ejercicios de cada epígrafe como en los del final de la unidad, se incluyen problemas de las pruebas de acceso a la Universidad de los últimos años en las diferentes comunidades autónomas.

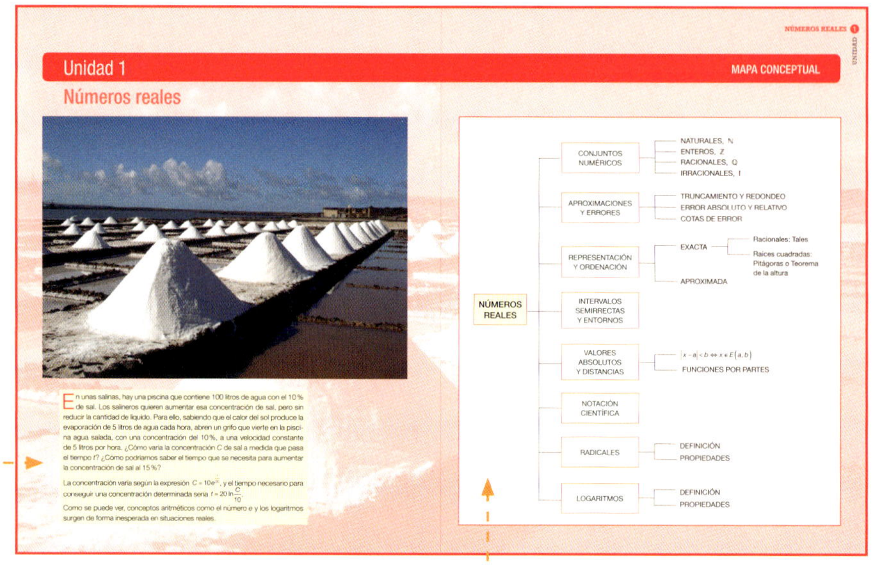

Mapa conceptual

Esquema con los principales conceptos de la unidad.

Teoría

Epígrafes divididos en dobles páginas, de manera que la información relativa al mismo contenido queda a la vista, sin necesidad de buscar en las páginas siguientes.

Ejercicios resueltos

Las explicaciones, claras y concisas, se complementan con ejercicios resueltos que ayudan a comprender mejor la teoría.

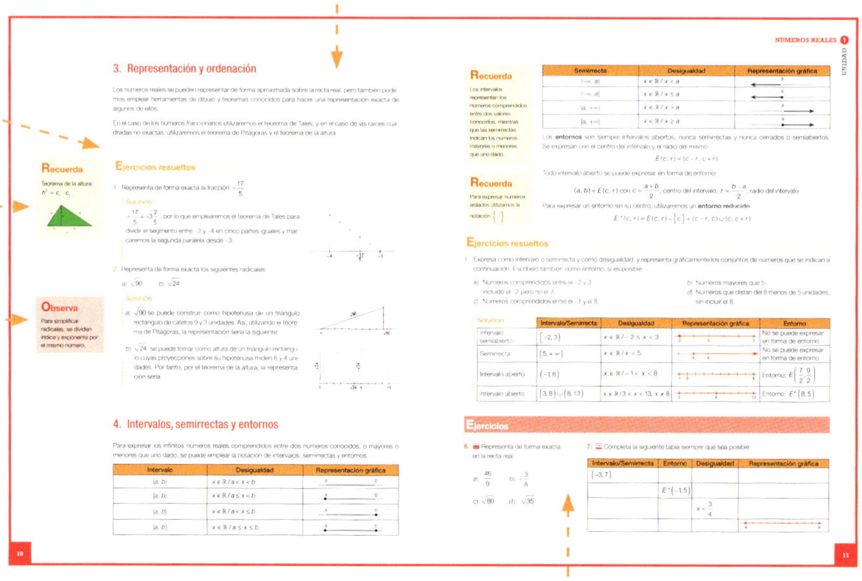

Márgenes

Distintas anotaciones en los márgenes para recordar conceptos y observar detalles o evitar errores habituales. También se promueve el uso de la calculadora científica mediante indicaciones básicas sobre el uso de las funciones o teclas relacionadas con el epígrafe correspondiente.

Ejercicios

Para poner en práctica lo aprendido en esa doble página.

Síntesis

Cuadro-resumen con los contenidos y procedimientos básicos de la unidad, para repasar y fijar ideas una vez acabado el tema.

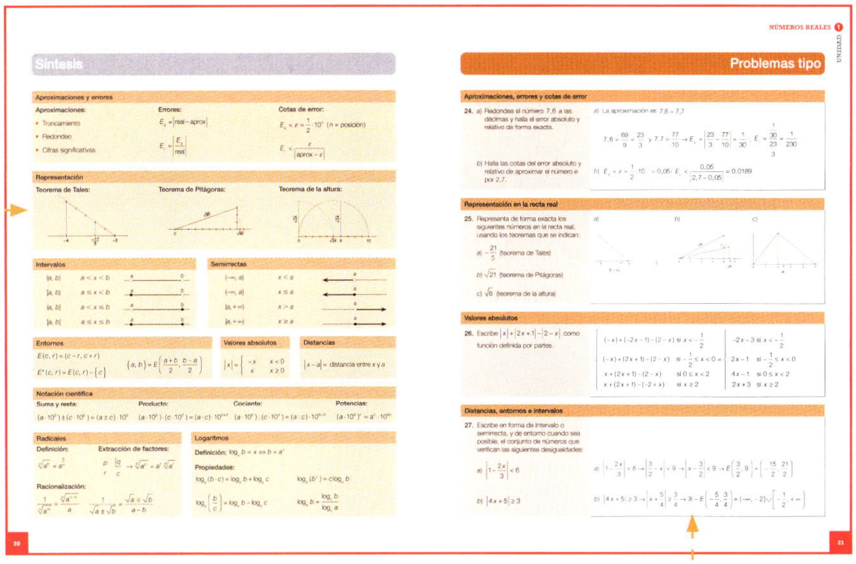

Problemas tipo

Colección de los ejercicios y problemas resueltos más representativos de la unidad.

Ejercicios y problemas

Extensa batería de ejercicios y problemas (en total unos cien ejercicios en cada unidad), clasificados por epígrafes y niveles de dificultad:

- Nivel de dificultad bajo.
- Nivel de dificultad medio.
- Nivel de dificultad alto.

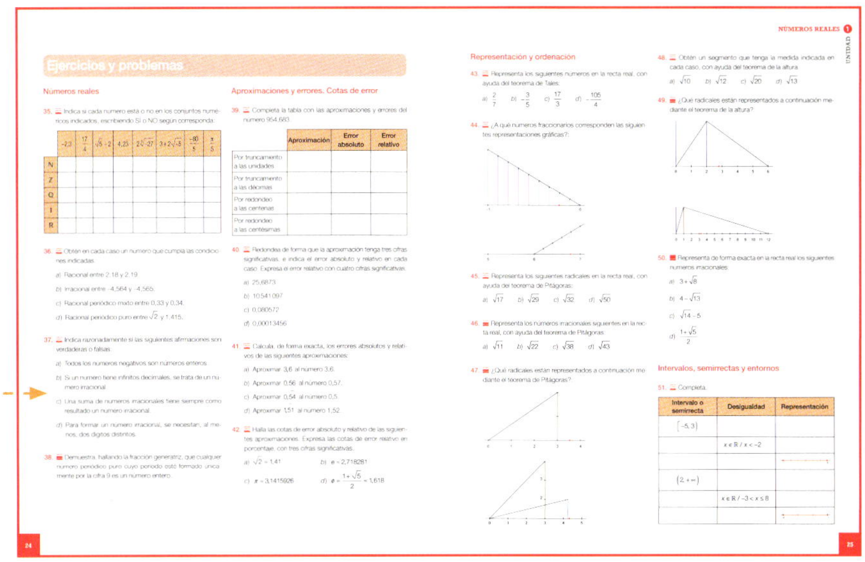

Enlace a recursos digitales

El símbolo indica que existe un complemento digital asociado al contenido que se está desarrollando. Además, se incluyen en digital bloques TIC, donde se explica cómo utilizar aplicaciones informáticas como CalcMe (Wiris), GeoGebra o Excel para resolver problemas de cada grupo de contenidos, con ejercicios resueltos y ejercicios propuestos.

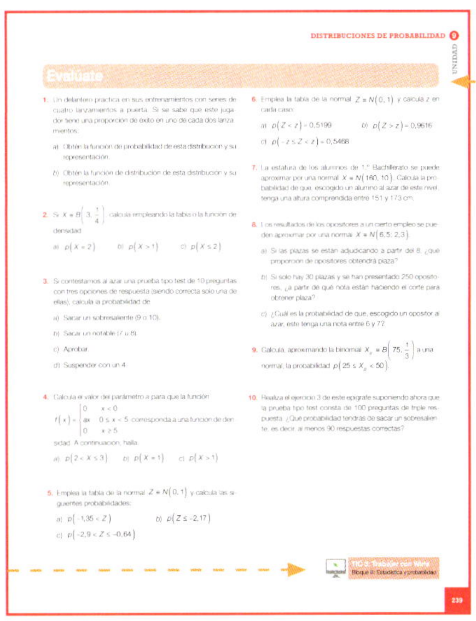

Evalúate

Diez ejercicios o problemas con soluciones al final del libro para que el alumno/a pueda evaluarse y comprobar su nivel de conocimientos

Unidad 1

Números reales

En unas salinas, hay una piscina que contiene 100 litros de agua con el 10 % de sal. Los salineros quieren aumentar esa concentración de sal, pero sin reducir la cantidad de líquido. Para ello, sabiendo que el calor del sol produce la evaporación de 5 litros de agua cada hora, abren un grifo que vierte en la piscina agua salada, con una concentración del 10 %, a una velocidad constante de 5 litros por hora. ¿Cómo varía la concentración C de sal a medida que pasa el tiempo t? ¿Cómo podríamos saber el tiempo que se necesita para aumentar la concentración de sal al 15 %?

La concentración varía según la expresión $C = 10e^{\frac{t}{20}}$, y el tiempo necesario para conseguir una concentración determinada sería $t = 20 \ln \frac{C}{10}$.

Como se puede ver, conceptos aritméticos como el número e y los logaritmos surgen de forma inesperada en situaciones reales.

MAPA CONCEPTUAL

- **NÚMEROS REALES**
  - CONJUNTOS NUMÉRICOS
    - NATURALES, $\mathbb{N}$
    - ENTEROS, $\mathbb{Z}$
    - RACIONALES, $\mathbb{Q}$
    - IRRACIONALES, $\mathbb{I}$
  - APROXIMACIONES Y ERRORES
    - TRUNCAMIENTO Y REDONDEO
    - ERROR ABSOLUTO Y RELATIVO
    - COTAS DE ERROR
  - REPRESENTACIÓN Y ORDENACIÓN
    - EXACTA
      - Racionales: Tales
      - Raíces cuadradas: Pitágoras o Teorema de la altura
    - APROXIMADA
  - INTERVALOS SEMIRRECTAS Y ENTORNOS
  - VALORES ABSOLUTOS Y DISTANCIAS
    - $|x-a|<b \Leftrightarrow x \in E(a,b)$
    - FUNCIONES POR PARTES
  - NOTACIÓN CIENTÍFICA
  - RADICALES
    - DEFINICIÓN
    - PROPIEDADES
  - LOGARITMOS
    - DEFINICIÓN
    - PROPIEDADES

1. Números reales

El conjunto de los **números reales**, $\mathbb{R}$, está formado por los siguientes subconjuntos:

- $\mathbb{N}$, **números naturales**, los números 0, 1, 2, 3...
- $\mathbb{Z}$, **números enteros**, los naturales junto con los negativos –1, –2, –3...
- $\mathbb{Q}$, **números racionales**, aquellos que se pueden expresar en forma de fracción, es decir, todos los anteriores junto con los decimales exactos y periódicos.
- $\mathbb{I}$, **números irracionales**, todos los números decimales no exactos ni periódicos.

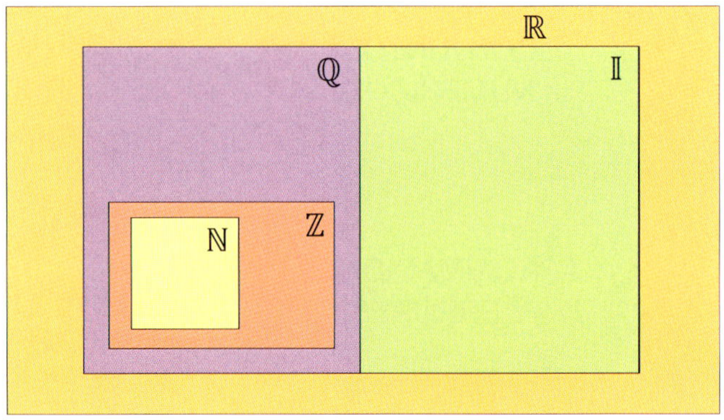

2. Aproximaciones y errores. Cotas de error

Cuando se trabaja con números reales, es habitual emplear aproximaciones de los mismos, por considerar, habitualmente, que la precisión absoluta puede ser sustituida por una menos exacta pero que proporcione un ahorro en el tiempo de cálculo.

Las aproximaciones pueden obtenerse de dos maneras:

- Por **truncamiento**: siempre por defecto a la unidad señalada.
- Por **redondeo**: por defecto o exceso a la unidad señalada, dependiendo de si la cifra siguiente es menor que 5 o mayor o igual que 5, respectivamente.

Llamamos **cifras significativas** de una aproximación a la cantidad de cifras del número descontando los ceros situados a izquierda y derecha.

Una vez realizada la aproximación se comete un error: el **error absoluto**, que es la diferencia, en valor absoluto, entre el valor real y el aproximado, y el **error relativo**, que es el valor absoluto del cociente entre el error absoluto y el valor real.

$$E_a = |\text{real} - \text{aprox}| \qquad\qquad E_r = \left|\frac{E_a}{\text{real}}\right|$$

Las cotas de error son cantidades que limitan los errores, y se usan principalmente cuando el valor real no puede expresarse de forma exacta con todos sus decimales o, incluso, cuando no lo conocemos.

La **cota de error absoluto**, ε, es media unidad de la posición a la que se ha realizado la aproximación: $\varepsilon = \frac{1}{2} \cdot 10^n$ (con $n = 1$ para las decenas, $n = 2$ centenas, $n = -1$ décimas, $n = -2$ centésimas...). La **cota de error relativo** es el cociente $\frac{\varepsilon}{|\text{aprox} - \varepsilon|}$, que se suele expresar en forma de porcentaje.

Ejercicios resueltos

1. Realiza una aproximación por truncamiento de 3,1555555... a las centésimas y calcula el error absoluto y el error relativo cometido. Expresa los resultados en forma de fracción.

Solución:

$3{,}1555555... = \frac{284}{90} = \frac{142}{45}$, la aproximación por truncamiento sería $3{,}15 = \frac{315}{100} = \frac{63}{20}$

$E_a = \left|\frac{142}{45} - \frac{63}{20}\right| = \frac{1}{180}$; $E_r = \frac{1}{180} : \frac{142}{45} = \frac{1}{568}$

2. Realiza una aproximación por redondeo de π a las milésimas y calcula las cotas de error cometidas en la aproximación.

Solución:

$\pi = 3{,}14159265...$ por lo que una aproximación a las milésimas por redondeo será 3,142.

$E_a = |\pi - 3{,}142| \leq 0{,}0005$, que es la cota de error absoluto, $\varepsilon = 0{,}0005 = \frac{1}{2} \cdot 10^{-3}$.

$E_r \leq \frac{0{,}0005}{|3{,}142 - 0{,}0005|} = 0{,}00016$, es decir, una cota de error relativo $0{,}016\,\%$.

Ejercicios

1. Halla un número de cada conjunto numérico, si es posible, que esté situado entre los extremos de las parejas siguientes:

   a) 2,98765... y $3{,}0\widehat{1}$

   b) $-5{,}\widehat{9}$ y $-6{,}0\widehat{1}$

2. Realiza las aproximaciones de $3{,}\widehat{7}$ que se indican y calcula también los errores absoluto y relativo, expresándolos en forma de fracción:

   a) Truncando a las décimas.

   b) Redondeando a las centésimas.

3. Realiza las aproximaciones del número *e* que se indican y calcula también las cotas de error absoluto y relativo en cada caso:

   a) Redondeando a las milésimas.

   b) Redondeando a las centésimas.

4. La población de Arganda del Rey, redondeada a las decenas de millar, se puede aproximar a 50 000 habitantes. Indica las cotas de error absoluto y relativo cometidas en esta aproximación.

5. Demuestra la fórmula de la cota de error relativo a partir de la definición de error relativo y la cota de error absoluto.

3. Representación y ordenación

Los números reales se pueden representar de forma aproximada sobre la recta real, pero también podemos emplear herramientas de dibujo y teoremas conocidos para hacer una representación exacta de algunos de ellos.

En el caso de los números fraccionarios utilizaremos el teorema de Tales, y en el caso de las raíces cuadradas no exactas, utilizaremos el teorema de Pitágoras y el teorema de la altura.

Recuerda

Teorema de la altura:

$h^2 = c_1 \cdot c_2$

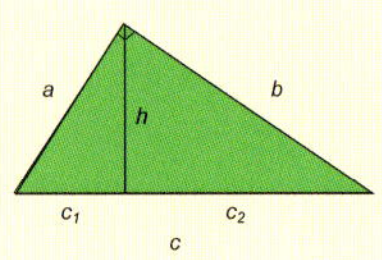

Ejercicios resueltos

1. Representa de forma exacta la fracción $-\frac{17}{5}$.

Solución:

$-\frac{17}{5} = -3\frac{2}{5}$, por lo que emplearemos el teorema de Tales para dividir el segmento entre –3 y –4 en cinco partes iguales y marcaremos la segunda paralela desde –3:

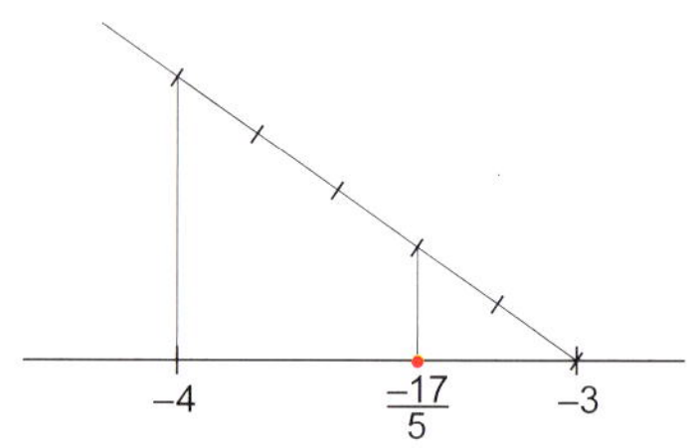

2. Representa de forma exacta los siguientes radicales:

a) $\sqrt{90}$ *b)* $\sqrt{24}$

Solución:

a) $\sqrt{90}$ se puede construir como hipotenusa de un triángulo rectángulo de catetos 9 y 3 unidades. Así, utilizando el teorema de Pitágoras, la representación sería la siguiente:

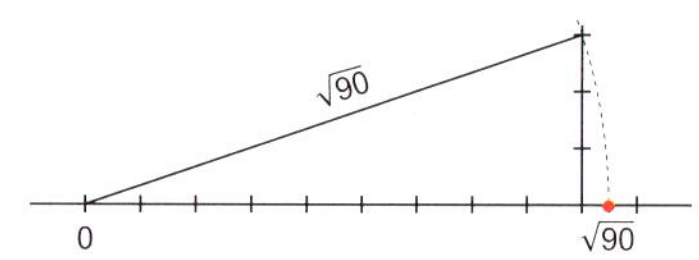

b) $\sqrt{24}$ se puede tomar como altura de un triángulo rectángulo cuyas proyecciones sobre su hipotenusa miden 6 y 4 unidades. Por tanto, por el teorema de la altura, la representación sería:

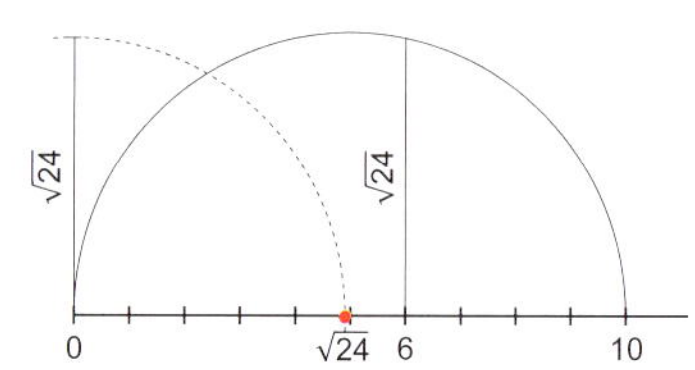

4. Intervalos, semirrectas y entornos

Para expresar los infinitos números reales comprendidos entre dos números conocidos, o mayores o menores que uno dado, se puede emplear la notación de intervalos, semirrectas y entornos.

Intervalo	Desigualdad	Representación gráfica
(a, b)	$x \in \mathbb{R} / a < x < b$	a ○———○ b
$[a, b)$	$x \in \mathbb{R} / a \leq x < b$	a ●———○ b
$(a, b]$	$x \in \mathbb{R} / a < x \leq b$	a ○———● b
$[a, b]$	$x \in \mathbb{R} / a \leq x \leq b$	a ●———● b

Recuerda

Los intervalos representan los números comprendidos entre dos valores conocidos, mientras que las semirrectas indican los números mayores o menores que uno dado.

Semirrecta	Desigualdad	Representación gráfica
$(-\infty, a)$	$x \in \mathbb{R} / x < a$	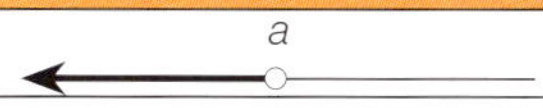
$(-\infty, a]$	$x \in \mathbb{R} / x \leq a$	
$(a, +\infty)$	$x \in \mathbb{R} / x > a$	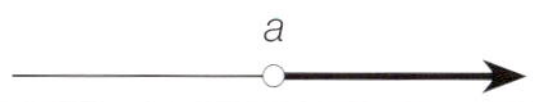
$[a, +\infty)$	$x \in \mathbb{R} / x \geq a$	

Los **entornos** son siempre intervalos abiertos, nunca semirrectas y nunca cerrados o semiabiertos. Se expresan con el centro del intervalo y el radio del mismo:

$$E(c, r) = (c - r, c + r)$$

Recuerda

Para expresar números aislados utilizamos la notación $\{\ \}$.

Todo intervalo abierto se puede expresar en forma de entorno:

$$(a, b) = E(c, r) \text{ con } c = \frac{a+b}{2}, \text{ centro del intervalo, } r = \frac{b-a}{2}, \text{ radio del intervalo}$$

Para expresar un entorno sin su centro, utilizaremos un **entorno reducido**:

$$E^*(c, r) = E(c, r) - \{c\} = (c - r, c) \cup (c, c + r)$$

Ejercicios resueltos

1. Expresa como intervalo o semirrecta y como desigualdad, y representa gráficamente los conjuntos de números que se indican a continuación. Escríbelo también como entorno, si es posible.

   a) Números comprendidos entre el –2 y 3, incluido el –2 pero no el 3.

   b) Números mayores que 5.

   c) Números comprendidos entre el –1 y el 8.

   d) Números que distan del 8 menos de 5 unidades, sin incluir el 8.

Solución:

	Intervalo/Semirrecta	Desigualdad	Representación gráfica	Entorno
Intervalo semiabierto	$[-2, 3)$	$x \in \mathbb{R} / -2 \leq x < 3$		No se puede expresar en forma de entorno.
Semirrecta	$(5, +\infty)$	$x \in \mathbb{R} / x > 5$		No se puede expresar en forma de entorno.
Intervalo abierto	$(-1, 8)$	$x \in \mathbb{R} / -1 < x < 8$	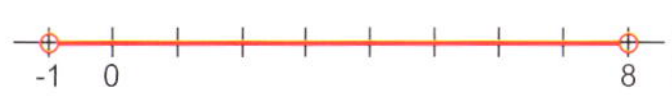	Entorno: $E\left(\frac{7}{2}, \frac{9}{2}\right)$
Intervalo abierto	$(3, 8) \cup (8, 13)$	$x \in \mathbb{R} / 3 < x < 13,\ x \neq 8$	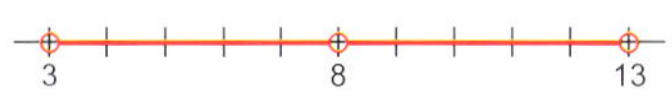	Entorno: $E^*(8, 5)$

Ejercicios

6. Representa de forma exacta en la recta real.

   a) $\frac{46}{9}$ *b*) $-\frac{3}{8}$

   c) $\sqrt{80}$ *d*) $\sqrt{35}$

7. Completa la siguiente tabla siempre que sea posible:

Intervalo/Semirrecta	Entorno	Desigualdad	Representación gráfica
$(-3, 7)$			
	$E^*(-1, 5)$		
		$x < \frac{3}{4}$	

5. Valores absolutos y distancias en la recta real

El **valor absoluto** de un número se define como la distancia de ese número al cero y, por tanto, coincide con el número si es positivo y con su opuesto, si es negativo:

$$|x| = \begin{cases} -x & x < 0 \\ x & x \geq 0 \end{cases}$$

Ejercicios resueltos

1. Expresa $2x - |x+2| + |3-x|$ como función por partes y, después, indica el valor de dicha función para $x = -5$, $x = 0$ y $x = 4$.

Solución:

$|x+2|$ toma distintas expresiones a ambos lados de $x = -2$ (porque es el valor donde $x + 2 = 0$)

$|3-x|$ cambia de expresión a ambos lados de $x = 3$ (porque es el valor donde $3 - x = 0$)

Por este motivo, la función por partes tendrá tres expresiones, según los valores anteriormente indicados:

$$2x - |x+2| + |3-x| = \begin{cases} 2x-(-x-2)+(3-x) & \text{si } x < -2 \\ 2x-(x+2)+(3-x) & \text{si } -2 \leq x \leq 3 \\ 2x-(x+2)+(-3+x) & \text{si } x > 3 \end{cases} = \begin{cases} 2x+5 & \text{si } x < -2 \\ 1 & \text{si } -2 \leq x \leq 3 \\ 2x-5 & \text{si } x > 3 \end{cases}$$

$f(-5) = 2\cdot(-5)+5 = -5$; $\quad f(0) = 1$; $\quad f(4) = 2\cdot 4 - 5 = 3$

> **Observa**
>
> $|x-a|$ representa la **distancia entre *x* y *a***, de la misma forma que $|x|$ representaba la distancia de *x* a 0. Por tanto, si combinamos los valores absolutos con igualdades o desigualdades, podemos expresar distancias en la recta real.

2. Explica qué conjuntos de números representan las siguientes expresiones y exprésalas en forma de intervalo, semirrecta o entorno, según corresponda:

a) $|x-3| < 6$ *b*) $|x+2| \leq 4$ *c*) $|2x+5| < 1$

d) $|x+5| = 3$ *e*) $|2x+6| < -6$ *f*) $|2x-3| \geq 5$

g) $|5-3x| > 3$

Solución:

a) Son los números cuya distancia a 3 es menor que 6, es decir, $E(3, 6) = (-3, 9)$.

b) $|x+2| \leq 4 \Rightarrow |x-(-2)| \leq 4$

Son los números cuya distancia a –2 es menor o igual que 4, es decir, $[-6, 2]$.

c) $|2x+5| < 1 \Rightarrow \left|\dfrac{2x+5}{2}\right| < \dfrac{1}{2} \Rightarrow \left|x+\dfrac{5}{2}\right| < \dfrac{1}{2}$

Son los números cuya distancia a $\dfrac{-5}{2}$ es menor que $\dfrac{1}{2}$, es decir, $E\left(\dfrac{-5}{2}, \dfrac{1}{2}\right) = (-3, -2)$

d) $|x+5|=3$

Son los números cuya distancia al –5 es exactamente 3, es decir, $\{-8,\ -2\}$.

e) $|2x+6|<-6$

Es imposible que un valor absoluto sea negativo, por lo que no existe solución $\Rightarrow \varnothing$.

f) $|2x-3|\geq 5 \Rightarrow \left|\frac{2x-3}{2}\right| \geq \frac{5}{2} \Rightarrow \left|x-\frac{3}{2}\right| \geq \frac{5}{2}$

Son los números cuya distancia a $\frac{3}{2}$ es mayor o igual que $\frac{5}{2}$, es decir, $\left(-\infty,\ -1\right]\cup\left[4,+\infty\right)$.

g) $|5-3x|>3 \Rightarrow |-5+3x|>3 \Rightarrow \left|x-\frac{5}{3}\right|>1$

Son los números cuya distancia a $\frac{5}{3}$ es mayor que 1, es decir, $\left(-\infty,\ \frac{2}{3}\right)\cup\left(\frac{8}{3},+\infty\right)$.

Ejercicios

8. Escribe las siguientes expresiones como funciones por partes:

a) $|5-3x|$ *b*) $|x^2+x-2|$

c) $\left|\frac{x-2}{2x+1}\right|$ *d*) $|4-x^2|$

9. Expresa como función definida por partes.

a) $x|10-x|+|x^2-1|$ *b*) $x+2|9-4x|+|2x+3|$ *c*) $\frac{|-x^2+2x+3|}{3-|x|}$

10. Expresa como intervalo, semirrecta o entorno las siguientes igualdades y desigualdades con valores absolutos:

a) $|2x+5|=-4$ *b*) $|-3x+1|<6$

c) $|8-x|\geq 2$ *d*) $|7x-1|>-2$

11. Expresa con valores absolutos cada apartado.

a) Números que distan de 6 exactamente 4 unidades.

b) Números cuya distancia al –2 es menor o igual que 8.

c) Números cuya distancia al 3 es mayor que 2.

d) Números que distan del –6 una cantidad entre 5 y 7 unidades.

6. Notación científica

Calculadora

La tecla **EXP** de la calculadora permite expresar cantidades en notación científica.

La notación científica se emplea para trabajar con números muy grandes o muy pequeños. Un número en notación científica se expresa como $a \cdot 10^b$ siendo a número decimal con parte entera comprendida entre 1 y 9, y b un número entero.

Para operar números en notación científica, se procede de la siguiente manera:

- Suma y resta: $\left(a \cdot 10^b\right) \pm \left(c \cdot 10^b\right) = \left(a \pm c\right) \cdot 10^b$
- Cociente: $\left(a \cdot 10^b\right) : \left(c \cdot 10^d\right) = \left(\dfrac{a}{c}\right) \cdot 10^{b-d}$
- Producto: $\left(a \cdot 10^b\right) \cdot \left(c \cdot 10^d\right) = \left(a \cdot c\right) \cdot 10^{b+d}$
- Potencias: $\left(a \cdot 10^b\right)^c = a^c \cdot 10^{bc}$

Ejercicios resueltos

1. Realiza las siguientes operaciones, expresando correctamente el resultado final en notación científica:

a) $\left(5{,}23 \cdot 10^{-32} + 8{,}93 \cdot 10^{-30}\right) : 1{,}2 \cdot 10^{-10}$ *b)* $\left(4{,}8 \cdot 10^{65}\right)^2 \cdot \left(8{,}7 \cdot 10^{-20}\right)$ *c)* $\dfrac{5 \cdot 10^{-15} - 8{,}7 \cdot 10^{-14}}{3{,}98 \cdot 10^{40}}$

Solución:

a) $\left(5{,}23 \cdot 10^{-32} + 8{,}93 \cdot 10^{-30}\right) : 1{,}2 \cdot 10^{-10} = \left(5{,}23 \cdot 10^{-32} + 893 \cdot 10^{-32}\right) : 1{,}2 \cdot 10^{-10} =$
$= 898{,}23 \cdot 10^{-32} : 1{,}2 \cdot 10^{-10} = 748{,}525 \cdot 10^{-22} = 7{,}48525 \cdot 10^{-20}$

b) $\left(4{,}8 \cdot 10^{65}\right)^2 \cdot \left(8{,}7 \cdot 10^{-20}\right) = \left(23{,}04 \cdot 10^{130}\right) \cdot \left(8{,}7 \cdot 10^{-20}\right) = 200{,}448 \cdot 10^{110} = 2{,}00448 \cdot 10^{112}$

c) $\dfrac{5 \cdot 10^{-15} - 8{,}7 \cdot 10^{-14}}{3{,}98 \cdot 10^{40}} = \dfrac{0{,}5 \cdot 10^{-14} - 8{,}7 \cdot 10^{-14}}{3{,}98 \cdot 10^{40}} = \dfrac{-8{,}2 \cdot 10^{-14}}{3{,}98 \cdot 10^{40}} = -2{,}06 \cdot 10^{-54}$

7. Radicales

Se puede expresar en forma de potencia cualquier radical, teniendo en cuenta que, por las propiedades de las potencias, $\sqrt[n]{a^b} = a^{\frac{b}{n}}$, donde n es el índice de la raíz y a^b el radicando.

Para trabajar con radicales, podemos expresarlos en forma de potencia y aplicar las propiedades de las operaciones con potencias que conocemos de cursos anteriores.

7.1. Simplificación de radicales

Observa

Para simplificar radicales, se dividen índice y exponente por el mismo número.

Si el exponente se puede simplificar, hay que hacerlo para que el radical se exprese de forma más sencilla.

$$\sqrt[16]{3^{12}} = 3^{\frac{12}{16}} = 3^{\frac{3}{4}} = \sqrt[4]{3^3}$$

7.2. Reducir a índice común

Para conseguir el mismo índice en radicales, se procede de igual forma que para conseguir el mismo denominador en fracciones.

Ejercicios resueltos

1. Ordena de menor a mayor $\sqrt[4]{3}$, $\sqrt[3]{4}$, $\sqrt[8]{2^3}$, reduciendo previamente los radicales a índice común.

Solución:

$\sqrt[4]{3} = 3^{\frac{1}{4}} = 3^{\frac{6}{24}} = \sqrt[24]{3^6} = \sqrt[24]{729}$, $\sqrt[3]{4} = 4^{\frac{1}{3}} = 4^{\frac{8}{24}} = \sqrt[24]{65\,536}$, $\sqrt[8]{2^3} = 2^{\frac{3}{8}} = 2^{\frac{9}{24}} = \sqrt[24]{512} \Rightarrow \sqrt[8]{2^3} < \sqrt[4]{3} < \sqrt[3]{4}$

7.3. Extracción e introducción de factores en la raíz

Al trabajar con radicales, siempre conviene extraer el mayor número de factores fuera de la raíz.

Observa

Para conocer la cantidad de factores que se extraen en $\sqrt[5]{7^{13}}$, podemos realizar la división $13 \lfloor 5$, que (resto 3, cociente 2) nos indica que se extraen 2 factores (el cociente) y permanecen en el interior 3 factores (el resto).

$\sqrt[5]{7^{13}} = 7^2\sqrt[5]{7^3}$

Ejercicios resueltos

2. Extrae todos los factores posibles del radical $\sqrt[7]{\dfrac{a^{15}b^{12}c^{14}}{d^{10}}}$.

Solución:

$$\sqrt[7]{\frac{a^{15}b^{12}c^{14}}{d^{10}}} = \frac{a^{\frac{15}{7}}b^{\frac{12}{7}}c^{\frac{14}{7}}}{d^{\frac{10}{7}}} = \frac{a^{2+\frac{1}{7}}b^{1+\frac{5}{7}}c^2}{d^{1+\frac{3}{7}}} = \frac{a^2bc^2}{d}\sqrt[7]{\frac{ab^5}{d^3}}$$

3. Introduce los factores en el interior del radical $2^3 \cdot 5^6 \cdot 7\sqrt[3]{2^2 \cdot 7}$.

Solución:

$$2^3 \cdot 5^6 \cdot 7\sqrt[3]{2^2 \cdot 7} = 2^3 \cdot 5^6 \cdot 7 \cdot 2^{\frac{2}{3}} \cdot 7^{\frac{1}{3}} = 2^{3+\frac{2}{3}} \cdot 5^{\frac{18}{3}} \cdot 7^{1+\frac{1}{3}} = \sqrt[3]{2^{11} \cdot 5^{18} \cdot 7^4}$$

Observa

Para introducir factores dentro de un radical, hay que elevar los factores exteriores al índice del radical, es decir,

$2^5\sqrt[3]{7^2} = \sqrt[3]{2^{15} \cdot 7^2}$

Ejercicios

12. Expresa las siguientes cantidades en notación científica o viceversa, según corresponda:

a) 1 297 000 000 *b)* –0,00000008463 *c)* $-8{,}635 \cdot 10^8$ *d)* $7{,}836 \cdot 10^{-9}$

13. Opera en notación científica, expresando también el resultado adecuadamente.

a) $8{,}75 \cdot 10^{67} - 3{,}7 \cdot 10^{65} + 5{,}61 \cdot 10^{63}$ *b)* $\dfrac{\left(3{,}8 \cdot 10^{-12} - 9{,}74 \cdot 10^{-13}\right)^3}{7{,}54 \cdot 10^{-23}}$

c) $\left(3{,}6 \cdot 10^{23} + 8{,}6 \cdot 10^{25}\right) \cdot \left(7{,}2 \cdot 10^{-20} + 2{,}1 \cdot 10^{-22}\right)$

14. Ordena los siguientes radicales de mayor a menor, expresándolos previamente con el mismo índice: $2\sqrt[5]{3}$, $3\sqrt[3]{2}$, $\sqrt[10]{8}$, $5\sqrt{2}$.

15. Extrae factores y simplifica los siguientes radicales siempre que sea posible:

a) $\sqrt[4]{\dfrac{1024 \cdot 243^{-2}}{18^{-10}}}$ *b)* $\sqrt[4]{\dfrac{x^{50} \cdot y^{-26}}{\left(x^2z\right)^{12}}}$

7.4. Operaciones con radicales

Al aplicar las propiedades de las operaciones con potencias, se puede deducir que:

- Suma y resta: $a\sqrt[n]{b} \pm c\sqrt[n]{b} = \left(a \pm c\right)\sqrt[n]{b}$
- Producto y cociente: $a\sqrt[n]{b} \cdot c\sqrt[n]{d} = ac\sqrt[n]{bd}$ $\qquad a\sqrt[n]{b} : c\sqrt[n]{d} = \dfrac{a}{c}\sqrt[n]{\dfrac{b}{d}}$

  Si no tuvieran el mismo índice, habría que reducir a índice común todos los radicales antes de efectuar el producto o el cociente.
- Potencia y raíz: $\left(a\sqrt[n]{b}\right)^c = a^c\sqrt[n]{b^c}$ $\qquad \sqrt[n]{\sqrt[m]{b}} = \sqrt[nm]{b}$

Ejercicios resueltos

4. Realiza las siguientes operaciones:

a) $4\sqrt[3]{54} - \sqrt[3]{16} + 5\sqrt[3]{250} - \sqrt[6]{256}$ *b)* $\dfrac{\left(\sqrt[3]{2^3\sqrt[5]{12^2}}\right)^2}{\sqrt[4]{18^2\sqrt[3]{9^2}}}$ *c)* $\sqrt[3]{12^2} \cdot \left(\sqrt[5]{15^3}\right)^3 : \left(\sqrt{18^3}\right)$ *d)* $\dfrac{\left(\sqrt[3]{x^5y^6} - \sqrt[6]{64x^{10}y^{12}}\right)^4}{\sqrt[4]{x^3y^9}}$

Solución:

a) $4\sqrt[3]{54} - \sqrt[3]{16} + 5\sqrt[3]{250} - \sqrt[6]{256} = 4\sqrt[3]{2\cdot 3^3} - \sqrt[3]{2^4} + 5\sqrt[3]{2\cdot 5^3} - \sqrt[6]{2^8} =$

$= 4\cdot 3\sqrt[3]{2} - 2\sqrt[3]{2} + 5\cdot 5\sqrt[3]{2} - 2\sqrt[6]{2^2} = 12\sqrt[3]{2} - 2\sqrt[3]{2} + 25\sqrt[3]{2} - 2\sqrt[3]{2} = 33\sqrt[3]{2}$

b) $\dfrac{\left(\sqrt[3]{2^3\sqrt[5]{12^2}}\right)^2}{\sqrt[4]{18^2\sqrt[3]{9^2}}} = \dfrac{\left(\sqrt[3]{\sqrt[5]{2^{15}\cdot 12^2}}\right)^2}{\sqrt[4]{\sqrt[3]{18^6\cdot 9^2}}} = \dfrac{\sqrt[15]{2^{30}\cdot\left(2^2\cdot 3\right)^4}}{\sqrt[12]{\left(2\cdot 3^2\right)^6\cdot 3^4}} = \dfrac{\sqrt[15]{2^{38}\cdot 3^4}}{\sqrt[12]{2^6\cdot 3^{16}}} =$

$= \sqrt[60]{\dfrac{2^{152}\cdot 3^{16}}{2^{30}\cdot 3^{80}}} = \sqrt[60]{\dfrac{2^{122}}{3^{64}}} = \sqrt[30]{\dfrac{2^{61}}{3^{32}}} = \dfrac{2^2}{3}\sqrt[30]{\dfrac{2}{3^2}}$

c) $\sqrt[3]{12^2} \cdot \left(\sqrt[5]{15^3}\right)^3 : \sqrt{18^3} = \sqrt[3]{\left(2^2\cdot 3\right)^2} \cdot \sqrt[5]{\left(3\cdot 5\right)^9} : \sqrt{\left(2\cdot 3^2\right)^3} = \sqrt[30]{\dfrac{2^{40}\cdot 3^{20}\cdot 3^{54}\cdot 5^{54}}{2^{45}\cdot 3^{90}}} = \sqrt[30]{\dfrac{5^{54}}{2^5\cdot 3^{16}}}$

d) $\dfrac{\left(\sqrt[3]{x^5y^6} - \sqrt[6]{64x^{10}y^{12}}\right)^4}{\sqrt[4]{x^3y^9}} = \dfrac{\left(xy^2\sqrt[3]{x^2} - 2xy^2\sqrt[6]{x^4}\right)^4}{\sqrt[4]{x^3y^9}} = \dfrac{x^4y^8\sqrt[3]{x^8}}{\sqrt[4]{x^3y^9}} =$

$= x^4y^8\sqrt[12]{\dfrac{x^{32}}{x^9y^{27}}} = x^4y^8\sqrt[12]{\dfrac{x^{23}}{y^{27}}} = x^5y^6\sqrt[12]{\dfrac{x^{11}}{y^3}}$

7.5. Racionalización

La racionalización consiste en obtener una expresión equivalente a otra, que no tenga radicales en el denominador.

Ejercicios resueltos

5. Racionaliza y expresa de la forma más simplificada posible.

a) $\dfrac{4\sqrt{2} + 3\sqrt{18}}{5\sqrt{2}}$ *b)* $\dfrac{\sqrt[3]{4} - 2\sqrt[3]{12}}{2\sqrt[3]{18}}$ *c)* $\dfrac{2\sqrt{12} - 5\sqrt{28}}{3\sqrt{2} + \sqrt{3}}$ *d)* $\dfrac{\sqrt{x} - \sqrt{y}}{\sqrt{x} + \sqrt{y}}$

Solución:

a) $\dfrac{4\sqrt{2}+3\sqrt{18}}{5\sqrt{2}}\cdot\dfrac{\sqrt{2}}{\sqrt{2}}=\dfrac{\left(4\sqrt{2}+3\sqrt{18}\right)\cdot\sqrt{2}}{5\cdot 2}=\dfrac{8+18}{10}=\dfrac{13}{5}$

b) $\dfrac{\sqrt[3]{4}-2\sqrt[3]{12}}{2\sqrt[3]{3^2\cdot 2}}\cdot\dfrac{\sqrt[3]{3\cdot 2^2}}{\sqrt[3]{3\cdot 2^2}}=\dfrac{\left(\sqrt[3]{4}-2\sqrt[3]{12}\right)\cdot\sqrt[3]{3\cdot 2^2}}{2\sqrt[3]{3^3\cdot 2^3}}=\dfrac{\sqrt[3]{2^4\cdot 3}-2\sqrt[3]{2^4\cdot 3^2}}{2\cdot 3\cdot 2}=\dfrac{\sqrt[3]{6}-2\sqrt[3]{18}}{6}$

c) $\dfrac{2\sqrt{12}-5\sqrt{28}}{3\sqrt{2}+\sqrt{3}}\cdot\dfrac{3\sqrt{2}-\sqrt{3}}{3\sqrt{2}-\sqrt{3}}=\dfrac{\left(2\sqrt{12}-5\sqrt{28}\right)\cdot\left(3\sqrt{2}-\sqrt{3}\right)}{\left(3\sqrt{2}\right)^2-\left(\sqrt{3}\right)^2}=$

$=\dfrac{6\sqrt{24}-2\sqrt{36}-15\sqrt{56}+5\sqrt{84}}{9\cdot 2-3}=\dfrac{12\sqrt{6}-12-30\sqrt{14}+10\sqrt{21}}{15}$

d) $\pi = 3{,}14159265...$

Ejercicios

16. Realiza las siguientes operaciones con radicales y muestra el resultado de forma simplificada:

a) $\dfrac{3}{2}\sqrt{54}-\dfrac{5}{3}\sqrt{24}+\sqrt{27}-5\sqrt{6}+\dfrac{2}{5}\sqrt{12}$

b) $\dfrac{\sqrt[4]{48}}{2}-\dfrac{5}{6}\sqrt[4]{243}-\sqrt[4]{1875}$

c) $\sqrt{3\sqrt[3]{9\sqrt[5]{27^4}}}$

d) $\dfrac{24\sqrt{12}\cdot 36\sqrt{18}}{\sqrt{72}}$

e) $\dfrac{\left(\sqrt[3]{24}\right)^2\cdot\sqrt[4]{144}}{\sqrt{108}}$

f) $\left(\sqrt[4]{9}+2\sqrt{3}\right)^2$

17. Racionaliza y simplifica.

a) $\dfrac{5\sqrt{10}+3\sqrt{6}}{6\sqrt{45}}$

b) $\dfrac{\sqrt[5]{8}+3\sqrt[5]{81}}{4\sqrt[5]{72}}$

c) $\dfrac{\sqrt{12}-\sqrt[4]{18^3}}{\sqrt[3]{12}}$

18. Racionaliza y simplifica:

a) $\dfrac{5\sqrt{3}}{2+\sqrt{3}}$ b) $\dfrac{3\sqrt{21}+5\sqrt{6}}{\sqrt{14}+4\sqrt{7}}$

19. Realiza las siguientes operaciones con radicales y muestra el resultado de forma simplificada:

a) $\dfrac{2\sqrt{2\left(\sqrt[3]{2^2}\right)^2}}{\sqrt[5]{2^3}}:\dfrac{\left(\sqrt[5]{2^4}\right)^3}{\sqrt[3]{2}}$

b) $\left(\sqrt{4x^5}-3x\sqrt{x^3}\right)\cdot 2\sqrt{x^3}$

20. Racionaliza y simplifica:

a) $\dfrac{\sqrt{6}}{\left(\sqrt{3}-\sqrt{2}\right)^2}$ b) $\dfrac{\sqrt[3]{x^4}-\sqrt[3]{x}}{x\sqrt[3]{x}}$

21. Demuestra la siguiente igualdad:

$$\sqrt{\frac{3+\sqrt{3}}{3-\sqrt{3}}}+\sqrt{\frac{3-\sqrt{3}}{3+\sqrt{3}}}=\sqrt{6}$$

8. Logaritmos

Un logaritmo en base *a* de un número *b* es un número real *x* que cumple:

$$\log_a b = x \Leftrightarrow b = a^x$$

La base *a* del logaritmo debe ser $a > 0$, $a \neq 1$, y el argumento *b* del logaritmo debe ser $b > 0$.

Cuando los logaritmos tienen base 10, se llaman **logaritmos decimales** y se omite la base en la expresión logarítmica, es decir, $\log_{10} x$ se escribe $\log x$.

De forma similar, a los logaritmos que tienen de base el número *e*, se les llama **logaritmos neperianos** y se cambia su expresión, esto es $\log_e x$ se escribe $\ln x$.

Como se puede observar, los logaritmos están íntimamente relacionados con las potencias y, por tanto, se pueden extraer algunas propiedades al operar con logaritmos, que se derivan de las propiedades de las operaciones con potencias y de la propia definición de logaritmo.

- Logaritmo de la base: $\log_a a = 1$
- Logaritmo de la unidad: $\log_a 1 = 0$
- Logaritmo del producto: $\log_a (b \cdot c) = \log_a b + \log_a c$
- Logaritmo del cociente: $\log_a \left(\frac{b}{c}\right) = \log_a b - \log_a c$
- Logaritmo de la potencia: $\log_a (b^c) = c \cdot \log_a b$
- Cambio de base: $\log_a b = \frac{\log_c b}{\log_c a}$

Observa

Los logaritmos son una herramienta eficaz para efectuar productos, cocientes o potencias de números muy grandes o muy pequeños, combinándolos con la notación científica y las propiedades de las operaciones con potencias.

Calculadora

Las teclas **log** y **ln** permiten calcular logaritmos en base 10 y en base *e*. Algunas calculadoras poseen también teclas para calcular logaritmos en cualquier base.

Ejercicios resueltos

1. Calcula *x* en las siguientes expresiones logarítmicas aplicando la definición de logaritmo:

a) $\log_3 81 = x$ *b*) $\log\sqrt{0,0001} = x$ *c*) $\ln\sqrt[5]{\frac{1}{e^6}} = x$

d) $\log_2 \sqrt[3]{1024} = x$ *e*) $\log_5 \sqrt{0,2} = x$ *f*) $\log_x \sqrt{\frac{1}{4^5}} = 5$

g) $\log_x \sqrt[5]{6561} = 0,8$ *h*) $\ln x = \frac{-3}{7}$ *i*) $\log_6 x = -2$

Solución:

a) $3^x = 81 \Rightarrow 3^x = 3^4 \Rightarrow x = 4$

b) $10^x = \sqrt{0,0001} \Rightarrow 10^x = 10^{\frac{-4}{2}} \Rightarrow x = -2$

c) $e^x = \sqrt[5]{\frac{1}{e^6}} \Rightarrow e^x = e^{\frac{-6}{5}} \Rightarrow x = \frac{-6}{5}$

d) $2^x = \sqrt[3]{1024} \Rightarrow 2^x = 2^{\frac{10}{3}} \Rightarrow x = \frac{10}{3}$

e) $5^x = \sqrt{0,2} \Rightarrow 5^x = \sqrt{\frac{1}{5}} \Rightarrow 5^x = 5^{\frac{-1}{2}} \Rightarrow x = \frac{-1}{2}$

f) $x^5 = \sqrt{\frac{1}{4^5}} \Rightarrow x^5 = 2^{\frac{-10}{2}} \Rightarrow x = \frac{1}{2}$

g) $x^{0,8} = \sqrt[5]{6561} \Rightarrow x^{\frac{4}{5}} = 3^{\frac{8}{5}} \Rightarrow x = 9$

h) $e^{\frac{-3}{7}} = x \Rightarrow x = \sqrt[7]{\frac{1}{e^3}}$

i) $6^{-2} = x \Rightarrow x = \frac{1}{36}$

Observa

La función logaritmo y la función exponencial son funciones inversas, al igual que, por ejemplo, elevar al cubo y tomar raíz cúbica. Esto significa que una «invalida» a la otra, es decir, de la misma forma que $\left(\sqrt[3]{x}\right)^3 = x$ y que $\sqrt[3]{(x^3)} = x$, tenemos que:

$\log_a (a^x) = x$ $a^{\log_a x} = x$

Cuidado

$\log_a b \cdot \log_a c \neq \log_a (b \cdot c)$

$\dfrac{\log_a b}{\log_a c} \neq \log_a \left(\dfrac{b}{c}\right)$

$(\log_a b)^c \neq \log_a (b^c)$

de modo que no se pueden aplicar propiedades en las primeras expresiones de cada igualdad.

2. Halla el valor de las siguientes expresiones, sabiendo que $\log x = 0{,}123$:

a) $\log\sqrt{10x}$ b) $\log\sqrt[3]{\dfrac{100}{x^2}}$ c) $\log\left(0{,}1x^3\right)^2$ d) $\log_x \sqrt[3]{100}$

Solución:

a) $\log\sqrt{10x} = \dfrac{1}{2}\log(10x) = \dfrac{1}{2}(\log 10 + \log x) = \dfrac{1}{2}(1 + 0{,}123) = 0{,}5615$

b) $\log\sqrt[3]{\dfrac{100}{x^2}} = \dfrac{1}{3}\log\dfrac{100}{x^2} = \dfrac{1}{3}(\log 100 - \log x^2) = \dfrac{1}{3}(2 - 2\log x) = \dfrac{1}{3}(2 - 2\cdot 0{,}123) = 0{,}5847$

c) $\log\left(0{,}1x^3\right)^2 = 2\log\left(0{,}1x^3\right) = 2\left(\log 0{,}1 + \log x^3\right) = 2(-1 + 3\cdot 0{,}123) = -1{,}262$

d) $\log_x \sqrt[3]{100} = \dfrac{\log\sqrt[3]{100}}{\log x} = \dfrac{\frac{1}{3}\log 100}{\log x} = \dfrac{\frac{2}{3}}{0{,}123} = 5{,}42$

Ejercicios

22. Calcula los siguientes logaritmos aplicando la definición o las propiedades:

a) $\log_2 \dfrac{1}{128}$ b) $\log_3 \sqrt[4]{\dfrac{1}{9^5}}$ c) $\ln\left(\sqrt[10]{\dfrac{1}{e^6}}\right)$

23. Calcula los siguientes logaritmos aplicando la definición o las propiedades:

a) $\log_3 \sqrt{0{,}\hat{3}}$ b) $\log_2 \sqrt[3]{0{,}25}$ c) $\log\sqrt[3]{\dfrac{1}{0{,}001^2}}$

24. Calcula los siguientes logaritmos aplicando la fórmula de cambio de base:

a) $\log_{\sqrt[3]{2}}\left(\sqrt[5]{\dfrac{1}{64}}\right)$

b) $\log_{\sqrt[3]{\frac{1}{9}}}\left(\dfrac{81^2}{\sqrt[4]{27^3}}\right)$

c) $\log_{\sqrt{5}}\left(\dfrac{125}{\sqrt[3]{25}}\right)$

25. Calcula x en las siguientes igualdades:

a) $\log_{\frac{2}{3}} x = -3$ b) $\ln\left(x^3\right) = 6$

c) $\log_x \sqrt{125} = 3$ d) $\log_x \dfrac{1}{\sqrt{32}} = -5$

26. Conocido que $\log 2 = 0{,}301$ y $\log 7 = 0{,}845$, calcula los siguientes logaritmos sin emplear la calculadora:

a) $\log 28$ b) $\log\sqrt{980}$ c) $\log_4 49$

d) $\log_{\sqrt{7}} \dfrac{1}{\sqrt[3]{14}}$ e) $\log\left(\dfrac{4}{7}\right)^6$ f) $\log\sqrt{2\sqrt[3]{7}\sqrt[4]{2}}$

27. Agrupa los siguientes sumandos en un único logaritmo:

a) $2\log 12 + 3\log 2 - 2\log 9$

b) $\dfrac{1}{2}(-3\log 5 - 8\log 15) - 2$

c) $\dfrac{3\log 8}{2} - 1 + 2(3\log 4 - 7\log 2)$

28. Expande las siguientes expresiones al máximo:

a) $\log\left(\dfrac{3^4\sqrt{5}}{2^3\sqrt[5]{7}}\right)^2$

b) $\log\sqrt{\dfrac{1\,000x^5y}{z^3a}}$

c) $\log_2\left(\sqrt[3]{\dfrac{a^2b}{4z}}\right)^2$

Síntesis

Aproximaciones y errores

Aproximaciones:

- Truncamiento
- Redondeo
- Cifras significativas

Errores:

$E_a = |\text{real} - \text{aprox}|$

$E_r = \left|\dfrac{E_a}{\text{real}}\right|$

Cotas de error:

$E_a < \varepsilon = \dfrac{1}{2} \cdot 10^n$ (n = posición)

$E_r < \dfrac{\varepsilon}{|\text{aprox} - \varepsilon|}$

Representación

Teorema de Tales:

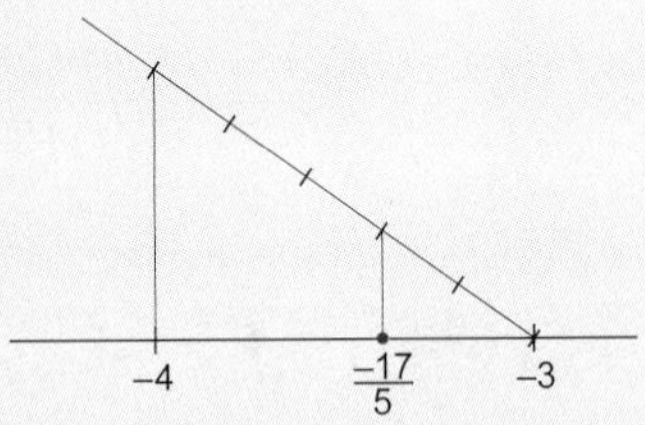

Teorema de Pitágoras:

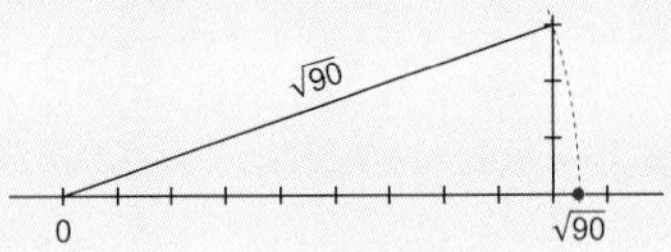

Teorema de la altura:

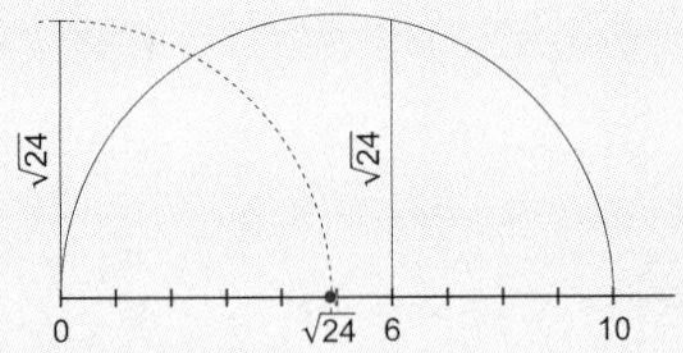

Intervalos

(a, b)	$a < x < b$	
$[a, b)$	$a \leq x < b$	
$(a, b]$	$a < x \leq b$	
$[a, b]$	$a \leq x \leq b$	

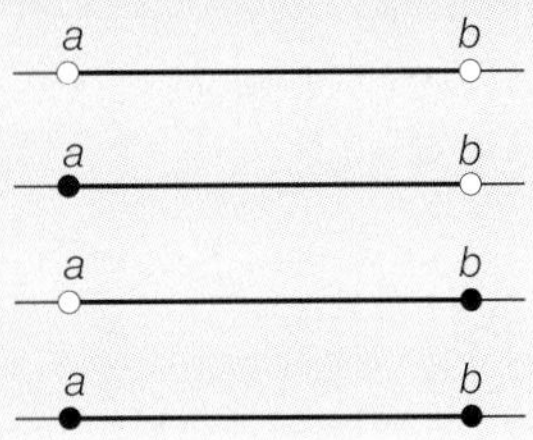

Semirrectas

$(-\infty, a)$	$x < a$	
$(-\infty, a]$	$x \leq a$	
$(a, +\infty)$	$x > a$	
$[a, +\infty)$	$x \geq a$	

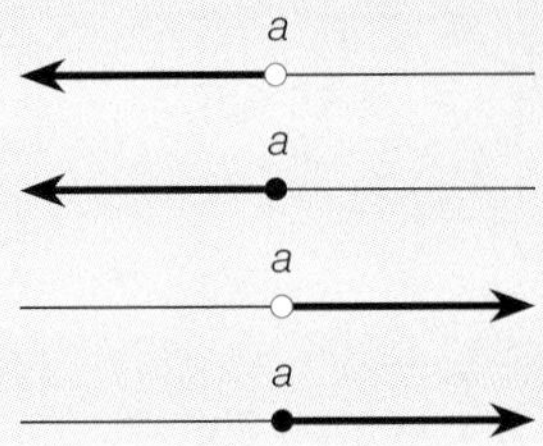

Entornos

$E(c, r) = (c - r, c + r)$

$E^*(c, r) = E(c, r) - \{c\}$

$(a, b) = E\left(\dfrac{a+b}{2}, \dfrac{b-a}{2}\right)$

Valores absolutos

$|x| = \begin{cases} -x & x < 0 \\ x & x \geq 0 \end{cases}$

Distancias

$|x - a|$ = distancia entre x y a

Notación científica

Suma y resta:

$(a \cdot 10^b) \pm (c \cdot 10^b) = (a \pm c) \cdot 10^b$

Producto:

$(a \cdot 10^b) \cdot (c \cdot 10^d) = (a \cdot c) \cdot 10^{b+d}$

Cociente:

$(a \cdot 10^b) : (c \cdot 10^d) = (a : c) \cdot 10^{b-d}$

Potencias:

$(a \cdot 10^b)^c = a^c \cdot 10^{bc}$

Radicales

Definición:

$\sqrt[n]{a^b} = a^{\frac{b}{n}}$

Extracción de factores:

$\begin{array}{c|c} p & q \\ \hline r & c \end{array} \rightarrow \sqrt[q]{a^p} = a^c \sqrt[q]{a^r}$

Racionalización:

$\dfrac{1}{\sqrt[n]{a^m}} = \dfrac{\sqrt[n]{a^{n-m}}}{a}$ $\qquad \dfrac{1}{\sqrt{a} \pm \sqrt{b}} = \dfrac{\sqrt{a} \mp \sqrt{b}}{a - b}$

Logaritmos

Definición: $\log_a b = x \Leftrightarrow b = a^x$

Propiedades:

$\log_a (b \cdot c) = \log_a b + \log_a c$ $\qquad \log_a (b^c) = c \log_a b$

$\log_a \left(\dfrac{b}{c}\right) = \log_a b - \log_a c$ $\qquad \log_a b = \dfrac{\log_c b}{\log_c a}$

Problemas tipo

Aproximaciones, errores y cotas de error

29. *a)* Redondea el número $7,\widehat{6}$ a las décimas y halla el error absoluto y relativo de forma exacta.

b) Halla las cotas del error absoluto y relativo de aproximar el número *e* por 2,7.

a) La aproximación es $7,\widehat{6} \approx 7,7$

$$7,\widehat{6} = \frac{69}{9} = \frac{23}{3} \text{ y } 7,7 = \frac{77}{10} \rightarrow E_a = \left|\frac{23}{3} - \frac{77}{10}\right| = \frac{1}{30} \text{ ; } E_r = \frac{\frac{1}{30}}{\frac{23}{3}} = \frac{1}{230}$$

b) $E_a < \varepsilon = \dfrac{1}{2} \cdot 10^{-1} = 0,05$; $E_r < \dfrac{0,05}{|2,7 - 0,05|} = 0,0189$

Representación en la recta real

30. Representa de forma exacta los siguientes números en la recta real, usando los teoremas que se indican:

a) $-\dfrac{21}{5}$ (teorema de Tales)

b) $\sqrt{21}$ (teorema de Pitágoras)

c) $\sqrt{6}$ (teorema de la altura)

a)

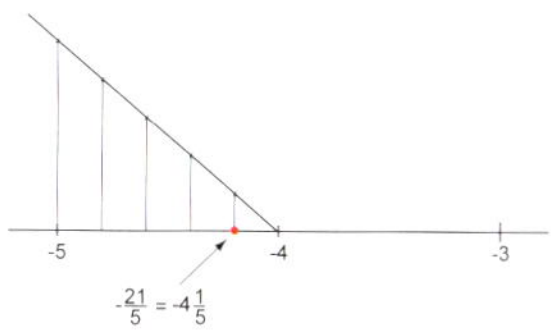

b)

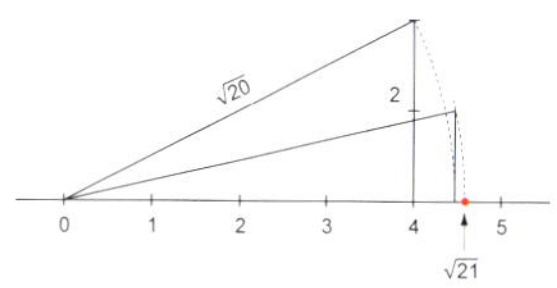

c)

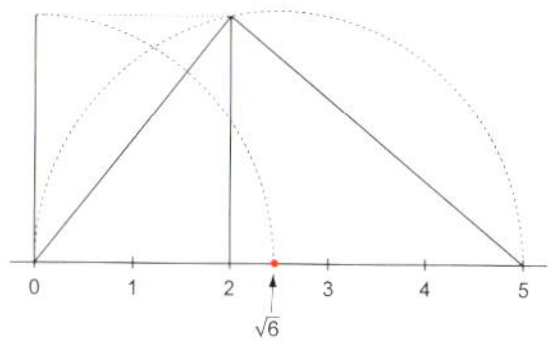

Valores absolutos

31. Escribe $|x| + |2x+1| - |2-x|$ como función definida por partes.

$$\begin{cases} (-x)+(-2x-1)-(2-x) & \text{si } x < -\frac{1}{2} \\ (-x)+(2x+1)-(2-x) & \text{si } -\frac{1}{2} \le x < 0 \\ x+(2x+1)-(2-x) & \text{si } 0 \le x < 2 \\ x+(2x+1)-(-2+x) & \text{si } x \ge 2 \end{cases} = \begin{cases} -2x-3 & \text{si } x < -\frac{1}{2} \\ 2x-1 & \text{si } -\frac{1}{2} \le x < 0 \\ 4x-1 & \text{si } 0 \le x < 2 \\ 2x+3 & \text{si } x \ge 2 \end{cases}$$

Distancias, entornos e intervalos

32. Escribe en forma de intervalo o semirrecta, y de entorno cuando sea posible, el conjunto de números que verifican las siguientes desigualdades:

a) $\left|1 - \dfrac{2x}{3}\right| < 6$

b) $|4x+5| \ge 3$

a) $\left|1 - \dfrac{2x}{3}\right| < 6 \rightarrow \left|\dfrac{3}{2} - x\right| < 9 \rightarrow \left|x - \dfrac{3}{2}\right| < 9 \rightarrow E\left(\dfrac{3}{2}, 9\right) = \left(-\dfrac{15}{2}, \dfrac{21}{2}\right)$

b) $|4x+5| \ge 3 \rightarrow \left|x + \dfrac{5}{4}\right| \ge \dfrac{3}{4} \rightarrow \mathbb{R} - E\left(-\dfrac{5}{4}, \dfrac{3}{4}\right) = (-\infty, -2] \cup \left[-\dfrac{1}{2}, +\infty\right)$

Notación científica

33. Opera paso a paso, expresando el resultado en notación científica.

$$\frac{6{,}3\cdot 10^{18}-\left(2{,}1\cdot 10^{31}\right)\cdot\left(4{,}9\cdot 10^{-14}\right)}{5{,}4\cdot 10^{-25}+\left(2{,}5\cdot 10^{-12}\right)^2}$$

$$\frac{6{,}3\cdot 10^{18}-10{,}29\cdot 10^{17}}{5{,}4\cdot 10^{-25}+6{,}25\cdot 10^{-24}}=\frac{6{,}3\cdot 10^{18}-1{,}029\cdot 10^{18}}{0{,}54\cdot 10^{-24}+6{,}25\cdot 10^{-24}}=$$

$$=\frac{5{,}271\cdot 10^{18}}{6{,}79\cdot 10^{-24}}=0{,}7763\cdot 10^{42}=7{,}763\cdot 10^{41}$$

Extracción de factores fuera del radical

34. Realiza las siguientes sumas y restas, extrayendo previamente factores fuera del radical:

a) $5\sqrt{80}+7\sqrt{45}-4\sqrt{180}-3\sqrt{500}$

b) $6\sqrt[3]{81}+2\sqrt[3]{375}-3\sqrt[3]{648}+5\sqrt[3]{1536}$

a) $5\sqrt{2^4\cdot 5}+7\sqrt{3^2\cdot 5}-4\sqrt{2^2\cdot 3^2\cdot 5}-3\sqrt{2^2\cdot 5^3}=$

$=5\cdot 2^2\sqrt{5}+7\cdot 3\sqrt{5}-4\cdot 2\cdot 3\sqrt{5}-3\cdot 2\cdot 5\sqrt{5}=$

$=20\sqrt{5}+21\sqrt{5}-24\sqrt{5}-30\sqrt{5}=-13\sqrt{5}$

b) $6\sqrt[3]{3^4}+2\sqrt[3]{3\cdot 5^3}-3\sqrt[3]{2^3\cdot 3^4}+5\sqrt[3]{2^9\cdot 3}=$

$=6\cdot 3\sqrt[3]{3}+2\cdot 5\sqrt[3]{3}-3\cdot 2\cdot 3\sqrt[3]{3}+5\cdot 2^3\sqrt[3]{3}=$

$=18\sqrt[3]{3}+10\sqrt[3]{3}-18\sqrt[3]{3}+40\sqrt[3]{3}=50\sqrt[3]{3}$

Operaciones con radicales

35. Opera y expresa de la forma más simple posible.

a) $\dfrac{x^2\sqrt[3]{x^2}\sqrt[4]{x^3}}{\sqrt{x\sqrt[6]{x^5}}}$

b) $\dfrac{\sqrt{\sqrt{54}\cdot 6^7}}{\sqrt[4]{24}\sqrt[3]{36^5}}$

a) $$\frac{x^2\cdot x^{\frac{2}{3}}\cdot x^{\frac{3}{4}}}{\left(x\cdot x^{\frac{5}{6}}\right)^{\frac{1}{2}}}=\frac{x^{2+\frac{2}{3}+\frac{3}{4}}}{\left(x^{1+\frac{5}{6}}\right)^{\frac{1}{2}}}=\frac{x^{\frac{41}{12}}}{\left(x^{\frac{11}{6}}\right)^{\frac{1}{2}}}=\frac{x^{\frac{41}{12}}}{x^{\frac{11}{12}}}=x^{\frac{41}{12}-\frac{11}{12}}=x^{\frac{30}{12}}=x^{\frac{5}{2}}=\sqrt{x^5}=x^2\sqrt{x}$$

b) $$\frac{\sqrt{\sqrt{2\cdot 3^3}\cdot(2\cdot 3)^7}}{\sqrt[4]{2^3\cdot 3\sqrt[3]{\left(2^2\cdot 3^2\right)^5}}}=\frac{\left(2^{\frac{1}{2}}\cdot 3^{\frac{3}{2}}\cdot 2^7\cdot 3^7\right)^{\frac{1}{2}}}{2^{\frac{3}{4}}\cdot 3^{\frac{1}{4}}\cdot\left(2^{10}\cdot 3^{10}\right)^{\frac{1}{3}}}=\frac{2^{\frac{1}{4}}\cdot 3^{\frac{3}{4}}\cdot 2^{\frac{7}{2}}\cdot 3^{\frac{7}{2}}}{2^{\frac{3}{4}}\cdot 3^{\frac{1}{4}}\cdot 2^{\frac{10}{3}}\cdot 3^{\frac{10}{3}}}=$$

$$=2^{\frac{1}{4}+\frac{7}{2}-\frac{3}{4}-\frac{10}{3}}\cdot 3^{\frac{3}{4}+\frac{7}{2}-\frac{1}{4}-\frac{10}{3}}=2^{-\frac{1}{3}}\cdot 3^{\frac{2}{3}}=\sqrt[3]{\frac{3^2}{2}}=\sqrt[3]{\frac{9}{2}}$$

Racionalización

36. Racionaliza.

a) $\dfrac{\sqrt{2}}{\sqrt[4]{108}}$

b) $\dfrac{\sqrt{11}-3}{\sqrt{11}+3}$

a) $$\frac{\sqrt{2}}{\sqrt[4]{2^2\cdot 3^3}}=\frac{\sqrt{2}\sqrt[4]{2^2\cdot 3}}{\sqrt[4]{2^2\cdot 3^3}\sqrt[4]{2^2\cdot 3}}=\frac{\sqrt[4]{2^2\cdot 2^2\cdot 3}}{\sqrt[4]{2^4\cdot 3^4}}=\frac{2\sqrt[4]{3}}{2\cdot 3}=\frac{\sqrt[4]{3}}{3}$$

b) $$\frac{\left(\sqrt{11}-3\right)\left(\sqrt{11}-3\right)}{\left(\sqrt{11}+3\right)\left(\sqrt{11}-3\right)}=\frac{11-6\sqrt{11}+9}{11-9}=\frac{20-6\sqrt{11}}{2}=10-3\sqrt{11}$$

Definición de logaritmo

37. Halla el valor de x en cada caso, utilizando la definición de logaritmo.

a) $\log_{\frac{1}{\sqrt[3]{4}}} \sqrt[4]{8} = x$

b) $\log_x \sqrt{\frac{1}{27}} = -\frac{3}{5}$

c) $\log_{\frac{1}{8}} x = \frac{4}{3}$

a) $\left(\frac{1}{\sqrt[3]{4}}\right)^x = \sqrt[4]{8} \rightarrow \left(2^{-\frac{2}{3}}\right)^x = 2^{\frac{3}{4}} \rightarrow 2^{\frac{-2x}{3}} = 2^{\frac{3}{4}} \rightarrow -\frac{2x}{3} = \frac{3}{4} \rightarrow x = -\frac{9}{8}$

b) $x^{-\frac{3}{5}} = 3^{-\frac{3}{2}} \rightarrow x = \left(3^{-\frac{3}{2}}\right)^{-\frac{5}{3}} \rightarrow x = 3^{\frac{5}{2}} = \sqrt{3^5} = 9\sqrt{3}$

c) $\left(\frac{1}{8}\right)^{\frac{4}{3}} = x \rightarrow x = \left(2^{-3}\right)^{\frac{4}{3}} = 2^{-4} = \frac{1}{16}$

Cambio de base de logaritmos

38. Calcula los siguientes logaritmos, utilizando la fórmula de cambio de base:

a) $\log_{\sqrt{125}} \frac{1}{\sqrt[3]{25}}$

b) $\log_{\frac{1}{\sqrt[3]{9}}} \sqrt[4]{\frac{1}{27}}$

a) $\log_{\sqrt{125}} \frac{1}{\sqrt[3]{25}} = \dfrac{\log_5 \frac{1}{\sqrt[3]{25}}}{\log_5 \sqrt{125}} = \dfrac{\log_5 5^{-\frac{2}{3}}}{\log_5 5^{\frac{3}{2}}} = \dfrac{-\frac{2}{3}}{\frac{3}{2}} = -\frac{4}{9}$

b) $\log_{\frac{1}{\sqrt[3]{9}}} \sqrt[4]{\frac{1}{27}} = \dfrac{\log_3 \sqrt[4]{\frac{1}{27}}}{\log_3 \frac{1}{\sqrt[3]{9}}} = \dfrac{\log_3 3^{-\frac{3}{4}}}{\log_3 3^{-\frac{2}{3}}} = \dfrac{-\frac{3}{4}}{-\frac{2}{3}} = \frac{9}{8}$

Propiedades de los logaritmos

39. a) Agrupa en un solo logaritmo y simplifica paso a paso.

$$3\log x - \frac{\log y}{2} - 2\left(\log z - \frac{\log t}{3}\right) + 2$$

b) Expande paso a paso lo máximo posible.

$$\log \frac{\sqrt{A^3\sqrt{B}}}{\left(\sqrt[3]{C^2}\sqrt[4]{D}\right)^5}$$

a) $\log x^3 - \log\sqrt{y} - 2\left(\log z - \log\sqrt[3]{t}\right) + \log 100 =$

$= \log x^3 - \log\sqrt{y} - 2\log\frac{z}{\sqrt[3]{t}} + \log 100 =$

$= \log x^3 - \log\sqrt{y} - \log\left(\frac{z}{\sqrt[3]{t}}\right)^2 + \log 100 =$

$= \log \dfrac{100x^3}{\sqrt{y}\left(\frac{z}{\sqrt[3]{t}}\right)^2} = \log\dfrac{100x^3\sqrt[3]{t^2}}{z^2\sqrt{y}}$

b) $\log\sqrt{A^3\sqrt{B}} - \log\left(\sqrt[3]{C^2}\sqrt[4]{D}\right)^5 = \dfrac{\log\left(A^3\sqrt{B}\right)}{2} - 5\log\left(\sqrt[3]{C^2}\sqrt[4]{D}\right) =$

$= \dfrac{\log A^3 + \log\sqrt{B}}{2} - 5\left(\log\sqrt[3]{C^2} + \log\sqrt[4]{D}\right) =$

$= \dfrac{3\log A + \frac{\log B}{2}}{2} - 5\left(\frac{2\log C}{3} + \frac{\log D}{4}\right) =$

$= \frac{3\log A}{2} + \frac{\log B}{4} - \frac{10\log C}{3} - \frac{5\log D}{4}$

Ejercicios y problemas

Números reales

40. Indica si cada número está o no en los conjuntos numéricos indicados, escribiendo SÍ o NO según corresponda:

	$-2{,}3$	$\frac{17}{4}$	$\sqrt{5}-2$	$4{,}2\hat{3}$	$2\sqrt[3]{-27}$	$3+2\sqrt{-5}$	$\frac{-80}{5}$	$\frac{\pi}{5}$
$\mathbb{N}$								
$\mathbb{Z}$								
$\mathbb{Q}$								
$\mathbb{I}$								
$\mathbb{R}$								

41. Obtén en cada caso un número que cumpla las condiciones indicadas:

a) Racional entre 2,18 y 2,19.

b) Irracional entre –4,564 y –4,565.

c) Racional periódico mixto entre 0,33 y 0,34.

d) Racional periódico puro entre $\sqrt{2}$ y 1,415.

42. Indica razonadamente si las siguientes afirmaciones son verdaderas o falsas:

a) Todos los números negativos son números enteros.

b) Si un número tiene infinitos decimales, se trata de un número irracional.

c) Una suma de números irracionales tiene siempre como resultado un número irracional.

d) Para formar un número irracional, se necesitan, al menos, dos dígitos distintos.

43. Demuestra, hallando la fracción generatriz, que cualquier número periódico puro cuyo periodo esté formado únicamente por la cifra 9 es un número entero.

Aproximaciones y errores. Cotas de error

44. Completa la tabla con las aproximaciones y errores del número 954,683.

	Aproximación	**Error absoluto**	**Error relativo**
Por truncamiento a las unidades			
Por truncamiento a las décimas			
Por redondeo a las centenas			
Por redondeo a las centésimas			

45. Redondea de forma que la aproximación tenga tres cifras significativas, e indica el error absoluto y relativo en cada caso. Expresa el error relativo con cuatro cifras significativas.

a) 25,6873

b) 10 541 097

c) 0,080572

d) 0,00013456

46. Calcula, de forma exacta, los errores absolutos y relativos de las siguientes aproximaciones:

a) Aproximar $3,\hat{6}$ al número 3,6.

b) Aproximar $0,5\hat{6}$ al número 0,57.

c) Aproximar $0,\widehat{54}$ al número 0,5.

d) Aproximar $1,\widehat{51}$ al número 1,52.

47. Halla las cotas de error absoluto y relativo de las siguientes aproximaciones. Expresa las cotas de error relativo en porcentaje, con tres cifras significativas.

a) $\sqrt{2} \approx 1{,}41$

b) $e \approx 2{,}718281$

c) $\pi \approx 3{,}1415926$

d) $\phi = \frac{1+\sqrt{5}}{2} \approx 1{,}618$

Representación y ordenación

48. Representa los siguientes números en la recta real, con ayuda del teorema de Tales:

a) $\frac{2}{7}$ *b)* $-\frac{3}{5}$ *c)* $\frac{17}{3}$ *d)* $-\frac{105}{4}$

49. ¿A qué números fraccionarios corresponden las siguientes representaciones gráficas?:

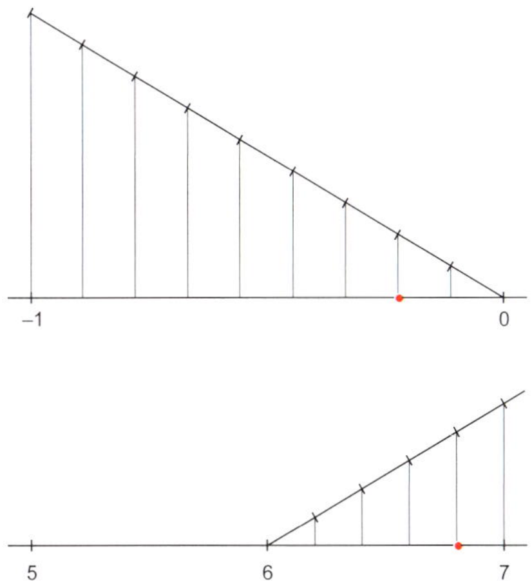

50. Representa los siguientes radicales en la recta real, con ayuda del teorema de Pitágoras:

a) $\sqrt{17}$ *b)* $\sqrt{29}$ *c)* $\sqrt{32}$ *d)* $\sqrt{50}$

51. Representa los números irracionales siguientes en la recta real, con ayuda del teorema de Pitágoras:

a) $\sqrt{11}$ *b)* $\sqrt{22}$ *c)* $\sqrt{38}$ *d)* $\sqrt{43}$

52. ¿Qué radicales están representados a continuación mediante el teorema de Pitágoras?:

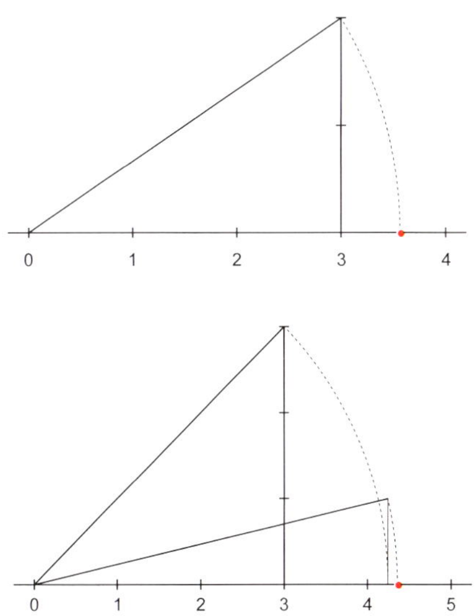

53. Obtén un segmento que tenga la medida indicada en cada caso, con ayuda del teorema de la altura.

a) $\sqrt{10}$ *b)* $\sqrt{12}$ *c)* $\sqrt{20}$ *d)* $\sqrt{13}$

54. ¿Qué radicales están representados a continuación mediante el teorema de la altura?:

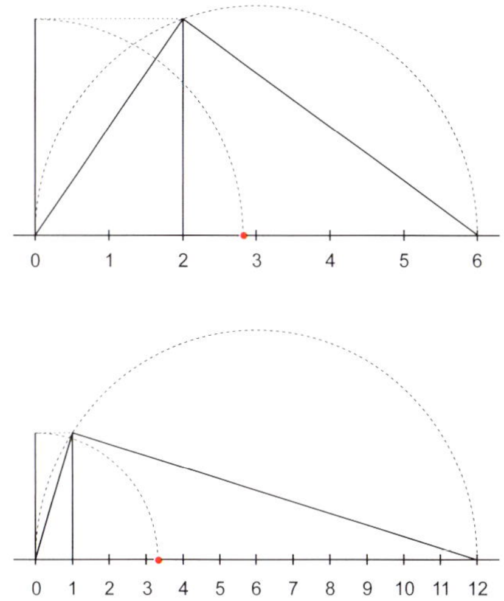

55. Representa de forma exacta en la recta real los siguientes números irracionales:

a) $3+\sqrt{8}$

b) $4-\sqrt{13}$

c) $\sqrt{14}-5$

d) $\frac{1+\sqrt{5}}{2}$

Intervalos, semirrectas y entornos

56. Completa.

Intervalo o semirrecta	Desigualdad	Representación
$[-5, 3)$		
	$x \in \mathbb{R} / x < -2$	

$(2, +\infty)$		
	$x \in \mathbb{R} / -3 < x \leq 8$	

57. Escribe en forma de intervalo los siguientes entornos:

a) $E(-1,\ 3)$ b) $E(2,\ 5)$

c) $E(-2,\ 2)$ d) $E(1{,}5;\ 2{,}5)$

58. Escribe en forma de entorno los siguientes intervalos:

a) $(-4,\ 4)$ b) $(-13,\ -1)$

c) $(-11,\ 1)$ d) $(-5,\ 4)$

59. Escribe los siguientes entornos reducidos en forma de unión de intervalos:

a) $E^*(4,\ 1)$ b) $E^*(-3,\ 3)$

c) $E^*(-2,\ 7)$ d) $E^*(5,\ 9)$

60. Escribe, cuando sea posible, las siguientes uniones de intervalos en forma de entornos reducidos:

a) $(-7,\ -1)\cup(-1,\ 5)$

b) $(-12,\ -4)\cup(-4,\ 4)$

c) $(-10,\ -3)\cup(-3,\ 10)$

d) $(-4,\ 3)\cup(3,\ 10)$

61. Indica, si es posible, qué intervalo resulta de cada una de las siguientes uniones de intervalos:

a) $(-8,\ 1)\cup[-2,\ 3]$ b) $[-2,\ 3)\cup(-1,\ 5]$

c) $[-3,\ 4]\cup[-2,\ 4)$ d) $(-1,\ 5]\cup(5,\ 6]$

62. Indica qué intervalo resulta de cada una de las siguientes intersecciones de intervalos:

a) $(-3,\ 2]\cap[-2,\ 4)$ b) $(-4,\ 2]\cap(-1,\ 3]$

c) $[-8,\ -1]\cap[0,\ 3)$ d) $(-5,\ -2]\cap[-2,\ 7]$

63. Escribe, si es posible, en forma de un único intervalo.

a) $\big((-3, 5]\cup(-1, 6)\big)\cap[1, 8]$

b) $(-2, 7]\cup\big([-5, 2]\cap[-3, 9)\big)$

c) $\big([-4, -1]\cap(-3, 0]\big)\cup\big((-5, 3)\cap[-4, 4)\big)$

d) $\big([-2, 1)\cup[0, 2)\big)\cap\big((-1, 1)\cup[0, 3]\big)$

Valores absolutos y desigualdades. Distancias en la recta real

64. Escribe como función definida por partes.

a) $f(x)=|x+5|$ b) $f(x)=|3-x|$

c) $f(x)=|2x-1|$ d) $f(x)=\left|\dfrac{x}{3}+2\right|$

65. Escribe las siguientes funciones como funciones por partes:

a) $f(x)=|x^2+4x+3|$ b) $f(x)=|-x^2-2x+3|$

c) $f(x)=|2x^2-8x+6|$ d) $f(x)=|2x^2+x-3|$

66. Halla la función definida por partes correspondiente en cada caso.

a) $f(x)=|x+1|+|x-1|$ b) $f(x)=|2x+4|+|3-x|$

c) $f(x)=|2x-1|-|3x+1|$ d) $f(x)=|2x-6|-|8-x|$

67. Halla la función definida por partes correspondiente en cada caso.

a) $\left|\dfrac{3-x}{2x-1}\right|$ b) $|x|+|x+3|-|x-2|$

c) $\dfrac{|1-x|+|x|}{2|x+2|}$ d) $\dfrac{|2-x|-|x|}{|2-x|+|x|}$

68. Escribe en forma de intervalo los conjuntos numéricos que verifican las siguientes desigualdades:

a) $|x-3|\le 4$

b) $|x+1|<6$

c) $\left|x-\dfrac{5}{2}\right|<2$

d) $\left|x+\dfrac{1}{3}\right|\le\dfrac{2}{3}$

69. Halla los conjuntos numéricos que verifican las siguientes desigualdades:

a) $|x+5|\ge 3$ b) $|x-3|=5$

c) $2\le|x+1|<3$ d) $\left|x+\dfrac{2}{5}\right|>\dfrac{3}{5}$

70. Indica qué conjuntos numéricos corresponden a cada desigualdad.

a) $|4-x|\geq 0$ b) $|3x-4|<-1$

c) $|2x-1|>0$ d) $|-x+2|\leq 0$

71. Escribe los intervalos que verifican las siguientes desigualdades:

a) $\left|\frac{x}{2}+1\right|<\frac{2}{3}$

b) $|3-5x|\leq\frac{1}{2}$

c) $\left|\frac{3x}{2}-\frac{2}{3}\right|\geq 3$

d) $\left|\frac{1}{4}-3x\right|>\frac{3}{2}$

Notación científica

72. Calcula las siguientes sumas y restas y expresa el resultado en notación científica:

a) $3{,}56\cdot 10^{-85}+2{,}57\cdot 10^{-84}$

b) $2{,}08\cdot 10^{25}-3{,}25\cdot 10^{27}$

c) $-8{,}6\cdot 10^{-32}+4{,}75\cdot 10^{-33}$

d) $-9{,}15\cdot 10^{46}-1{,}09\cdot 10^{45}$

73. Calcula los siguientes productos y cocientes, expresando el resultado en notación científica:

a) $\left(1{,}5\cdot 10^{-26}\right)\cdot\left(4{,}6\cdot 10^{43}\right)$ b) $\frac{3{,}6\cdot 10^{82}}{2{,}5\cdot 10^{-20}}$

c) $\left(6{,}9\cdot 10^{-42}\right)\cdot\left(-3{,}2\cdot 10^{-52}\right)$ d) $\frac{1{,}7\cdot 10^{-34}}{6{,}4\cdot 10^{75}}$

74. Calcula las siguientes potencias, expresando el resultado en notación científica:

a) $\left(1{,}7\cdot 10^{-12}\right)^2$ b) $\left(-6{,}1\cdot 10^{-15}\right)^4$

c) $\left(-4{,}5\cdot 10^{23}\right)^3$ d) $\left(2\cdot 10^{-35}\right)^5$

75 Realiza las siguientes operaciones, expresando el resultado en notación científica:

a) $\frac{3{,}9\cdot 10^{62}+4{,}1\cdot 10^{61}}{\left(1{,}6\cdot 10^{-11}\right)^3}$

b) $\frac{\left(9{,}2\cdot 10^{-37}-6\cdot 10^{-38}\right)^2}{5{,}4\cdot 10^{41}}$

c) $\frac{9{,}4\cdot 10^{-15}+6{,}3\cdot 10^{-16}}{7{,}7\cdot 10^{26}-5{,}1\cdot 10^{27}}$

d) $-4{,}1\cdot 10^{-29}+\left(1{,}6\cdot 10^{15}\right)^3\cdot\left(7{,}6\cdot 10^{-73}\right)$

76. Calcula paso a paso y expresa el resultado en notación científica.

a) $\dfrac{5{,}7\cdot 10^{-76}+\left(6{,}8\cdot 10^{-39}\right)\cdot\left(4{,}9\cdot 10^{-37}\right)}{3{,}8\cdot 10^{47}-\dfrac{2{,}1\cdot 10^{37}}{3{,}2\cdot 10^{-12}}}$

b) $\dfrac{\left(5{,}1\cdot 10^{27}\right)\cdot\left(9{,}4\cdot 10^{-15}+6{,}3\cdot 10^{-16}\right)}{7{,}7\cdot 10^{56}-\left(5{,}1\cdot 10^{27}\right)^2}$

Radicales

77. Ordena de mayor a menor.

a) $\sqrt{2},\ \sqrt[3]{3},\ \sqrt[4]{5},\ \sqrt[6]{7}$ b) $\sqrt{3},\ \sqrt[4]{7},\ \sqrt[5]{16},\ \sqrt[10]{512}$

78. Extrae factores y calcula.

a) $3\sqrt{12}+2\sqrt{75}-7\sqrt{48}+4\sqrt{27}$

b) $5\sqrt{125}-\sqrt{80}-3\sqrt{20}+4\sqrt{405}$

c) $10\sqrt{98}+6\sqrt{300}-4\sqrt{18}-5\sqrt{50}-7\sqrt{243}$

d) $3\sqrt{63}-2\sqrt{56}+\sqrt{175}-9\sqrt{126}-6\sqrt{28}$

79. Suma y resta, extrayendo factores previamente.

a) $3\sqrt[3]{81}-2\sqrt[3]{24}+5\sqrt[3]{375}$

b) $6\sqrt[5]{486}+2\sqrt[5]{64}-10\sqrt[5]{2}-3\sqrt[5]{200\,000}$

c) $4\sqrt[4]{3125}-5\sqrt[4]{405}+\sqrt[4]{80}-2\sqrt[4]{1280}$

d) $-3\sqrt[3]{189}-4\sqrt[3]{875}-2\sqrt[3]{56}+5\sqrt[3]{1512}+7\sqrt[3]{448}$

80. Opera, expresando el resultado como un solo radical.

a) $\dfrac{\sqrt{2}\sqrt[3]{2^2}}{\sqrt[4]{2}\sqrt[6]{2^5}}$ *b)* $\dfrac{\left(\sqrt[10]{5^3}\right)^2}{\sqrt[4]{5}\sqrt[5]{5}}$

c) $\dfrac{\sqrt[8]{3^3}\sqrt[12]{3^7}}{\sqrt[6]{3^5}\sqrt[4]{3}}$ *d)* $\dfrac{\sqrt[3]{7^2}}{\sqrt{\sqrt{7^3}}}$

81. Calcula, expresando el resultado como un único radical.

a) $\dfrac{\sqrt[4]{\sqrt[3]{2^2}\sqrt{2}}}{\sqrt{\sqrt[6]{2^5}}}$ *b)* $\sqrt{\dfrac{\sqrt[3]{5\sqrt{5}}}{\sqrt[4]{5^3}\sqrt[3]{5^2}}}$

c) $\dfrac{\left(\sqrt[3]{3^2}\sqrt[4]{3}\right)^2}{\sqrt{\sqrt[3]{3}}}$ *d)* $\dfrac{\sqrt{2\sqrt{2\sqrt{2}}}}{\sqrt[3]{2\sqrt[3]{2}}}$

82. Calcula y expresa de la forma más simple posible.

a) $\dfrac{\sqrt{12^3}\sqrt[6]{24}}{\sqrt[3]{18^2}\sqrt{72}}$

b) $\dfrac{2\sqrt[3]{25}\sqrt[4]{20^3}}{\sqrt{10\sqrt[3]{50}}}$

c) $\dfrac{\sqrt{\sqrt[5]{90}\sqrt{30}}}{\left(\sqrt[10]{18}\sqrt[4]{20}\right)^2}$

d) $\sqrt{\dfrac{4\sqrt[6]{40}}{\sqrt[3]{80}\sqrt{\sqrt{20}}}}$

83. Racionaliza y simplifica.

a) $\dfrac{2}{\sqrt{3}}$ *b)* $\dfrac{4}{\sqrt{2}}$

c) $\dfrac{\sqrt{2}}{\sqrt{6}}$ *d)* $\dfrac{10}{\sqrt{8}}$

84. Racionaliza, expresando el resultado de la forma más simple posible.

a) $\dfrac{10}{\sqrt[4]{5}}$ *b)* $\dfrac{3}{\sqrt[5]{27}}$

c) $\dfrac{\sqrt{2}}{\sqrt[3]{16}}$ *d)* $\dfrac{14}{\sqrt[3]{12}}$

85. Racionaliza y simplifica si es posible.

a) $\dfrac{5}{\sqrt{3}+\sqrt{2}}$ *b)* $\dfrac{15}{\sqrt{5}-\sqrt{2}}$

c) $\dfrac{-12}{\sqrt{6}+\sqrt{10}}$ *d)* $\dfrac{-2}{\sqrt{7}-\sqrt{5}}$

86. Racionaliza y calcula.

a) $\dfrac{\sqrt{5}}{1+\sqrt{5}}$ *b)* $\dfrac{10}{\sqrt{11}-3}$

c) $\dfrac{6}{\sqrt{3}+5}$ *d)* $\dfrac{2\sqrt{6}}{2-\sqrt{3}}$

87. Opera, expresando el resultado sin radicales en el denominador.

a) $\dfrac{\sqrt{5}+\sqrt{3}}{\sqrt{5}-\sqrt{3}}$ *b)* $\dfrac{3\sqrt{10}}{7-\sqrt{10}}$

c) $\dfrac{4\sqrt{32}}{\sqrt{8}-2}$ *d)* $\dfrac{\sqrt{7}+2\sqrt{5}}{\sqrt{7}-\sqrt{5}}$

88. Calcula y expresa el resultado racionalizado.

a) $\dfrac{2}{\sqrt{2\sqrt[3]{2^2}}}$

b) $\dfrac{2}{\sqrt{\sqrt{3}+1}}$

c) $\dfrac{1}{\sqrt{2+\sqrt{5}}}$

d) $\dfrac{1}{1+\sqrt[4]{2}}$

89. Racionaliza.

$$\frac{1}{\sqrt{2}+\sqrt{3}-\sqrt{5}}$$

90. Demuestra la siguiente igualdad:

$$\left(\sqrt{3+\sqrt{5}}-\sqrt{3-\sqrt{5}}\right)^2 = 2$$

91. Demuestra la siguiente igualdad:

$$\left(\sqrt{3+2\sqrt{2}}-\sqrt{3-2\sqrt{2}}\right)^2 = 4$$

92. Demuestra la siguiente igualdad:

$$\sqrt{\frac{2-\sqrt{3}}{2+\sqrt{3}}}+\sqrt{\frac{2+\sqrt{3}}{2-\sqrt{3}}}=4$$

Logaritmos

93. Calcula de forma exacta, sin utilizar la calculadora, aplicando la definición de logaritmo.

a) $\log_2 \frac{16}{\sqrt{2}}$

b) $\log_3 \frac{\sqrt{27}}{81^2}$

c) $\log_5 \sqrt[3]{\frac{1}{25^2}}$

d) $\log \frac{0,001}{\sqrt{10^{-5}}}$

94. Halla el valor de x en las siguientes igualdades:

a) $\log_x \frac{1}{\sqrt[3]{4}} = -\frac{1}{6}$

b) $\log_{\sqrt[3]{9}} x = \frac{3}{5}$

c) $\log_{x^2+1} \frac{1}{2\sqrt{2}} = -\frac{5}{2}$

d) $\log_{\frac{1}{\sqrt{5}}} x = -4$

95. Sabiendo que $\log 2 = 0,301$, halla, sin calculadora.

a) $\log \sqrt[5]{16}$

b) $\log 0,04$

c) $\log 125$

d) $\log \frac{\sqrt{5}}{20^3}$

96. Utilizando la fórmula de cambio de base, halla los valores exactos de los siguientes logaritmos:

a) $\log_{\sqrt{\frac{1}{3}}} \frac{\sqrt{3}}{27^2}$

b) $\log_{\sqrt[3]{25}} \sqrt[5]{125^2}$

c) $\log_{\frac{1}{16}} \sqrt[3]{32^2}$

d) $\log_{\frac{1}{\sqrt{1000}}} \frac{\sqrt[5]{100}}{\sqrt[3]{0,1}}$

97. Agrupa en un solo logaritmo.

a) $-\log A + 2\log B + \frac{\log C}{3} - \frac{3\log D}{2}$

b) $\frac{2}{5}\log_2 x - \left(3\log_2 y + \frac{1}{3}\log_2 z\right)$

c) $4\ln M - \frac{\ln N}{5} + \frac{\ln P}{3} - 3\ln Q - 2\ln R$

d) $\frac{\log_2 a + \log_2 b}{2} - 2\left(\log_2 c + \log_2 d\right)$

98. Utiliza las propiedades de los logaritmos para expresar como un solo logaritmo.

a) $\frac{\log_3 a - \log_3 b}{2} + 2\left(\log_3 c - \log_3 d\right)$

b) $\frac{\frac{\log_2 A - 2\log_2 B}{3} - 3\left(\log_2 C - 5\log_2 D\right)}{2}$

c) $3\left(\log x - \frac{\log y}{2} + \frac{1}{4}\log z\right) - \frac{1}{2}\left(\log t - 3\log s\right)$

d) $4\ln P - \left(\frac{2}{5}\ln Q - \frac{3\ln R - 5\ln S}{2}\right)$

99. Agrupa en un único logaritmo.

a) $3\left(2\log_2 x - \frac{\log_2 y}{2}\right) - \frac{3\log_2 z - \left(\frac{\log_2 t}{4} - \log_2 s\right)}{2}$

b) $\frac{3\log_7 2 - \frac{2\log_7 3 - \log_7 5}{3}}{4} - \frac{2\log_7 11}{3}$

c) $5\left(\frac{\ln A}{2} - \frac{\ln B}{3}\right) - 2\left(3\ln C + \frac{\ln D}{5} - 2\ln E\right)$

d) $\frac{5\log m - \frac{3\log n}{2}}{2} + \frac{2\left(4\log p - \frac{1}{3}\log q\right)}{3}$

100. Expande lo máximo posible.

a) $\log \dfrac{x^2\sqrt{y}}{\sqrt[3]{z^2}}$

b) $\log_2 \dfrac{\sqrt{xy^3}}{z\sqrt{t}}$

c) $\log_3 \left(\dfrac{a^2}{b\sqrt{c^3 d}} \right)^5$

d) $\ln \dfrac{A^2\sqrt[3]{B}}{(CD)^4}$

101. Aplica las propiedades de los logaritmos para desarrollar estas expresiones:

a) $\log_3 \sqrt{\dfrac{\sqrt[3]{a^2 b}}{c\sqrt{d}}}$

b) $\log \dfrac{\sqrt{x^3 y}}{\sqrt[4]{z^3\sqrt{t^5}}}$

c) $\ln \sqrt[3]{\dfrac{\sqrt{p^5 q}}{r\sqrt{s\sqrt{t}}}}$

d) $\log_5 \left(\dfrac{\sqrt[3]{A^4 B}}{C\left(D\sqrt{E}\right)^3} \right)^2$

102. Desarrolla lo máximo que sea posible estos logaritmos:

a) $\ln \sqrt{\left(\dfrac{\sqrt{A}}{B^3\sqrt[4]{C}} \right)^3}$

b) $\log_2 \left(\dfrac{\sqrt{ab^3}}{\sqrt[3]{c^2\sqrt{d}}} \right)^5$

c) $\log \dfrac{\sqrt[3]{\dfrac{ab^2}{c}}}{\sqrt[4]{\dfrac{1}{d^3}}}$

d) $\log_3 \dfrac{x^2\sqrt{y}}{\left(\dfrac{z}{\sqrt[3]{t^2}} \right)^4}$

103. La fórmula del interés compuesto es:

$$C_F = C\left(1 + \frac{r}{100m}\right)^{mt}$$

siendo C_F = capital final, C = capital inicial, r = rédito, t = tiempo en años y m = la periodicidad de los pagos, es decir, $m = 1$ si fuera anual, $m = 12$ si fuera mensual, $m = 365$ si fuera diario…

Sin embargo, si los pagos fueran continuos, a cada instante, la fórmula sería $C_F = Ce^{\frac{rt}{100}}$

¿Cuánto dinero obtendríamos al cabo de un año si invertimos 10 000 euros al 3 % de interés compuesto con pagos continuos?

104. Un inversor deposita 10 000 euros en un banco al 3 % de interés compuesto con pagos anuales. ¿Durante cuánto tiempo debe mantener la inversión para obtener un total de 11 592,74 euros?

105. Un inversor deposita 20 000 euros en un banco al 4,5 % de interés compuesto con pagos mensuales. ¿Durante cuántos años debe mantener la inversión para obtener un total de 21 879,80 euros?

106. Un inversor deposita 5 000 euros en un banco al 4 % de interés compuesto con pagos diarios. ¿Durante cuántos años debe mantener la inversión para obtener un total de 5 204,04 euros?

Evalúate

1. Clasifica los siguientes números indicando todos los conjuntos numéricos a los que pertenecen:

e ; $\log 10$; $\sqrt[3]{-27}$; $3{,}4\hat{1}$; $7{,}\hat{9}$

2. *a)* Obtén una aproximación por redondeo a las milésimas de 5,454545454545... y calcula el error absoluto y relativo cometido.

b) El instituto número 5 de Alcobendas tiene aproximadamente 750 alumnos. Calcula la cota de error absoluto y la cota de error relativo cometidos en esta aproximación.

3. Representa los siguientes números reales de forma exacta con instrumentos de dibujo:

a) $-\frac{63}{4}$

b) $\sqrt{58}$

c) $-\sqrt{24}$

4. Completa la siguiente tabla, siempre que sea posible:

Intervalo o semirrecta	Entorno	Desigualdad	Representación gráfica
$(4, 7)$			
	$E^*(0, 4)$		
		$x \in \mathbb{R} \,/\, x \leq 5$	

5. Escribe la función $f(x) = 2x|x-2| - (x+1)|5-6x|$ como función por partes.

6. Expresa los siguientes conjuntos de valores reales como corresponda:

a) $|x+4| = 2$

b) $|2x-5| \leq 1$

c) $|7-3x| > 2$

7. Realiza las siguientes operaciones en notación científica y expresa el resultado final en la misma notación:

a) $\left(3{,}2 \cdot 10^{-56} - 2{,}8 \cdot 10^{-57}\right) : \left(4 \cdot 10^{-30}\right)$

b) $\left(8{,}1 \cdot 10^{34} + 3{,}8 \cdot 10^{36}\right)^2 \cdot \left(9{,}8 \cdot 10^{-87}\right)$

8. Opera y simplifica al máximo los siguientes radicales:

a) $\dfrac{2\sqrt{3} - 3\sqrt{2}}{6\sqrt{6}}$

b) $2\sqrt[3]{24} - 5\sqrt[3]{81} + \frac{2}{3}\sqrt[3]{375}$

c) $\dfrac{2\sqrt[3]{18} - \sqrt[3]{12}}{3\sqrt[3]{36}}$

d) $\left(\sqrt[3]{2^3\sqrt[5]{4^2}}\right)^2$

9. Calcula los siguientes logaritmos aplicando la definición y sus propiedades:

a) $\log_5 \sqrt[3]{\frac{1}{625}}$

b) $\log_4\left(32^4\right)$

c) $\log_{\sqrt[3]{25}} \sqrt[5]{125^{-2}}$

d) $\ln \sqrt[4]{\dfrac{1}{\frac{1}{e^3}}}$

10. Agrupa en un solo logaritmo la siguiente expresión:

$2\log 18 - 5\log 2 + 1 - \log 12$

Unidad 2

Aritmética mercantil

Podríamos creer que, aunque la mayoría de población de los países desarrollados ha solicitado alguna vez un préstamo personal, ha contratado una hipoteca o, simplemente, ha pagado a crédito alguna compra, aún quedan muchas personas a salvo de este tipo de deudas.

Nada más lejos de la realidad. Desde el día en que nacemos, cada uno de nosotros ya debe un dinero, más los intereses que se van generando. Y es que la deuda pública puede considerarse como si todos nosotros hubiéramos pedido un préstamo y tuviéramos que pagar los intereses.

La deuda pública de la Unión Europea está en, nada menos, 13 billones de euros, a repartir entre los, aproximadamente, 500 millones de personas que la poblamos, por lo que cada uno de nosotros adquirimos una deuda de unos 26 000 euros desde el momento en que venimos a este mundo.

MAPA CONCEPTUAL

- **FUNDAMENTOS TEÓRICOS**
  - PORCENTAJES
    - CÁLCULO
    - AUMENTOS Y DISMINUCIONES
    - ENCADENADOS
  - PROGRESIONES GEOMÉTRICAS
    - TÉRMINO GENERAL
    - SUMA DE TÉRMINOS
  - INTERÉS
    - SIMPLE
    - COMPUESTO
- **OPERACIONES FINANCIERAS**
  - CAPITALIZACIÓN
    - PLAN DE PENSIONES
    - CUENTAS DE AHORRO
  - AMORTIZACIÓN
    - HIPOTECA
    - PRÉSTAMOS
  - TASA ANUAL EQUIVALENTE (TAE)
  - NÚMEROS ÍNDICE
    - ÍNDICE DE PRECIOS AL CONSUMO (IPC)

1. Porcentajes

Los **porcentajes** son proporciones en las que la cantidad total es 100. Podemos trabajar con ellos de la misma manera que con magnitudes directamente proporcionales: con reglas de tres directas o empleando índices de variación.

Ejercicios resueltos

1. Sabemos que el 35 % de la población de águila real de la sierra son crías. Si tenemos un total de 4 875 adultos, ¿cuántas crías hay entre la población de águila real?

   Solución:

Porcentaje	35	65
Cantidad	x	4875

$$\frac{35}{x} = \frac{65}{4875} \Rightarrow x = 2625 \text{ crías}$$

2. En la plantilla de una entidad financiera de 8 500 trabajadores hay 4 675 mujeres. ¿Qué porcentaje de la plantilla representan los hombres?

   Solución:

Porcentaje	100	x
Cantidad	8 500	4 675

$$\frac{100}{8\,500} = \frac{x}{4\,675} \Rightarrow x = 55\ \% \text{ luego hay un } 45\,\% \text{ de hombres}$$

1.1. Aumentos y disminuciones porcentuales

Ejercicios resueltos

3. Tras añadir un cierto impuesto a un producto, este vale 58,76 €. Si antes de incrementar su precio valía 52 €, ¿de qué porcentaje de incremento estamos hablando?

   Solución:

Porcentaje	100	x
Cantidad	52	58,76

$$\frac{100}{52} = \frac{x}{58{,}76} \Rightarrow x = 113 \Rightarrow \text{es un } 13\,\% \text{ de incremento}$$

4. Después de una rebaja del 18 %, me he comprado un abrigo por 61,50 €. ¿Cuánto valía la prenda antes del periodo de rebajas?

   Solución:

Porcentaje	100	82
Cantidad	x	61,50

$$\frac{100}{x} = \frac{82}{61{,}5} \Rightarrow x = 75\ € \text{ era el precio antes de las rebajas}$$

1.2. Porcentajes encadenados

Ejercicios resueltos

5. En el mercado inmobiliario ha habido numerosas fluctuaciones a lo largo del primer trimestre. En enero los precios aumentaron un 5 %, en febrero bajaron un 3 % y en marzo volvieron a subir, esta vez un 4 %. ¿Cuál ha sido el porcentaje de variación global?

   En el pasado diciembre vi una casa que costaba 200 000 €, ¿por cuánto la venderán en abril?

   Solución:

   La mejor manera de resolver problemas de porcentajes encadenados es trabajar con la expresión decimal del aumento o disminución porcentual: es lo que se llama **índice de variación**. El índice de variación es el producto de las expresiones decimales de los aumentos o disminuciones porcentuales y nos permite hallar el porcentaje de variación global fácilmente.

   Así, índice de variación = $1{,}05 \cdot 0{,}97 \cdot 1{,}04 = 1{,}05924 \Rightarrow 5{,}924\ \%$ de incremento global.

   El valor del piso tras las fluctuaciones será $200\,000 \cdot 1{,}05 \cdot 0{,}97 \cdot 1{,}04 = 211\,848$ €.

6. La bolsa varía a diario, por lo que el dinero que tengo hoy invertido se transforma a lo largo de la semana. Este viernes dispongo de 4 927,52 € tras una caída del 8 % y dos recuperaciones del 3 % y del 4 % a lo largo de la semana. ¿Cuánto tenía invertido al comienzo de la semana?

   Solución:

   $x \cdot 0{,}92 \cdot 1{,}03 \cdot 1{,}04 = 4\,927{,}52 \Rightarrow x = 5\,000$ € es la inversión inicial.

Ejercicios

1. El sueldo de un empleado en una empresa ha subido un 2 %, ahora percibe 1 530 € mensuales. ¿Cuánto cobraba antes del aumento?

2. El embalse de San Juan, de 138 hm^3 de capacidad, tiene actualmente 65 hm^3 de agua. ¿Qué porcentaje del embalse se ha vaciado?

3. En las rebajas de verano, el valor de una camiseta ha tenido tres rebajas consecutivas: 10 %, 5 % y 20 % respectivamente. Si he pagado 13,68 €, ¿cuánto costaba antes del periodo de descuentos? ¿Qué descuento final he obtenido?

4. El valor del piso de Juan ha experimentado una subida global del 3 % en los últimos tres años. El primer año bajó un 1 % y el segundo subió un 2,5 %. ¿Puedes calcular qué variación tuvo el tercer año?

2. Progresiones geométricas

Una progresión geométrica es una sucesión en la que cada término se obtiene multiplicando una misma cantidad fija al anterior. Dicha cantidad se llama **razón**, se denota *r* y puede ser cualquier número real, es decir, positivo o negativo, y mayor o menor que 1.

Por tanto, en una progresión geométrica se verifica que el cociente de dos términos consecutivos es la razón *r*, esto es, $\frac{a_2}{a_1} = r$, $\frac{a_3}{a_2} = r$, $\frac{a_4}{a_3} = r$ ..., $\frac{a_n}{a_{n-1}} = r$ por lo que en toda progresión aritmética se cumple que, para cualquier $q > p$,

$$\frac{a_q}{a_p} = r^{q-p}$$

- **Término general**

Toda progresión geométrica tiene término general $a_n = a_1 \cdot r^{n-1}$, donde a_1 es el primer término y *r*, la razón. La *n* es la variable, que toma las distintas posiciones de los términos que se quiere calcular.

También se puede usar la propiedad $\frac{a_q}{a_p} = r^{q-p}$ para calcular el término general. Basta considerar $q = n$ y, despejando, tendremos $a_n = a_p \cdot r^{n-p}$.

Ejercicios resueltos

1. Indica si las siguientes sucesiones son progresiones geométricas y, en caso afirmativo, encuentra su término general.

   a) 5, –10, 20, –40, 80, –160... *b)* 3, 6, 9, 12, 15, 18... *c)* 81, 27, 9, 3, 1, $\frac{1}{3}$, $\frac{1}{9}$, $\frac{1}{27}$...

   Solución:

   a) Se trata de una progresión geométrica de razón $r = -2$ puesto que $\frac{a_i}{a_{i-1}} = -2$ para todo *i*. El término general es $a_n = 5 \cdot (-2)^{n-1}$.

   b) No se trata de una progresión geométrica pues de un término a otro se pasa sumando una cantidad fija, no multiplicando.

   c) Se trata de una progresión geométrica de razón $r = \frac{1}{3}$, puesto que $\frac{a_i}{a_{i-1}} = \frac{1}{3}$ para todo *i*. El término general es $a_n = 81 \cdot \left(\frac{1}{3}\right)^{n-1}$.

2. Calcula el término general de una progresión geométrica de la que conocemos que $a_5 = \frac{243}{512}$ y $a_{20} = \frac{3^{20}}{2^{39}}$.

   Solución:

   Para hallar la razón emplearemos $\frac{a_q}{a_p} = r^{q-p} \Rightarrow r^{15} = \frac{3^{20}}{2^{39}} : \frac{3^5}{2^9} = \frac{3^{15}}{2^{30}} \Rightarrow r = \frac{3}{4}$.

   El término general es $a_n = \frac{243}{512}\left(\frac{3}{4}\right)^{n-5} \Rightarrow a_n = 2\left(\frac{3}{4}\right)^n$.

- **Suma de los *n* primeros términos de una progresión geométrica**

La suma de los *n* primeros términos de una progresión geométrica es: $S_n = \dfrac{a_1 - a_n \cdot r}{1-r}$

Para demostrarlo, consideramos $S_n = a_1 + a_2 + \ldots + a_n$.

Multiplicamos por la razón, $rS_n = a_1 r + a_2 r + \ldots + a_n r = a_2 + a_3 + \ldots + a_{n+1}$, y restamos:

$$S_n - rS_n = \left(a_1 + a_2 + \ldots + a_n\right) - \left(a_2 + a_3 + \ldots + a_{n+1}\right) = a_1 - a_{n+1} = a_1 - a_n \cdot r$$

$S_n\left(1-r\right) = a_1 - a_n \cdot r \Rightarrow S_n = \dfrac{a_1 - a_n \cdot r}{1-r}$ que es lo que queríamos demostrar.

Ejercicios resueltos

3. Calcula la suma de los 20 primeros términos de las progresiones geométricas de los ejercicios resueltos 1 y 2 de este epígrafe.

Solución:

a) 5, –10, 20, –40, 80, –160... $\rightarrow a_n = 5 \cdot \left(-2\right)^{n-1} \Rightarrow a_{20} = 5 \cdot \left(-2\right)^{19} = -2^{19} \cdot 5$

$$S_{20} = \frac{a_1 - a_{20} \cdot r}{1-r} = \frac{5 + 2^{19} \cdot 5 \cdot \left(-2\right)}{1-\left(-2\right)} = \frac{5}{3}\left(1-2^{20}\right) = -1\,747\,625$$

b) 81, 27, 9, 3, 1, $\frac{1}{3}, \frac{1}{9}, \frac{1}{27}, \ldots \rightarrow a_n = 81 \cdot \left(\frac{1}{3}\right)^{n-1} \Rightarrow a_{20} = \frac{1}{3^{15}}$

$$S_{20} = \frac{a_1 - a_{20} \cdot r}{1-r} = \frac{81 - \frac{1}{3^{15}} \cdot \frac{1}{3}}{1 - \frac{1}{3}} = \frac{\frac{3^{20}-1}{3^{16}}}{\frac{2}{3}} = \frac{3^{20}-1}{2 \cdot 3^{15}} \approx 121{,}5$$

c) $a_n = 2\left(\frac{3}{4}\right)^n \Rightarrow a_1 = \frac{3}{2}, a_{20} = \frac{3^{20}}{2^{39}}$

$$S_{20} = \frac{a_1 - a_{20} \cdot r}{1-r} = \frac{\frac{3}{2} - \frac{3^{20}}{2^{39}} \cdot \frac{3}{4}}{1 - \frac{3}{4}} = \frac{\frac{3 \cdot 2^{40}}{2^{41}} - \frac{3^{21}}{2^{41}}}{\frac{1}{4}} = \frac{3\left(2^{40} - 3^{20}\right)}{2^{39}} \approx 5{,}981$$

Ejercicios

5. De las siguientes sucesiones, indica cuáles son progresiones geométricas, halla su término general, el término que ocupa la posición 15 y la suma de los 15 primeros términos:

a) $2, 2\sqrt{2}, 4, 4\sqrt{2}, 8\ldots$ *b)* 1, 4, 9, 16, 25, 36, 49, 64... *c)* $81, -27, 9, -3, 1, \frac{-1}{3}, \frac{1}{9}\ldots$ *d)* $3\sqrt{3}, 3, \sqrt{3}, 1, \frac{1}{\sqrt{3}}, \frac{1}{3}\ldots$

6. De una progresión geométrica conocemos $a_5 = 8$, $r = \frac{1}{2}$.

a) Calcula el término general de la sucesión. *b)* Calcula la suma de los 30 primeros términos.

7. De una progresión geométrica conocemos $a_{20} = 3125$, $a_{10} = \frac{1}{3125}$.

a) Calcula el término general de la sucesión. *b)* Calcula la suma de los 30 primeros términos.

3. Interés simple e interés compuesto

- **Interés simple**

Observa

Es habitual que, en el lenguaje cotidiano, hablemos de *interés* cuando, en realidad, nos estamos refiriendo al *rédito*. En lenguaje estricto, el interés es una cantidad de dinero, mientras que el rédito es un porcentaje que, por defecto, se considera anual.

Cuando depositamos dinero en el banco recibimos un beneficio, una cierta cantidad que es proporcional a la cantidad ingresada y al tiempo que se ha mantenido en la cuenta. Ese beneficio recibe el nombre de *interés simple* y se denota, I. El dinero que se deposita es el capital, C, que se deja durante un tiempo, t, en años a un porcentaje o rédito anual, r.

$$I = \frac{C \cdot r \cdot t}{100}$$

Si el tiempo del depósito se calcula en meses, sería $I = \dfrac{C \cdot \dfrac{r}{12} \cdot t}{100} \Rightarrow I = \dfrac{C \cdot r \cdot t}{1200}$, mientras que si es en días, será $I = \dfrac{C \cdot \dfrac{r}{360} \cdot t}{100} \Rightarrow I = \dfrac{C \cdot r \cdot t}{36\ 000}$ (para hacerlo más simple consideramos años de 12 meses y de 30 días).

Ejercicios resueltos

1. Calcula el capital final que se obtendrá de un depósito de 3000 € a interés simple, con un 2,5 % de rédito anual durante 5 años.

   Solución:

   $I = \dfrac{3000 \cdot 2{,}5 \cdot 5}{100} = 375\text{ €} \Rightarrow$ El capital final será de 3375 €.

2. Calcula el tiempo que hemos invertido 4000 € al 4 % de rédito anual si hemos obtenido un total de 4640 € con liquidación de intereses mensuales.

   Solución:

   Los intereses abonados son 640 €, de liquidación mensual, por tanto,

   $640 = \dfrac{4000 \cdot 4 \cdot t}{1\,200} \Rightarrow t = 48\text{ meses} \Rightarrow 4\text{ años}$

- **Interés compuesto**

Si en lugar de retirar los intereses, los reinvertimos añadiéndolos a la cantidad depositada durante más tiempo, deberemos resolver un problema de interés compuesto.

En este caso, el capital final, C_f, que se obtiene al invertir un capital inicial, C, durante un tiempo (en años), t, a un rédito, r, sigue la fórmula:

$$C_f = C \cdot \left(1 + \frac{r}{100}\right)^t$$

que es el término a_t de una progresión geométrica en la que se nos muestra el capital final al finalizar t años:

$a_0 = C$

$a_1 = a_0 + \dfrac{r}{100} a_0 = C + \dfrac{r}{100} C = C\left(1 + \dfrac{r}{100}\right)$

$$a_2 = a_1 + \frac{r}{100}a_1 = a_1\left(1+\frac{r}{100}\right) = C\left(1+\frac{r}{100}\right)\left(1+\frac{r}{100}\right) = C\left(1+\frac{r}{100}\right)^2$$

$$\vdots$$

$$a_t = C\left(1+\frac{r}{100}\right)^t = C_f$$

A veces, para simplificar la fórmula, en lugar del porcentaje podremos considerar la expresión decimal del rédito, r, y la fórmula quedaría $C_f = C\cdot\left(1+r\right)^t$.

Ejercicios resueltos

3. Calcula los intereses que se obtendrán al depositar 3 000 € a interés compuesto, con un 2,5 % de rédito anual durante 5 años.

Solución:

$$C_f = C\cdot\left(1+\frac{r}{100}\right)^t = 3000\cdot\left(1+\frac{2{,}5}{100}\right)^5 = 3394{,}22\,€ \Rightarrow 394{,}22€ \text{ de intereses}$$

4. Calcula el rédito anual al que están depositados 4 500 € si, al cabo de 10 años, se han retirado unos intereses de 3 558,81 €.

Solución:

$$C_f = 4500 + 3558{,}81 = 4500\cdot\left(1+\frac{r}{100}\right)^{10} \Rightarrow \left(1+\frac{r}{100}\right)^{10} = 1{,}7908 \Rightarrow 1+\frac{r}{100} = 1{,}06 \Rightarrow r = 6\%$$

Ejercicios

8. Calcula los intereses recibidos de un depósito de 10 000 € a 10 años con un rédito del 10 % anual en los siguientes casos:

   a) A un interés simple con liquidación anual de intereses.

   b) A un interés simple con liquidación mensual de intereses.

   c) A un interés compuesto con liquidación anual de intereses.

   d) A un interés compuesto con liquidación mensual de intereses.

9. Calcula el capital invertido durante 3 años si se ha obtenido un capital final de 5 000 € al 2 % de rédito anual en los siguientes casos:

   a) Si se aplica un interés compuesto.

   b) Si se aplica un interés simple.

10. Calcula el rédito anual de un depósito de 30 000 € si al cabo de 3 años se han conseguido 1 000 € de intereses, habiéndose acordado con:

    a) interés simple,

    b) interés compuesto.

11. Averigua el tiempo, en años, que se ha mantenido un depósito de 4 000 € al 3 % anual si se han obtenido 250 € de intereses, habiéndolo acordado con:

    a) interés simple,

    b) interés compuesto.

4. Capitalización

Las operaciones de capitalización consisten en la obtención de un determinado capital final que es la suma de aportaciones periódicas de ciertas cantidades junto con los intereses producidos. Si esta aportación periódica fija (cuota) se realiza anualmente, hablamos de **anualidades de capitalización**, y si se hace mensualmente serán **mensualidades de capitalización**. Se trata, por tanto, de un procedimiento en el que se aplica el interés compuesto y que se utiliza, por ejemplo, al contratar un plan de pensiones.

- **Cálculo de la anualidad de capitalización**

Sea C la cuota (anualidad de capitalización), r el rédito en forma decimal, y t el tiempo en años que se mantiene la operación de capitalización. Sea C_f la cantidad final que se obtiene al finalizar el periodo acordado.

Observa

Este tipo de tabla se llama **tabla de capitalización** y muestra la evolución de la operación a lo largo del periodo.

	Cantidad al inicio del año	Cantidad al final del año
Primer año	C	$C+Cr=C(1+r)$
Segundo año	$C+C(1+r)$	$C(1+r)+C(1+r)^2$
Tercer año	$C+C(1+r)+C(1+r)^2$	$C(1+r)+C(1+r)^2+C(1+r)^3$
...	...	...
Último año	...	$C_f=C(1+r)+C(1+r)^2+...+C(1+r)^t$

Se trata de la suma de los t primeros términos de una progresión geométrica de primer término $C(1+r)$, de razón $1+r$, por lo que aplicando la fórmula correspondiente, al finalizar los t años, se obtiene

$$\frac{a_1-a_n\cdot r}{1-r}\Rightarrow C_f=\frac{C(1+r)-C(1+r)^t(1+r)}{1-(1+r)}\Rightarrow C_f=\frac{C\left[(1+r)^{t+1}-(1+r)\right]}{r}$$

donde C_f es el capital final obtenido en una operación de anualidad de capitalización C, durante t años a un rédito r expresado en forma decimal.

Despejando, podemos calcular la anualidad de capitalización, C, (o cuota) necesaria para obtener una cantidad C_f durante t años a un rédito r (en forma decimal):

$$C=\frac{C_f r}{(1+r)^{t+1}-(1+r)}$$

Ejercicios resueltos

1. Manuel abre un plan de pensiones a los 40 años, de cara a su jubilación a los 65 años. Cada año ingresa 300 euros. ¿Qué capital tendrá al llegar a su jubilación si el rédito es del 3 % anual?

Solución:

$$C_f=\frac{C\left[(1+r)^{t+1}-(1+r)\right]}{r}=\frac{300\left(1,03^{26}-1,03\right)}{0,03}=11\,265,91€$$

2. ¿Durante cuántos años debemos mantener una cuenta de ahorro, si nos proponemos ingresar 500 € cada año al 2 % de rédito anual, y queremos conseguir 20 000 €?

Solución:

$$C_f = \frac{C\left[\left(1+r\right)^{t+1} - \left(1+r\right)\right]}{r} \Rightarrow 20\,000 = \frac{500\left(1,02^{t+1} - 1,02\right)}{0,02} \Rightarrow 1,02^{t+1} - 1,02 = \frac{400}{500} \Rightarrow$$

$$\Rightarrow 1,02^{t+1} = 1,82 \Rightarrow \left(t+1\right)\log 1,02 = \log 1,82 \Rightarrow t+1 = 30,24 \Rightarrow t = 29,24 \text{ años}$$

3. Cuando me jubile, dentro de 10 años, quisiera disponer de 60 000 € en mi plan de pensiones. ¿Qué cuota anual deberé satisfacer si me han ofrecido un rédito del 5 % anual?

Solución:

$$C = \frac{C_f r}{\left(1+r\right)^{t+1} - \left(1+r\right)} = \frac{60\,000 \cdot 0,05}{1,05^{11} - 1,05} = 4\,543,12 \text{ €}$$

Observa

Si las cuotas fueran trimestrales, por ejemplo, calcularíamos el tiempo en trimestres y dividiríamos el rédito anual entre 4, para convertirlo en trimestral. Así procederíamos dependiendo del periodo de tiempo.

- **Cálculo de una mensualidad de capitalización**

Ejercicios resueltos

4. Calcula la mensualidad de capitalización al contratar un plan de pensiones a 5 años, en el que se desea conseguir 10 000 € a un rédito del 6 % anual.

Solución:

$$t = 60 \text{ meses}, \; r = \frac{0,06}{12} = 0,005 \Rightarrow C = \frac{C_f r}{\left(1+r\right)^{t+1} - \left(1+r\right)} = \frac{10\,000 \cdot 0,005}{1,005^{61} - 1,005} = 142,61 \text{€}$$

Ejercicios

12. Hace 10 años, Mario y Lucía abrieron una cuenta vivienda al 3 % de rédito anual, en la que ingresan anualidades de 1 500 €. Ahora ha llegado el momento de cerrar la cuenta para emplear los beneficios en la compra de la vivienda. ¿Cuánto dinero obtendrán?

13. Calcula el tiempo que debo mantener una cuenta de ahorro, en la que ingreso mensualidades de 300 € y que me aporta liquidaciones mensuales de intereses del 1 % de rédito anual, si quiero conseguir acumular un capital de 6 333,87 €.

14. *a)* Confecciona una tabla de capitalización que muestre la evolución de un plan de pensiones a lo largo de siete años, sabiendo que se ingresan anualidades de 2 000 € con un 2 % de rédito anual.

b) ¿Cuántos años habrá que mantener abierto el plan de pensiones si se quiere duplicar ese capital final que se obtuvo al cabo de esos siete años?

15. *a)* Calcula las mensualidades de capitalización de un plan de pensiones al 4 % de rédito anual, si se desea obtener un capital final de 20 000€ al cabo de 15 años.

b) Realiza el mismo ejercicio en el caso de que las cuotas se ingresen de forma trimestral.

c) ¿Y si son semestrales?

d) ¿Y si son anualidades?

16. En un plan de pensiones se ingresan 600 € mensuales con un 2 % de rédito anual.

a) ¿Cuánto dinero habrá al cabo de 30 años?

b) ¿Y si los ingresos de 600 € son trimestrales?

5. Amortización

Las operaciones de amortización consisten en la devolución de un préstamo, junto con unos intereses previamente acordados con la entidad. Si la devolución periódica fija (cuota) se realiza anualmente, hablamos de **anualidades de amortización**, y si se hace mensualmente serán **mensualidades de amortización**. Es un procedimiento en el que se aplica el interés compuesto, y que se utiliza, por ejemplo, al contratar una hipoteca o un préstamo personal.

- **Cálculo de una anualidad de amortización**

Sea C_p, la cantidad prestada, r el rédito en forma decimal, y t el tiempo en años que se mantiene la operación de amortización. Finalmente sea C, la cuota, es decir, la cantidad que hay que abonar anualmente (la anualidad de amortización) para poder amortizar la deuda en el tiempo previsto.

Años restantes para finalizar el préstamo	0	1	2	...	$t-1$
Anualidad de amortización abonada por el cliente	C	C	C	C	C
Capital que obtiene el banco al invertir la anualidad durante el tiempo restante del préstamo	C	$C(1+r)$	$C(1+r)^2$		$C(1+r)^{t-1}$

Al finalizar todo el periodo, la entidad habrá recuperado el capital prestado y todos los intereses que se han generado a lo largo de los años de préstamo, $C_p(1+r)^t$, todo ello a través de las anualidades de amortización abonadas. Por tanto:

$$C_p(1+r)^t = C + C(1+r) + C(1+r)^2 + \ldots + C(1+r)^{t-1}$$

Se trata de la suma de los t primeros términos de una progresión geométrica de primer término C, y razón $1+r$, por lo que, aplicando la fórmula correspondiente, al finalizar los t años, obtendremos

$$\frac{a_1 - a_n \cdot r}{1-r} \Rightarrow C_p(1+r)^t = \frac{C - C(1+r)^{t-1}(1+r)}{1-(1+r)} = \frac{C\left[(1+r)^t - 1\right]}{r} \Rightarrow C_p = \frac{C\left[(1+r)^t - 1\right]}{r(1+r)^t}$$

donde C_p es el capital prestado en una operación de amortización de anualidad de amortización C, durante t años a un rédito r expresado en forma decimal.

Despejando, podemos calcular la anualidad de amortización, C, la cuota necesaria para satisfacer el préstamo de una cantidad C_p durante t años a un rédito r en forma decimal:

$$C = \frac{C_p r(1+r)^t}{(1+r)^t - 1}$$

Ejercicios resueltos

1. María y Eva contratan una hipoteca de 200 000 € a 25 años para pagar su casa. ¿Cuál será la anualidad de amortización si el rédito es del 1 % anual?

Solución:

$$C = \frac{C_p r(1+r)^t}{(1+r)^t - 1} = \frac{200\,000 \cdot 0,01 \cdot 1,01^{25}}{1,01^{25} - 1} = 9\,801,35€$$

2. ¿Durante cuántos años deberá pagar Alfonso un préstamo personal de 5 000 € si solo puede pagar 510 € de anualidad de amortización y el rédito es del 8 % anual? ¿Cuánto ha pagado en total de intereses a la entidad?

Solución:

$$C = \frac{C_p r\left(1+r\right)^t}{\left(1+r\right)^t - 1} \Rightarrow 510 = \frac{5\,000 \cdot 0{,}08 \cdot 1{,}08^t}{1{,}08^t - 1} \Rightarrow 510 \cdot 1{,}08^t - 510 = 400 \cdot 1{,}08^t \Rightarrow$$

$$\Rightarrow 110 \cdot 1{,}08^t = 510 \Rightarrow 1{,}08^t = 4{,}636 \Rightarrow t \log 1{,}08 = \log 4{,}636 \Rightarrow t = 19{,}93 \text{ años}$$

Alfonso debe pagar el préstamo durante 20 años. Como la anualidad es de 510, en total pagará 10 200 €, es decir, 5 200 € de intereses.

3. Acabo de terminar el pago de mi hipoteca. Comencé hace 30 años con cuotas anuales de 6 000 € y el rédito que acordé con mi entidad fue del 4 % anual. ¿Qué cantidad me prestaron? ¿Cuánto he pagado realmente al banco?

Solución:

$$C_p = \frac{C\left[\left(1+r\right)^t - 1\right]}{r\left(1+r\right)^t} = \frac{6000 \cdot \left(1{,}04^{30} - 1\right)}{0{,}04 \cdot 1{,}04^{30}} = 103\,752{,}2\ € \text{ es la cantidad prestada}$$

He pagado 30 anualidades de 6 000 €, es decir, un total de 180 000 €.

4. Completa una tabla de amortización de un pequeño préstamo que se solicitó en 2017, de anualidad de amortización de 5 000 €, al 6 % de rédito anual, si sabemos que el préstamo finalizó en 2021.

Solución:

$$C_p = \frac{C\left[\left(1+r\right)^t - 1\right]}{r\left(1+r\right)^t} = \frac{5\,000 \cdot \left(1{,}06^4 - 1\right)}{0{,}06 \cdot 1{,}06^4} = 17\,325{,}53\ € \text{ que solicitamos en el año 2017.}$$

En 2018 abonamos la primera anualidad de 5 000 €. La parte correspondiente a intereses se obtiene aplicando el rédito a la deuda pendiente: 0,06 · 17 325,53 = 1 039,53 €

El capital amortizado será la parte de anualidad restante: 5 000 – 1 039,53 = 3 960,47 €

Tras el pago de la anualidad de 2018, ajustamos la deuda pendiente y comenzamos el 2019 con esa deuda, para repetir el proceso.

Año	Anualidad de amortización	Deuda pendiente antes del pago	Intereses	Capital amortizado	Deuda pendiente después del pago
2017	---	----	---	----	17 325,53
2018	5 000	17 325,53	1 039,53	3 960,47	13 365,06
2019	5 000	13 365,06	801,90	4 198,10	9 166,96
2020	5 000	9 166,96	550,02	4 449,98	4 716,98
2021	5 000	4 716,98	283,02	4 716,98	0,00

- **Cálculo de una mensualidad de amortización**

Ejercicios resueltos

5. Calcula la mensualidad de amortización al contratar una hipoteca de 200 000 € a 30 años al 0,6 % de rédito anual.

Solución:

$$t = 360 \text{ meses}, \; r = \frac{0,006}{12} = 0,0005 \Rightarrow$$

$$\Rightarrow C = \frac{C_p r(1+r)^t}{(1+r)^t - 1} = \frac{200\,000 \cdot 0,0005 \cdot 1,0005^{360}}{1,0005^{360} - 1} = 607,19 \text{ €}$$

6. Tasa anual equivalente (TAE)

En las operaciones de capitalización y de amortización la información que suele aportar el banco sobre los intereses aplicados suele ser anual. Sin embargo, es posible, por ejemplo, que los intereses recibidos en el caso de las capitalizaciones se vayan liquidando (abonando) en distintos periodos (meses, trimestres, periodos superiores al año...).

Para poder realizar comparativas entre distintas operaciones o entidades, los bancos indican también la **tasa anual equivalente (TAE)**, que es el porcentaje de crecimiento total de un capital durante un año, es decir:

$$\text{TAE} = \left[\left(1 + \frac{r}{k}\right)^k - 1\right] \cdot 100$$

donde k es el número de veces anuales en que se realiza la liquidación de intereses y r el rédito anual en su expresión decimal.

En el caso de las amortizaciones, en la TAE se incluyen las distintas comisiones y gastos fijos que hay que pagar al contratar un préstamo.

Ejercicios resueltos

1. *a)* Halla la TAE que corresponde a un rédito del 6 % anual si los intereses de una cuenta corriente se liquidan mensualmente.

   b) ¿Y si los intereses se liquidan al cabo de 4 años?

Solución:

a) Si el rédito es de un 6 % anual, como los intereses se liquidan mensualmente emplearemos $r = \frac{6}{12} = 0,5$.

Si tenemos un capital C en la cuenta corriente, al cabo del año, es decir, de 12 meses, el capital se habrá transformado en

$$C(1+r)^{12} = C \cdot 1,005^{12} = C \cdot 1,0617.$$

Esto es, un rédito del 6 % anual, se transforma en un incremento real del capital del 6,17 % por tener liquidación de intereses mensual. Por tanto, la TAE es 6,17 %.

Empleando la fórmula, $TAE = \left[\left(1+\frac{r}{k}\right)^k - 1\right] \cdot 100 = \left[\left(1+\frac{0,06}{12}\right)^{12} - 1\right] \cdot 100 = 6,17\,\%$

Como puedes observar la TAE puede ser superior al rédito.

b) En este caso, aplicando la fórmula:

$$TAE = \left[\left(1+\frac{r}{k}\right)^k - 1\right] \cdot 100 = \left[\left(1+\frac{0,06}{\frac{1}{4}}\right)^{\frac{1}{4}} - 1\right] \cdot 100 = 5,525\,\%$$

Observamos que la TAE también puede ser inferior al rédito.

Ejercicios

17. Realiza una tabla de amortización para una hipoteca de 6 años, por un préstamo de 100 000 € con cuotas anuales al 3 % de rédito anual.

18. Realiza una tabla de amortización para un pequeño préstamo a 8 meses con mensualidades de 300 € a un rédito del 5 % anual.

19. Hemos pedido un préstamo personal de 10 000€, a un 6 % de rédito anual, a 24 meses.

a) Calcula la mensualidad de amortización.

b) Calcula la cuota de amortización si deseamos pagarla trimestralmente.

20. Tras pagar 5 años de un préstamo acordado a 10 años, de anualidad 6000 €, al 7 % de rédito anual, estamos en disposición de amortizar todo el capital pendiente de pago con el premio obtenido de una lotería. ¿Cuánto dinero vamos a pagar con la lotería?

21. Sara solicita un crédito de 1 000 €. Prefiere pagarlo con cuotas trimestrales, porque le permiten ahorrar durante más meses antes de pagar, pero, por otro lado, tener una deuda durante más años no le parece lo mejor. Ayuda a Sara a decidir si debe abonar cuotas mensuales o trimestrales, o si resulta indiferente a nivel económico, teniendo en cuenta las siguientes condiciones:

Si escoge pagos mensuales, el rédito anual es del 6 % y debe realizar la devolución a lo largo de un año completo.

Si escoge pagos trimestrales, el rédito anual es también del 6 %, pero debe realizar la devolución a lo largo de 3 años.

22. Calcula la TAE que corresponde a un rédito del 5 % anual, si los periodos de capitalización son:

a) mensuales

b) trimestrales,

c) semestrales,

d) bimestrales.

23. Una entidad tiene establecido que, en caso de descubierto con sus tarjetas de crédito (saldo negativo, números rojos), el cliente deberá abonar una comisión del 2 % mensual hasta que se resuelva la situación. ¿Cuál es la TAE de esta penalización?

24. Tras 6 años de una operación de capitalización, la entidad abonará el capital invertido con un rédito acordado del 8 % anual. Calcula la TAE.

7. Números índice

Los números índice nos permiten comparar la variación de varias magnitudes en un cierto momento del tiempo (que llamamos *base*). Para ello, tomamos el índice 100 como referencia en dicho momento y comparamos la fluctuación de las magnitudes a partir de entonces.

7.1. Índice de precios al consumo (IPC)

Uno de los números índice fundamentales es el índice de precios al consumo (IPC) que mide las variaciones de los precios de todos los productos en general (no de uno concreto). Por ser un número índice debe tener una base, es decir, un momento en el tiempo que se tiene de referencia. Por ejemplo, en el año 2019 la base fue el 2016, pero en el año 2007 la base era el 2001.

Para elaborar el IPC se tienen en cuenta los precios de los productos (bienes y servicios) más representativos para la subsistencia en el año actual y en el año base, y se ponderan según la importancia que tengan en el consumo de las familias.

Recuerda

La «cesta de la compra» es el conjunto de productos que sirve para elaborar el IPC. Contiene elementos como la alimentación, el transporte, la medicina, la vivienda, la enseñanza, el ocio, el vestido... El poder adquisitivo está determinado por los bienes y servicios que pueden ser comprados por una cantidad de dinero. Si la cesta de la compra sube y los sueldos de la población no lo hacen en la misma proporción, el poder adquisitivo de los individuos baja.

Ejercicios resueltos

1. En la siguiente tabla se muestran los precios de la cesta de la compra estándar en cierto país, durante los años 2015 al 2019.

Año	2015	2016	2017	2018	2019
Precio de la cesta de la compra	2750	2825	3000	3125	3200

a) Calcula el IPC de cada año tomando como base el año 2015.

b) Calcula el IPC 2017 tomando como base el año 2016.

c) Tomando como base 2015, el IPC del año 2020 fue del 20 %. ¿Cuánto dinero vale la cesta de la compra en 2020?

Solución:

a)

Año	2015	2016	2017	2018	2019
IPC	---	$\frac{2825}{2750} \cdot 100 = 102{,}73$ IPC = 2,73 %	$\frac{3000}{2750} \cdot 100 = 109{,}09$ IPC = 9,09 %	$\frac{3125}{2750} \cdot 100 = 113{,}64$ IPC = 13,64 %	$\frac{3200}{2750} \cdot 100 = 116{,}36$ IPC = 16,36 %

b) $\frac{3000}{2825} \cdot 100 = 106{,}19 \Rightarrow \text{IPC} = 6{,}19\,\%$

c) $\frac{x}{2750} \cdot 100 = 120 \Rightarrow x = 3300$ €

Observa

La **inflación/deflación** es también un indicador de precios, pero a diferencia del IPC, que comprende un conjunto cerrado de productos en su «cesta de la compra», la inflación/deflación mide la subida/bajada generalizada de precios en una economía.

2. A continuación puedes ver la tabla de ponderación del IPC, así como las variaciones en la cesta de la compra a lo largo de dos años. Calcula el IPC del año actual tomando como base el del año anterior e interprétalo.

Grupo	Ponderación (%)	Año anterior	Año actual
Alimentos y bebidas no alcohólicas	18,74	550	555
Vivienda	12,51	510	505
Ocio y cultura	7	200	210
Enseñanza	1,59	30	25
Vestido	7,6	220	225
Transporte	15,6	525	530
Restauración	11,6	500	510
Menaje	6	180	180
Otros bienes y servicios	19,36	600	610

Solución:

Para calcular el IPC, tomamos como base el año pasado, teniendo siempre en cuenta la ponderación de cada producto, por tanto

$$\frac{555\cdot 0{,}1874+505\cdot 0{,}1251+210\cdot 0{,}07+25\cdot 0{,}0159+225\cdot 0{,}076+530\cdot 0{,}156+510\cdot 0{,}116+180\cdot 0{,}06+610\cdot 0{,}1936}{550\cdot 0{,}1874+510\cdot 0{,}1251+200\cdot 0{,}07+30\cdot 0{,}0159+220\cdot 0{,}076+525\cdot 0{,}156+500\cdot 0{,}116+180\cdot 0{,}06+600\cdot 0{,}1936}=$$

$$=\frac{470{,}116}{464{,}928}=1{,}0112$$

Este año el IPC es del 1,12 %.

Ejercicios

25. Explica, con lenguaje cotidiano, qué significa que:

a) El precio de la cesta de la compra en mayo ha subido un 0,25 % respecto del mes pasado.

b) El IPC ha subido en abril un 0,03 % lo que provoca una subida anual del 2,67 %.

c) Para realizar una comparativa de salarios 2018-2022 se ha tomado como base el sueldo medio de 2018.

26. Este país ha pasado por un momento de crisis entre los años 2004 y 2009:

Año	2004	2005	2006	2007	2008	2009
IPC respecto al año anterior	3,04 %	3,37 %	3,52 %	2,58 %	4,09 %	–0,28 %

El Estado ha congelado el sueldo a sus funcionarios durante ese periodo, y les ha prometido que el 2010, los volverá a subir con toda la inflación acumulada.

Toma de estimador de la inflación, la tabla de IPC mostrada anteriormente, y decide cuánto debe pagar el Estado a sus funcionarios si a comienzos del 2004 cobraban 1 000 € mensuales.

27. En una empresa del país anterior, un empleado que cobraba 900 € a comienzos de la crisis de 2004, cobra en 2010 una nómina de 1 000 €. ¿La subida de sueldo es acorde con la variación del IPC?

Síntesis

Porcentajes

Cálculo de la parte conociendo el porcentaje y el total: $\dfrac{\text{porcentaje} \cdot \text{total}}{100}$

Cálculo del porcentaje conociendo la parte y el total: $\dfrac{\text{parte} \cdot 100}{\text{total}}$

Cálculo del total conociendo el porcentaje y la parte: $\dfrac{\text{parte} \cdot 100}{\text{porcentaje}}$

Aumento del x% a $N = \left(1 + \dfrac{x}{100}\right) \cdot N$

Disminución del x% a $N = \left(1 - \dfrac{x}{100}\right) \cdot N$

Progresiones geométricas

Término general: $a_n = a_p \cdot r^{n-p}$

Suma de n términos: $S_n = \dfrac{a_1 - a_n \cdot r}{1 - r}$

Interés simple e interés compuesto

Interés simple: $I = \dfrac{C \cdot r \cdot t}{100}$

Interés compuesto: $C_f = C \cdot \left(1 + \dfrac{r}{100}\right)^t$

Capitalización

$$C_f = \frac{C\left[\left(1+r\right)^{t+1} - \left(1+r\right)\right]}{r}$$

Amortización

$$C_p = \frac{C\left[\left(1+r\right)^t - 1\right]}{r\left(1+r\right)^t}$$

Tasa anual equivalente (TAE)

$$\text{TAE} = \left[\left(1 + \frac{r}{k}\right)^k - 1\right] \cdot 100$$

Números índice

$$\text{Índice precios al consumo (IPC)} = \left(\frac{\text{Precio cesta compra ahora}}{\text{Precio cesta compra año de referencia}} - 1\right) \cdot 100\,\%$$

Problemas tipo

Porcentajes

28. *a)* En 1.º de Bachillerato A hay 30 alumnos, de los cuales 21 han aprobado el último examen. ¿Qué porcentaje representan?

b) En 1.º de Bachillerato B también hay 30 alumnos, de los que han aprobado el 60 %. ¿Cuántos alumnos han suspendido?

c) En 1.º de Bachillerato C ha suspendido el 25 % de la clase. Sabiendo que hay 21 aprobados, ¿cuántos alumnos hay en total en ese grupo?

a) $\frac{21}{30} = \frac{x}{100} \Rightarrow x = \frac{21 \cdot 100}{30} = 70\%$

b) $\frac{x}{30} = \frac{60}{100} \Rightarrow x = \frac{60 \cdot 30}{100} = 18$ aprobados $\Rightarrow$ 12 suspensos

c) 75 % de aprobados = 21 alumnos

$\frac{75}{21} = \frac{100}{x} \Rightarrow x = \frac{21 \cdot 100}{75} = 28$ alumnos en total

29. *a)* Un producto cuesta 55 € sin IVA. ¿Cuánto costará si le añadimos un IVA del 21 %?

b) Si un producto cuesta ahora 52,80 € y sabemos que está rebajado un 12 %, ¿cuánto costaba antes de la rebaja?

a) $55 \cdot 1{,}21 = 66{,}55$ €

b) $0{,}88x = 52{,}80 \Rightarrow x = \frac{52{,}80}{0{,}88} = 60$ €

30. El precio de un producto tiene una rebaja del 18 % y después hay que añadirle el IVA del 21 %. ¿El precio final ha aumentado o disminuido respecto al precio inicial? ¿En qué porcentaje?

$0{,}82 \cdot 1{,}21 = 0{,}9922$

$1 - 0{,}9922 = 0{,}0078$

El precio ha disminuido un 0,78 %.

Progresiones geométricas

31. Comprueba que las siguientes sucesiones son progresiones geométricas y halla su término general:

a) 4, 12, 36, 108...

b) 12, 6, 3, $\frac{3}{2}$...

a) $a_1 = 4$

$\frac{12}{4} = 3;\ \frac{36}{12} = 3;\ \frac{108}{36} = 3 \Rightarrow r = 3$

$a_n = 4 \cdot 3^{n-1}$

b) $a_1 = 12$

$\frac{6}{12} = \frac{1}{2};\ \frac{3}{6} = \frac{1}{2};\ \frac{\frac{3}{2}}{3} = \frac{1}{2} \Rightarrow r = \frac{1}{2}$

$a_n = 12 \cdot \left(\frac{1}{2}\right)^{n-1} = \frac{2^2 \cdot 3}{2^{n-1}} = \frac{3}{2^{n-3}}$

32. Halla el primer término y el término general de una progresión geométrica de la que conocemos $a_4 = 81$ y $a_7 = 24$.

$a_7 = a_4 r^{7-4} \rightarrow 24 = 81r^3 \rightarrow r^3 = \frac{24}{81} = \frac{8}{27} \rightarrow r = \sqrt[3]{\frac{8}{27}} = \frac{2}{3}$

$a_1 = a_4 r^{1-4} = 81 \cdot \left(\frac{2}{3}\right)^{-3} = 81 \cdot \left(\frac{3}{2}\right)^3 = 81 \cdot \frac{27}{8} = \frac{2187}{8}$

$a_n = a_4 r^{n-4} = 81 \cdot \left(\frac{2}{3}\right)^{n-4} = 3^4 \cdot \frac{2^{n-4}}{3^{n-4}} = \frac{2^{n-4}}{3^{n-8}}$

Progresiones geométricas	***(Cont.)***
33. Halla la suma de los 20 primeros términos de las progresiones geométricas: *a)* 5, 10, 20, 40... *b)* $1, \frac{1}{2}, \frac{1}{4}, \frac{1}{8}, \frac{1}{16}...$	*a)* $a_1 = 5,\ r = 2 \rightarrow a_{20} = 5 \cdot 2^{19}$ $S_{20} = \frac{5 - 5 \cdot 2^{19} \cdot 2}{1-2} = 5 \cdot \left(2^{20} - 1\right) = 5\,242\,875$ *b)* $a_1 = 1,\ r = \frac{1}{2} \rightarrow a_{20} = 1 \cdot \left(\frac{1}{2}\right)^{19} = \left(\frac{1}{2}\right)^{19}$ $S_{20} = \frac{1 - \left(\frac{1}{2}\right)^{19} \cdot \frac{1}{2}}{1 - \frac{1}{2}} = \frac{1 - \frac{1}{2^{20}}}{\frac{1}{2}} = 2 - \frac{1}{2^{19}} = \frac{1\,048\,575}{524\,288} \approx 1{,}999998$

Interés simple e interés compuesto	
34. Calcula cuánto dinero tendríamos en total después de una inversión de 10 000 € a un interés simple del 5 % durante: *a)* 4 años, *b)* 18 meses, *c)* 279 días.	*a)* $I = \frac{10\,000 \cdot 5 \cdot 4}{100} = 2\,000 \Rightarrow C_f = 12\,000$ € *b)* $I = \frac{10\,000 \cdot 5 \cdot 18}{1200} = 750 \Rightarrow C_f = 10\,750$ € *c)* $I = \frac{10\,000 \cdot 5 \cdot 279}{36\,000} = 387{,}50 \Rightarrow C_f = 10\,387{,}50$ €
35. Calcula cuánto dinero tendríamos en total después de una inversión de 10 000 € a un interés compuesto del 3 % durante 2 años, si los pagos de intereses son: *a)* anuales, *b)* mensuales, *c)* diarios.	*a)* $C_f = 10\,000\left(1 + \frac{3}{100}\right)^2 = 10\,609$ € *b)* $C_f = 10\,000\left(1 + \frac{3}{1\,200}\right)^{24} = 10\,617{,}57$ € *c)* $C_f = 10\,000\left(1 + \frac{3}{36\,000}\right)^{720} = 10\,618{,}34$ €

Capitalización	
36. Voy a abrir un fondo de pensiones con una cuota anual de 6000 €, a un interés del 6 %. ¿Cuánto dinero habré acumulado al cabo de 20 años?	$C_f = \frac{6\,000\left[1{,}06^{21} - 1{,}06\right]}{0{,}06} = 233\,956{,}36$ €
37. Quiero abrir una cuenta de ahorro al 6 % de interés con la intención de reunir 50 000 € al cabo de 5 años. ¿Cuánto debo ingresar cada mes si los pagos de intereses son mensuales?	$C = \frac{50\,000 \cdot \frac{0{,}06}{12}}{\left(1 + \frac{0{,}06}{12}\right)^{61} - \left(1 + \frac{0{,}06}{12}\right)} = 713{,}07$ €
38. Calcula cuántos años se ha mantenido una capitalización al 5 %, sabiendo que las cuotas eran de 5 000 € al año, con pago de intereses anual y el capital acumulado es de 113 287,45 €.	$113\,287{,}45 = \frac{5\,000\left[1{,}05^{t+1} - 1{,}05\right]}{0{,}05} \rightarrow \frac{113\,287{,}45 \cdot 0{,}05}{5\,000} + 1{,}05 = 1{,}05^{t+1} \rightarrow$ $\rightarrow 1{,}05^{t+1} = 2{,}1828745 \rightarrow (t+1)\log 1{,}05 = \log 2{,}1828745 \Rightarrow$ $\Rightarrow t = \frac{\log 2{,}1828745}{\log 1{,}05} - 1 = 15$ años

Capitalización *(Cont.)*

39. Completa una tabla de capitalización de un plan de pensiones, de anualidad de capitalización de 300 €, al 5% de rédito anual. ¿De cuánto dinero acabaré disponiendo al finalizar el plazo de 5 años? Compruébalo con la fórmula

	Cantidad al inicio del año	Cantidad al final del año
Primer año	300	300 · 1,05 = 315 €
Segundo año	315 + 300 = 615 €	615 · 1,05 = 645,75 €
Tercer año	645,75 + 300 = 945,75 €	945,75 · 1,05 = 993,04 €
Cuarto año	993,04 + 300 = 1 293,04 €	1 293,04 · 1,05 = 1 357,69€
Último año	1 357,69 + 300 = 1 657,69 €	1 657,69 · 1,05 = 1 740,57 €

Con la fórmula será: $C_f = \dfrac{C\left[\left(1+r\right)^{t+1} - \left(1+r\right)\right]}{r} = \dfrac{300\left(1{,}05^6 - 1{,}05\right)}{0{,}05} = 1\,740{,}57\text{ €}$

Amortización

40. Voy a solicitar un préstamo personal de 20 000 €. Para devolverlo, me piden 5 cuotas anuales al 8 % durante 5 años. ¿Cuánto deberé pagar cada año? ¿A cuánto asciende el total de intereses que deberé pagar?

$$C = \frac{20000 \cdot 0{,}08 \cdot 1{,}08^5}{1{,}08^5 - 1} = 5009{,}13\ \text{€}$$

En total pagaré 5 · 5 009,13 = 25 045,65 €, por lo que los intereses que pagaré en total serán 5 045,65 €.

41. Cada mes pago de hipoteca 600 €. Sabiendo que el plazo es de 25 años y que el rédito es del 2,4 %, ¿cuánto dinero me prestó inicialmente el banco?

$$C_p = \frac{600\left[\left(1+\dfrac{0{,}024}{12}\right)^{300} - 1\right]}{\dfrac{0{,}024}{12}\cdot\left(1+\dfrac{0{,}024}{12}\right)^{300}} = 135\,257{,}83\ \text{€}$$

42. Haz una tabla de amortización de un préstamo de 10 000 € a pagar en tres años, con una anualidad de 4 021,15 € al 10 % anual.

Año	Anualidad de amortización	Deuda pendiente antes	Intereses	Capital amortizado	Deuda pendiente después
1	4 021,15	10 000	1 000	3 021,15	6 978,85
2	4 021,15	6 978,85	697,89	3 323,25	3 655,59
3	4 021,15	3 655,59	365,56	3 655,59	0,00

Tasa anual equivalente (TAE)

43. Halla la TAE correspondiente a un 10 % de interés:

a) con pagos mensuales,

b) con pagos diarios.

a) $\text{TAE} = \left[\left(1+\dfrac{0{,}1}{12}\right)^{12} - 1\right]\cdot 100 = 10{,}47\,\%$

b) $\text{TAE} = \left[\left(1+\dfrac{0{,}1}{360}\right)^{360} - 1\right]\cdot 100 = 10{,}52\,\%$

Números índice

44. El precio de la cesta de la compra de referencia en 2019 fue de 5 375 €. Si en 2020 el precio fue de 5 535 €, ¿cuál ha sido el IPC en 2020?

$\dfrac{5\,535}{5\,375} = 1{,}0298 \rightarrow \text{IPC} = 2{,}98\,\%$

Ejercicios y problemas

Porcentajes

45. La población de la ciudad de Salamanca representa el 43,16 % de la población total de la provincia, que es de 333 600 personas. ¿Cuántas personas viven en municipios de la provincia de Salamanca distintos a la capital?

46. La extensión de Castilla-La Mancha es de 79 463 km^2 y la de toda la península Ibérica es 582 000 km^2. ¿Qué porcentaje de la extensión de la Península corresponde a la comunidad de Castilla-La Mancha?

47. En una ciudad, el 41% de su población tiene estudios universitarios. Si hay 147 500 personas sin estudios universitarios, ¿cuál es la población total de dicha ciudad?

48. Calcula el precio total de la compra de estos tres productos:

Producto	Precio sin IVA	IVA
Una camisa	25 €	21 %
Pescado	15 €	10 %
Medicina	8 €	4 %

49. Completa la tabla de precios de una tienda en rebajas:

Producto	Precio antes de la rebaja	Porcentaje de rebaja	Precio después de la rebaja
Pantalón	30 €	15 %	
Camisa	25 €	10 %	
Chaqueta	40 €	20 %	
Jersey	20 €	5%	

50. Completa.

Precio inicial	Porcentaje de aumento	Precio final
	10 %	77 €
	30 %	175,50 €
	25 %	52,50 €
	5 %	90,51 €

51. Completa.

Precio inicial	Porcentaje de descuento	Precio final
	20 %	13,20 €
	25 %	121,35 €
	15 %	31,45 €
	8 %	233,22 €

52. El precio del combustible ha subido un 5 % en la primera semana de este mes, ha bajado un 4 % en la segunda, ha subido un 8 % en la tercera, y ha bajado un 6 % en la cuarta. ¿Cuál es el porcentaje de aumento o de disminución del precio del combustible en todo el mes?

53. Después de experimentar tres variaciones consecutivas, el precio de un producto ha bajado un 19 %. La primera variación fue una disminución del 10 %, la segunda, un incremento del 20 %, y ¿la tercera?

53. Los precios de una tienda han subido en diciembre un 20 %, pero, para calmar a los clientes, han anunciado que en enero los bajarán un 20 %. ¿Quedarán los precios después de enero igual que estaban antes de diciembre?

Progresiones geométricas

55. Halla el término general de las siguientes progresiones geométricas de la forma más simple posible:

a) $a_1 = 5,\ r = 2$

b) $a_1 = 32,\ r = \frac{1}{4}$

c) $a_1 = 54,\ r = \frac{2}{3}$

d) $a_1 = \sqrt{2},\ r = \sqrt[4]{2}$

56. Decide si las siguientes sucesiones son progresiones geométricas o no. En caso afirmativo, halla su término general.

a) 2, 6, 18, 54, 162...

b) 16, 8, 4, 2, 1...

c) $12,\ 18,\ 27,\ \frac{81}{2},\ \frac{243}{4}...$

d) $1,\ \sqrt{2},\ 2,\ \sqrt{8},\ 4...$

57. Determina el término general de las siguientes progresiones geométricas y utilízalo para hallar a_1 y a_{10}:

a) $a_4 = \frac{1}{9},\ r = 3$ b) $a_7 = 96,\ r = \frac{1}{2}$

c) $a_5 = \frac{25}{27},\ r = \frac{3}{5}$ d) $a_6 = 9,\ r = \sqrt{3}$

58. Calcula la razón de las progresiones geométricas siguientes, sabiendo que es positiva en todos los casos:

a) $a_{13} = 15,\ a_{14} = 75$

b) $a_7 = 125,\ a_9 = 20$

c) $a_{21} = 4,\ a_{24} = \frac{1}{16}$

d) $a_9 = -9,\ a_{13} = -\frac{1}{9}$

59. Halla la suma de los diez primeros términos de las siguientes progresiones geométricas sin calcular dichos términos:

a) $a_1 = \frac{4}{27},\ r = 3$

b) $a_1 = 18,\ r = 2$

c) $a_1 = 100,\ r = \frac{3}{5}$

d) $a_1 = 16,\ r = \frac{3}{2}$

60. Halla la suma de los 20 primeros términos de las progresiones geométricas siguientes:

a) 2, 10, 50, 250, 1 250...

b) 9, 18, 36, 72, 144...

c) 162, 54, 18, 6, 2...

d) $50,\ 20,\ 8,\ \frac{16}{5},\ \frac{32}{25}...$

61. Halla la suma de los 15 primeros términos de las siguientes progresiones geométricas de razón positiva:

a) $a_9 = 256,\ a_{11} = 1\,024$ b) $a_8 = 78\,125,\ a_{11} = 625$

c) $a_6 = 108,\ a_{10} = \frac{64}{3}$ d) $a_5 = 160,\ a_{10} = 1\,215$

Interés simple e interés compuesto

62. Halla el beneficio obtenido al invertir 25 000 € al 3 % de interés simple durante:

a) 4 años,

b) 20 meses,

c) 810 días.

63. Calcula cuánto dinero hay que invertir para obtener un interés de 450 € si se deposita al 5 % de interés simple durante:

a) 3 años,

b) 10 meses,

c) 225 días.

64. Calcula el rédito al que hay que invertir 16 000 € para obtener un beneficio de 2 400 € si se invierte a interés simple durante:

a) 2 años,

b) 9 meses,

c) 288 días.

65. Averigua durante cuánto tiempo hay que mantener una inversión de 10 000 euros al 6 % de interés simple para obtener un beneficio de 315 €.

Halla dicha cantidad en años, luego en meses y por último en días, y comprueba que se obtienen los mismos resultados.

Nota: Considera que el año tiene 12 meses de 30 días cada uno.

66. Calcula qué capital hay que invertir al 5 % de interés simple para que al cabo de 9 años se convierta en un total de 7 250 €.

67. Calcula cuánto dinero retiraremos de un depósito de 7 500 € al 3 % de interés compuesto durante 3 años con pagos:

a) anuales,

b) mensuales,

c) diarios.

68. Después de hacer una inversión al 4,5 % de interés compuesto durante año y medio, se han obtenido 1 069,70 €.

Averigua qué capital se invirtió si los pagos de intereses eran mensuales.

69. Halla el rédito de una inversión a interés compuesto con pagos anuales, si el depósito fue de 5 000 €, y al cabo de 3 años se habían acumulado 5 624,32 €.

70. Averigua el rédito de una inversión a interés compuesto con pagos mensuales, si el capital inicial fue de 6 000 € y al cabo de medio año se había convertido en 6 182,27 €.

71. Calcula durante cuánto tiempo debemos mantener una inversión de 8 000 € al 3 % de interés compuesto con pagos anuales, para obtener 9 274,19 €.

72. Averigua cuántos meses hay que mantener una inversión de 25 000 € al 6 % de interés compuesto con pagos mensuales, para obtener 26 147,76 €.

Capitalización

73. Si abrimos un plan de pensiones con una cuota anual de 2 400 € al 8 % y lo mantenemos 25 años, ¿cuánto dinero se habrá acumulado al final de ese periodo? ¿Qué parte de ese dinero son los intereses generados por los ingresos?

74. Si depositamos cada mes 400 € al 6 % con pagos de intereses mensuales, ¿cuánto dinero tendremos al cabo de 5 años?

75. Realiza una tabla de capitalización que nos dé la cantidad de dinero de un plan de pensiones con anualidades de 6 000 €, al 5 % durante 10 años.

76. Calcula el capital acumulado en una operación capitalización al 6 % de interés anual en un periodo de 10 años, si los pagos de intereses son:

a) anuales, e ingresamos 1 200 € al año;

b) semestrales, e ingresamos 600 € al semestre, es decir, 1 200 € al año;

c) trimestrales, e ingresamos 300 € al trimestre, es decir, 1 200 € al año;

d) mensuales, e ingresamos 100 € al mes, es decir, 1 200 € al año.

77. Queremos abrir una cuenta de ahorro al 7 % para reunir 50 000 € al cabo de 12 años. ¿Qué cuota debemos ingresar en la cuenta cada año?

78. Si en la operación del ejercicio anterior, los pagos de intereses fueran mensuales, ¿qué mensualidad deberíamos ingresar? Si pudieras elegir, ¿qué preferirías: pagos anuales o mensuales?

79. En una operación de capitalización con anualidades de 6 000 € se ha obtenido un capital acumulado de 33 797,85 €. Halla cuánto tiempo se ha mantenido esta operación si el rédito era del 4 %.

80. Otra operación de capitalización con mensualidades de 500 € obtuvo un capital final de 33 695,67 €. Calcula el tiempo que duró esta operación si el rédito era del 4,5 %.

Amortización

81. Acabamos de pagar un préstamo al 4 % de interés, en 10 anualidades de 6 472,77 €. ¿Cuánto dinero nos prestó el banco al inicio de este periodo?

82. Tenemos una hipoteca al 3 % de interés, con mensualidades de 450 €, a 20 años. Calcula:

a) El dinero total que pagaremos.

b) El capital que nos prestó el banco.

c) Qué porcentaje del dinero total que pagamos corresponde a intereses.

83. Vamos a solicitar un préstamo de 60 000 €. El banco nos ofrece un 7 % de interés en 15 anualidades. ¿Cuánto dinero deberemos pagar en cada anualidad?

84. Calcula la mensualidad que corresponde a una hipoteca de 150 000 € al 3,6 % si el plazo de pago es de 25 años.

85. Gracias a una variación del Euríbor, el rédito de la hipoteca del ejercicio anterior se baja al 3,3 %.

a) ¿Cuánto nos ahorraremos en cada mensualidad?

b) ¿Cuánto dinero nos ahorraremos en total?

86. Valora qué es más rentable en un préstamo si el rédito es del 6 % y el plazo son 10 años:

a) pagos anuales,

b) pagos mensuales.

87. Alberto pide un microcrédito de 500 € para irse de vacaciones. Le ofrecen pagarlo en 6 mensualidades al 15 %. ¿cuántos intereses tendrá que pagar por ese préstamo?

88. En una operación de amortización en la que se prestaron 8 658,95 € a devolver en cuotas anuales de 2 000 € al 5 % de interés, ¿cuántas anualidades hay que pagar?

89. Una hipoteca al 3 % de interés cubre una deuda de 100 000 € con unas mensualidades de 554,60 €. ¿A cuántos años se contrató esa hipoteca?

90. Completa una tabla de amortización de un préstamo de 50 000 € a pagar en 8 anualidades al 6 % de rédito anual.

91. Completa una tabla de amortización de un préstamo a pagar en 10 mensualidades de 100 € cada una al 20 % de rédito.

92. Hace 8 años pedí un préstamo de 60 000 € con las siguientes condiciones:

– rédito del 6 % anual,

– plazo de pago de 12 años,

– pagos anuales.

Ahora voy a cancelar el préstamo porque he ahorrado lo suficiente para pagar la deuda que aún tengo pendiente. ¿Cuál es el importe de esa cantidad pendiente?

Tasa anual equivalente (TAE)

93. Halla la TAE correspondiente a un 5 % con pagos mensuales.

94. Calcula la TAE de una inversión al 3 % de interés con pagos trimestrales.

95. Determina la TAE de un microcrédito al 25 % de interés con pagos diarios.

96. Halla el rédito de una operación bancaria con pagos mensuales sabiendo que la TAE es del 6,17 %.

Números índice

97. La siguiente tabla muestra el precio de la cesta de la compra de referencia para el cálculo del IPC:

Año	Precio de la cesta de la compra (€)
2016	3 558
2017	3 645
2018	3 790
2019	3 845
2020	3 980

Calcula el IPC de cada año, teniendo como referencia el año anterior.

98. La siguiente tabla nos da una ponderación del IPC, y el precio de los productos en dos años consecutivos. Calcula el IPC del segundo año en relación con el primero.

Grupo	Ponderación (%)	Año pasado	Año actual
Alimentos y bebidas no alcohólicas	19,77	355	365
Bebidas alcohólicas y tabaco	3,02	114	120
Vestido y calzado	7,60	236	238
Vivienda	12,51	2 481	2 551
Menaje	6,14	128	127
Medicina	3,96	63	63
Transporte	14,67	73	75
Comunicaciones	3,60	78	81
Ocio y cultura	7,00	256	261
Enseñanza	1,59	173	177
Hoteles, cafés y restaurantes	11,60	341	352
Otros bienes y servicios	9,61	489	498

99. La tabla siguiente nos da el IPC de cada año tomando como referencia el año inmediatamente anterior:

Año	2017	2018	2019	2020	2021
IPC	3 %	2,5 %	3,1 %	2,2 %	1,9 %

Halla el IPC de 2021 si tomamos como referencia el año 2016.

100. Un gobierno municipal afirma que, en sus años de mandato, del 2003 al 2011, no ha habido crisis en el municipio, pues el IPC de 2011 respecto a 2003 es bastante alto. Halla el IPC utilizado por el gobierno municipal y analiza el IPC de cada año para comprobar si hubo o no crisis en sus años de mandato.

Año	**Precio de la cesta de la compra**
2003	3451
2004	3525
2005	3591
2006	3480
2007	3478
2008	3452
2009	3515
2010	3591
2011	3669

101. La siguiente tabla nos da el IPC de cada año respecto al año anterior:

Año	2017	2018	2019	2020
IPC	3 %	4 %	2 %	3,5 %

a) Halla el IPC de cada año tomando como referencia el año 2016.

b) Halla el IPC de cada año tomando como referencia el año 2017.

c) Halla el IPC de cada año tomando como referencia el año 2018.

102. La economía de una empresa estaba pasando por un mal momento en 2010, así que el jefe decide congelar el sueldo a sus empleados los años 2010, 2011 y 2012. En 2013 la empresa se recupera y les sube el sueldo el 10 %, muy por encima del IPC de ese año. ¿Cómo ha variado el poder adquisitivo de los trabajadores de 2009 a 2013?

Año	2010	2011	2012	2013
IPC respecto al año anterior	−1 %	3 %	4 %	5 %

Evalúate

1. Los sueldos de los empleados de una empresa han subido un 2,5 % este año. Si a finales de año un trabajador percibe 30 500 € anuales, ¿cuánto cobraba a principio de año?

2. La cesta de la compra de las familias españolas ha sufrido variaciones este año: bajó un 0,5 % a comienzos de enero, subió un 2 % en verano y volvió a bajar un 1 % al finalizar el otoño. ¿Qué porcentaje global de variación ha habido?

3. Deseamos invertir 15 000 € y el banco nos da dos opciones: hacerlo a interés simple, con un rédito del 5 % durante 6 años, o hacerlo a interés compuesto a un rédito del 4,5 % también durante 6 años. ¿Qué opción nos resulta más beneficiosa?

4. Confecciona una tabla para una operación de capitalización de anualidad de 5 000 €, al 3 % de rédito anual, mantenida durante 4 años.

5. Calcula la anualidad en una operación de capitalización, si deseamos conseguir 50 000 € en un plan de pensiones a 30 años con un rédito del 4,5 %.

6. Confecciona una tabla para una operación de amortización con mensualidades de 400 €, al 2 % de rédito anual, durante 6 meses.

7. Calcula la mensualidad en una operación de amortización, si deseamos devolver un préstamo de 300 000 € a 35 años con un 2 % de rédito anual.

8. Calcula la TAE que corresponde a un rédito anual del 7 % con periodos de capitalización:

   a) semestrales,

   b) mensuales.

9. Aquí tienes los precios de la cesta de la compra a lo largo de tres años. Toma como base el primer año y halla el IPC con esa referencia.

Año	Cesta compra
2019	3 000 €
2020	3 150 €
2021	3 310 €

10. Antonio cobraba en 2020 un total de 25 000 € brutos anuales. Valorando que el IPC sube un 2,3 %, su jefe decide aumentarle el sueldo a 25 550€. ¿El poder adquisitivo de Antonio ha subido, se mantiene constante o se ha reducido? Razona tu respuesta.

Unidad 3

Lenguaje algebraico

La frecuencia a la que vibra una cuerda de un instrumento musical es la raíz de un polinomio que depende de las características de la cuerda. Podemos decir que cada cuerda tiene asociado un polinomio.

De la misma manera, los terremotos o los vientos extremos provocan vibraciones en construcciones como los rascacielos o los puentes. Aunque hallar el polinomio que corresponda a un determinado tipo de construcción pueda parecer difícil, lo realmente complejo es determinar con exactitud sus raíces, ya que el grado de estos polinomios puede ser realmente alto.

Hoy en día, con ayuda del ordenador, se utilizan métodos para determinar las raíces con un buen grado de aproximación, y así poder construir edificios y puentes a prueba de terremotos...

MAPA CONCEPTUAL

- EXPRESIONES ALGEBRAICAS
  - POLINOMIOS
    - OPERACIONES
    - BINOMIO DE NEWTON
    - FACTORIZACIÓN Y RAÍCES
  - FRACCIONES ALGEBRAICAS

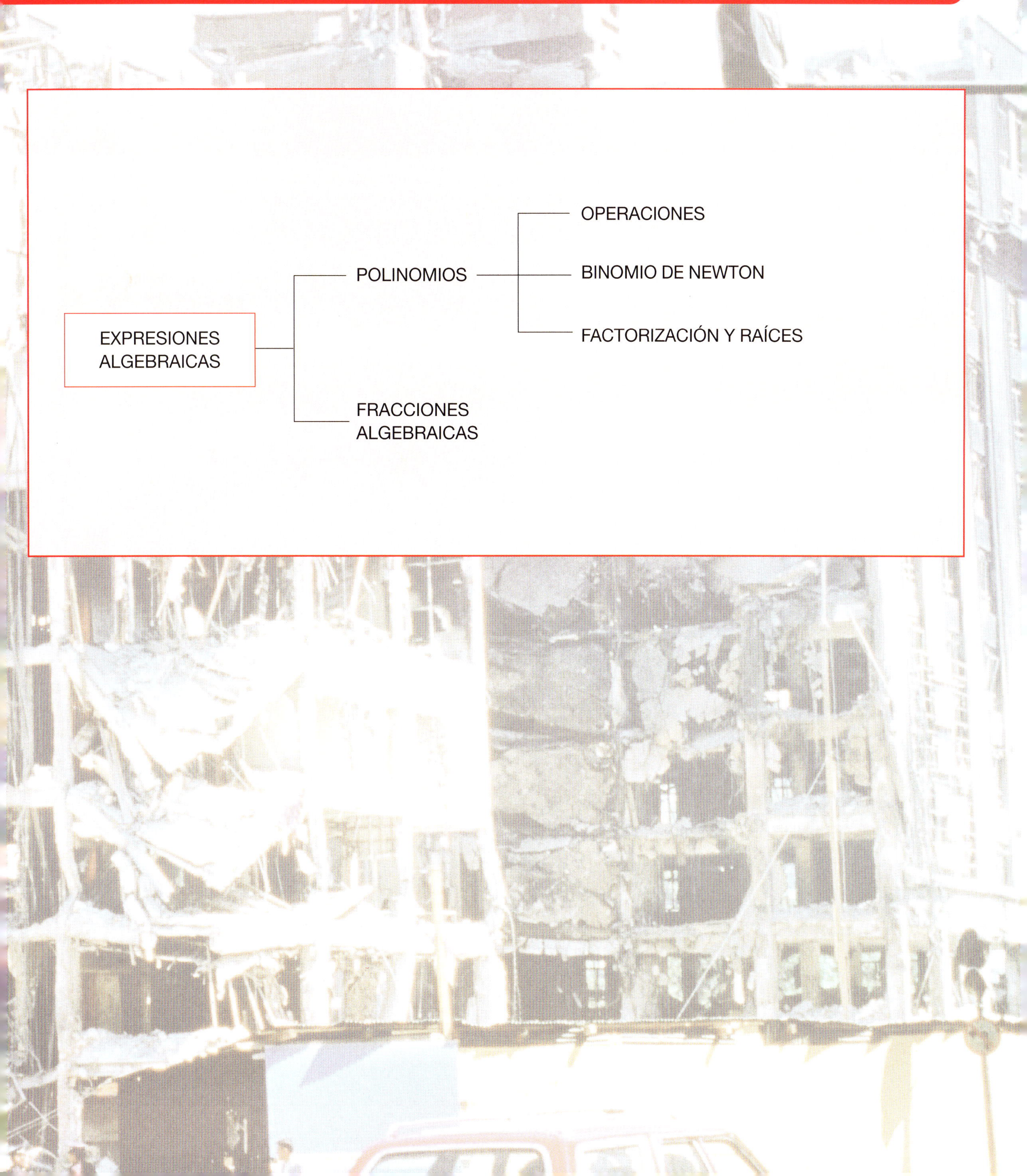

1. Polinomios

1.1. Operaciones con polinomios

Las operaciones con polinomios deben cumplir las siguientes normas:

- Seguir la jerarquía habitual.
- Realizar término a término las sumas y restas operando en el caso de que sean monomios semejantes (misma parte literal) dejando la parte literal y los coeficientes.
- Realizar los productos aplicando la propiedad distributiva y siguiendo las propiedades de las operaciones con potencias.
- Operar término a término los cocientes con divisor un monomio (siguiendo las propiedades de las operaciones con potencias). Si el divisor es un polinomio realizar la división euclídea. También se puede aplicar la regla de Ruffini si el divisor es de la forma $P(x) = x - a$ o incluso $P(x) = bx - a$.
- Desarrollar las potencias como productos, salvo que se conozcan fórmulas (como las identidades notables) o sean potencias de un binomio (en las que se puede emplear el binomio de Newton, que explicaremos en el siguiente epígrafe).

Recuerda

Las fórmulas de las identidades notables que has visto son:

$$(a \pm b)^2 = a^2 \pm 2ab + b^2$$

$$(a - b)(a + b) = a^2 - b^2$$

Ejercicios resueltos

1. Realiza las siguientes operaciones combinadas con polinomios:

a) $\left(2x - \frac{1}{2}\right)\left(\frac{3}{4}x^2 + 2\right) - (x-1)\left(\frac{4}{3} - x^2\right)$

b) $(3x^2y - 5xy^2 + xy)(2x - 5y^2 + 2)$

Solución:

a) $\frac{3x^3}{2} + 4x - \frac{3x^2}{8} - 1 - \left(\frac{4x}{3} - x^3 - \frac{4}{3} + x^2\right) = \frac{5x^3}{2} - \frac{11x^2}{8} + \frac{8x}{3} + \frac{1}{3}$

b) $6x^3y - 15x^2y^3 + 6x^2y - 10x^2y^2 + 25xy^4 - 10xy^2 + 2x^2y - 5xy^3 + 2xy =$

$= 6x^3y - 15x^2y^3 + 8x^2y - 10x^2y^2 + 25xy^4 - 10xy^2 - 5xy^3 + 2xy$

2. Aplica las fórmulas de las identidades notables.

a) $\left(\frac{3x^2y}{2} - \frac{xy^2}{6}\right)^2$

b) $\left(2x - \frac{y^2}{3}\right)\left(2x + \frac{y^2}{3}\right)$

c) $(-3x - 2y^3)^2$

d) $\left(-5x^2yz + \frac{3x}{2}\right)^2$

Solución:

a) $\left(\frac{3x^2y}{2} - \frac{xy^2}{6}\right)^2 = \frac{9x^4y^2}{4} - \frac{x^3y^3}{2} + \frac{x^2y^4}{36}$

b) $\left(2x - \frac{y^2}{3}\right)\left(2x + \frac{y^2}{3}\right) = 4x^2 - \frac{y^4}{9}$

c) $(-3x - 2y^3)^2 = (3x + 2y^3)^2 = 9x^2 + 12xy^3 + 4y^6$

d) $\left(-5x^2yz + \frac{3x}{2}\right)^2 = 25x^4y^2z^2 - 15x^3yz + \frac{9x^2}{4}$

3. Realiza las siguientes divisiones:

a) $(4x^4 - 2x^2 + 6x - 1):(2x^2 + x - 1)$ b) $(3x^6 - 5x^4 + 3x^3 - 1):(x + 1)$ c) $(x^4 - 2x^3 + x^2 + 1):(2x - 1)$

Solución:

a)
$$\begin{array}{rrrrr|l} 4x^4 & & -2x^2 & +6x & -1 & 2x^2+x-1 \\ \hline -4x^4 & -2x^3 & +2x^2 & & & 2x^2 - x + \frac{1}{2} \\ & -2x^3 & & +6x & & \\ & 2x^3 & +x^2 & -x & & \\ & & x^2 & +5x & -1 & \\ & & -x^2 & -\frac{x}{2} & +\frac{1}{2} & \\ \hline & & & \frac{9x}{2} & -\frac{1}{2} & \end{array} \Rightarrow \begin{cases} \text{Cociente} = 2x^2 - x + \frac{1}{2} \\ \text{Resto} = \frac{9x}{2} - \frac{1}{2} \end{cases}$$

b) Regla de Ruffini:
$$\begin{array}{r|rrrrrrr} & 3 & 0 & -5 & 3 & 0 & 0 & -1 \\ -1 & & -3 & 3 & 2 & -5 & 5 & -5 \\ \hline & 3 & -3 & -2 & 5 & -5 & 5 & \boxed{-6} \end{array} \Rightarrow \begin{cases} \text{Cociente} = 3x^5 - 3x^4 - 2x^3 + 5x^2 - 5x + 5 \\ \text{Resto} = -6 \end{cases}$$

c) Dividimos dividendo y divisor por 2, y obtenemos el mismo cociente pero el resto dividido por 2:
$$\left(\frac{x^4}{2} - x^3 + \frac{x^2}{2} + \frac{1}{2}\right):\left(x - \frac{1}{2}\right) \Rightarrow \begin{array}{r|rrrrr} & \frac{1}{2} & -1 & \frac{1}{2} & 0 & \frac{1}{2} \\ \frac{1}{2} & & \frac{1}{4} & -\frac{3}{8} & \frac{1}{16} & \frac{1}{32} \\ \hline & \frac{1}{2} & -\frac{3}{4} & \frac{1}{8} & \frac{1}{16} & \boxed{\frac{17}{32}} \end{array} \Rightarrow \begin{cases} \text{Cociente} = \frac{x^3}{2} - \frac{3x^2}{4} + \frac{x}{8} + \frac{1}{16} \\ \text{Resto} = 2 \cdot \frac{17}{32} = \frac{17}{16} \end{cases}$$

Ejercicios

1. Dados los polinomios $P(x) = 2x - 3$, $Q(x) = x^2 - 3x + 1$, $R(x) = 4x - 1$, opera.

a) $Q(x) - P(x)R(x)$ b) $3x - R^2(x)P(x)$ c) $P(x)Q(x)R(x)$

2. Aplica las fórmulas de las identidades notables.

a) $(2x^2y + 3xy^2)(-3xy^2 + 2x^2y)$ b) $\left(\frac{3x^2y}{2} - \frac{2x}{3}\right)^2$ c) $\left(-\frac{4a^2b}{3} - \frac{9}{4}\right)^2$

3. Aplica las fórmulas de las identidades notables transformando los trinomios en binomios.

a) $(2x + y + 3z)^2$ b) $(x - 2y - z)^2$ c) $(x - y + 2z)^2$

4. Realiza las divisiones y comprueba el resultado con la prueba de la división.

a) $\left(\frac{3x^5}{2} + \frac{x^4}{3} - x^3 + \frac{x^2}{5} + 4\right):6x^2$ b) $(4x^3 - 3x^2 + x - 5):(x^2 + 1)$ c) $(3x^3 + 4x^2 - 1):(3x^2 - x + 1)$

d) $(6x^3 - 4x^2 + x - 1):(x - 2)$ e) $(3x^3 - 4x^2 + 1):(2x - 4)$ f) $(x^3 + 5x^2 - 7x):(1 - 2x)$

1.2. Binomio de Newton

El **binomio de Newton** es una fórmula que permite calcular el resultado final de una potencia de un binomio, facilitando los cálculos que se hacían hasta ahora.

$$(a+b)^n = \sum_{i=0}^{n} \binom{n}{i} a^{n-i} b^i = \binom{n}{0} a^n b^0 + \binom{n}{1} a^{n-1} b + \binom{n}{2} a^{n-2} b^2 + \ldots + \binom{n}{n} a^0 b^n$$

donde $\binom{n}{i}$ representa el número combinatorio $\binom{n}{i} = \frac{n!}{i!(n-i)!}$.

Recuerda

El símbolo $n!$ se llama «factorial de n» y es una manera abreviada de calcular el producto $n! = n(n-1) \cdot \ldots \cdot 2 \cdot 1$.

Por convenio se acuerda $0! = 1$.

Calculadora

La calculadora dispone de la tecla **nCr** que permite calcular el número combinatorio $\binom{n}{r}$

Ejercicios resueltos

4. Calcula el desarrollo de $(2x-y)^3$.

Solución:

$$(2x-y)^3 = (2x+(-y))^3 = \sum_{i=0}^{3} \binom{3}{i} (2x)^{3-i} (-y)^i =$$

$$= \binom{3}{0}(2x)^3(-y)^0 + \binom{3}{1}(2x)^2(-y) + \binom{3}{2}(2x)(-y)^2 + \binom{3}{3}(2x)^0(-y)^3 =$$

$$= (2x)^3 - 3(2x)^2 y + 3(2x)y^2 - y^3 = 8x^3 - 12x^2y + 6xy^2 - y^3$$

5. Calcula el término que ocupa la posición 10 en el desarrollo de $(x^2 - 3y)^{15}$.

Solución:

El décimo término será: $\binom{15}{9}(x^2)^6(-3y)^9 = -5\,005\,x^{12} \cdot 3^9\, y^9 = -5\,005 \cdot 3^9\, x^{12} y^9$

Recuerda

El **teorema del resto** establece que el resto de una división

$$\begin{array}{l|l} P(x) & x-a \\ \hline R & C(x) \end{array}$$

es $R = P(a)$. Este teorema se usa para averiguar de forma rápida para qué valores de a la división es exacta, o equivalentemente, que valores de $x = a$ son raíces del polinomio.

1.3. Raíces de un polinomio

Definimos como **raíces de un polinomio** los valores de la incógnita que consiguen que el valor numérico del polinomio sea 0.

Ejercicios resueltos

6. Decide si la división $(3x^{100} - 7x + 1) : (x+2)$ es exacta.

Solución:

Si denotamos $P(x) = 3x^{100} - 7x + 1$, el resto será $R = P(-2) = 3 \cdot (-2)^{100} - 7 \cdot (-2) + 1 \neq 0$, por lo que la división no es exacta.

7. Calcula k para que la división $(3kx^3 - 2kx^2 + kx - 1) : (x-1)$ tenga resto 5.

Solución:

Aplicando el teorema del resto, $R = 3k \cdot 1^3 - 2k \cdot 1^2 + k \cdot 1 - 1 = 5 \Leftrightarrow 3k - 2k + k = 6 \Leftrightarrow k = 3$.

1.4. Factorización

Recuerda

Por el teorema del resto, es equivalente decir que $x-a$ es un factor de $P(x)$ y que $x=a$ es raíz de $P(x)$.

Factorizar un polinomio consiste en escribirlo como producto de polinomios del menor grado posible. Las herramientas de que disponemos para poder factorizarlo son, en orden de realización:

- Extraer factor común (el máximo común divisor de sus términos).
- Convertir el polinomio en una identidad notable.
- Emplear la regla de Ruffini (junto con el teorema del resto).
- Resolver ecuaciones de segundo grado (en el caso de polinomios de segundo grado).

Ejercicios resueltos

8. Factoriza los siguientes polinomios: *a)* $12x^4-12x^3+3x^2$ *b)* $-2x^2-9x+5$ *c)* $6x^3+5x^2-21x+10$

Solución:

a) Sacamos factor común $3x^2\left(4x^2-4x+1\right)$. Identidad notable $\Rightarrow 12x^4-12x^3+3x^2=3x^2\left(2x-1\right)^2$.

b) Si aplicamos la regla de Ruffini, la factorización será $-2x^2-9x+5=\underbrace{\left(x+5\right)}_{\text{divisor}}\underbrace{\left(-2x+1\right)}_{\text{cociente}}$.

	−2	−9	5
−5		10	−5
	−2	1	0

Si resolvemos la ecuación de segundo grado, $x=\dfrac{9\pm\sqrt{81-4\cdot\left(-2\right)\cdot5}}{-4}=\begin{cases}-5\\ \dfrac{1}{2}\end{cases}\Rightarrow -2\left(x+5\right)\left(x-\dfrac{1}{2}\right)$.

c) Aplicando la regla de Ruffini:

	6	5	−21	10
1		6	11	−10
	6	11	−10	0

$\Rightarrow 6x^3+5x^2-21x+10=\left(x-1\right)\left(6x^2+11x-10\right)$

Aplicando ahora la ecuación de segundo grado hallamos como raíces $x=\dfrac{2}{3}$, $x=-\dfrac{5}{2}$, por tanto, la factorización es

$$6x^3+5x^2-21x+10=\left(x-1\right)\left(6x^2+11x-10\right)=6\left(x-1\right)\left(x-\frac{2}{3}\right)\left(x+\frac{5}{2}\right).$$

Ejercicios

5. Calcula el desarrollo de las siguientes potencias de binomios:

a) $\left(x^2y-2\right)^3$ *b)* $\left(\dfrac{1}{x}+2x^2\right)^4$

6. Calcula el término independiente de $\left(\dfrac{3}{x^4}-5x^6\right)^{20}$.

7. Calcula el término que ocupa la posición vigésima en $\left(x-2xy\right)^{30}$.

8. Factoriza y halla las raíces.

a) $3x^5-9x^4+12x^2$ *b)* $9x^3+15x^2-8x-16$

c) x^4-3x^2-4 *d)* x^3+3x^2+3x+2

e) $6x^5-3x^4-63x^3$ *f)* x^4+8x^2+16

9. Escribe dos polinomios que tengan por raíces los valores −1 (raíz doble), 0 y 2. ¿Cuántos polinomios existen con estas raíces?

2. Fracciones algebraicas

Una **fracción algebraica** es una fracción $\dfrac{P(x)}{Q(x)}$ con $P(x)$ y $Q(x)$ polinomios tales que $Q(x) \neq 0$.

Todos los procedimientos que dominamos con fracciones numéricas tenemos que saber realizarlos también ahora con fracciones algebraicas:

- simplificación,
- reducción a denominador común,
- operaciones básicas.

Ejercicios resueltos

1. Calcula el valor numérico de la fracción $\dfrac{3x^2-5x+1}{2x+4}$ para $x=0$ y $x=-2$.

Solución:

$x = 0 \rightarrow \dfrac{3\cdot 0^2 - 5\cdot 0 + 1}{2\cdot 0 + 4} = \dfrac{1}{4}$;

$x = -2 \rightarrow \dfrac{3\cdot(-2)^2 - 5\cdot(-2)+1}{2\cdot(-2)+4} = \dfrac{23}{0}$ que no existe.

2. Simplifica la fracción algebraica $\dfrac{2x^4-10x^3+2x^2+42x-36}{4x^4-16x^3-12x^2+72x}$.

Solución:

Factorizando: $\dfrac{2(x-1)\cancel{(x+2)}\cancel{(x-3)^2}}{4x\cancel{(x+2)}\cancel{(x-3)^2}} = \dfrac{x-1}{2x}$

3. Realiza las siguientes operaciones con fracciones algebraicas:

a) $\dfrac{2x-1}{x^2(x+1)} - \dfrac{x-1}{2x^2(x+1)^2} + \dfrac{2x}{x(x-2)}$

b) $\dfrac{2x^2+3x-2}{x+2} : \dfrac{2x^2-3x+1}{x^2-1}$

c) $\dfrac{2x}{x+1} - \dfrac{x+1}{x^2+4x+3} \cdot \dfrac{x^2+6x+9}{x^2+x}$

Solución:

a) $\text{mcm}(x^2(x+1),\ 2x^2(x+1)^2,\ x(x-2)) = 2x^2(x+1)^2(x-2)$

$$\frac{2x-1}{x^2(x+1)} - \frac{x-1}{2x^2(x+1)^2} + \frac{2x}{x(x-2)} = \frac{2(2x-1)(x+1)(x-2)-(x-1)(x-2)+2x\cdot 2x(x+1)^2}{2x^2(x+1)^2(x-2)} =$$

$$= \frac{4x^3-6x^2-6x+4-(x^2-3x+2)+4x^4+8x^3+4x^2}{2x^2(x+1)^2(x-2)} = \frac{4x^4+12x^3-3x^2-3x+2}{2x^2(x+1)^2(x-2)}$$

No se puede simplificar.

Recuerda

Para sumar y restar fracciones, es imprescindible que tengan el mismo denominador.
El denominador común es el mínimo común múltiplo (factores comunes y no comunes elevados al mayor exponente).

Recuerda

Para calcular productos o cocientes no los desarrollaremos, sino que factorizaremos cada denominador y numerador para facilitar las simplificaciones.

b) $$\frac{2\left(x-\frac{1}{2}\right)(x+2)}{x+2} : \frac{2\left(x-\frac{1}{2}\right)(x-1)}{(x-1)(x+1)} = \frac{2\left(x-\frac{1}{2}\right)(x+2)(x-1)(x+1)}{2\left(x-\frac{1}{2}\right)(x-1)(x+2)} = x+1$$

c) $$\frac{2x}{x+1} - \frac{x+1}{(x+1)(x+3)} \cdot \frac{(x+3)^2}{x(x+1)} = \frac{2x}{x+1} - \frac{(x+1)(x+3)^2}{(x+1)(x+3)x(x+1)} =$$

$$= \frac{2x}{x+1} - \frac{x+3}{x(x+1)} = \frac{2x^2-x-3}{x(x+1)} = \frac{2\left(x-\frac{3}{2}\right)(x+1)}{x(x+1)} = \frac{2\left(x-\frac{3}{2}\right)}{x}$$

Ejercicios

10. Calcula el valor numérico de $\frac{3x^2-2x}{4x^3-4}$ para $x=0$ y $x=1$.

11. Simplifica las siguientes fracciones algebraicas:

a) $\frac{6x^3-8x^2+2x}{x^3-x}$ b) $\frac{5x^3-5x^2-20x+20}{3x^3+3x^2-6x}$

12. Realiza las siguientes sumas y restas de fracciones algebraicas:

a) $\frac{3x}{x-1} - \frac{1-2x}{x^2-1} + \frac{5}{2x+2}$ b) $\frac{2}{x^3-2x^2-x+2} - \frac{3x}{x^2-3x+2} - \frac{x^2}{x+1}$

13. Opera y simplifica los siguientes productos y cocientes:

a) $\frac{15x^4+27x^3-6x^2}{4x^3-16x} \cdot \frac{8x-16}{30x^2-6x}$ b) $\frac{1-4x^2}{18-6x} : \frac{3+5x-2x^2}{6x-3}$

14. Realiza las siguientes operaciones con fracciones algebraicas:

a) $\frac{2x+1}{x^2+3x+2} - \frac{x+1}{x^2-4} - \frac{x}{x^2-x-2}$ b) $\frac{x^3+9x^2+15x-25}{x^4-x^3-25x^2+25x} \cdot \frac{3x^3-15x^2}{x+5}$

c) $\dfrac{\frac{x-2}{3x^2-3}}{\frac{x^2-4}{3x+3}}$

15. Opera teniendo en cuenta la jerarquía de operaciones.

a) $1-2x \cdot \frac{x+1}{3x^2-6x} - \frac{2x}{x^2-4} : \frac{3x+3}{x+2}$ b) $\frac{x}{x+1} : \left(\frac{2}{x^2-1} - \frac{3}{x-1}\right) \cdot \frac{2x}{3x-3}$

c) $\frac{2x}{x+3} - \frac{x}{x+3} : \frac{4x^2}{x^2+6x+9} \cdot \frac{2x+6}{x}$

Síntesis

Polinomios

Operaciones:

- Jerarquía habitual.
- Sumas y restas término a término (monomios semejantes).
- Productos: propiedad distributiva.
- Cocientes con divisor un monomio: término a término
- Cocientes con divisor un polinomio: división euclídea. Ruffini si el divisor es de la forma $P(x) = x - a$.
- Potencias: identidades notables y desarrollar como productos.

Binomio de Newton:

$$(a+b)^n = \sum_{i=0}^{n} \binom{n}{i} a^{n-i} b^i = \binom{n}{0} a^n b^0 + \binom{n}{1} a^{n-1} b + \binom{n}{2} a^{n-2} b^2 + \ldots + \binom{n}{n} a^0 b^n \qquad \text{con} \binom{n}{i} = \frac{n!}{i!(n-i)!}$$

Factorización:

- Extraer factor común.
- Convertir polinomio en una identidad notable.
- Emplear la regla de Ruffini.
- Resolver ecuaciones de segundo grado.

Fracciones algebraicas

Suma y resta:

$$\frac{A(x)}{P(x)} + \frac{B(x)}{Q(x)}$$

- Denominador común = $\text{mcm}(P(x), Q(x)) = M(x)$
- Amplificar fracciones:

  Si $M(x) = P(x)P_1(x)$ y $M(x) = Q(x)Q_1(x) \Rightarrow$

  $$\Rightarrow \frac{A(x)}{P(x)} + \frac{B(x)}{Q(x)} = \frac{A(x)P_1(x)}{P(x)P_1(x)} + \frac{B(x)Q_1(x)}{Q(x)Q_1(x)} = \frac{A(x)P_1(x)}{M(x)} + \frac{B(x)Q_1(x)}{M(x)}$$

- Operar numeradores: $\Rightarrow \dfrac{A(x)}{P(x)} + \dfrac{B(x)}{Q(x)} = \dfrac{A(x)P_1(x) + B(x)Q_1(x)}{M(x)}$
- Comprobar si es posible simplificar el resultado.

Producto:

$$\frac{P(x)}{Q(x)} \cdot \frac{R(x)}{S(x)} = \frac{P(x)R(x)}{Q(x)S(x)}$$

Cociente:

$$\frac{P(x)}{Q(x)} : \frac{R(x)}{S(x)} = \frac{P(x)S(x)}{Q(x)R(x)}$$

Problemas tipo

Operaciones con polinomios

16. Dados $P(x) = x^2 - 3x + 2$ y $Q(x) = -x^2 - 2x + 4$, calcula.

a) $P(x) + Q(x)$

b) $P(x) - Q(x)$

c) $2P(x) - 3Q(x)$

a) $(x^2 - 3x + 2) + (-x^2 - 2x + 4) = x^2 - 3x + 2 - x^2 - 2x + 4 = -5x + 6$

b) $(x^2 - 3x + 2) - (-x^2 - 2x + 4) = x^2 - 3x + 2 + x^2 + 2x - 4 = 2x^2 - x - 2$

c) $2(x^2 - 3x + 2) - 3(-x^2 - 2x + 4) = 2x^2 - 6x + 4 + 3x^2 + 6x - 12 = 5x^2 - 8$

17. Dados los polinomios del ejercicio anterior, halla $P(x)Q(x)$

$$(x^2 - 3x + 2)(-x^2 - 2x + 4) = -x^4 - 2x^3 + 4x^2 + 3x^3 + 6x^2 - 12x - 2x^2 - 4x + 8 =$$
$$= -x^4 + x^3 + 8x^2 - 16x + 8$$

18. Desarrolla las siguientes identidades notables:

a) $(x^3 - 3x)^2$

b) $\left(\frac{1}{3} + \frac{\sqrt{x}}{2}\right)^2$

c) $\left(2 - \frac{3}{x^2}\right)\left(2 + \frac{3}{x^2}\right)$

a) $(x^3 - 3x)^2 = (x^3)^2 - 2 \cdot x^3 \cdot 3x + (3x)^2 = x^6 - 6x^4 + 9x^2$

b) $\left(\frac{1}{3} + \frac{\sqrt{x}}{2}\right)^2 = \left(\frac{1}{3}\right)^2 + 2 \cdot \frac{1}{3} \cdot \frac{\sqrt{x}}{2} + \left(\frac{\sqrt{x}}{2}\right)^2 = \frac{1}{9} + \frac{\sqrt{x}}{3} + \frac{x}{4}$

c) $\left(2 - \frac{3}{x^2}\right)\left(2 + \frac{3}{x^2}\right) = 2^2 - \left(\frac{3}{x^2}\right)^2 = 4 - \frac{9}{x^4}$

19. Calcula las siguientes potencias:

a) $(2x^2 + 3)^3$

b) $(x^2 - 3x + 2)^2$

a) $(2x^2 + 3)^3 = (2x^2 + 3)^2(2x^2 + 3) = (4x^4 + 12x^2 + 9)(2x^2 + 3) =$
$= 8x^6 + 12x^4 + 24x^4 + 36x^2 + 18x^2 + 27 = 8x^6 + 36x^4 + 54x^2 + 27$

b) $(x^2 - 3x + 2)^2 = (x^2 - 3x + 2)(x^2 - 3x + 2) =$
$= x^4 - 3x^3 + 2x^2 - 3x^3 + 9x^2 - 6x + 2x^2 - 6x + 4 = x^4 - 6x^3 + 13x^2 - 12x + 4$

20. Dada $P(x) = 3x^3 - 2x^2 - 7$ y $Q(x) = x^2 - 2x - 2$, calcula $P(x) : Q(x)$

$$\begin{array}{rl|l}
3x^3 - 2x^2 & \quad -7 & x^2 - 2x - 2 \\
\hline
-3x^3 + 6x^2 + 6x & & 3x + 4 \\
4x^2 + 6x - 7 & & \\
-4x^2 + 8x + 8 & & \\
\hline
14x + 1 & &
\end{array}$$

$\Rightarrow \begin{cases} \text{Cociente} = 3x + 4 \\ \text{Resto} = 14x + 1 \end{cases}$

Operaciones con polinomios

21. Dados $P(x) = -4x^5 + 11x^3 + 14x - 10$, $Q(x) = x + 2$, realiza $P(x) : Q(x)$ aplicando la regla de Ruffini.

$$\begin{array}{r|rrrrrr} & -4 & 0 & 11 & 0 & 14 & -10 \\ -2 & & 8 & -16 & 10 & -20 & 12 \\ \hline & -4 & 8 & -5 & 10 & -6 & \underline{|2} \end{array} \Rightarrow \begin{cases} \text{Cociente} = -4x^4 + 8x^3 - 5x^2 + 10x - 6 \\ \text{Resto} = 2 \end{cases}$$

22. Dados $P(x) = x^3 - 2x^2 + x - 1$, $Q(x) = 2x - 1$, utiliza la regla de Ruffini para hallar cociente y resto de la división $P(x) : Q(x)$

$$\left(x^3 - 2x^2 + x - 1\right) : \left(2x - 1\right) \rightarrow \left(\frac{x^3}{2} - x^2 + \frac{x}{2} - \frac{1}{2}\right) : \left(x - \frac{1}{2}\right)$$

$$\begin{array}{r|rrrr} & \frac{1}{2} & -1 & \frac{1}{2} & -\frac{1}{2} \\ \frac{1}{2} & & \frac{1}{4} & -\frac{3}{8} & \frac{1}{16} \\ \hline & \frac{1}{2} & -\frac{3}{4} & \frac{1}{8} & \underline{|-\frac{7}{16}} \end{array} \Rightarrow \begin{cases} \text{Cociente} = \dfrac{x^2}{2} - \dfrac{3x}{4} + \dfrac{1}{8} \\ \text{Resto} = 2 \cdot \left(-\dfrac{7}{16}\right) = -\dfrac{7}{8} \end{cases}$$

Factorización de polinomios

23. Factoriza el polinomio.

$3x^4 - 5x^3 - 4x^2 + 4x$

Sacando factor común: $3x^4 - 5x^3 - 4x^2 + 4x = x\left(3x^3 - 5x^2 - 4x + 4\right)$

Por Ruffini: $\begin{array}{r|rrrr} & 3 & -5 & -4 & 4 \\ 1 & & 3 & -2 & -6 \\ \hline & 3 & -2 & -6 & \underline{|-2} \end{array}$ (tachado) $\qquad \begin{array}{r|rrrr} & 3 & -5 & -4 & 4 \\ -1 & & -3 & 8 & -4 \\ \hline & 3 & -8 & 4 & \underline{|0} \end{array} \rightarrow x = -1$

$$3x^2 - 8x + 4 = 0 \rightarrow x = \frac{8 \pm \sqrt{64 - 48}}{6} = \frac{8 \pm 4}{6} = \begin{cases} 2 \\ \frac{2}{3} \end{cases}$$

$$\Rightarrow 3x\left(x + 1\right)\left(x - 2\right)\left(x - \frac{2}{3}\right)$$

Binomio de Newton

24. Desarrolla $\left(x^2 - 2y\right)^5$.

$$\binom{5}{0}\left(x^2\right)^5 - \binom{5}{1}\left(x^2\right)^4 \cdot 2y + \binom{5}{2}\left(x^2\right)^3\left(2y\right)^2 - \binom{5}{3}\left(x^2\right)^2\left(2y\right)^3 + \binom{5}{4}x^2 \cdot \left(2y\right)^4 - \binom{5}{5}\left(2y\right)^5 =$$

$$= x^{10} - 5x^8 \cdot 2y + 10x^6 \cdot 4y^2 - 10x^4 \cdot 8y^3 + 5x^2 \cdot 16y^4 - 32y^5 =$$

$$= x^{10} - 10x^8y + 40x^6y^2 - 80x^4y^3 + 80x^2y^4 - 32y^5$$

Fracciones algebraicas

25. Simplifica $\dfrac{x^4 - 3x^2 - 2x}{-x^4 - x^3 + 4x^2 + 4x}$.

$$\frac{x\left(x - 2\right)\left(x + 1\right)^2}{-x\left(x - 2\right)\left(x + 2\right)\left(x + 1\right)} = \frac{\cancel{x}\,\cancel{\left(x - 2\right)}\left(x + 1\right)^{\cancel{2}}}{-\cancel{x}\,\cancel{\left(x - 2\right)}\left(x + 2\right)\cancel{\left(x + 1\right)}} = -\frac{x + 1}{x + 2}$$

Fracciones algebraicas *(Cont.)*

26. Efectúa el siguiente producto y simplifica:

$$\frac{2x^3-3x^2-2x}{x^3+7x^2+15x+9}\cdot\frac{x^3+5x^2+7x+3}{-x^4+x^3+2x^2}$$

$$\frac{2x(x-2)\left(x+\frac{1}{2}\right)}{(x+3)^2(x+1)}\cdot\frac{(x+1)^2(x+3)}{-x^2(x-2)(x+1)}=\frac{2x(x-2)\left(x+\frac{1}{2}\right)(x+1)^2(x+3)}{-x^2(x+3)^2(x+1)^2(x-2)}=$$

$$=\frac{2\cancel{x}\cancel{(x-2)}\left(x+\frac{1}{2}\right)\cancel{(x+1)^2}\cancel{(x+3)}}{-x^{\cancel{2}}(x+3)^{\cancel{2}}\cancel{(x+1)^2}\cancel{(x-2)}}=\frac{2\left(x+\frac{1}{2}\right)}{-x(x+3)}$$

27. Realiza el siguiente cociente y simplifica:

$$\frac{x^4+3x^3-4x^2}{2x^3-3x^2-2x}:\frac{-x^3-x^2+10x-8}{4x^3-4x^2-3x}$$

$$\frac{x^2(x-1)(x+4)}{2x\left(x+\frac{1}{2}\right)(x-2)}:\frac{-(x-1)(x-2)(x+4)}{4x\left(x-\frac{3}{2}\right)\left(x+\frac{1}{2}\right)}=\frac{4x^3(x-1)(x+4)\left(x-\frac{3}{2}\right)\left(x+\frac{1}{2}\right)}{-2x\left(x+\frac{1}{2}\right)(x-2)^2(x-1)(x+4)}=$$

$$=\frac{4x^3\cancel{(x-1)}\cancel{(x+4)}\left(x-\frac{3}{2}\right)\cancel{\left(x+\frac{1}{2}\right)}}{-2x\cancel{\left(x+\frac{1}{2}\right)}(x-2)^2\cancel{(x-1)}\cancel{(x+4)}}=-\frac{2x^2\left(x-\frac{3}{2}\right)}{(x-2)^2}$$

28. Realiza las operaciones y simplifica:

$$\frac{x-3}{x^3-x}-\frac{x+1}{x^3-2x^2+x}+\frac{1-x}{x^3+x^2}$$

$$\frac{x-3}{x(x-1)(x+1)}-\frac{x+1}{x(x-1)^2}+\frac{1-x}{x^2(x+1)}=$$

$$=\frac{(x-3)x(x-1)}{x^2(x-1)^2(x+1)}-\frac{(x+1)x(x+1)}{x^2(x-1)^2(x+1)}+\frac{(1-x)(x-1)^2}{x^2(x-1)^2(x+1)}=$$

$$=\frac{x^3-4x^2+3x}{x^2(x-1)^2(x+1)}-\frac{x^3+2x^2+x}{x^2(x-1)^2(x+1)}+\frac{-x^3+3x^2-3x+1}{x^2(x-1)^2(x+1)}=$$

$$=\frac{x^3-4x^2+3x-x^3-2x^2-x-x^3+3x^2-3x+1}{x^2(x-1)^2(x+1)}=\frac{-x^3-3x^2-x+1}{x^2(x-1)^2(x+1)}$$

El numerador se anula si sustituimos x por -1, por lo que, por Ruffini:

$$\frac{-x^3-3x^2-x+1}{x^2(x-1)^2(x+1)}=\frac{-(x+1)(x^2+2x-1)}{x^2(x-1)^2(x+1)}=\frac{-(x^2+2x-1)}{x^2(x-1)^2}$$

29. Realiza las operaciones y simplifica:

$$\frac{x-3}{x^2+2x}-\frac{x+1}{x^2-4}:\frac{x-1}{x^2-2x}$$

$$\frac{x-3}{x(x+2)}-\frac{x+1}{(x-2)(x+2)}:\frac{x-1}{x(x-2)}=\frac{x-3}{x(x+2)}-\frac{x(x+1)(x-2)}{(x-2)(x+2)(x-1)}=$$

$$=\frac{x-3}{x(x+2)}-\frac{x(x+1)}{(x+2)(x-1)}=\frac{(x-3)(x-1)}{x(x+2)(x-1)}-\frac{x^2(x+1)}{x(x+2)(x-1)}=$$

$$=\frac{x^2-4x+3}{x(x+2)(x-1)}-\frac{x^3+x^2}{x(x+2)(x-1)}=\frac{x^2-4x+3-x^3-x^2}{x(x+2)(x-1)}=\frac{-x^3-4x+3}{x(x+2)(x-1)}$$

No se puede simplificar.

Ejercicios y problemas

Polinomios

30. Dados los polinomios $P(x) = -x^3 + 2x^2 - 4x + 5$ y $Q(x) = 4x^2 - 3x - 1$, calcula.

a) $P(x) + Q(x)$

b) $P(x) - Q(x)$

c) $3P(x) - 5Q(x)$

d) $-4P(x) - 3Q(x)$

31. Busca cuál es el polinomio $P(x)$ en cada caso.

a) $P(x) + (2x^2 - 3x + 5) = -x^3 + 4x^2 - 4x + 3$

b) $(3x^2 - 5x + 2) + P(x) = x^4 + 3x^2 - x + 8$

c) $P(x) - (x^3 + x^2 - x + 1) = -x^3 + 5x^2 - 2x - 2$

d) $(2x^3 + x^2 - 3x) - P(x) = x^3 - x^2 - 2x + 5$

32. Realiza los siguientes productos de polinomios:

a) $(x^2 - 3x + 4)(2x - 5)$

b) $(2x^2 - x + 4)(x^2 - 3x)$

c) $(4x^2 - 2x + 3)(x^2 - 2x - 1)$

d) $(x^3 - 2x^2 + x - 3)(x^2 - x + 2)$

33. Aplica las identidades notables para hallar el resultado de las siguientes potencias:

a) $(2x + 3)^2$

b) $(4x - 3)^2$

c) $(3x + 1)(3x - 1)$

d) $\left(2 + \frac{4}{x}\right)^2$

34. Desarrolla las siguientes identidades notables:

a) $(x^3 + 2x^2)^2$

b) $\left(\frac{x}{2} - 4x^2\right)^2$

c) $(2\sqrt{x} - 5)(2\sqrt{x} + 5)$

d) $\left(\frac{3}{x^2} - x\right)^2$

35. Calcula aplicando las identidades notables.

a) $\left(x - \sqrt[4]{x}\right)\left(x + \sqrt[4]{x}\right)$

b) $\left(2x^4 - \frac{5x}{4}\right)^2$

c) $(-2x - 3x^3)^2$

d) $\left(\frac{x}{5} + x^2\right)\left(-\frac{x}{5} + x^2\right)$

36. Aplica las identidades notables.

a) $\left(\frac{x-2}{x} - 1\right)^2$

b) $\left(\frac{2}{x-1} + \frac{3}{x}\right)\left(\frac{2}{x-1} - \frac{3}{x}\right)$

c) $\left(\sqrt{x-1} + 2x\right)^2$

d) $\left(\frac{x+1}{2} - x^2\right)^2$

37. A partir de las identidades notables, obtén una fórmula que nos dé el resultado de este tipo de potencias:

a) $(a + b)^3$

b) $(a - b)^3$

c) $(a + b)^4$

d) $(a + b + c)^2$

38. Realiza las siguientes operaciones combinadas:

a) $(3x^2 - 3x + 4)(2x - 5) - (4x^2 - x + 3)(3 - 2x)$

b) $(4x - 5)(2x^2 - 3) - \left(x^3 - 5x - (x^2 + x - 3)(-2x + 7)\right)$

39. Realiza las siguientes operaciones combinadas:

a) $(3x - 2)^2(x + 3) - (x^2 - 2x)(x^2 + 2x) + 2x(2x + 5)^2$

b) $-x^2\left(x^2 - (x^2 - 1)^2\right)(x + 2)^2 - (x^2 + 3x)^2(x^2 - 3x)^2$

40. Realiza los siguientes cocientes entre polinomios y monomios:

a) $\left(10x^5 - 4x^4 + 6x^3\right):\left(2x^3\right)$

b) $\left(9x^5 - 5x^4 + 12x^3 + x^2\right):\left(-3x^2\right)$

c) $\left(10x^7 - 6x^5 + 5x^4\right):\left(-x^3\right)$

d) $\left(6x^4 - 10x^3 + 3x^2 + 27x\right):\left(12x\right)$

41. Realiza los siguientes cocientes de polinomios:

a) $\left(3x^3 - x^2 + 2x + 5\right):\left(x^2 + x - 1\right)$

b) $\left(-x^3 + 3x^2 + x + 2\right):\left(x^2 - 3\right)$

c) $\left(2x^4 + x^3 + 2x^2 - 3x + 1\right):\left(x^2 - 2x + 2\right)$

d) $\left(x^4 + x^3 - 2x^2 + 2x + 1\right):\left(x^3 - x\right)$

42. Realiza los siguientes cocientes de polinomios:

a) $\left(-4x^3 + x^2 - 5\right):\left(x^2 + 2\right)$

b) $\left(2x^4 + x^2 + 3\right):\left(-x^2 + 3x + 1\right)$

c) $\left(x^5 - 2x^3 + x - 3\right):\left(x^3 - 3x\right)$

d) $\left(-x^4 + 2x^3 - x - 1\right):\left(-x^2 + x + 2\right)$

43. Realiza la prueba de las divisiones del ejercicio anterior.

44. Calcula el cociente y el resto de lss siguientes divisiones:

a) $\left(x^3 + \dfrac{x^2}{2} - 3x + 1\right):\left(x^2 - x + \dfrac{1}{2}\right)$

b) $\left(-3x^5 + 2x^4 + x^3 - 5x + 2\right):\left(2x^2 + 1\right)$

c) $\left(3x^4 - 2x^3 - x + 4\right):\left(3x^2 - 4x + 1\right)$

d) $\left(-2x^3 + 2x^2 - \dfrac{3x}{2} + \dfrac{1}{3}\right):\left(3x^2 - x + 2\right)$

45. Comprueba y calcula, si es que existe, un polinomio $P(x)$ tal que:

a) $\left(x^2 - 3x + 5\right)P(x) = x^3 + x^2 - 7x + 20$

b) $P(x)\left(-2x + 4\right) = -4x^3 + 6x^2 + 14x - 20$

46. Comprueba y calcula, si es que existe, un polinomio $P(x)$ tal que:

a) $P(x):\left(x^2 - x + 2\right) = -x^2 - 3x + 2$

b) $\left(-x^4 + x^3 + 4x^2 - 10x + 8\right):P(x) = -x^2 + 2x - 2$

47. Divide utilizando la regla de Ruffini.

a) $\left(2x^2 - 3x - 4\right):\left(x - 3\right)$

b) $\left(-x^3 + 2x^2 - 4x - 1\right):\left(x + 2\right)$

c) $\left(x^4 + 3x^3 + 2x^2 - x - 2\right):\left(x + 1\right)$

d) $\left(-x^5 + x^4 + x^3 + 2x^2 - x - 3\right):\left(x - 1\right)$

48. Realiza las siguientes divisiones aplicando la regla de Ruffini:

a) $\left(-2x^3 + x^2 - x + 8\right):\left(x + \dfrac{1}{2}\right)$

b) $\left(-2x^4 + x^3 - 3x + 1\right):\left(x + 2\right)$

c) $\left(3x^4 - 3x^3 + x + 2\right):\left(x + 1\right)$

d) $\left(x^4 - 3x^2 + 1\right):\left(x - \dfrac{1}{2}\right)$

49. Utiliza la regla de Ruffini para hallar el cociente y el resto de las siguientes divisiones:

a) $\left(2x^4 - 3x^2 + 2x - 1\right):\left(2x - 1\right)$

b) $\left(x^2 - 3x - 2\right):\left(3x + 2\right)$

c) $\left(2x^3 - x + 1\right):\left(3x - 1\right)$

d) $\left(6x^2 - 8x + 2\right):\left(4x - 3\right)$

50. Investiga en Internet sobre el triángulo de Tartaglia o triángulo de Pascal y establece la relación entre los números de este triángulo y los números combinatorios.

51. Demuestra las siguientes propiedades de los números combinatorios aplicando su definición como cociente de factoriales:

a) $\dbinom{n}{n-1} = n$

b) $\dbinom{n}{m} = \dbinom{n}{n-m}$

c) $\dbinom{n}{m-1} + \dbinom{n}{m} = \dbinom{n+1}{m}$

52. Desarrolla las siguientes potencias utilizando el binomio de Newton:

a) $(a+b)^5$

b) $(2x-5y)^6$

c) $(x^3-2xy)^4$

d) $\left(3-\dfrac{x^2}{y}\right)^6$

53. Desarrolla las siguientes potencias utilizando el binomio de Newton:

a) $(a+b)^{15}$
b) $(1-x)^9$

c) $(2x^3+7y)^6$
d) $(x-2y^2)^{10}$

54. Con ayuda de la calculadora, halla el término que se indica en cada desarrollo.

a) El término octavo de $(a-b)^{25}$.

b) El término séptimo de $(x^2-2y^3)^{40}$.

c) El término noveno de $(a^3+2b)^{30}$.

d) El término undécimo de $\left(2+\dfrac{x^3}{2}\right)^{28}$.

55. Determina n sabiendo que el coeficiente del tercer término de $(x+y)^n$ es 10.

56. Determina n sabiendo que el coeficiente del cuarto término de $(x+y)^n$ es 20.

57. Desarrolla $(x+y+z)^4$ con ayuda del binomio de Newton.

58. Escribe un polinomio que tenga las siguientes raíces:

a) –1, 1 y 3
b) 2 (doble) y –3

c) 0 y –2 (triple)
d) –1, 2, $\dfrac{2}{3}$ y $-\dfrac{1}{2}$

59. Dado un conjunto de raíces, ¿cuántos polinomios existen con dichas raíces? Justifica tu respuesta.

60. Pon un ejemplo de polinomio con las características que se piden en cada uno de los apartados.

a) Sus raíces son fraccionarias, pero todos sus coeficientes son enteros.
b) Sus raíces son únicamente dos números distintos, pero su grado es 3.
c) Tiene dos raíces simples, pero su grado es 4.

61. Halla el valor de k para que:

a) $x^3+kx^2-11x+6$ sea divisible entre $x-3$.

b) –2 sea una raíz de $2x^4+kx^3+2x^2-x-2$.

c) $x+1$ divida a $-x^4+kx^2-x+2$.

d) $4x^3+kx^2+5x-1$ sea múltiplo de $x-\dfrac{1}{2}$.

62. Determina el valor de m para que:

a) El resto de $(x^3-3x^2+mx-5):(x-2)$ sea –1.

b) El resto de $(2x^5-3x^3+mx-8):(x+1)$ sea –2.

c) El resto de $(-3x^3+mx^2-x+7):\left(x-\dfrac{1}{3}\right)$ sea $\dfrac{2}{3}$.

d) El resto de $\left(\dfrac{5}{2}x^2-\dfrac{3}{4}x+m\right):(x+2)$ sea $\dfrac{3}{2}$.

63. Factoriza los siguientes polinomios e indica sus raíces:

a) $-x^2-x+6$

b) $x^2-2x-15$

c) $2x^2-5x-3$

d) $-6x^2+x+15$

64. Factoriza los siguientes polinomios e indica sus raíces:

a) $x^5+3x^4-4x^3$

b) $2x^4+14x^3+12x^2$

c) $-x^4+6x^3-9x^2$

d) $4x^6+8x^5-5x^4$

65. Factoriza los siguientes polinomios e indica sus raíces:

a) x^3-x^2-4x+4

b) $-x^3+5x^2-3x-9$

c) $2x^3+7x^2+2x-3$

d) $-3x^3+x^2+34x+40$

66. Factoriza los siguientes polinomios e indica sus raíces:

a) $x^3 - 2x^2 + 4x - 8$

b) $-x^3 - 4x^2 - 4x - 3$

c) $x^4 + 3x^3 + 3x^2 + 3x + 2$

d) $x^5 + x^4 + x^3 + 3x^2 + 2x$

Fracciones algebraicas

67. Halla los siguientes valores numéricos:

a) $\dfrac{x^2 + x - 3}{2x^3 - x + 3}$ para $x = -1$

b) $\dfrac{xy - x^2 + 1}{xy^2 + 3x - y}$ para $x = 2,\ y = -3$

68. Simplifica las siguientes fracciones algebraicas:

a) $\dfrac{x^3 - x^2 - 6x}{x^4 + x^3 - 2x^2}$

b) $\dfrac{2x^4 + x^3 - x^2}{-x^5 + 2x^4 + 3x^3}$

69. Simplifica las siguientes fracciones algebraicas:

a) $\dfrac{x^3 - 3x - 2}{x^4 + x^3 - 4x^2 - 4x}$

b) $\dfrac{x^3 - 6x^2 + 5x + 12}{-x^4 + 10x^2 - 9}$

70. Simplifica las siguientes fracciones algebraicas:

a) $\dfrac{x^4 - 3x^2 + 2x}{-x^4 - x^3 + x^2 - x + 2}$

b) $\dfrac{4x^4 + 8x^3 + 12x^2 + 24x}{6x^4 + 6x^3 + 18x^2 + 18x}$

71. Realiza las siguientes sumas de fracciones algebraicas:

a) $\dfrac{2x - 1}{x(x - 3)} + \dfrac{3x + 2}{(x + 1)(x - 3)}$

b) $\dfrac{x^2}{(x - 1)^2(x + 1)} + \dfrac{x + 1}{(x - 1)(x + 2)}$

72. Realiza las siguientes restas de fracciones algebraicas:

a) $\dfrac{x + 1}{(x - 2)(x + 2)} - \dfrac{x - 3}{(x - 1)(x + 2)}$

b) $\dfrac{1 - 2x}{x^3(x - 1)} - \dfrac{x + 2}{x(x - 1)^2(x + 1)}$

73. Halla las siguientes sumas y restas de fracciones algebraicas y simplifica el resultado si es posible:

a) $\dfrac{2x + 1}{x^3 + 2x^2 - 3x} + \dfrac{3 - x}{x^3 - x^2}$

b) $\dfrac{x - 1}{x^4 - 3x^3 - 4x^2} - \dfrac{3}{x^3 + 2x^2 + x}$

74. Realiza las siguientes sumas y restas:

a) $\dfrac{x - 4}{x(x - 1)} + \dfrac{2x + 3}{(x - 1)(x + 1)} - \dfrac{x^2 + 1}{x^2(x + 1)}$

b) $\dfrac{x}{(x - 2)(x + 1)^2} - \dfrac{x - 1}{(x - 2)^2(x + 1)} + \dfrac{x + 1}{(x - 2)^3}$

75. Opera y simplifica el resultado cuando sea posible:

a) $\dfrac{x + 1}{x^2 - 3x} + \dfrac{3 - x}{x^2 + 2x} - \dfrac{2x - 3}{x^2 - x - 6}$

b) $\dfrac{3}{x^2 - 2x + 1} - \dfrac{2}{x^2 - x} + \dfrac{2}{x^2 - 1} + \dfrac{x + 2}{x^3 + x^2}$

73. Multiplica y simplifica.

a) $\dfrac{(x + 1)^2(x - 1)}{x(x - 3)} \cdot \dfrac{(x - 1)(x - 3)}{x(x + 1)}$

b) $\dfrac{9(x - 1)^2(x + 3)}{4x(x - 2)^2} \cdot \dfrac{x^2(x - 2)(x + 2)}{6(x - 1)(x + 3)}$

77. Multiplica las siguientes fracciones algebraicas y simplifica el resultado:

a) $\dfrac{3x^2 + x - 2}{-x^3 + x^2 + 6x} \cdot \dfrac{x^3 - 6x^2 + 9x}{6x^2 + 18x + 12}$

b) $\dfrac{x^3 - x^2 - 2x}{x^3 - 5x^2 + 7x - 3} \cdot \dfrac{2x^3 - 8x^2 + 6x}{-x^4 + 4x^2}$

78. Divide y simplifica.

a) $\dfrac{x^2(x-1)}{(x+1)(x+2)} : \dfrac{(x-1)(x+1)}{x(x+2)^2}$

b) $\dfrac{6(x+2)^2}{-x(x-3)(x+2)} : \dfrac{4(x-1)^2}{-3x^2(x-1)(x-2)}$

79. Realiza las siguientes divisiones de fracciones algebraicas y simplifica el resultado:

a) $\dfrac{2x^2+2x-12}{x^3-x^2-6x} : \dfrac{x^3-6x^2+12x-8}{x^3-3x^2-10x}$

b) $\dfrac{x^3-2x^2+x}{x^3-3x-2} : \dfrac{x^3-3x^2+2x}{x^3+3x^2+3x+1}$

80. Realiza las siguientes divisiones de fracciones algebraicas y simplifica el resultado:

a) $\dfrac{\dfrac{x^2-1}{x^3-6x^2+9x}}{\dfrac{x^3-x^2-5x-3}{x^3-3x^2}}$ b) $\dfrac{\dfrac{2x^3+3x^2}{x^3+x^2-2x}}{\dfrac{2x^2+x-3}{x^3-3x+2}}$

81. Realiza las siguientes operaciones combinadas:

a) $\left(\dfrac{x+1}{x(x-1)}\right)^2 - \dfrac{x+2}{x^2(x-2)} : \dfrac{(x-1)(x+1)}{(x-2)(x+2)}$

b) $\dfrac{x^2}{(x-1)(x+1)} \cdot \dfrac{x+3}{x(x-1)} - \dfrac{x-2}{x(x+1)} : \dfrac{x(x-1)}{(x-2)(x+2)}$

82. Realiza las siguientes operaciones combinadas con fracciones algebraicas y simplifica si es posible:

a) $\dfrac{x-3}{x^2-x-2} - \dfrac{x^2-2x+1}{x^2+x} \cdot \dfrac{2x^2}{x^2-3x+2}$

b) $\dfrac{x^2+x-2}{x^2+x} : \dfrac{x^2-3x}{-x^2+x} + \dfrac{x+2}{x^3-3x^2} \cdot \dfrac{2x}{x^2+3x+2}$

83. Realiza las siguientes operaciones y simplifica si es posible:

a) $\dfrac{\dfrac{x-1}{x^2+x} - \dfrac{x+1}{x^2-x}}{1+\dfrac{1}{x^2-1}}$

b) $x + \dfrac{x}{x+\dfrac{x}{x+\dfrac{1}{x+1}}}$

84. Opera y simplifica al máximo.

a) $1-\dfrac{x+1}{1-\dfrac{x+1}{1-\dfrac{x+1}{1-\dfrac{x+1}{2}}}}$

b) $\dfrac{\dfrac{x-2}{x+2}-2}{1-\dfrac{x^2-2x}{x^2-4}} : \dfrac{x-\dfrac{1}{x}}{1-\dfrac{x}{x-\dfrac{1}{x}}}$

Evalúate

1. Realiza las siguientes operaciones con polinomios:

a) $2x-(3x+1)\left(\frac{5x}{2}-3\right)-\left(\frac{x}{2}+2\right)^2$

b) $(3x^2-x+4)(2x+5)$

c) $3-(-1+2x)(2x+1)-(4-x)^2$

2. Divide los siguientes polinomios y realiza la comprobación:

a) $(3x^7-x+10):(x+1)$

b) $(4x^3-7x^2+1):(3x-1)$

c) $(x^5+x^3+1):(x^2-x+1)$

3. Obtén las identidades notables.

a) $(-3x^2-5x)^2$

b) $\left(\frac{3x}{4}+\frac{x^2}{2}\right)\left(\frac{-x^2}{4}+\frac{3x}{4}\right)$

c) $\left(-\frac{2}{x}+\frac{x}{4}\right)^2$

4. Desarrolla el siguiente binomio con la fórmula del binomio de Newton:

$\left(\frac{x^3}{3}-\frac{1}{2x}\right)^4$

5. Factoriza.

a) $6x^3+8x^2-10x-4$

b) $-x^3+x^2+6x$

c) $-4x^3-8x^2+3x+9$

6. Halla las raíces de los polinomios anteriores.

7. Calcula el resto de la división $(2x^{50}-3x^{23}+4):(x+1)$.

8. Realiza las siguientes sumas y restas con fracciones algebraicas:

a) $\frac{3x-1}{x+2}-\frac{2x+5}{x^2-4}-\frac{3}{2x-4}$

b) $\frac{2}{x^2+x-2}-\frac{3}{x-1}+\frac{2}{3x+6}$

9. Obtén productos y cocientes y simplifica.

a) $\frac{-2x^2-2x+4}{4x^2-4x}\cdot\frac{x^2}{x^2-4}$

b) $\frac{3x^3+5x^2-2x}{2x^2-9x-5}:\frac{6x^3-2x^2}{4x+2}$

10. Opera y simplifica al máximo.

$\frac{4-(x+1)}{x^2-8x+7}-\frac{3x+1}{x+1}\cdot\frac{2}{x-1}+\frac{3x}{2x-14}$

Unidad 4

Ecuaciones, inecuaciones y sistemas

Malthus observó que la población humana crece de forma exponencial mientras que los recursos necesarios para abastecerla crecen de forma aritmética, y advirtió que, más tarde o más temprano, no habrá recursos suficientes para toda la población. Se puede producir lo que hoy día llamamos *catástrofe malthusiana*.

El tamaño de la población en un determinado momento t viene dado por la fórmula $P(t) = P_0 e^{rt}$, y la cantidad de personas a las que pueden abastecer los recursos existentes en ese momento, tiene la fórmula $R(t) = R_0 + kt$, con lo que, según Malthus, la catástrofe se produciría en el instante t solución de la ecuación $P_0 e^{rt} = R_0 + kt$; no habría problema en las soluciones de la inecuación $P_0 e^{rt} < R_0 + kt$, y la extinción de la especie humana se produciría en las soluciones de $P_0 e^{rt} > R_0 + kt$.

Afortunadamente, la fecha prevista por Malthus pasó sin mayores consecuencias, ya que no tuvo en cuenta otros factores que afectan al tamaño de la población, como guerras, epidemias, etc.

MAPA CONCEPTUAL

- ECUACIONES
  - POLINÓMICAS
    - PRIMER GRADO
    - SEGUNDO GRADO Y BICUADRADAS
    - GRADO MAYOR O IGUAL A 3
  - RACIONALES
  - CON RADICALES
  - EXPONENCIALES
  - LOGARÍTMICAS

- SISTEMAS DE ECUACIONES
  - LINEALES: MÉTODO DE GAUSS
  - NO LINEALES

- INECUACIONES
  - CON UNA INCÓGNITA
    - LINEALES
    - GRADO MAYOR O IGUAL A 2
    - RACIONALES
  - CON DOS INCÓGNITAS
    - LINEALES

- SISTEMAS DE INECUACIONES
  - CON UNA INCÓGNITA
  - CON DOS INCÓGNITAS

1. Ecuaciones

1.1. Ecuaciones polinómicas

En los siguientes ejemplos vamos a recordar la resolución de ecuaciones polinómicas de grado arbitrario mediante las herramientas que tenemos: ecuación de segundo grado y factorizaciones.

Ejercicios resueltos

1. Resuelve las siguientes ecuaciones polinómicas:

   a) $x^4 + x^3 + 6 = 7x^2 + x$ b) $2x^4 - 3x^2 - 20 = 0$ c) $2x^3 + x = 3$

   Solución:

   a) $x^4 + x^3 - 7x^2 - x + 6 = 0 \Rightarrow (x-1)(x+1)(x-2)(x+3) = 0 \Rightarrow x = 1,\ x = -1,\ x = 2,\ x = -3$

   b) Las ecuaciones del tipo $ax^{2n} + bx^n + c = 0$ se reducen a una de segundo grado gracias al cambio de variable $x^n = z$. Son las ecuaciones **bicuadradas**, **bicúbicas**, etc.

   En este caso, tenemos una ecuación bicuadrada, en la que vamos a realizar el cambio $x^2 = z$:

   $$x^2 = z \to 2z^2 - 3z - 20 = 0 \Rightarrow z = \frac{3 \pm \sqrt{9 - 4 \cdot 2 \cdot (-20)}}{4} = \frac{3 \pm 13}{4} = \begin{cases} 4 \Rightarrow x^2 = 4 \Rightarrow x = \pm 2 \\ \dfrac{-5}{2} \Rightarrow x^2 = \dfrac{-5}{2} \Rightarrow x \notin \mathbb{R} \end{cases}$$

   c) $2x^3 + x - 3 = 0 \Rightarrow (x-1)(2x^2 + 2x + 3) = 0 \to x = 1.$

1.2. Ecuaciones racionales

Las ecuaciones racionales son aquellas en las que intervienen fracciones algebraicas, y siguen el mismo proceso de resolución que las ecuaciones en las que las fracciones eran numéricas.

Ejercicios resueltos

2. Resuelve las siguientes ecuaciones racionales:

   a) $\dfrac{3x}{x^2 + x - 6} = \dfrac{2x}{x^2 - 4}$ b) $\dfrac{2}{x} - \dfrac{2}{x-1} = -1$

   Solución:

   a) $$\frac{3x}{(x-2)(x+3)} = \frac{2x}{(x-2)(x+2)} \Rightarrow \frac{3x(x+2)}{(x-2)(x+3)(x+2)} = \frac{2x(x+3)}{(x-2)(x+3)(x+2)} \Rightarrow$$

   $$\Rightarrow 3x(x+2) = 2x(x+3) \Rightarrow 3x^2 + 6x = 2x^2 + 6x \Rightarrow x^2 = 0 \Rightarrow x = 0 \text{ (solución válida)}$$

   Debemos comprobar que la solución obtenida en una ecuación racional no es raíz de ninguno de los polinomios de los denominadores, porque, si lo fuera, habría que eliminarla y darla como no válida.

   b) $$\frac{2(x-1) - 2x}{x(x-1)} - \frac{-x(x-1)}{x(x-1)} \Rightarrow 2x - 2 - 2x = -x^2 + x \Rightarrow x^2 - x - 2 = 0 \to x = \begin{cases} 2 \\ -1 \end{cases} \text{(Ambas válidas).}$$

1.3. Ecuaciones con radicales

Las ecuaciones con radicales son aquellas en las que aparecen raíces, en general de cualquier índice, aunque nos centraremos en las que tienen raíces cuadradas. Una vez resuelta una ecuación con radicales, hay que comprobar las soluciones en las ecuaciones iniciales, porque si se han elevado al cuadrado ambos miembros de la ecuación, es posible que se hayan generado soluciones falsas.

Ejercicios resueltos

3. Resuelve las siguientes ecuaciones con radicales:

a) $\sqrt{2x-1}+2=x$ *b)* $\sqrt{3x+7}-x=\sqrt{x+6}-(x-1)$

Solución:

a) Siempre debemos despejar la raíz cuadrada para que, al elevar al cuadrado, se elimine.

$$\sqrt{2x-1}+2=x \Rightarrow \left(\sqrt{2x-1}\right)^2=(x-2)^2 \Rightarrow 2x-1=x^2-4x+4 \Rightarrow x^2-6x+5=0 \Rightarrow x=\begin{cases}1\\5\end{cases}$$

Ahora es obligatorio comprobar las soluciones antes de elevar al cuadrado, porque este procedimiento puede añadir soluciones falsas respecto a la ecuación inicial.

$$x=1 \Rightarrow \sqrt{2\cdot 1-1}+2\overset{?}{=}1 \Rightarrow 1+2\neq 1 \Rightarrow \text{falsa};\ x=5 \Rightarrow \sqrt{2\cdot 5-1}+2\overset{?}{=}5 \Rightarrow 3+2=5 \Rightarrow \text{válida}$$

b) $\sqrt{3x+7}=\sqrt{x+6}-(x-1)+x \Rightarrow \left(\sqrt{3x+7}\right)^2=\left(\sqrt{x+6}+1\right)^2 \Rightarrow 3x+7=x+6+1+2\sqrt{x+6}$

Una vez eliminada la raíz, si aún queda alguna, volvemos a repetir el proceso:

$$3x+7-x-6-1=2\sqrt{x+6} \Rightarrow (2x)^2=\left(2\sqrt{x+6}\right)^2 \Rightarrow 4x^2=4(x+6) \Rightarrow 4x^2-4x-24=0 \Rightarrow x=\frac{4\pm 20}{8}=\begin{cases}3 & \text{(válida)}\\-2 & \text{(falsa)}\end{cases}$$

Ejercicios

1. Resuelve las siguientes ecuaciones polinómicas:

a) $6x^5-7x^4=18x^3+5x^2$ *b)* $2x^4+7x^2+5=0$ *c)* $21x^3-54x^2+24x=0$ *d)* $x^6+7x^3=8$

2. Resuelve las siguientes ecuaciones racionales:

a) $\dfrac{2}{3x^2-6x}-\dfrac{5}{6x^2-24}=\dfrac{1}{9x^2+18x}$

b) $\dfrac{2x-1}{x+3}-\dfrac{2}{x}\left(2-\dfrac{3x}{x^2-9}\right)=\dfrac{2x-11}{x}$

c) $\dfrac{\dfrac{x+3}{x^2+x}}{\dfrac{10}{x^2}}=\dfrac{1}{x+1}$

3. Resuelve las siguientes ecuaciones con radicales:

a) $\dfrac{\sqrt{10+2x}}{2}-2x=-\dfrac{1}{2}(1+5x)$ *b)* $\sqrt{2x+2}-x=-\sqrt{x+2}$ *c)* $\sqrt[3]{2x-2}=\sqrt{-1+x}$

1.4. Ecuaciones exponenciales

Las ecuaciones exponenciales son aquellas en las que aparecen incógnitas en los exponentes. En general, se resuelven realizando cambios de variable o aplicando logaritmos en ambos miembros de la ecuación.

Ejercicios resueltos

4. Resuelve las siguientes ecuaciones exponenciales:

a) $9^{x-2} = \frac{1}{27}$ *b)* $3^{2x} = 5$ *c)* $2^{x+3} - 2^{x+2} + 2^{2x} = 12$

Solución:

a) Esta ecuación exponencial no contiene sumas ni restas, y ambas expresiones se pueden escribir como potencias de la misma base:

$$9^{x-2} = \frac{1}{27} \Rightarrow \left(3^2\right)^{x-2} = \frac{1}{3^3} \Rightarrow 3^{2x-4} = 3^{-3}$$

Igualando los exponentes de las potencias de la misma base:

$$3^{2x-4} = 3^{-3} \Rightarrow 2x - 4 = -3 \Rightarrow x = \frac{1}{2}$$

b) En este caso, tampoco tenemos sumas ni restas, pero no podemos hallar una base común a ambas expresiones. Esta ecuación exponencial se resuelve aplicando logaritmos en ambos miembros:

$$3^{2x} = 5 \Rightarrow \log_3 3^{2x} = \log_3 5 \Rightarrow 2x = \log_3 5 \Rightarrow x = \frac{\log_3 5}{2}$$

Podríamos haber escrito logaritmos en una base cualquiera, y, mediante un cambio de base, el resultado habría sido equivalente:

$$3^{2x} = 5 \Rightarrow \log 3^{2x} = \log 5 \Rightarrow 2x \log 3 = \log 5 \Rightarrow x = \frac{\log 5}{2 \log 3}$$

c) Finalmente, en esta ecuación aparecen sumas y restas, y todas las potencias con incógnitas en el exponente tienen, o se pueden escribir, en la misma base. En estos casos, realizamos un cambio de variable para resolver la ecuación, $2^x = z$.

$$2^{x+3} - 2^{x+2} + 2^{2x} = 12 \Rightarrow 2^3 \cdot 2^x - 2^2 \cdot 2^x + \left(2^x\right)^2 = 12 \Rightarrow 8z - 4z + z^2 = 12 \Rightarrow$$

$$\Rightarrow z^2 + 4z - 12 = 0 \Rightarrow z = \begin{cases} -6 \\ 2 \end{cases}$$

Al deshacer el cambio de variable, nos encontraremos de nuevo con ecuaciones de los dos tipos explicados anteriormente, y las resolveremos tal y como se indicó:

$$z = \begin{cases} -6 \Rightarrow 2^x = -6 \Rightarrow \text{sin solución} \\ 2 \Rightarrow 2^x = 2 \Rightarrow x = 1 \end{cases}$$

1.5. Ecuaciones logarítmicas

Las ecuaciones logarítmicas son aquellas en las que las incógnitas se encuentran en los argumentos del logaritmo. Se resuelven agrupando todos los sumandos de cada miembro en un único logaritmo e igualando los argumentos de ambas expresiones. Después, hay que comprobar las soluciones en la ecuación original, observando si los logaritmos de las expresiones resultantes existen.

Ejercicios resueltos

5. Resuelve las siguientes ecuaciones logarítmicas:

a) $\log(x-3)+\log(x+4)=\log 18$ b) $\log(x^3-29)=2+\log 7$

Solución:

a) Aplicamos las propiedades de los logaritmos para agrupar en uno solo cada uno de los miembros de la ecuación:

$$\log(x-3)+\log(x+4)=\log 18 \Rightarrow \log((x-3)(x+4))=\log 18$$

Igualamos los argumentos y resolvemos la ecuación:

$$(x-3)(x+4)=18 \Rightarrow x^2+x-12=18 \Rightarrow x^2+x-30=0 \Rightarrow x=\begin{cases}-6\\5\end{cases}$$

Finalmente, comprobamos que estas soluciones no contradicen la existencia de los logaritmos iniciales:

$x=-6 \Rightarrow \log(-6-3)+\log(-6+4)\neq\log 18$ puesto que $\log(-9)$ no existe.

$x=5 \Rightarrow \log(5-3)+\log(5+4)=\log 18$ (todos los logaritmos existen).

Por tanto, la única solución válida es $x=5$.

b) En esta ecuación hay términos que no son logaritmos, por lo que, antes de aplicar las propiedades de los logaritmos, debemos escribir cada término como un logaritmo:

$$\log(x^3-29)=2+\log 7 \Rightarrow \log(x^3-29)=\log 10^2+\log 7 \Rightarrow \log(x^3-29)=\log(10^2\cdot 7)\Rightarrow$$

$$\Rightarrow x^3-29=700 \Rightarrow x^3=729 \Rightarrow x=9$$

Al comprobar la solución observamos que es válida.

Ejercicios

4. Resuelve las siguientes ecuaciones exponenciales:

a) $81^x=\sqrt[3]{9}^{\,2}$ b) $\dfrac{1}{25^x}=\sqrt[5]{125^3}$

c) $\dfrac{2^{x^2}}{\sqrt[4]{32^x}}=\sqrt[8]{8}$ d) $3^{2x+5}=11$

e) $3^{2x-1}=2^{x+2}$ f) $2^{4-x}=7^{3x+1}$

5. Resuelve las siguientes ecuaciones logarítmicas:

a) $\ln(x^2-x)-\ln 2=0$ b) $\log 2-\log x=-\log(x-3)$

c) $\dfrac{\log_2(x+6)}{2}=2$ d) $\dfrac{\log(x+1)}{\log(x-1)}=2$

6. Resuelve las siguientes ecuaciones exponenciales:

a) $3\cdot 2^{x+2}-5\cdot 2^{x+1}+6\cdot 2^{x-1}-2^{x-3}=\dfrac{39}{8}$

b) $5^{x-1}+2\cdot 5^{x+2}=3$

c) $2\cdot 4^x+7\cdot 2^x=2^2$

d) $3^{4x+1}-10\cdot 3^{2x+1}+27=0$

e) $5^{1-x}-5^x=-4$

2. Sistemas de ecuaciones

En cursos anteriores hemos practicado el método gráfico y tres métodos algebraicos para resolver sistemas de dos ecuaciones lineales con dos incógnitas (sustitución, igualación y reducción). Ahora vamos a emplear los mismos métodos para resolver sistemas de dos ecuaciones no lineales y estudiaremos un nuevo procedimiento para resolver sistemas lineales de tres ecuaciones.

2.1. Sistemas de ecuaciones lineales: método de Gauss

El método de Gauss es un procedimiento escalonado para transformar un sistema de *n* ecuaciones lineales, de forma que cada ecuación obtenida tenga una incógnita menos que la inmediatamente anterior, y así resolver progresivamente el sistema.

Este curso nos vamos a centrar en sistemas de tres ecuaciones lineales con tres incógnitas.

Según la cantidad de soluciones que se obtienen al resolverlos, los sistemas se clasifican en:

- **Sistemas incompatibles (S.I.):** aquellos que no tienen solución.
- **Sistemas compatibles indeterminados (S.C.I.):** aquellos que tienen infinitas soluciones.
- **Sistemas compatibles determinados (S.C.D.):** aquellos que tienen una única solución.

Ejercicios resueltos

1. Resuelve el siguiente sistema empleando el método de Gauss y clasifícalo según el número de soluciones:

a) $\begin{cases} x+2y-3z=-7 \\ -2x+y-z=-5 \\ 3x-y+5z=14 \end{cases}$ *b)* $\begin{cases} 3x+y-z=3 \\ x-2y+5z=-6 \\ -x-5y+11z=-15 \end{cases}$ *c)* $\begin{cases} x+y-z=1 \\ -x+3y+2z=0 \\ 3x-5y-5z=2 \end{cases}$

Solución:

a) **Paso 1:** Reducción con la 1.ª y la 2.ª para eliminar *x*:

$$\begin{cases} x+2y-3z=-7 \xrightarrow{\cdot 2} & 2x+4y-6z=-14 \\ -2x+y-z=-5 \xrightarrow{\cdot 1} & -2x+y-z=-5 \end{cases}$$
$$5y-7z=-19$$

Paso 2: Reducción con la 1.ª y la 3.ª para eliminar *x*:

$$\begin{cases} x+2y-3z=-7 \xrightarrow{\cdot 3} & 3x+6y-9z=-21 \\ 3x-y+5z=14 \xrightarrow{\cdot(-1)} & -3x+y-5z=-14 \end{cases}$$
$$7y-14z=-35 \Rightarrow y-2z=-5$$

Paso 3: Reducción con la ecuación del paso 1 y la ecuación del paso 2 para eliminar *y*:

$$\begin{cases} 5y-7z=-19 \xrightarrow{\cdot 1} & 5y-7z=-19 \\ y-2z=-5 \xrightarrow{\cdot(-5)} & -5y+10z=25 \end{cases}$$
$$3z=6$$

Finalmente, procedemos a resolver el sistema.

$$\begin{cases} x+2y-3z=-7 \\ y-2z=-5 \\ 3z=6 \end{cases} \Rightarrow \begin{cases} x+2y-3z=-7 \\ y-2z=-5 \\ z=2 \end{cases} \Rightarrow \begin{cases} x+2y-3z=-7 \\ y=-1 \\ z=2 \end{cases} \Rightarrow \begin{cases} x=1 \\ y=-1 \\ z=2 \end{cases} \text{(S.C.D.)}$$

b) $\begin{cases} 3x+y-z=3 & \xrightarrow{\cdot 1} & 3x+y-z=3 \\ x-2y+5z=-6 & \xrightarrow{\cdot(-3)} & -3x+6y-15z=18 \end{cases}$

$7y-16z=21$

$\begin{cases} 3x+y-z=3 & \xrightarrow{\cdot 1} & 3x+y-z=3 \\ -x-5y+11z=-15 & \xrightarrow{\cdot 3} & -3x-15y+33z=-45 \end{cases}$

$-14y+32z=-42$

$\begin{matrix} 7y-16z=21 & \xrightarrow{\cdot 2} & 14y-32z=42 \\ -14y+32z=-42 & \xrightarrow{\cdot 1} & -14y+32z=-42 \end{matrix}$

$0=0$ (S.C.I)

En este caso, en la tercera ecuación obtenemos una igualdad, válida para cualquier valor de la incógnita. Nuestro sistema escalonado está ahora formado únicamente por dos ecuaciones y el sistema tendrá infinitas soluciones que dependerán de un parámetro (una incógnita queda libre para poder tomar cualquier valor real): es un S.C.I.

$$\begin{cases} 3x+y-z=3 \\ 7y-16z=21 \\ 0=0 \end{cases} \Rightarrow \begin{cases} 3x+y-z=3 \\ y=\dfrac{21+16\lambda}{7} \\ z=\lambda \end{cases} \Rightarrow \begin{cases} x=\dfrac{-3\lambda}{7} \\ y=\dfrac{21+16\lambda}{7} \\ z=\lambda \end{cases} \text{con } \lambda \in \mathbb{R} \text{ parámetro}$$

c) $\begin{cases} x+y-z=1 & \xrightarrow{\cdot 1} & x+y-z=1 \\ -x+3y+2z=0 & \xrightarrow{\cdot 1} & -x+3y+2z=0 \end{cases}$

$4y+z=1$

$\begin{cases} x+y-z=1 & \xrightarrow{\cdot(-3)} & -3x-3y+3z=-3 \\ 3x-5y-5z=2 & \xrightarrow{\cdot 1} & 3x-5y-5z=2 \end{cases}$

$-8y-2z=-1$

$\begin{matrix} 4y+z=1 & \xrightarrow{\cdot 2} & 8y+2z=2 \\ -8y-2z=-1 & \xrightarrow{\cdot 1} & -8y-2z=-1 \end{matrix}$

$0=1$ (S.I.)

En este caso, en la tercera ecuación obtenemos una desigualdad que no es válida para ningún valor de las incógnitas. Nuestro sistema no tiene solución, es un S.I.

Ejercicios

7. Resuelve y clasifica, según el número de soluciones, los siguientes sistemas lineales:

a) $\begin{cases} x-2y+4z=3 \\ 2x+y-3z=-11 \\ -3x+2y+z=13 \end{cases}$

b) $\begin{cases} x+2y-3z=5 \\ -2x-y+2z=-3 \\ 3x+3y-5z=8 \end{cases}$

c) $\begin{cases} x+y+z=2 \\ -2x-4y+z=5 \\ 3x-y=-3 \end{cases}$

d) $\begin{cases} 2x-5y+z=1 \\ 3x+y-5z=-1 \\ 7x-9y-3z=0 \end{cases}$

e) $\begin{cases} 4x-y+z=0 \\ 3x+2y-4z=7 \\ 2x+5y-9z=14 \end{cases}$

f) $\begin{cases} 3x-y+2z=4 \\ -5x-y+z=1 \\ x-3y+5z=3 \end{cases}$

2.2. Sistemas de ecuaciones no lineales

Los sistemas de ecuaciones no lineales se resuelven con una combinación de los métodos algebraicos estudiados en cursos anteriores y los procedimientos propios de cada una de las ecuaciones vistas anteriormente.

Ejercicios resueltos

2. Resuelve los siguientes sistemas de ecuaciones no lineales:

a) $\begin{cases} x-2y=-1 \\ \dfrac{3x+1}{x+2}+2y=\dfrac{10}{3} \end{cases}$ *b)* $\begin{cases} \sqrt{3x+y}=x+y \\ 2^{x-y}=\dfrac{1}{2} \end{cases}$ *c)* $\begin{cases} \log x^2-\log y=-1 \\ \log x+\log y^2=12 \end{cases}$

Solución:

a) $\begin{cases} 2y=1+x \\ 2y=\dfrac{10}{3}-\dfrac{3x+1}{x+2} \end{cases} \Rightarrow 1+x=\dfrac{10}{3}-\dfrac{3x+1}{x+2} \Rightarrow 3(1+x)(x+2)=10(x+2)-3(3x+1) \Rightarrow$

$\Rightarrow 3x^2+9x+6=10x+20-9x-3 \Rightarrow 3x^2+8x-11=0 \Rightarrow \begin{cases} x=1 \Rightarrow y=1 & \text{(válida)} \\ x=-\dfrac{11}{3} \Rightarrow y=\dfrac{-4}{3} & \text{(válida)} \end{cases}$

b) $2^{x-y}=\dfrac{1}{2} \Rightarrow 2^{x-y}=2^{-1} \Rightarrow x-y=-1 \Rightarrow x=y-1 \Rightarrow \sqrt{3(y-1)+y}=y-1+y \Rightarrow$

$\Rightarrow \left(\sqrt{4y-3}\right)^2=(2y-1)^2 \Rightarrow 4y-3=4y^2-4y+1 \Rightarrow 0=4y^2-8y+4 \Rightarrow y=1 \Rightarrow x=0$ (válida)

c) Aplicamos propiedades de los logaritmos y aplicamos reducción:

$\begin{cases} 2\log x-\log y=-1 \\ \log x+2\log y=12 \end{cases} \Rightarrow \begin{cases} 4\log x-2\log y=-2 \\ \log x+2\log y=12 \end{cases} \Rightarrow 5\log x=10 \Rightarrow \log x=2 \Rightarrow x=100$

Al sustituir: $\log 100^2-\log y=-1 \Rightarrow 4-\log y=-1 \Rightarrow 5=\log y \Rightarrow y=100\,000$ (válida)

3. Inecuaciones y sistemas de inecuaciones

Una **inecuación** es una desigualdad entre expresiones algebraicas. El objetivo es hallar los valores de las incógnitas para los que la desigualdad es cierta.

3.1. Inecuaciones lineales con una incógnita

En las inecuaciones lineales con una incógnita se verifica, para todo $a>0$:

- **Regla de la suma:**

  $\begin{cases} x+a<b \Rightarrow x<b-a \\ x-a<b \Rightarrow x<b+a \end{cases}$ (como en las ecuaciones)

- **Regla del producto:**

  $ax<b \Rightarrow x<\dfrac{b}{a}$ (como en las ecuaciones)

  $-ax<b \Rightarrow x>-\dfrac{b}{a}$ (cambia el sentido de la desigualdad)

3.2. Inecuaciones polinómicas y racionales con una incógnita

Para la resolución de inecuaciones polinómicas de grado mayor o igual a 2 y racionales hay que pasar todos los términos a un miembro, operar y factorizar, para estudiar posteriormente los signos de cada uno de los factores.

Ejercicios resueltos

1. Resuelve las siguientes inecuaciones:

a) $2x^2+5x\le 3$ *b)* $-x^4+3x^2-2x<0$ *c)* $\dfrac{x^2+x-2}{6x-2x^2}\ge 0$ *d)* $\dfrac{-3}{x+1}\le\dfrac{2}{x-1}$

Solución:

a) $2x^2+5x-3\le 0\Rightarrow(2x-1)(x+3)\le 0$

	$-\infty$ a -3	-3 a $\frac{1}{2}$	$\frac{1}{2}$ a $+\infty$
$2x-1$	−	−	+
$x+3$	−	+	+
	+	−	+

$\Rightarrow x\in\left[-3,\ \frac{1}{2}\right]$

b) $-x(x+2)(x-1)^2<0$

	$-\infty$ a -2	-2 a 0	0 a 1	1 a $+\infty$
-1	−	−	−	−
x	−	−	+	+
$x+2$	−	+	+	+
$(x-1)^2$	+	+	+	+
	−	+	−	−

$\Rightarrow x\in(-\infty,\ -2)\cup(0,\ 1)\cup(1,\ +\infty)$

c) $\dfrac{x^2+x-2}{6x-2x^2}\ge 0\Rightarrow\dfrac{(x+2)(x-1)}{2x(3-x)}\ge 0$

	$-\infty$ a -2	-2 a 0	0 a 1	1 a 3	3 a $+\infty$
$2x$	−	−	+	+	+
$x-1$	−	−	−	+	+
$x+2$	−	+	+	+	+
$3-x$	+	+	+	+	−
	−	+	−	+	−

$\Rightarrow x\in[-2,\ 0)\cup[1,\ 3)$

Hay que eliminar los valores que anulan el denominador.

d) $\dfrac{-3}{x+1}-\dfrac{2}{x-1}\le 0\Rightarrow\dfrac{-3x+3-2x-2}{(x+1)(x-1)}\le 0\Rightarrow\dfrac{-5x+1}{(x+1)(x-1)}\le 0$

	$-\infty$ a -1	-1 a $\frac{1}{5}$	$\frac{1}{5}$ a 1	1 a $+\infty$
$-5x+1$	+	+	−	−
$x+1$	−	+	+	+
$x-1$	−	−	−	+
	+	−	+	−

$\Rightarrow x\in\left(-1,\ \frac{1}{5}\right]\cup(1,\ +\infty)$

Ejercicios

8. Resuelve los siguientes sistemas de ecuaciones no lineales:

a) $\begin{cases}2^x+3^{y+1}=3\\ 9\cdot 2^{x+1}-3^{2y+2}=35\end{cases}$ *b)* $\begin{cases}\log_3(x^2-y)=1\\ \dfrac{y}{3}=x+\dfrac{1}{3}\end{cases}$

c) $\begin{cases}\sqrt{y^2-x^2}=4\\ \dfrac{y+2}{x}=-1\end{cases}$

9. Resuelve las siguientes inecuaciones de primer grado:

a) $\dfrac{x-3}{2}-\dfrac{4-2x}{3}\le 3(x+2)$ *b)* $2x-\dfrac{4x-3}{5}>\dfrac{x}{2}-\dfrac{1-x}{10}$

10. Resuelve estas inecuaciones de grado mayor o igual que 2:

a) $-6x^3-4x^2+2x\le 0$ *b)* $25x^2<x^4+144$

c) $20x^2+3x>2$

11. Resuelve los siguientes sistemas de ecuaciones no lineales:

a) $\dfrac{x^3-3x^2+3x-1}{2x-1}\le 0$ *b)* $\dfrac{x-1}{x+2}\ge\dfrac{x}{3}$

c) $\dfrac{x^2-2x+1}{x^2}\le 0$

Recuerda

La intersección de varios conjuntos se denota con el símbolo $\cap$ y es la parte común que existe en ellos.

3.3. Sistemas de inecuaciones con una incógnita

En los sistemas de inecuaciones hay que resolver por su procedimiento particular cada una de las inecuaciones y, después, hacer la intersección de las soluciones obtenidas, que será la solución del sistema.

Ejercicios resueltos

2. Resuelve los siguientes sistemas de inecuaciones:

a) $\begin{cases} \dfrac{6x-1}{3} - 5(3-x) \le x - \dfrac{5(x+2)}{6} \\ 5 - 3(2x-1) - 1 < 3x + \dfrac{x-5}{2} \end{cases}$ b) $\begin{cases} 3(1-2x) - (4x-1) \ge x+5 \\ -2x^2 + x + 1 > 0 \end{cases}$ c) $\begin{cases} \dfrac{5-x}{x^2-4} \ge 0 \\ 3x^2 - 6x < 0 \end{cases}$

Solución:

a) $\begin{cases} \dfrac{6x-1}{3} - 15 + 5x \le x - \dfrac{5x+10}{6} \\ 5 - 6x + 3 - 1 < 3x + \dfrac{x-5}{2} \end{cases} \Rightarrow \begin{cases} 12x - 2 - 90 + 30x \le 6x - 5x - 10 \\ 10 - 12x + 6 - 2 < 6x + x - 5 \end{cases} \Rightarrow \begin{cases} 41x \le 82 \\ -19x < -19 \end{cases} \Rightarrow \begin{cases} x \le 2 \\ x > 1 \end{cases}$

La solución del sistema será la intersección $(-\infty, 2] \cap (1, +\infty)$, es decir, $x \in (1, 2]$.

b) $\begin{cases} 3 - 6x - 4x + 1 \ge x + 5 \\ -2x^2 + x + 1 > 0 \end{cases} \Rightarrow \begin{cases} -11x \ge 1 \\ (1+2x)(1-x) > 0 \end{cases} \Rightarrow x \in \left(-\infty, \dfrac{-1}{11}\right]$

	$-\infty$ a $-\frac{1}{2}$	$-\frac{1}{2}$ a 1	1 a $+\infty$
$2x+1$	−	+	+
$1-x$	+	+	−
	−	+	−

$\Rightarrow x \in \left(\dfrac{-1}{2}, 1\right)$ La solución del sistema será $x \in \left(\dfrac{-1}{2}, \dfrac{-1}{11}\right]$.

c) $\begin{cases} \dfrac{5-x}{(x-2)(x+2)} \ge 0 \\ 3x(x-2) < 0 \end{cases}$

	$-\infty$ a -2	-2 a 2	2 a 5	5 a $+\infty$
$5-x$	+	+	+	−
$x+2$	−	+	+	+
$x-2$	−	−	+	+
	+	−	+	−

$\Rightarrow x \in (-\infty, -2) \cup (2, 5]$

	$-\infty$ a 0	0 a 2	2 a $+\infty$
$3x$	−	+	+
$x-2$	−	−	+
	+	−	+

$\Rightarrow x \in (0, 2)$

Por tanto, el sistema no tiene solución, pues la intersección de ambas soluciones es vacía.

3.4. Inecuaciones lineales con dos incógnitas

Las inecuaciones lineales con dos incógnitas se resuelven siempre de forma gráfica y su solución es uno de los semiplanos determinado por la ecuación correspondiente.

Ejercicios resueltos

3. Resuelve la inecuación con dos incógnitas $3x-2y\geq 1$.

Solución:

En primer lugar representamos la recta $3x-2y=1 \Rightarrow y=\dfrac{3x-1}{2}$ creando, por ejemplo, una pequeña tabla de valores. A continuación, escogemos un punto arbitrario de cualquiera de los dos semiplanos que determina la recta y lo sustituimos en la inecuación original, valorando si el punto elegido pertenece o no a la solución de la inecuación y escogiendo por tanto el semiplano correspondiente. En nuestro caso, tomando, por ejemplo, el punto $\left(1,\ 3\right)$, tenemos que $3\cdot 1-2\cdot 3 \not\geq 1$ con lo que cogeremos el semiplano contrario a este punto.

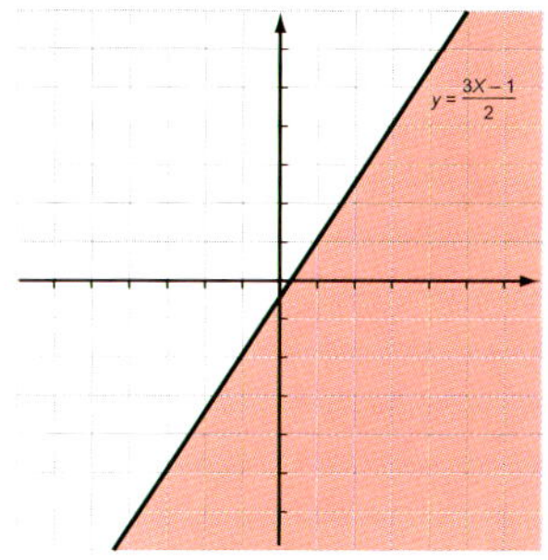

3.5. Sistemas de inecuaciones con dos incógnitas

Para resolver sistemas de inecuaciones con dos incógnitas, hay que representar en unos mismos ejes coordenados todos los semiplanos solución que corresponden a las inecuaciones. La solución será la región intersección de todos los semiplanos.

Ejercicios resueltos

4. Resuelve el siguiente sistema de inecuaciones con dos incógnitas: $\begin{cases} 2x-y\geq 3 \\ x+3y<1 \end{cases}$

Solución:

Representamos los dos semiplanos en los mismos ejes de coordenadas. La solución del sistema será la región del plano sombreada simultáneamente en ambos semiplanos.

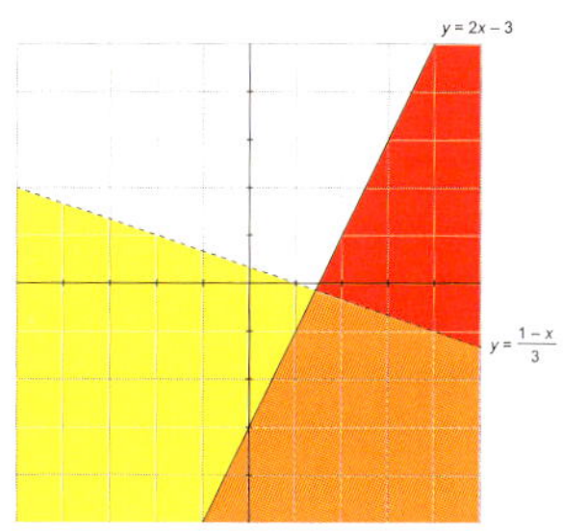

Ejercicios

12. Resuelve los sistemas de inecuaciones de una variable que aparecen a continuación:

a) $\begin{cases} \dfrac{x-1}{3}-\dfrac{3}{4}\geq 2-\dfrac{6-x}{2} \\ 3\left(x-1\right)<1-\dfrac{x}{2} \end{cases}$ *b)* $\begin{cases} x^3-4x^2+4x<0 \\ \dfrac{1}{x}\geq \dfrac{2}{5x-1} \end{cases}$ *c)* $\begin{cases} x-2\left(4x-1\right)>-7 \\ x^2\leq 4 \end{cases}$ *d)* $\begin{cases} \dfrac{x-1}{x+3}\geq \dfrac{2x-1}{3x+9} \\ 2x\left(x-3\right)<8 \end{cases}$

13. Representa gráficamente el semiplano solución de las inecuaciones de dos variables:

a) $4x-5y\geq 1$ *b)* $2x+y-3\leq 0$ *c)* $y<1$

14. Halla la región solución de los siguientes sistemas de inecuaciones de dos variables:

a) $\begin{cases} 5x-2y<1 \\ -3x+y\leq 2 \end{cases}$ *b)* $\begin{cases} 2x+y<0 \\ -x+3y\leq 1 \end{cases}$ *c)* $\begin{cases} x-2y>0 \\ 2x+y-5\leq 0 \\ x-3\geq 0 \end{cases}$

Síntesis

Ecuaciones

Polinómicas de segundo grado:

$ax^2 + bx + c = 0$

$$x = \frac{-b \pm \sqrt{b^2 - 4ac}}{2a}$$

Polinómicas de grado > 2:

- Pasar términos a un mismo miembro.
- Factorizar.

Bicuadradas:

$ax^4 + bx^2 + c = 0 \rightarrow z = x^2$

$$z = \frac{-b \pm \sqrt{b^2 - 4ac}}{2a} = \begin{cases} z_1 \Rightarrow x = \pm\sqrt{z_1} \\ z_2 \Rightarrow x = \pm\sqrt{z_2} \end{cases}$$

Racionales:

- Denominador común.
- Eliminar denominadores.

Exponenciales:

- $a^x = a^n \rightarrow x = n$
- $a^x = b^n \rightarrow x = \log_a b^n$
- Si aparece varias veces a^x, hacer el cambio $z = a^x$.

Con radicales:

- Dejar un radical solo en un miembro.
- Elevar al cuadrado.
- Comprobar las soluciones.

Logarítmicas:

- Agrupar cada miembro en un solo logaritmo:

  $\log A = \log B \Rightarrow A = B$

Sistemas de ecuaciones

Ecuaciones lineales. Método de Gauss:

$$\begin{cases} a_{11}x + a_{12}y + a_{13}z = b_1 \\ a_{21}x + a_{22}y + a_{23}z = b_2 \\ a_{31}x + a_{32}y + a_{33}z = b_3 \end{cases} \rightarrow \begin{cases} a_{11}x + a_{12}y + a_{13}z = b_1 \\ a'_{22}y + a'_{23}z = b'_2 \\ a'_{32}y + a'_{33}z = b'_3 \end{cases} \rightarrow \begin{cases} a_{11}x + a_{12}y + a_{13}z = b_1 \\ a'_{22}y + a'_{23}z = b'_2 \\ a''_{33}z = b''_3 \end{cases}$$

Sistemas de ecuaciones no lineales:

- Método de sustitución.
- Método de reducción.
- Cambio de variable.

Inecuaciones con una incógnita

Lineales: $x \pm a < b \Rightarrow x < b \mp a$; $ax < b \Rightarrow x < \frac{b}{a}$; $-ax < b \Rightarrow x > -\frac{b}{a}$

Polinómicas y racionales:

- Factorizar.
- Tabla de signos.

Inecuaciones lineales con dos incógnitas

$ax + by < c \rightarrow$

- Representar la recta $ax + by = c$.
- Elegir un punto de uno de los dos semiplanos y sustituir en $ax + by < c$.
- Si la desigualdad es cierta, es dicho semiplano. Si es falsa, el contrario.

Sistemas de inecuaciones con una o dos incógnitas

- Resolver cada inecuación.
- Intersección de las soluciones.

Problemas tipo

Ecuaciones

15. Resuelve la ecuación polinómica.

$$-3x^5-7x^4+6x^3+12x^2-8x=0$$

$$-3x(x+2)^2(x-1)\left(x-\frac{2}{3}\right)=0 \rightarrow x=-2 \text{ (doble)},\ x=1,\ x=\frac{2}{3},\ x=0$$

16. Resuelve la siguiente ecuación:

$$8x^6+63x^3-8=0$$

$$z=x^3 \rightarrow 8z^2+63z-8=0 \rightarrow z=\frac{-63\pm\sqrt{63^2-4\cdot 8\cdot(-8)}}{16}=\frac{-63\pm 65}{16}=\left\langle \begin{array}{l}\frac{1}{8}\\ -8\end{array}\right.$$

$$z=\frac{1}{8}\rightarrow x^3=\frac{1}{8}\rightarrow x=\sqrt[3]{\frac{1}{8}}=\frac{1}{2}$$

$$z=-8\rightarrow x^3=-8\rightarrow x=\sqrt[3]{-8}=-2$$

17 Resuelve la siguiente ecuación racional:

$$\frac{x+6}{x^2-3x}-\frac{x}{x^2-2x-3}=\frac{x-2}{x^2+x}$$

$$\frac{x+6}{x(x-3)}-\frac{x}{(x-3)(x+1)}=\frac{x-2}{x(x+1)}$$

$$\frac{(x+6)(x+1)}{x(x-3)(x+1)}-\frac{x\cdot x}{x(x-3)(x+1)}=\frac{(x-2)(x-3)}{x(x-3)(x+1)}$$

$$\frac{x^2+7x+6}{x(x-3)(x+1)}-\frac{x^2}{x(x-3)(x+1)}=\frac{x^2-5x+6}{x(x-3)(x+1)}$$

$$x^2+7x+6-x^2=x^2-5x+6$$

$$-x^2+12x=0\rightarrow x=\left\langle \begin{array}{l}0 \text{ (no válida porque anula al denominador)}\\ 12\end{array}\right.$$

18. Resuelve la siguiente ecuación con radicales:

$$\sqrt{8-x}+\sqrt{x+5}=5$$

$$\left(\sqrt{8-x}\right)^2=\left(5-\sqrt{x+5}\right)^2\rightarrow 8-x=25-10\sqrt{x+5}+x+5\rightarrow$$

$$\rightarrow 10\sqrt{x+5}=2x+22\rightarrow\left(5\sqrt{x+5}\right)^2=(x+11)^2$$

$$\rightarrow 25(x+5)=x^2+22x+121\rightarrow 25x+125=x^2+22x+121$$

$$\rightarrow x^2-3x-4=0\rightarrow x=\left\langle \begin{array}{ll}4 & \rightarrow\sqrt{8-4}+\sqrt{4+5}=5\rightarrow 2+3=5\\ -1 & \rightarrow\sqrt{8-(-1)}+\sqrt{-1+5}=5\rightarrow 3+2=5\end{array}\right.$$

Ambas soluciones, $x=4$, $x=-1$, son válidas.

19. Resuelve la siguiente ecuación exponencial:

$$3^{x+2}+3^{x+1}-3^x+3^{x-1}=102$$

$$3^x\cdot 3^2+3^x\cdot 3-3^x+3^x\cdot\frac{1}{3}=102\rightarrow 3^x\left(9+3-1+\frac{1}{3}\right)=102\rightarrow$$

$$\rightarrow 3^x\cdot\frac{34}{3}=102\rightarrow 3^x=\frac{102}{\frac{34}{3}}=9\rightarrow x=2$$

20. Resuelve la siguiente ecuación exponencial:

$$2^{2x+4}-9\cdot 2^{x+1}+2=0$$

$$2^{2x}\cdot 2^4-9\cdot 2^x\cdot 2+2=0$$

$$z=2^x\rightarrow 16z^2-18z+2=0\rightarrow 8z^2-9z+1=0\rightarrow$$

$$\rightarrow z=\frac{9\pm\sqrt{81-32}}{16}=\frac{9\pm 7}{16}=\left\langle \begin{array}{l}1\rightarrow 2^x=1\rightarrow x=0\\ \frac{1}{8}\rightarrow 2^x=\frac{1}{8}\rightarrow x=-3\end{array}\right.$$

Ecuaciones *(Cont.)*

21. Resuelve la siguiente ecuación logarítmica:

$$\log(2-x)-1=2\log(1-x)-\log(3-x)$$

$$\log(2-x)-\log 10=\log(1-x)^2-\log(3-x)\rightarrow$$

$$\log\frac{2-x}{10}=\log\frac{(1-x)^2}{3-x}\rightarrow\frac{2-x}{10}=\frac{(1-x)^2}{3-x}\rightarrow(2-x)(3-x)=10(1-x)^2\rightarrow$$

$$\rightarrow x^2-5x+6=10x^2-20x+10\rightarrow -9x^2+15x-4=0\rightarrow$$

$$\rightarrow x=\frac{-15\pm\sqrt{225-144}}{-18}=\frac{-15\pm 9}{-18}=\begin{cases}\dfrac{1}{3}\\[2mm] \cancel{\dfrac{4}{3}}\ \text{porque } \log\left(1-\dfrac{4}{3}\right)\text{ no existe.}\end{cases}$$

Sistemas de ecuaciones

22. Resuelve el siguiente sistema de ecuaciones por el método de Gauss:

$$\begin{cases}2x+y-3z=-6\\-x+2y+z=-3\\3x+2y-z=-3\end{cases}$$

$$\begin{cases}2x+y-3z=-6 &\rightarrow & 2x+y-3z=-6\\-x+2y+z=-3 &\xrightarrow{\cdot 2} & -2x+4y+2z=-6\\ & & \hline 5y-z=-12\end{cases}$$

$$\begin{cases}2x+y-3z=-6 &\xrightarrow{\cdot 3} & 6x+3y-9z=-18\\3x+2y-z=-3 &\xrightarrow{\cdot(-2)} & -6x-4y+2z=6\\ & & \hline -y-7z=-12\end{cases}$$

$$\begin{cases}5y-z=-12 &\rightarrow & 5y-z=-12\\-y-7z=-12 &\xrightarrow{\cdot 5} & -5y-35z=-60\\ & & \hline -36z=-72\rightarrow z=2\end{cases}$$

$$5y-z=-12\rightarrow 5y-2=-12\rightarrow y=-2$$

$$2x+y-3z=-6\rightarrow 2x+(-2)-3\cdot 2=-6\rightarrow x=1$$

23. Resuelve el sistema de ecuaciones no lineales.

$$\begin{cases}x^2+2y^2=11\\xy=-3\end{cases}$$

$$xy=-3\rightarrow y=-\frac{3}{x}\rightarrow x^2+2\left(-\frac{3}{x}\right)^2=11\rightarrow x^2+\frac{18}{x^2}=11\rightarrow$$

$$\rightarrow x^4+18=11x^2\rightarrow x^4-11x^2+18=0$$

$$z=x^2\rightarrow z^2-11z+18=0\rightarrow z=\frac{11\pm\sqrt{121-72}}{2}=$$

$$=\frac{11\pm 7}{2}=\begin{cases}9\rightarrow x^2=9\rightarrow x=\pm 3,\ y=\mp 1\\[2mm] 2\rightarrow x^2=2\rightarrow x=\pm\sqrt{2},\ y=\mp\dfrac{3}{\sqrt{2}}\end{cases}$$

24. Resuelve el siguiente sistema de ecuaciones con radicales:

$$\begin{cases}\sqrt{x+1}-\sqrt{y-1}=1\\2x-y=4\end{cases}$$

$$2x-y=4\rightarrow y=2x-4\rightarrow\sqrt{x+1}-\sqrt{2x-4-1}=1\rightarrow$$

$$\rightarrow\sqrt{x+1}-\sqrt{2x-5}=1\rightarrow\left(\sqrt{x+1}\right)^2=\left(1+\sqrt{2x-5}\right)^2\rightarrow$$

$$\rightarrow x+1=1+2\sqrt{2x-5}+2x-5\rightarrow(5-x)^2=\left(2\sqrt{2x-5}\right)^2\rightarrow$$

$$\rightarrow 25-10x+x^2=4(2x-5)\rightarrow 25-10x+x^2=8x-20\rightarrow x^2-18x+45=0$$

$$\rightarrow x^2-18x+45=0\rightarrow x=\frac{18\pm 12}{2}=\begin{cases}x=15,\ y=26\ \left(\sqrt{15+1}-\sqrt{26-1}\neq 1\right)\\x=3,\ y=2\ \left(\sqrt{3+1}-\sqrt{2-1}=1\right)\end{cases}$$

Sistemas de ecuaciones *(Cont.)*

25. Resuelve el siguiente sistema de ecuaciones exponenciales:

$$\begin{cases} 2^{x+1} - 3^y = 7 \\ 2^{x-1} + 3^{y+1} = 5 \end{cases}$$

$$\begin{cases} 2 \cdot 2^x - 3^y = 7 \\ \dfrac{2^x}{2} + 3 \cdot 3^y = 5 \end{cases} \rightarrow \begin{matrix} a = 2^x \\ b = 3^y \end{matrix} \rightarrow \begin{cases} 2a - b = 7 \\ \dfrac{a}{2} + 3b = 5 \end{cases} \rightarrow \begin{cases} a = 4 \rightarrow 2^x = 4 \rightarrow x = 2 \\ b = 1 \rightarrow 3^y = 1 \rightarrow y = 0 \end{cases}$$

26. Resuelve el siguiente sistema de ecuaciones logarítmicas:

$$\begin{cases} \log(3y-1) - \log(x+1) = 1 \\ \log(3x+y) = 1 - \log x \end{cases}$$

$$\begin{cases} \log \dfrac{3y-1}{x+1} = \log 10 \\ \log(3x+y) = \log \dfrac{10}{x} \end{cases} \rightarrow \begin{cases} \dfrac{3y-1}{x+1} = 10 \\ 3x + y = \dfrac{10}{x} \end{cases} \rightarrow \begin{cases} 3y - 1 = 10x + 10 \\ 3x^2 + xy = 10 \end{cases} \rightarrow \begin{cases} 10x - 3y = -11 \\ 3x^2 + xy = 10 \end{cases}$$

$$y = \frac{10x+11}{3} \rightarrow 3x^2 + x\frac{10x+11}{3} = 10 \rightarrow 19x^2 + 11x - 30 = 0 \rightarrow$$

$$\rightarrow x = \frac{-11 \pm \sqrt{121 + 2280}}{38} = \frac{-11 \pm 49}{38} = \begin{cases} x = 1 \rightarrow y = 7 \\ x = -\dfrac{30}{19} \rightarrow y = -\dfrac{91}{57} \text{ (no válida)} \end{cases}$$

Inecuaciones y sistemas de inecuaciones con una incógnita

27. Indica el conjunto de soluciones de la inecuación:

$$x(x+2)^2 - 3x^2 \le x^2(x-1)^2 + 8x$$

$$x(x^2 + 4x + 4) - 3x^2 \le x^2(x^2 - 2x + 1) + 8x \rightarrow$$

$$\rightarrow x^3 + 4x^2 + 4x - 3x^2 \le x^4 - 2x^3 + x^2 + 8x \rightarrow$$

$$\rightarrow -x^4 + 3x^3 - 4x \le 0 \rightarrow -x(x+1)(x-2)^2 \le 0$$

	−1	0	2	
$-x$	+	+	−	−
$x + 1$	−	+	+	+
$(x-2)^2$	+	+	+	+
	−	+	−	−

$$(-\infty, -1] \cup [0, 2] \cup [2, +\infty) = (-\infty, -1] \cup [0, +\infty)$$

28. Resuelve la siguiente inecuación racional:

$$\frac{x^4 - x^3 - 6x^2}{-2x^3 + 3x^2 + 5x} \ge 0$$

$$\frac{x^2(x+2)(x-3)}{-2x\left(x - \frac{5}{2}\right)(x+1)} \ge 0$$

	−2	−1	0	$\frac{5}{2}$	3	
x^2	+	+	+	+	+	+
$x + 2$	−	+	+	+	+	+
$x - 3$	−	−	−	−	−	+
$-2x$	+	+	+	−	−	−
$x - \frac{5}{2}$	−	−	−	−	+	+
$x + 1$	−	−	+	+	+	+
	+	−	+	−	+	−

$$(-\infty, -2] \cup (-1, 0) \cup \left(\frac{5}{2}, 3\right]$$

Inecuaciones y sistemas de inecuaciones con una incógnita *(Cont.)*

29. Resuelve el sistema de inecuaciones.

$$\begin{cases} x+1-\dfrac{x-2}{3} \le \dfrac{3(x+1)}{2}-\dfrac{2}{3} \\ \dfrac{2x-1}{4}+\dfrac{x}{2} > \dfrac{3(x-1)}{2}-\dfrac{7}{4} \end{cases}$$

$$x+1-\frac{x-2}{3} \le \frac{3(x+1)}{2}-\frac{2}{3}$$
$$x+1-\frac{x-2}{3} \le \frac{3x+3}{2}-\frac{2}{3}$$
$$\frac{6x+6}{6}-\frac{2x-4}{6} \le \frac{9x+9}{6}-\frac{4}{6}$$
$$6x+6-2x+4 \le 9x+9-4$$
$$-5x \le -5$$
$$x \ge 1$$
$$[1, +\infty)$$

$$\frac{2x-1}{4}+\frac{x}{2} > \frac{3(x-1)}{2}-\frac{7}{4}$$
$$\frac{2x-1}{4}+\frac{x}{2} > \frac{3x-3}{2}-\frac{7}{4}$$
$$\frac{2x-1}{4}+\frac{2x}{4} > \frac{6x-6}{4}-\frac{7}{4}$$
$$2x-1+2x > 6x-6-7$$
$$x < 6$$
$$(-\infty, 6)$$

La solución es $[1, +\infty) \cap (-\infty, 6) = [1, 6)$

Inecuaciones y sistemas de inecuaciones con dos incógnitas

30. Representa la región del plano cuyos puntos verifican:

$$\begin{cases} 2x+y \ge 0 \\ -x+y \le 1 \\ x-2y < 4 \end{cases}$$

$y = -2x$

x	y
−1	2
0	0
1	−2

(1, 0)

$2 \cdot 1 + 0 \geqslant 0$

$y = 1 + x$

x	y
−1	0
0	1
1	2

(0, 0)

$-0 + 0 \leqslant 1$

$y = \dfrac{x-4}{2}$

x	y
−2	−3
0	−2
2	−1

(0, 0)

$0 - 2 \cdot 0 < 4$

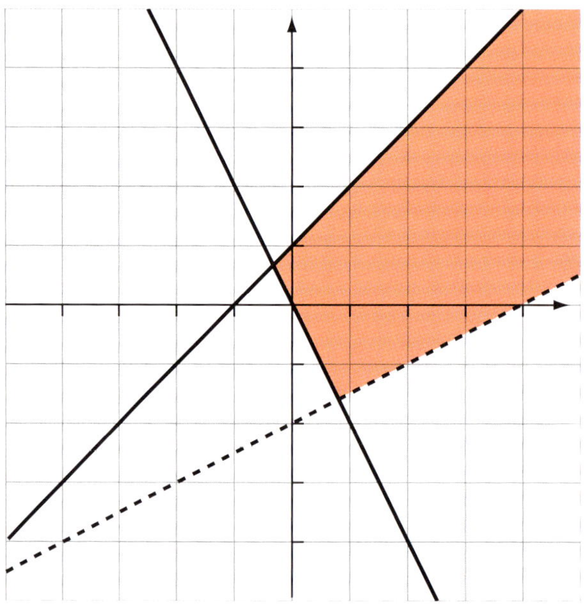

Ejercicios y problemas

Ecuaciones

31. Resuelve las siguientes ecuaciones de primer grado:

a) $\dfrac{3(x+2)}{4}+\dfrac{5(x-1)}{6}=\dfrac{4x-7}{10}-\dfrac{2(2x-3)}{15}$

b) $\dfrac{3x-2}{12}-\dfrac{3(x-2)}{16}+\dfrac{x}{8}=\dfrac{5(x+2)}{24}-\dfrac{3x-5}{4}$

c) $\dfrac{3(x+1)}{10}-2+\dfrac{2(2x-3)}{25}=x-\dfrac{x}{5}-\dfrac{3(x-5)}{50}$

d) $\dfrac{5(x-1)}{48}-\left(\dfrac{x-5}{4}-\dfrac{3x-2}{12}\right)=1-\dfrac{3(x+2)}{16}-\dfrac{5x-1}{6}$

32. Resuelve las siguientes ecuaciones de segundo grado:

a) $-x^2-x+20=0$

b) $25x^2+30x+9=0$

c) $-3x^2+7x+6=0$

d) $4x^2-x+2=0$

33. Halla las soluciones de las siguientes ecuaciones:

a) $(x+1)(x-2)+x=2(3x-1)(x-5)$

b) $(2x-1)(2x+1)-(x+2)^2=2x-5$

c) $(3x-1)(2x+3)-1=(x+1)^2-(2x+1)^2$

d) $\dfrac{(2x-3)^2-(x-1)^2}{3}=x-2$

34. Resuelve las siguientes ecuaciones polinómicas:

a) $x^3-2x^2-5x+6=0$

b) $x^4+4x^3-7x^2-10x=0$

c) $x^5-5x^4-x^3+17x^2+12x=0$

d) $2x^5-5x^4-12x^3-x^2+4x=0$

35. Resuelve las siguientes ecuaciones polinómicas:

a) $x^5-5x^4-x^3+17x^2+12x=0$

b) $3x^5-x^4-2x^3+x^2-x+2=$
$=x^5-4x^4+x^3+3x^2-x+2$

c) $30(x+1)+(x^2+1)^2-7=x(x+6)^2-10x$

d) $x(2x+3)^2-13=9x-(2x+1)(x+1)^2$

36. Resuelve las siguientes ecuaciones bicuadradas:

a) $-x^4+10x^2-9=0$ b) $4x^4-17x^2+4=0$

c) $9x^4-37x^2+4=0$ d) $-8x^4-6x^2+2=0$

37. Resuelve las siguientes ecuaciones reducibles a segundo grado:

a) $-x^6+26x^3+27=0$ b) $8x^6-19x^3-27=0$

c) $16x^8-17x^4+1=0$ d) $-32x^{10}-31x^5+1=0$

38. Resuelve las siguientes ecuaciones reducibles a segundo grado:

a) $(x^2+3)^2-6(5x-2)=(3x-5)^2$

b) $(3x-5)(3x+5)=(x^2-2)^2+7$

c) $(x^3+x)^2+7x^2(x+1)=2(x^2+2)^2$

d) $(x^4+7)^2=1-(x^2-8)(x^2+8)$

39. Resuelve las siguientes ecuaciones racionales:

a) $\dfrac{x+1}{x(x-2)}=\dfrac{x+3}{(x+1)(x-2)}$

b) $\dfrac{2x-3}{x^2(x-1)}=\dfrac{x-3}{x(x+1)(x-1)}$

c) $\dfrac{x-1}{(x+1)(x-3)}=-\dfrac{x+8}{(x+1)^2}$

d) $\dfrac{x^2+x}{(x-1)^2(x+2)}=\dfrac{x+1}{(x+2)^2}$

40. Resuelve las siguientes ecuaciones racionales:

a) $\frac{2x+3}{x^2-x}=\frac{x}{x^2+x-2}$

b) $\frac{x+2}{x^3-x}=\frac{x+1}{x^3-2x^2+x}$

c) $\frac{2x+1}{2x^2+x-1}=\frac{4x-1}{4x^2-1}$

d) $\frac{3}{x^3+x^2-6x}=\frac{1-5x}{x^3-5x^2+6x}$

41. Resuelve las siguientes ecuaciones racionales:

a) $\frac{x-1}{x^3-2x^2}=\frac{4-x}{x^3-4x}$

b) $\frac{x^2-2}{x^2+2x-8}=\frac{2x}{x^2+x-6}$

c) $\frac{x^2-2x-3}{x^2-3x-4}=\frac{x^2-3x-1}{x^2-5x+4}$

d) $\frac{x^2-4}{x^4+x^3-2x^2}=\frac{2-x}{x^3-2x^2+x}$

42. Resuelve las siguientes ecuaciones racionales:

a) $\frac{2x-3}{x^2-x}-\frac{5-2x}{x^2+x}=\frac{3x-5}{x^2-1}$

b) $\frac{-1}{x^2+3x}-\frac{2}{x^2+6x+9}=\frac{2x-1}{x^3+3x^2}+\frac{x-5}{x^3+6x^2+9x}$

43. Resuelve las siguientes ecuaciones con una raíz cuadrada:

a) $\sqrt{6x+7}=x$ b) $\sqrt{x+7}=x+5$

c) $\sqrt{8-x}=x-2$ d) $\sqrt{3x-3}=x-1$

44. Resuelve las siguientes ecuaciones con un radical:

a) $\sqrt[3]{9+2x^2}=x$ b) $\sqrt[4]{8x}=x$

c) $\sqrt[4]{5x^2-4}=x$ d) $\sqrt[3]{x-1}=3-x$

45. Resuelve las siguientes ecuaciones con un radical:

a) $\sqrt{2x+3}+x=6$ b) $2x+\sqrt{x+2}=-1$

c) $x-\sqrt{2x-1}=2$ d) $-x-\sqrt{-3x-8}=2$

46. Resuelve las siguientes ecuaciones con dos radicales:

a) $\sqrt{x+2}-\sqrt{x-1}=1$ b) $\sqrt{x+5}-\sqrt{2x+3}=1$

c) $\sqrt{2x-2}+\sqrt{x+3}=2$ d) $\sqrt{3x+9}-\sqrt{2x+1}=2$

47. Resuelve las siguientes ecuaciones exponenciales:

a) $2^{8-2x}=\frac{1}{4}$ b) $3^{2x-1}=\sqrt[3]{9}$

c) $\left(\sqrt{2}\right)^{x^2+1}=\sqrt[8]{32}$ d) $5^{\frac{x^2}{2}-1}=\frac{1}{\sqrt{5}}$

48. Halla las soluciones de las siguientes ecuaciones exponenciales y expresa su valor con dos decimales con ayuda de tu calculadora:

a) $2^{x+1}=5$ b) $5^{\frac{1}{x}}=\sqrt{2}$

c) $7^{x^2-2}=\frac{1}{8}$ d) $3^{3x+1}=e$

49. Resuelve las siguientes ecuaciones exponenciales:

a) $2^{x+2}-2^{x+1}-2^x+2^{x-1}=12$

b) $3^{x+3}-3^{x+1}-3^{x-1}=71$

c) $5^x+5^{x-1}+5^{x-2}=\frac{31}{5}$

d) $3^{x+2}-3^x+3^{x-1}-3^{x-2}+3^{x-3}=\frac{223}{81}$

50. Resuelve las siguientes ecuaciones exponenciales:

a) $9^x-10\cdot 3^x+9=0$ b) $2^{2x}-18\cdot 2^x+32=0$

c) $5^{2x}-4\cdot 5^x-5=0$ d) $2\cdot 4^x-3\cdot 2^x+1=0$

51. Resuelve las siguientes ecuaciones exponenciales:

a) $2^{2x+3}-3\cdot 2^{x+1}+1=0$ b) $5^{2x+2}-26\cdot 5^x+1=0$

c) $3^{x+1}-3^{1-x}-8=0$ d) $2^{2x-4}-5\cdot 2^{x-3}+1=0$

52. Resuelve las siguientes ecuaciones logarítmicas:

a) $\log(3x+1)=1$ b) $\log_2(x^2-1)=3$

c) $\ln\dfrac{x+2}{3}=0$ d) $\log(x^2+36)=2$

53. Resuelve las siguientes ecuaciones logarítmicas:

a) $\log(3+x)=\log 6-\log(4-x)$

b) $2\log(2x+1)-\log(x+1)=\log(x-7)$

c) $\log(3x+3)-\log(2x-1)=\log(x+1)-\log(2x+5)$

d) $2\log(1-x)-\log x=\log(1+x)-\log(2-x)+\log(5-x)$

54. Resuelve las siguientes ecuaciones logarítmicas:

a) $\log(x+1)=1-\log(x-8)$

b) $2\log_2(x+1)=3+\log_2(x-1)$

c) $\log(x+3)-1=\log(x+7)-\log(x-5)$

d) $\log(x-7)-2\log(x+2)=-2$

Sistemas de ecuaciones

55. Resuelve los siguientes sistemas de ecuaciones lineales utilizando el método de Gauss:

a) $\begin{cases} x+2y-z=5 \\ -x+y+3z=-1 \\ 2x-y-2z=0 \end{cases}$ b) $\begin{cases} -x+3y+5z=5 \\ 4x+3y-z=2 \\ 2x+2y+z=0 \end{cases}$

c) $\begin{cases} -6x+3y+2z=-9 \\ 2x+5y+2z=-7 \\ 4x-y-4z=9 \end{cases}$ d) $\begin{cases} -x-y+z=3 \\ 2x+y+z=0 \\ 3x+2y+z=4 \end{cases}$

56. Clasifica los siguientes sistemas de ecuaciones lineales utilizando el método de Gauss:

a) $\begin{cases} 5x+2y-z=4 \\ 2x-y+3z=-1 \\ x+4y-7z=6 \end{cases}$ b) $\begin{cases} x+4y-5z=1 \\ 3x+3y-2z=-1 \\ -4x+2y-3z=2 \end{cases}$

c) $\begin{cases} 4x-y-3z=4 \\ -3x+2y-5z=-2 \\ 5x-11z=1 \end{cases}$ d) $\begin{cases} -6x+2y-9z=-3 \\ 3x+6y-10z=1 \\ 9x+4y-z=4 \end{cases}$

57. Resuelve cuando sea posible los siguientes sistemas de ecuaciones lineales utilizando el método de Gauss:

a) $\begin{cases} -x+y+2z=-2 \\ 3x-y+3z=-1 \\ 3x+y+12z=-8 \end{cases}$ b) $\begin{cases} 2x-y+5z=5 \\ -2x-y+4z=-3 \\ 6x-y+6z=13 \end{cases}$

c) $\begin{cases} 3x+3y-2z=7 \\ 2x-y+5z=-1 \\ -x+5y-12z=3 \end{cases}$ d) $\begin{cases} 3x+2y+z=-1 \\ -4x-5y-3z=8 \\ x+3y+2z=-7 \end{cases}$

58. Resuelve los siguientes sistemas de ecuaciones lineales utilizando el método de Gauss cuando sea posible:

a) $\begin{cases} x-3y+2z=7 \\ -x+2y+2z=-9 \\ -x+y+6z=-11 \end{cases}$

b) $\begin{cases} -x+5y-4z=2 \\ 3x+y-z=-3 \\ -4x+4y-3z=-2 \end{cases}$

c) $\begin{cases} x+2y-z=3 \\ 2x+4y-2z=6 \\ 5x+10y-5z=15 \end{cases}$

d) $\begin{cases} 4x-2y+6z=8 \\ 2x-y+3z=4 \\ -6x+3y-9z=-12 \end{cases}$

59. Resuelve los siguientes sistemas de ecuaciones lineales utilizando el método de Gauss:

a) $\begin{cases} x+2y-z-t=-6 \\ -x+y+2z+3t=-4 \\ 2x-y+z-2t=6 \\ 3x-2y+z+t=6 \end{cases}$ b) $\begin{cases} -x-2y+z+2t=-2 \\ 2x+3y-z-4t=7 \\ -x-2y+2z-t=9 \\ -3x+y+5z+7t=16 \end{cases}$

60. Resuelve los siguientes sistemas lineales con cuatro incógnitas:

a) $\begin{cases} x+y-z-t=0 \\ 2x-3y+z=-5 \\ 3y-z+2t=11 \\ -x+2y-3z+t=11 \end{cases}$ b) $\begin{cases} 2x-y+3z-t=-14 \\ -x+y+2t=5 \\ 3z-t=-10 \\ 4x+y-2z+t=5 \end{cases}$

61. Resuelve los siguientes sistemas de ecuaciones no lineales:

a) $\begin{cases} 2x + y = 5 \\ xy = -3 \end{cases}$ b) $\begin{cases} x^2 + 3xy = -5 \\ x - 5y = 11 \end{cases}$

c) $\begin{cases} x^2 + y^2 = 20 \\ xy = 8 \end{cases}$ d) $\begin{cases} xy = 2 \\ \dfrac{1}{x} + \dfrac{1}{y} = \dfrac{9}{4} \end{cases}$

62. Resuelve los siguientes sistemas de ecuaciones no lineales:

a) $\begin{cases} x^2 - 3y^2 = 4 \\ xy = -8 \end{cases}$ b) $\begin{cases} xy^2 - 2x^2 - xy = 0 \\ \dfrac{2x - y}{3} = 1 \end{cases}$

c) $\begin{cases} x^2 - xy + y^2 = 12 \\ \dfrac{1}{\frac{1}{x} - \frac{1}{y}} = 4 \end{cases}$ d) $\begin{cases} \dfrac{x+y}{x-y} - \dfrac{x-y}{x+y} = \dfrac{8}{3} \\ xy = 2 \end{cases}$

63. Resuelve los siguientes sistemas de ecuaciones no lineales:

a) $\begin{cases} x - \sqrt{y} = -1 \\ x + y = 5 \end{cases}$ b) $\begin{cases} x + \sqrt{y+1} = 3 \\ x + y = 4 \end{cases}$

c) $\begin{cases} \sqrt{x+1} + 2\sqrt{y} = 4 \\ x + 3y = 6 \end{cases}$ d) $\begin{cases} \sqrt{x+y} - \sqrt{x-y} = 2 \\ 2x - y = 6 \end{cases}$

64. Resuelve los siguientes sistemas de ecuaciones no lineales:

a) $\begin{cases} \sqrt{x} - \sqrt{y} = -1 \\ 2\sqrt{x} + 3\sqrt{y} = 13 \end{cases}$ b) $\begin{cases} 3\sqrt{x} + \sqrt{y} = 10 \\ 2\sqrt{x} - 2\sqrt{y} = 4 \end{cases}$

c) $\begin{cases} 5\sqrt{x} - \sqrt{y} = 7 \\ 3\sqrt{x} + 2\sqrt{y} = 12 \end{cases}$ d) $\begin{cases} 2\sqrt{x+1} + 3\sqrt{y-2} = 11 \\ -3\sqrt{x+1} + 4\sqrt{y-2} = 9 \end{cases}$

65. Resuelve los siguientes sistemas de ecuaciones no lineales:

a) $\begin{cases} 5^{x-1} + 5^{y+1} = 30 \\ x - y = 1 \end{cases}$ b) $\begin{cases} 2^x + 2^y = 6 \\ x + y = 3 \end{cases}$

c) $\begin{cases} 3^{x+1} - 3^y = 24 \\ x - 2y = 0 \end{cases}$ d) $\begin{cases} 2^x + 2^{y-1} = 9 \\ x - 2y = 1 \end{cases}$

66. Resuelve los siguientes sistemas de ecuaciones no lineales:

a) $\begin{cases} 2^{x+1} + 3^y = 13 \\ 2^x + 3^{y-1} = 5 \end{cases}$ b) $\begin{cases} 2^{x-1} + 2^{y+1} = 12 \\ 2^{x+1} - 2^{y-1} = 14 \end{cases}$

c) $\begin{cases} 3^x - 5^{y+1} = -2 \\ 3^{x-1} + 5^{y+2} = 26 \end{cases}$ d) $\begin{cases} 5^{x+1} - 7^{y-1} = 24 \\ 5^{x-1} + 7^y = 8 \end{cases}$

67. Resuelve los siguientes sistemas de ecuaciones no lineales:

a) $\begin{cases} \log(x-1) + \log y = 1 \\ x - y = 4 \end{cases}$

b) $\begin{cases} \log x + \log y = 2 \\ x - 3y = 5 \end{cases}$

c) $\begin{cases} 2\log(x+5) - \log(y+1) = 1 \\ -x + y = 2 \end{cases}$

d) $\begin{cases} 2\log(x-y) - \log(x+y) = 2 \\ 5x + 3y = 6 \end{cases}$

68. Resuelve los siguientes sistemas de ecuaciones no lineales:

a) $\begin{cases} \log x - 2\log y = 4 \\ 3\log x + \log y = 5 \end{cases}$ b) $\begin{cases} 3\log_2 x + 2\log_2 y = -1 \\ -2\log_2 x + 5\log_2 y = 26 \end{cases}$

c) $\begin{cases} 4\log x + \log y = 3 \\ 2\log x - 3\log y = 5 \end{cases}$ d) $\begin{cases} -3\log_3 x + 2\log_3 y = -9 \\ 2\log_3 x + 4\log_3 y = -10 \end{cases}$

69. En mi estuche tengo 11 lápices de colores: verdes, rojos y azules. Por cada 2 lápices verdes, tengo 3 rojos y por cada lápiz rojo, tengo 2 azules. Plantea un sistema y averigua la cantidad de lápices que tengo de cada color.

70. Mi madre me tuvo cuando tenía 20 años. Hoy, la suma de las edades de mis padres es 5 veces la mía, pero hace 10 años era 11 veces mi edad en aquel momento. ¿Cuántos años tenemos actualmente?

71. En el cajero de mi sucursal hay billetes de 10, 20 y 50 € por un total de 2900 €. La cantidad de billetes de 10 € duplica la suma del resto de billetes y la proporción de billetes de 50€ respecto de la de 20€ es de 3 a 2. ¿Cuántos billetes de cada tipo hay en el cajero?

72. El precio de las televisiones fluctúa cada año. Actualmente me puedo comprar con 1800 € un televisor de cada uno de los modelos más habituales en el mercado, modelos A, B y C.

El año pasado, en cambio, como el modelo A estaba un 10 % más caro que actualmente y el B y C un 5 % más caros que hoy, me hubiera gastado 1925 €.

Sin embargo, si espero a las rebajas de este año que empieza, el modelo A bajará un 30 %, el B un 10 % y el C un 20 %, con lo que me podría comprar los tres por 1420 €.

¿Cuánto valen actualmente los modelos?

73. Una cierta aleación está compuesta por la mezcla de tres metales, A, B y C en distintas proporciones. Obtén la proporción de cada uno de estos metales, sabiendo que del metal B hay tanto como del A y C juntos y que la proporción del metal A respecto del C es de 3 a 7.

74. En la cafetería del instituto venden bocadillos de salchichas, de jamón y de bacon. Hoy hemos comprado 3 bocadillos de salchichas, 2 de jamón y 1 de bacon y nos han cobrado 17 €.

Al irnos nos hemos dado cuenta de que la cuenta no podía estar bien, y nos han confirmado que nos habían cobrado 1 bocadillo de jamón y 1 de bacon de más por error, por lo que nos han devuelto 4 €.

Para que no nos enfadáramos nos han dado un vale para otro día, con un descuento del 60% por la compra de un bocadillo de cada tipo, por un precio especial de 2,40 € en total

¿Cuánto vale cada bocadillo sin descuento?

Inecuaciones y sistemas de inecuaciones

75. Resuelve las siguientes inecuaciones lineales con una incógnita:

a) $5(3x+1)+2(2x+3) \geq 3(x-2)-x$

b) $4(x+3)-3(2x-1) > 3x+5(x-2)$

c) $-2(4x-3)+6(2x+5) < 4(-2x+9)-3(2x-7)$

d) $4(2x-1)-3(3x+2) \geq 2(2x-5)-3(x-4)$

76. Resuelve las siguientes inecuaciones lineales con una incógnita:

a) $\dfrac{3(x+3)}{4}-\dfrac{5(2x-1)}{6} < \dfrac{3(x-1)}{8}-\dfrac{2(3x-2)}{3}$

b) $\dfrac{7(2x-5)}{10}-\dfrac{3(x-4)}{25} \geq 5x-\dfrac{4(3x-2)}{5}$

c) $1+\dfrac{5x-1}{9}-\dfrac{5(2x+1)}{6} < \dfrac{11(x+3)}{18}+\dfrac{7(x-4)}{6}$

d) $2(3x-2)-\dfrac{3(3x-4)}{14} \leq \dfrac{2(2x-5)}{21}-\dfrac{4x-5}{6}$

77. Las siguientes inecuaciones lineales tienen una particularidad. Intenta resolverlas e indica qué ocurre con cada una de ellas.

a) $\dfrac{5(x-3)}{3}-\dfrac{4(x+1)}{9} \geq \dfrac{3(x-1)}{2}-\dfrac{5(x+2)}{18}$

b) $\dfrac{13(x+1)}{15}-\dfrac{3(x-2)}{10} > \dfrac{5(x+3)}{6}-\dfrac{4(x+5)}{15}$

78. Resuelve las siguientes inecuaciones con una incógnita:

a) $x(x-1)(x+2) < 0$

b) $x^2(x+1)(x-4) \geq 0$

c) $-(x+1)^2(x-2)(x+2) \leq 0$

d) $-3x(x-1)(x+2)^2(x-3) > 0$

79. Resuelve las siguientes inecuaciones polinómicas con una incógnita:

a) $-x^2+2x+15 \leq 0$

b) $x^4-3x^2+2x > 0$

c) $-2x^4+x^3+x^2 \geq 0$

d) $x^4-2x^3-13x^2+14x+24 > 0$

80. Resuelve las siguientes inecuaciones con una incógnita:

a) $\dfrac{x(x-2)}{(x-1)(x+1)} < 0$ *b)* $\dfrac{(x+2)^2}{(x-1)(x+3)} > 0$

c) $\dfrac{x^2(x-2)}{(x+1)(x-1)} \le 0$ *d)* $\dfrac{x(x+2)(x-2)}{(x-1)^2(x+3)} \ge 0$

81. Resuelve las siguientes inecuaciones racionales con una incógnita:

a) $\dfrac{x^2-x-2}{x^2+2x} > 0$ *b)* $\dfrac{x^2-3x-4}{x^2-4x+3} < 0$

c) $\dfrac{x^3-3x^2-10x}{x^3+x^2-x-1} \le 0$ *d)* $\dfrac{x^3+x^2-5x+3}{x^3-3x^2+4} \ge 0$

82. Resuelve las siguientes inecuaciones racionales con una incógnita:

a) $\dfrac{4x-3}{x^2-x} \ge \dfrac{2x+9}{x^2+x-2}$

b) $\dfrac{2x-1}{x^2-2x+1} \le \dfrac{x+7}{x^2-1}$

83. Resuelve las siguientes inecuaciones racionales con una incógnita:

a) $\dfrac{3\left(x-\dfrac{1}{3}\right)}{x(x+2)} \ge \dfrac{2(x-3)}{(x-1)(x+2)}$

b) $\dfrac{2(x+2)}{(x-1)(x+1)} < -\dfrac{x-8}{(x-1)^2}$

84. Resuelve los siguientes sistemas de inecuaciones lineales:

a) $\begin{cases} 2(x+3)-5(x+1) > 3(2x-1)-5 \\ 4x-2(x+3) \ge x+3(2x-7) \end{cases}$

b) $\begin{cases} -(2x+5)+3(4x-1) < 2(3x-4)-4 \\ 6x-3(3x+1) \le 4(3x-2)+2(4x-9) \end{cases}$

c) $\begin{cases} x+1-\dfrac{x-1}{2} > 2(x-2)+1 \\ \dfrac{2x+1}{3}-\dfrac{3x-2}{2} \le x+\dfrac{x+2}{6} \end{cases}$

d) $\begin{cases} \dfrac{5}{3}-\dfrac{2x-3}{6} < \dfrac{8}{9}+\dfrac{15x+2}{6} \\ \dfrac{3x+1}{2}-x \ge \dfrac{3(x-1)}{4}-1 \end{cases}$

85. Resuelve los siguientes sistemas de inecuaciones:

a) $\begin{cases} x(x-2)(x+1) > 0 \\ (x-1)^2(x-3)(x+3) < 0 \end{cases}$

b) $\begin{cases} \dfrac{-(x+1)^2}{x(x-3)} \ge 0 \\ (x-2)^2(x-1)(x+2) < 0 \end{cases}$

86. Resuelve los siguientes sistemas de inecuaciones:

a) $\begin{cases} x^4-2x^3-9x^2+18x > 0 \\ \dfrac{x^2-5x+4}{x^2+2x} \ge 0 \end{cases}$

b) $\begin{cases} x^5+4x^4-4x^3-16x^2 \le 0 \\ \dfrac{x^3+2x^2-3x}{x^2-2x-3} \le 0 \end{cases}$

87. Resuelve las siguientes inecuaciones con dos incógnitas:

a) $-3x+y > 1$

b) $2x-y \ge 0$

c) $2x+3y \le -5$

d) $x-3y > -2$

88. Resuelve los siguientes sistemas de inecuaciones con dos incógnitas:

a) $\begin{cases} 2x+y < 1 \\ -x+y \ge -1 \end{cases}$ *b)* $\begin{cases} 3x-y > -2 \\ x+y \ge 2 \end{cases}$

c) $\begin{cases} -x+2y \le 3 \\ 2x+2y > 1 \end{cases}$ *d)* $\begin{cases} -4x+2y \ge 3 \\ x+3y < 0 \end{cases}$

89. Resuelve los siguientes sistemas de inecuaciones con dos incógnitas:

a) $\begin{cases} x-y<3 \\ 2x+y>-2 \\ -x+3y\leq 1 \end{cases}$

b) $\begin{cases} -x+2y\geq -3 \\ 3x-y<2 \\ 2x+y\leq 3 \\ 3x-2y>-3 \end{cases}$

90. Los siguientes sistemas de inecuaciones con dos incógnitas tienen una particularidad. Representa las regiones indicadas e indica cuál es dicha particularidad.

a) $\begin{cases} x+y<-1 \\ x-y\leq -1 \\ 3x-y>0 \end{cases}$

b) $\begin{cases} 4x-2y\geq 1 \\ -6x+3y<5 \end{cases}$

Evalúate

1. Resuelve la ecuación racional:

$$\frac{3x+1}{x-2}-\frac{15x-5}{2x+4}=\frac{10x}{x^2-4}$$

2. Halla las soluciones de la ecuación radical

$$\sqrt{10+x}+2=\sqrt{15-10x}.$$

3. Resuelve las ecuaciones.

a) $3^{2x-1}=\sqrt[5]{27^{x+1}}$

b) $\log_2 x^3=\frac{-3}{4}$

4. Halla las soluciones de la ecuación.

$$6x^5+12x^4+x^3+2x^2=x+2$$

5. Halla la solución del siguiente sistema utilizando el método de Gauss:

$$\begin{cases} x-2y+z=-6 \\ 2x+y-3z=-7 \\ -x-5y+2z+5=0 \end{cases}$$

6. Resuelve el siguiente sistema de ecuaciones no lineales:

$$\begin{cases} \sqrt{x^2+4y-1}=x+2y+3 \\ 2^{y+2x}=\frac{1}{16} \end{cases}$$

7. Escribe en forma de intervalo las soluciones de la inecuación.

$$2-\frac{x-1}{4}-\frac{3(1-x)}{2}\leq 4-x$$

8. Resuelve la siguiente inecuación:

$$\frac{-x^2+3x-2}{x^3}\geq 0$$

9. Representa la región solución de la inecuación con dos incógnitas.

$$2x+5y>1$$

10. Resuelve el sistema de inecuaciones.

$$\begin{cases} x^2<-3x \\ \frac{x-1}{x+2}\geq 3 \end{cases}$$

TIC 1: Trabajar con Wiris y Excel
Bloque I: aritmética y álgebra

Unidad 5

Funciones, límites y derivadas

Las funciones, a través de sus gráficas, nos ayudan a modelizar multitud de situaciones a nuestro alrededor.

Por ejemplo, ¿qué forma toma un cable que está colgado por sus extremos? Pues podemos encontrar dos situaciones diferentes:

- Si el cable se curva únicamente por su propio peso, la función que lo representa es una catenaria, cuya ecuación es $f\left(x\right) = a\dfrac{e^{\frac{x}{a}} - e^{-\frac{x}{a}}}{2}$, siendo a un número real.
- Sin embargo, si del cable está suspendida una carga uniformemente repartida, como puede ocurrir en un puente colgante, la función que lo modeliza es una función cuadrática, $f\left(x\right) = ax^2 + bx + c$.

MAPA CONCEPTUAL

- **FUNCIONES**
  - DOMINIO Y RECORRIDO
  - OPERACIONES
    - Definición
    - Propiedades
    - Elementos neutros e inversos/opuestos
  - FUNCIONES ELEMENTALES
    - Polinómicas
    - Radicales
    - Racionales
    - Trigonométricas
    - Exponenciales y logarítmicas
    - Por partes
    - Valor absoluto

- **LÍMITES**
  - CONCEPTO (TEÓRICO Y GRÁFICO)
  - LÍMITES LATERALES
  - INDETERMINACIONES

- **DERIVADAS**
  - CONCEPTO: TASA DE VARIACIÓN INSTANTÁNEA
  - INTERPRETACIÓN GEOMÉTRICA
  - CÁLCULO
  - DERIVADAS SUCESIVAS

1. Funciones reales de variable real

1.1. Dominio y recorrido

Una función real de variable real, $y = f(x)$, asigna a cada valor de un cierto conjunto de números reales (**dominio**), $\text{Dom}\, f(x)$, un único valor de otro conjunto de números reales (**imagen** o **recorrido**), $\text{Rec}\, f(x) = \text{Im}\, f(x)$.

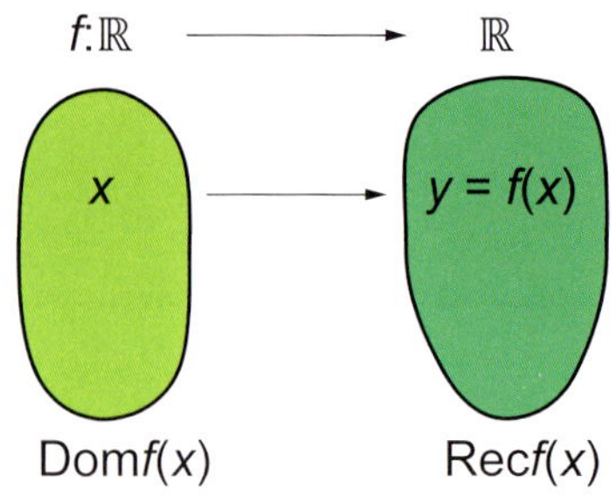

La variable x recibe el nombre de **variable independiente** y la variable y es la **variable dependiente**.

Una función se puede expresar de varias formas, entre las que destacan: una expresión algebraica, una gráfica, un enunciado y una tabla de valores.

Ejercicios resueltos

1. En cierto país la cantidad de alcohol permitida, en gramos por litro de sangre, para los conductores profesionales es de 0,04.

En un control de alcoholemia han detenido a un conductor que presentaba una tasa de 0,30. Se sabe que, al cabo de 12 horas, esta cantidad de alcohol habrá sido metabolizada totalmente por su organismo de forma directamente proporcional a las horas transcurridas.

a) Elabora una gráfica del descenso de alcohol en sangre de este conductor.

b) Encuentra la expresión algebraica de la función que relaciona los gramos de alcohol por litro de sangre y el tiempo transcurrido.

c) ¿Cuánto alcohol en sangre tendrá a las 5 h del control?

d) ¿En qué momento llegará al límite permitido para poder conducir su vehículo?

Solución:

a) Se trata de una recta que pasa por el $(0;\ 0{,}3)$ y por el $(12,\ 0)$.

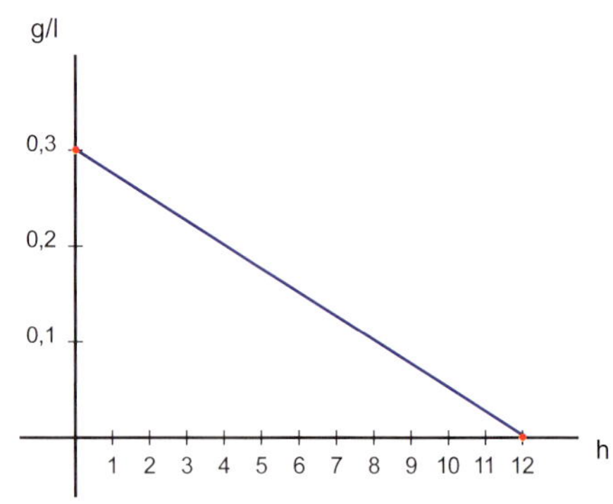

b) La pendiente de la recta es $m = \frac{-0{,}3}{12} = \frac{-1}{40}$ y la ordenada es $n = 0{,}3$, luego la ecuación será $y = \frac{-x}{40} + 0{,}3$ con x el tiempo en horas e y los gramos de alcohol por litro de sangre.

c) Si $x = 5$, $y = \frac{-5}{40} + 0{,}3 = 0{,}175$ gramos por litro de sangre.

d) El límite es $y = 0{,}04$, por tanto $0{,}04 = \frac{-x}{40} + 0{,}3 \Rightarrow x = 10{,}4$ h, es decir, a las 10 h 24 min.

- **Dominio**

Para calcular el dominio de una función definida a través de su expresión algebraica deberemos determinar para qué valores reales dicha expresión produce un valor real.

Ejercicios resueltos

2. Obtén el dominio de las siguientes gráficas en el caso de que representen funciones:

Solución:

a) Se trata de una función de $\text{Dom} f(x) = (-3, 3] \cup (5, +\infty)$. Observa que, aunque la función presente tres tramos, el dominio tiene únicamente dos intervalos, pues se alcanzan todas las abscisas entre los tramos primero y segundo.

b) No se trata de una función, pues existen abscisas para las que hay más de una ordenada.

a)

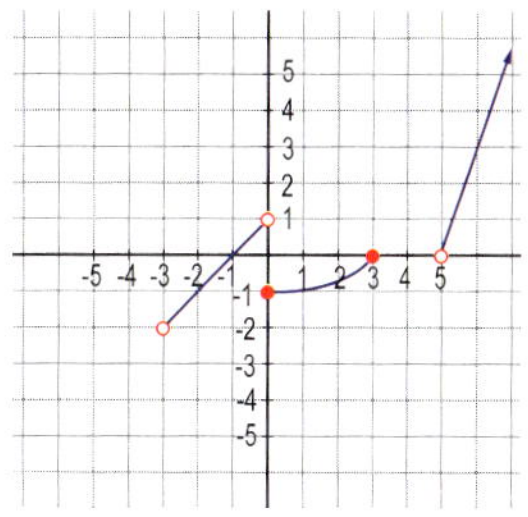

b)

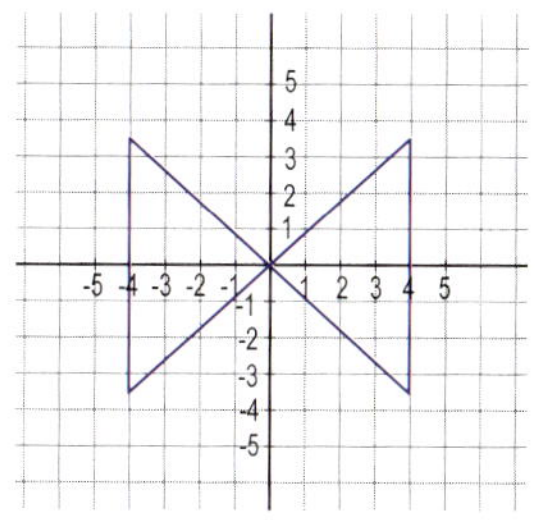

3. Calcula el dominio de las siguientes funciones: *a)* $f(x) = \dfrac{\ln(x - x^2)}{2x - 1}$ *b)* $g(x) = \dfrac{2^{4-x^2+x}}{\sqrt{7 + 6x - x^2}}$

Solución:

a) $x - x^2 > 0 \Rightarrow x(1 - x) > 0 \Rightarrow x \in (0, 1)$; $2x - 1 \neq 0 \Rightarrow x \neq \dfrac{1}{2} \Rightarrow \text{Dom} f(x) = \left(0, \dfrac{1}{2}\right) \cup \left(\dfrac{1}{2}, 1\right)$

b) $g(x) = \dfrac{2^{4-x^2+x}}{\sqrt{7 + 6x - x^2}} \Rightarrow 7 + 6x - x^2 > 0$, el numerador con la función exponencial no aporta ningún problema de dominio.

Resolvemos la inecuación $7 + 6x - x^2 > 0 \Rightarrow (7 - x)(1 + x) > 0 \Rightarrow \text{Dom } f(x) = (-1, 7)$.

Ejercicios

1. Obtén el dominio y el recorrido de las funciones que se muestran a continuación:

a)

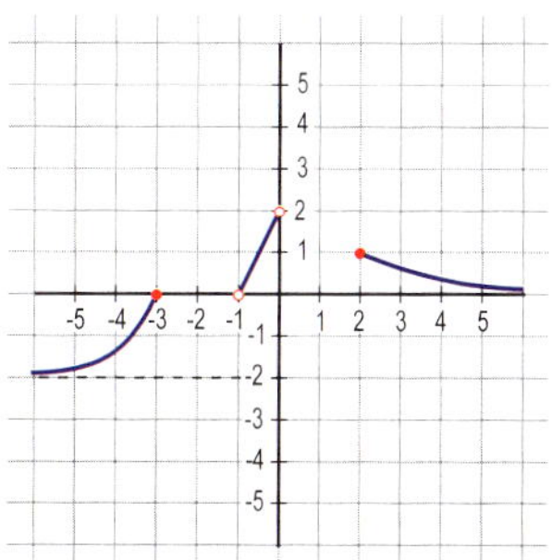

b)

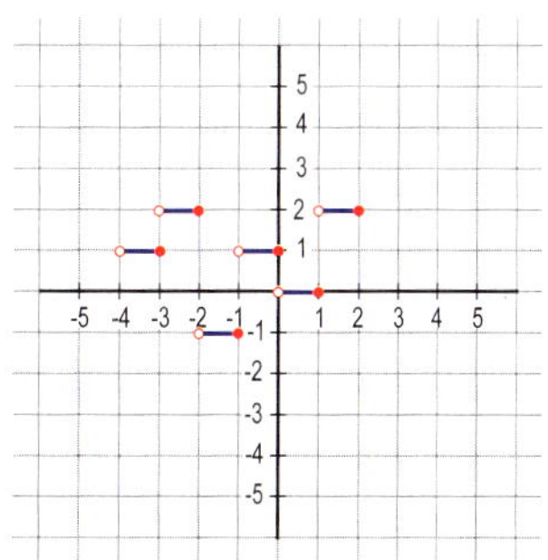

c)

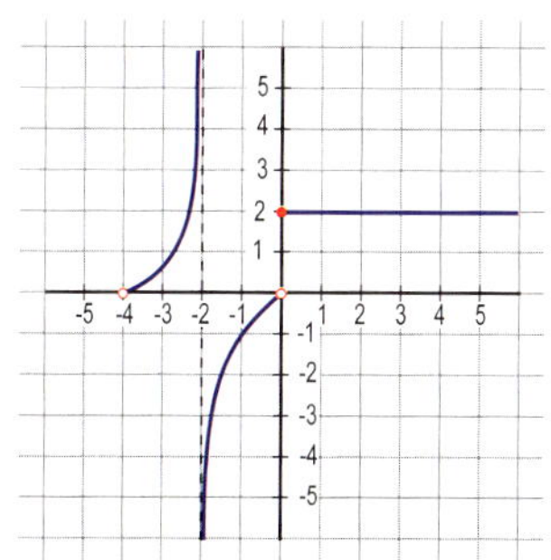

2. Calcula el dominio de las siguientes funciones:

a) $h(x) = e^{\frac{\ln(x^2+6x+5)}{x+6}}$ *b)* $f(x) = \dfrac{\sqrt{3 - x}}{\ln(x + 1)}$

1.2. Operaciones con funciones

Sean dos funciones f y g reales de variable real, de dominios Dom f y Dom g. Definimos las siguientes operaciones entre ellas:

- **Suma**

$(f+g)(x)=f(x)+g(x)$ con $\text{Dom}(f+g)=\text{Dom}f\cap\text{Dom}g$

La suma es conmutativa y asociativa.

El elemento neutro de la suma es la función *cero* que asigna a todo valor real el número cero, $0(x)=0$. Es por ello que es el elemento neutro, pues $(f+0)(x)=f(x)$.

El elemento opuesto de la suma es la función $-f$ pues $(f+(-f))(x)=f(x)+(-f(x))=0(x)=0$.

- **Resta**

$(f-g)(x)=(f+(-g))(x)=f(x)-g(x)$ con $\text{Dom}(f-g)=\text{Dom}f\cap\text{Dom}g$

- **Producto**

$(f\cdot g)(x)=f(x)\cdot g(x)$ con $\text{Dom}(f\cdot g)=\text{Dom}f\cap\text{Dom}g$

El producto es conmutativo, asociativo y distributivo respecto de la suma.

El elemento neutro del producto es la función *uno* que asigna a todo valor real el número 1, $1(x)=1$. Es por ello que es el elemento neutro, pues $(f\cdot 1)(x)=f(x)$.

El elemento inverso del producto es la función $\frac{1}{f}$ pues $\left(f\cdot\left(\frac{1}{f}\right)\right)(x)=f(x)\cdot\left(\frac{1}{f}(x)\right)=1(x)=1$.

- **Cociente**

$\left(\frac{f}{g}\right)(x)=\left(f\cdot\frac{1}{g}\right)(x)=\frac{f(x)}{g(x)}$ con $\text{Dom}\left(\frac{f}{g}\right)=\text{Dom}f\cap\text{Dom}g-\{x\in\mathbb{R}:g(x)=0\}$

- **Composición**

$(f\circ g)(x)=f(g(x))$ con $\text{Dom}(f\circ g)=\{x\in\text{Dom}g:g(x)\in\text{Dom}f\}$

La composición es asociativa, pero no conmutativa, ni distributiva.

El elemento neutro de la composición es la función *identidad,* que asigna a todo valor real el mismo valor, $Id(x)=x$. Es por ello que es el elemento neutro, pues $(f\circ Id)(x)=f(x)$.

El elemento inverso de la composición es la función f^{-1} que verifica que:

$(f\circ f^{-1})(x)=f(f^{-1}(x))=Id(x)=x$.

Observa

La gráfica de la función f^{-1} es simétrica de f respecto de la bisectriz del primer cuadrante.

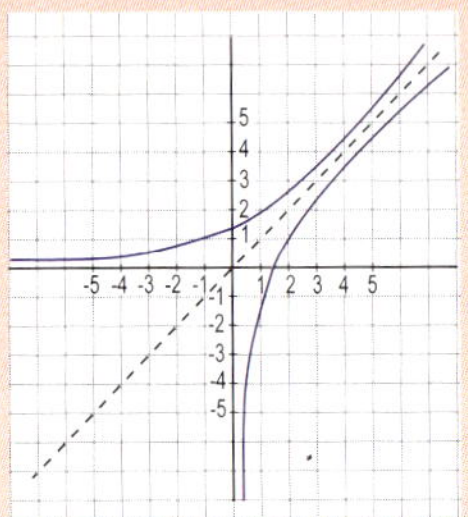

Ejercicios resueltos

4. Dadas las funciones $f(x)=x^2-1$ y $g(x)=\frac{3-2x}{x+1}$, realiza las operaciones que se indican, calcula su dominio y obtén los elementos opuestos o inversos que se piden en cada apartado.

a) $(f-g)(x)$ *b)* $-f(x)$ *c)* $(f\cdot g)(x)$ *d)* $\left(\frac{1}{g}\right)(x)$ *e)* $\left(\frac{f}{g}\right)(x)$

f) $(f\circ g)(x)$ *g)* $(g\circ f)(x)$ *h)* $g^{-1}(x)$ *i)* $(g\circ g^{-1})(x)$

Solución:

$\text{Dom} f(x) = \mathbb{R}$, $\text{Dom} g(x) = \mathbb{R} - \{-1\}$

a) $(f-g)(x) = x^2 - 1 - \dfrac{3-2x}{x+1} = \dfrac{x^3+x^2+x-4}{x+1}$, $\text{Dom}(f-g)(x) = \mathbb{R} - \{-1\}$

b) $-f(x) = -x^2+1$, $\text{Dom}(-f)(x) = \mathbb{R}$

c) $(f \cdot g)(x) = \dfrac{(x^2-1)(3-2x)}{x+1} = (x-1)(3-2x)$, $\text{Dom}(f \cdot g)(x) = \mathbb{R} - \{-1\}$

Observa que, aunque hayamos simplificado la fracción algebraica, debemos conservar el dominio del producto como intersección de los dominios originales.

d) $\left(\dfrac{1}{g}\right)(x) = \dfrac{1}{\dfrac{3-2x}{x+1}} = \dfrac{x+1}{3-2x}$, $\text{Dom}\left(\dfrac{1}{g}\right)(x) = \mathbb{R} - \left\{-1, \dfrac{3}{2}\right\}$

Observa también que conservamos el dominio de la función y añadimos los puntos que anulan el denominador.

e) $\left(\dfrac{f}{g}\right)(x) = \dfrac{x^2-1}{\dfrac{3-2x}{x+1}} = \dfrac{(x^2-1)(x+1)}{3-2x}$, $\text{Dom}\left(\dfrac{f}{g}\right)(x) = \mathbb{R} - \left\{-1, \dfrac{3}{2}\right\}$

f) $(f \circ g)(x) = f\left(\dfrac{3-2x}{x+1}\right) = \left(\dfrac{3-2x}{x+1}\right)^2 - 1 = \dfrac{8+3x^2-14x}{(x+1)^2}$, $\text{Dom}(f \circ g)(x) = \mathbb{R} - \{-1\}$

g) $(g \circ f)(x) = g(x^2-1) = \dfrac{3-2(x^2-1)}{x^2-1+1} = \dfrac{5-2x^2}{x^2}$, $\text{Dom}(g \circ f)(x) = \mathbb{R} - \{0\}$

h) Para realizar la inversa de una función, intercambiamos las variables dependiente e independiente y después despejamos la y:

$$g^{-1}(x) \Rightarrow y = \frac{3-2x}{x+1} \Rightarrow x = \frac{3-2y}{y+1} \Rightarrow x(y+1) = 3-2y \Rightarrow$$

$$\Rightarrow xy + x = 3-2y \Rightarrow xy + 2y = 3-x \Rightarrow y(x+2) = 3-x \Rightarrow y = \frac{3-x}{x+2} \Rightarrow g^{-1}(x) = \frac{3-x}{x+2}$$

i) $(g \circ g^{-1})(x) = g\left(\dfrac{3-x}{x+2}\right) = \dfrac{3-2\left(\dfrac{3-x}{x+2}\right)}{\left(\dfrac{3-x}{x+2}\right)+1} = \dfrac{3x+6-6+2x}{3-x+x+2} = \dfrac{5x}{5} = x$, luego hemos calculado correctamente la inversa de g.

Ejercicios

3. Dadas las funciones $f(x) = (x+1)^2$ y $g(x) = \dfrac{x}{x-1}$, opera:

a) $(f \circ g)(x)$ *b)* $(g \circ f)(x)$

c) $g^{-1}(x)$ *d)* $(g \circ g^{-1})(x)$

e) Deduce $(g \circ g)(x)$ *f)* $(f \circ g \circ g)(x)$

2. Límites

2.1. Concepto

Observa

El límite de la función en un punto $x = a$ no coincide siempre con el valor de $f(a)$.

Definimos informalmente el **límite** de una función $f(x)$ en un punto $x = a$, $\lim_{x \to a} f(x)$, como el valor (finito o infinito) al que se acerca la función a medida que los valores de x se aproximan cada vez más al valor a.

La aproximación al punto $x = a$ se puede hacer por su izquierda o por su derecha: son los **límites laterales** de la función en el punto, $\lim_{x \to a^-} f(x)$ y $\lim_{x \to a^+} f(x)$, respectivamente. El límite $\lim_{x \to a} f(x)$ existirá, si existen los dos límites laterales y ambos tienen el mismo valor.

Por otro lado, definimos el límite de una función $f(x)$ en el infinito, $\lim_{x \to +\infty} f(x)$ o $\lim_{x \to -\infty} f(x)$, como el valor (finito o infinito) al que se acerca la función a medida que los valores de x se hacen cada vez mayores o menores, respectivamente.

Ejercicios resueltos

1. Dada la gráfica de la función $f(x)$, obtén los límites que se indican en cada apartado:

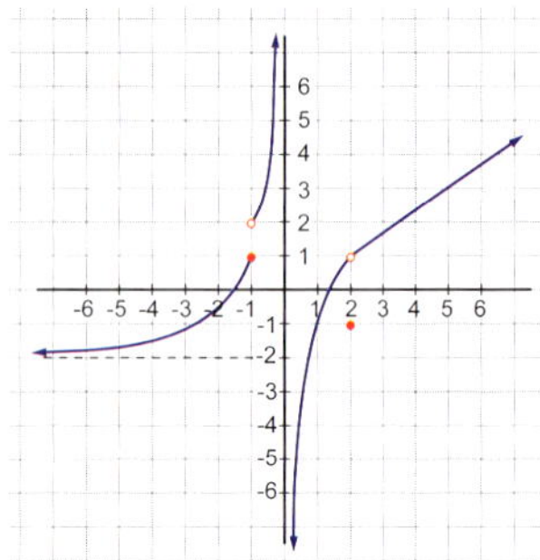

a) $\lim_{x \to -\infty} f(x)$ *b)* $\lim_{x \to +\infty} f(x)$ *c)* $\lim_{x \to -1} f(x)$ *d)* $\lim_{x \to 2} f(x)$ *e)* $\lim_{x \to 5} f(x)$ *f)* $\lim_{x \to 0} f(x)$

Solución:

a) $\lim_{x \to -\infty} f(x) = -2$

b) $\lim_{x \to +\infty} f(x) = +\infty$

c) $\lim_{x \to -1^-} f(x) = 1 \neq \lim_{x \to -1^+} f(x) = 2$ por lo que $\lim_{x \to -1} f(x)$ no existe.

d) $\lim_{x \to 2} f(x) = 1$ aunque no coincida con el valor de la función en el punto.

e) $\lim_{x \to 5} f(x) = 3$

f) $\lim_{x \to 0^-} f(x) = +\infty \neq \lim_{x \to 0^+} f(x) = -\infty$ por lo que podemos decir que $\lim_{x \to 0} f(x)$ no existe o bien decir $\lim_{x \to 0} f(x) = \infty$ (sin signo).

2. Calcula los siguientes límites: *a)* $\lim_{x \to 1} \frac{x+2}{3-x}$ *b)* $\lim_{x \to +\infty} \left(3x^2 + x - 1\right)$

Solución:

a) $\lim_{x \to 1} \frac{x+2}{3-x} = \frac{1+2}{3-1} = \frac{3}{2}$ *b)* $\lim_{x \to +\infty} \left(3x^2 + x - 1\right) = 3 \cdot \infty^2 + \infty - 1 = +\infty$

3. Obtén el resultado de los límites indicados para $f(x) = \begin{cases} 3x - 1 & x \leq -2 \\ \dfrac{x-5}{x+3} & -2 < x < 0 \\ \ln(x+2) & x \geq 0 \end{cases}$

a) $\lim_{x \to -\infty} f(x)$ *b)* $\lim_{x \to +\infty} f(x)$ *c)* $\lim_{x \to -5} f(x)$ *d)* $\lim_{x \to -2} f(x)$ *e)* $\lim_{x \to 0} f(x)$ *f)* $\lim_{x \to 4} f(x)$

Solución:

Debemos escoger la parte apropiada según la aproximación que estemos considerando.

a) $\lim_{x\to-\infty} f(x) = \lim_{x\to-\infty}(3x-1) = -\infty$ *b)* $\lim_{x\to+\infty} f(x) = \lim_{x\to+\infty}\ln(x+2) = \ln(+\infty) = +\infty$ *c)* $\lim_{x\to-5} f(x) = \lim_{x\to-5}(3x-1) = -16$

d) $\lim_{x\to-2^-} f(x) = \lim_{x\to-2^-}(3x-1) = -7$, $\lim_{x\to-2^+} f(x) = \lim_{x\to-2^+}\left(\frac{x-5}{x+3}\right) = \frac{-7}{1} = -7$. Por tanto, $\lim_{x\to-2} f(x) = -7$.

e) $\lim_{x\to0^-} f(x) = \lim_{x\to0^-}\left(\frac{x-5}{x+3}\right) = \frac{-5}{3}$, $\lim_{x\to0^+} f(x) = \lim_{x\to0^+}\ln(x+2) = \ln 2$. Por lo que $\lim_{x\to0} f(x)$ no existe.

f) $\lim_{x\to4} f(x) = \lim_{x\to4}\ln(x+2) = \ln 6$

4. Usa tu calculadora para obtener el valor del límite $\lim_{x\to2}\frac{x-2}{x^2+x-6}$.

Solución:

Para el valor numérico obtenemos $\lim_{x\to2}\frac{x-2}{x^2+x-6} = \frac{0}{0}$, que no tiene sentido.

Empleando la calculadora y cogiendo números muy próximos a 2, hallamos que $\lim_{x\to2}\frac{x-2}{x^2+x-6} \approx \frac{1{,}9999-2}{(1{,}9999)^2+1{,}9999-6} \approx$ $\approx \frac{-0{,}0001}{-0{,}00049999} \approx 0{,}2$ más próximos a 0,2 cuanto más próximo a 2 escojamos el valor para obtener el valor numérico.

Ejercicios

4. Calcula el valor de los límites, si es que existen.

a) $\lim_{x\to-\infty} f(x)$ *b)* $\lim_{x\to+\infty} f(x)$ *c)* $\lim_{x\to-4} f(x)$ *d)* $\lim_{x\to-3} f(x)$ *e)* $\lim_{x\to1} f(x)$ *f)* $\lim_{x\to-1} f(x)$

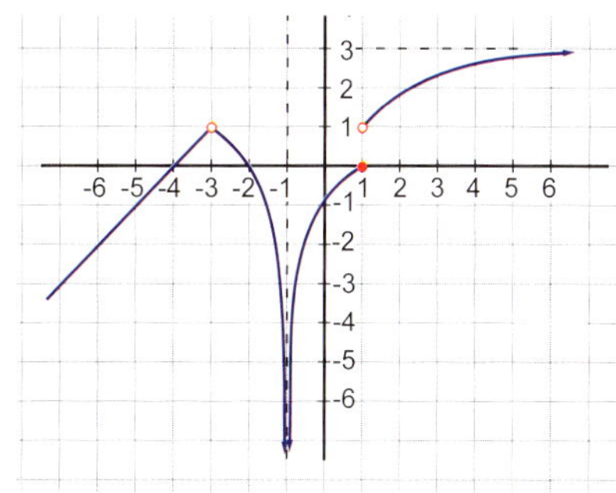

5. Esboza una gráfica que cumpla todas las condiciones que se enuncian.

$\mathrm{Dom}\, f(x) = \mathbb{R} - \{1\}$; $\lim_{x\to-\infty} f(x) = 1$; $\lim_{x\to+\infty} f(x) = -\infty$; $\lim_{x\to-3} f(x) = 4$;

$\lim_{x\to2} f(x)$ no existe; $\lim_{x\to1} f(x) = -2$

6. Calcula los siguientes límites, ayudándote de la calculadora para comprobarlos:

a) $\lim_{x\to-1}(2x^3-3x+1)$ *b)* $\lim_{x\to+\infty}\ln(3x+1)$ *c)* $\lim_{x\to2}\left(\frac{3x+1}{2-x}\right)$

7. Calcula, si existen, $\lim_{x\to-\infty} f(x)$; $\lim_{x\to+\infty} f(x)$; $\lim_{x\to-3} f(x)$; $\lim_{x\to2} f(x)$ y $\lim_{x\to1} f(x)$ de la siguiente función:

$$f(x) = \begin{cases} x^2 - x - 1 & x < 0 \\ e^{x+1} & 0 \le x \le 2 \\ \sqrt{x+2} & x > 2 \end{cases}$$

8. Calcula el valor del parámetro para que $\lim_{x\to-1}\frac{ax^2-3ax-1}{2x-a}$ valga 5.

Recuerda

La calculadora puede ayudarte a comprobar los resultados finales de las indeterminaciones. Escoge valores cercanos al límite que estés trabajando y haz su valor numérico. Por ejemplo, para calcular $\lim_{x\to 0}\frac{\operatorname{sen} x}{x}$, no podemos sustituir $x=0$ pues llegaríamos a $\frac{0}{0}$ que no tiene sentido. Empleando la calculadora, $\lim_{x\to 0}\frac{\operatorname{sen} x}{x}\approx$ $\approx\frac{\operatorname{sen}(0{,}000001 \text{ rad})}{0{,}000001}\approx$ $\approx\frac{0{,}000001}{0{,}000001}=1$

2.2. Cálculo de límites. Indeterminaciones

Cuando calculamos un límite a partir de la expresión algebraica de la función, siempre intentamos tomar el valor numérico de la expresión en el límite. Si el resultado tiene sentido habremos calculado el límite. Sin embargo, en algunas ocasiones, obtenemos resultados que carecen de significado y nos encontraremos ante una indeterminación.

Las **indeterminaciones** que existen son:

$$\frac{k}{0} \quad \frac{0}{0} \quad \frac{\infty}{\infty} \quad 0\cdot\infty \quad \infty-\infty \quad 1^{\infty} \quad \infty^{0} \quad 0^{0}$$

Debemos advertir que algunas expresiones pueden parecer indeterminaciones pero no lo son, tal es el caso de las siguientes:

$\frac{k}{\infty}=0$	$k\cdot\infty=\infty$	$\infty\cdot\infty=\infty$	
$+\infty+\infty=+\infty$	$-\infty-\infty=-\infty$	$k-\infty=-\infty$	$k+\infty=+\infty$
$k^{+\infty}=+\infty,\ k>1$	$k^{+\infty}=0,\ 0<k<1$	$k^{-\infty}=0,\ k>1$	$k^{-\infty}=+\infty,\ 0<k<1$
$(+\infty)^{k}=+\infty,\ k>0$	$(+\infty)^{k}=0,\ k<0$	$(+\infty)^{+\infty}=+\infty$	$(+\infty)^{-\infty}=0$

- **Indeterminación $\frac{k}{0}$**

La indeterminación $\frac{k}{0}=\pm\infty$. Para obtener el signo del infinito, debemos tomar límites laterales.

Ejercicios resueltos

5. Calcula los siguientes límites:

a) $\lim_{x\to 2}\frac{3x+2}{-5+2x}$ b) $\lim_{x\to-\infty}\frac{3}{x^2+x-1}$ c) $\lim_{x\to-\infty}\left(\frac{5}{2}\right)^{3x+9}$ d) $\lim_{x\to+\infty}\left(1-3x^2\right)^5$ e) $\lim_{x\to-\infty}\left(5+4x^4\right)^{5+2x}$

Solución:

a) $\lim_{x\to 2}\frac{3x+2}{-5+2x}=\frac{8}{-1}=-8$

b) $\lim_{x\to-\infty}\frac{3}{x^2+x-1}=\frac{3}{+\infty}=0$

c) $\lim_{x\to-\infty}\left(\frac{5}{2}\right)^{3x+9}=\left(\frac{5}{2}\right)^{-\infty}=0$

d) $\lim_{x\to+\infty}\left(1-3x^2\right)^5=\left(1-\infty\right)^5=\left(-\infty\right)^5=-\infty$

e) $\lim_{x\to-\infty}\left(5+4x^4\right)^{5+2x}=\left(+\infty\right)^{-\infty}=0$

6. Resuelve las siguientes indeterminaciones:

a) $\lim_{x\to 1}\frac{2x}{x^2-2x+1}$ b) $\lim_{x\to-1}\frac{x-3}{x^2+3x+2}$

Solución:

a) $\lim_{x\to 1}\frac{2x}{x^2-2x+1}=\frac{2}{0}=\begin{cases}\lim_{x\to 1^-}\frac{2x}{x^2-2x+1}=\lim_{x\to 1^-}\frac{2x}{(x-1)^2}=\frac{2}{0^+}=+\infty\\ \lim_{x\to 1^+}\frac{2x}{x^2-2x+1}=\lim_{x\to 1^+}\frac{2x}{(x-1)^2}=\frac{2}{0^+}=+\infty\end{cases}\Rightarrow \lim_{x\to 1}\frac{2x}{x^2-2x+1}=+\infty$

b) $\lim_{x\to -1}\frac{x-3}{x^2+3x+2}=\frac{-4}{0}=\begin{cases}\lim_{x\to -1^-}\frac{x-3}{x^2+3x+2}=\lim_{x\to -1^-}\frac{x-3}{(x+1)(x+2)}=\frac{-4}{0^-}=+\infty\\ \lim_{x\to -1^+}\frac{x-3}{x^2+3x+2}=\lim_{x\to -1^+}\frac{x-3}{(x+1)(x+2)}=\frac{-4}{0^+}=-\infty\end{cases}\Rightarrow \lim_{x\to -1}\frac{x-3}{x^2+3x+2}=\infty$

- **Indeterminación** $\frac{0}{0}$

Se resuelve hallando expresiones equivalentes a las del límite original por dos procedimientos:

– **Factorizando** los polinomios de la fracción algebraica y simplificándola.

– **Multiplicando y dividiendo** ambos miembros de la fracción por el **conjugado** del término con raíces (si lo hubiera).

Ejercicios resueltos

7. Calcula estas indeterminaciones: *a)* $\lim_{x\to 2}\frac{x^3-4x^2+4x}{x^2-x-2}$ *b)* $\lim_{x\to -5}\frac{x+5}{\sqrt{x+6}-1}$

Solución:

a) $\lim_{x\to 2}\frac{x^3-4x^2+4x}{x^2-x-2}=\frac{0}{0}=\lim_{x\to 2}\frac{x(x-2)^2}{(x-2)(x+1)}=\lim_{x\to 2}\frac{x(x-2)}{x+1}=\frac{0}{3}=0$

b) $\lim_{x\to -5}\frac{x+5}{\sqrt{x+6}-1}=\frac{0}{0}=\lim_{x\to -5}\frac{x+5}{(\sqrt{x+6}-1)}\cdot\frac{(\sqrt{x+6}+1)}{(\sqrt{x+6}+1)}=\lim_{x\to -5}\frac{(x+5)(\sqrt{x+6}+1)}{x+6-1}=\lim_{x\to -5}(\sqrt{x+6}+1)=2$

Ejercicios

9. Resuelve los siguientes límites:

a) $\lim_{x\to +\infty}\left(\frac{1}{2}\right)^{3x-1}$ *b)* $\lim_{x\to 0}\frac{4x^4-3x^3+2x^2}{3x-1}$ *c)* $\lim_{x\to +\infty} e^x\cdot \ln x$ *d)* $\lim_{x\to -\infty} 3^{5x-7}$ *e)* $\lim_{x\to +\infty}\left(x^{-x}\right)$

10. Resuelve las siguientes indeterminaciones:

a) $\lim_{x\to 2}\frac{-1-x}{x^2-4}$ *b)* $\lim_{x\to 3}\frac{x^3-2x^2}{9+x^2-6x}$ *c)* $\lim_{x\to 0}\frac{x-1}{x^3+x^2}$

11. Resuelve estas indeterminaciones:

a) $\lim_{x\to 1}\frac{x^3-x^2}{x^2+3x-4}$ *b)* $\lim_{x\to -3^+}\frac{\sqrt{x+3}}{x^2+2x-3}$ *c)* $\lim_{x\to 1^+}\frac{\sqrt{3x-3}}{\sqrt{x-1}}$ *d)* $\lim_{x\to 0}\frac{\sqrt{1+x}-\sqrt{1-x}}{x}$

- **Indeterminación $\frac{\infty}{\infty}$**

La indeterminación $\frac{\infty}{\infty}$ se resuelve hallando expresiones equivalentes a las del límite original, dividiendo los polinomios del numerador y denominador de la fracción algebraica por x elevada al mayor exponente de ambos.

Ejercicios resueltos

8. Resuelve los siguientes límites:

a) $\lim\limits_{x\to+\infty} \frac{x^2 - x + 6}{5x - 1}$ *b*) $\lim\limits_{x\to-\infty} \frac{3x + 5}{x^2 - 1}$

c) $\lim\limits_{x\to+\infty} \frac{3x^2 - x + 6}{-x + 2x^2 - 1}$ *d*) $\lim\limits_{x\to+\infty} \frac{3x + 6 + \sqrt{3x^2 - x + 1}}{\sqrt{2x^2 - 1} + 5x}$

Solución:

a) $$\lim_{x\to+\infty} \frac{x^2 - x + 6}{5x - 1} = \frac{+\infty}{+\infty} = \lim_{x\to+\infty} \frac{\frac{x^2}{x^2} - \frac{x}{x^2} + \frac{6}{x^2}}{\frac{5x}{x^2} - \frac{1}{x^2}} = \lim_{x\to+\infty} \frac{1 - \frac{1}{x} + \frac{6}{x^2}}{\frac{5}{x} - \frac{1}{x^2}} = \frac{1}{0^+} = +\infty$$

Observa que, si el numerador tiene grado mayor que el denominador el resultado va a ser siempre $\pm\infty$, dependiendo de los signos originales de la indeterminación $\frac{\pm\infty}{\pm\infty}$.

b) $$\lim_{x\to-\infty} \frac{3x + 5}{x^2 - 1} = \frac{-\infty}{+\infty} = \lim_{x\to-\infty} \frac{\frac{3x}{x^2} + \frac{5}{x^2}}{\frac{x^2}{x^2} - \frac{1}{x^2}} = \lim_{x\to-\infty} \frac{\frac{3}{x} + \frac{5}{x^2}}{1 - \frac{1}{x^2}} = \frac{0}{1} = 0$$

Si es el denominador el que tiene el grado dominante, el resultado será siempre 0.

c) $$\lim_{x\to+\infty} \frac{3x^2 - x + 6}{-x + 2x^2 - 1} = \frac{\infty}{\infty} = \lim_{x\to+\infty} \frac{\frac{3x^2}{x^2} - \frac{x}{x^2} + \frac{6}{x^2}}{-\frac{x}{x^2} + \frac{2x^2}{x^2} - \frac{1}{x^2}} = \lim_{x\to+\infty} \frac{3 - \frac{1}{x} + \frac{6}{x^2}}{-\frac{1}{x} + 2 - \frac{1}{x^2}} = \frac{3}{2}$$

En caso de que ambos polinomios tengan el mismo grado, el resultado será el cociente de los coeficientes de mayor grado.

d) Sin necesidad de dividir explícitamente por el grado mayor y siguiendo las indicaciones anteriores, tenemos dos expresiones del mismo orden, por lo que

$$\lim_{x\to+\infty} \frac{3x + 6 + \sqrt{3x^2 - x + 1}}{\sqrt{2x^2 - 1} + 5x} = \frac{\infty}{\infty} = \frac{3 + \sqrt{3}}{\sqrt{2} + 5}$$

En el caso de que encontremos expresiones no polinómicas en la fracción, podremos tener en cuenta el siguiente **orden de infinitos** para valorar si es el numerador o el denominador el que alcanza valores superiores. Empezando por las que crecen más rápido tenemos:

1.º Exponenciales 2.º Polinomios 3.º Logaritmos

Ejercicios resueltos

9. Resuelve los siguientes límites:

a) $\lim\limits_{x\to+\infty}\dfrac{e^x}{-x^3+x^2-1}$ *b)* $\lim\limits_{x\to+\infty}\dfrac{3^x}{5\cdot 2^x}$

Solución:

a) $\lim\limits_{x\to+\infty}\dfrac{e^x}{-x^3+x^2-1}=\dfrac{+\infty}{-\infty}=-\infty$ pues el numerador tiene un orden de infinito superior al denominador.

b) $\lim\limits_{x\to+\infty}\dfrac{3^x}{5\cdot 2^x}=\dfrac{+\infty}{+\infty}=\lim\limits_{x\to+\infty}\dfrac{1}{5}\cdot\left(\dfrac{3}{2}\right)^x=+\infty$ bien porque pensamos que es un valor mayor que 1 elevado a infinito, bien porque observamos que el numerador, a pesar de tener el mismo orden de infinito, crece más rápido que el denominador por ser su base superior.

- **Indeterminación $0\cdot\infty$**

La indeterminación $0\cdot\infty$ se resuelve encontrando expresiones equivalentes a las del límite original que transformen la indeterminación en otras del tipo $\dfrac{\infty}{\infty}$ o $\dfrac{0}{0}$. De esta forma,

$$\lim_{x\to a} f(x)\cdot g(x)=0\cdot\infty\Rightarrow\lim_{x\to a}\frac{f(x)}{\frac{1}{g(x)}}=\frac{0}{0}\quad\text{o}\quad\lim_{x\to a} f(x)\cdot g(x)=0\cdot\infty\Rightarrow\lim_{x\to a}\frac{g(x)}{\frac{1}{f(x)}}=\frac{\infty}{\infty}$$

Ejercicios resueltos

10. Resuelve las siguientes indeterminaciones:

a) $\lim\limits_{x\to-\infty} xe^x$

b) $\lim\limits_{x\to0^+}\dfrac{1}{x}\cdot\ln x$

c) $\lim\limits_{x\to-\infty}\left((x+1)\dfrac{3}{\sqrt{2x^2-x+1}}\right)$

Solución:

a) $-\infty\cdot 0=\lim\limits_{x\to-\infty}\dfrac{x}{\frac{1}{e^x}}=\dfrac{-\infty}{+\infty}=0$

b) $0\cdot\infty=\lim\limits_{x\to+\infty}\dfrac{\ln x}{x}=\dfrac{\infty}{\infty}=0$

c) $\infty\cdot 0=\lim\limits_{x\to-\infty}\dfrac{3(x+1)}{\sqrt{2x^2-x+1}}=\dfrac{-\infty}{+\infty}=\dfrac{-3}{\sqrt{2}}$

- **Indeterminación** $\infty - \infty$

La indeterminación $\infty - \infty$ se resuelve encontrando expresiones equivalentes a las del límite original por dos procedimientos.

– **Operando la diferencia** y transformando la indeterminación inicial en otra distinta.

– **Multiplicando y dividiendo** la expresión por el **conjugado** de la misma (si tuviera raíces).

Ejercicios resueltos

11. Resuelve los siguientes límites:

a) $\lim\limits_{x \to +\infty} \left(2x - 3\sqrt{2x^3 - x + 1}\right)$

b) $\lim\limits_{x \to +\infty} \left(2^x - x^3\right)$

Solución:

Este ejercicio está formado por límites que aparentan tener una indeterminación $\infty - \infty$ pero no lo es en realidad, ya que uno de los dos términos tiende a infinito más rápido que el otro, de forma que el límite es $+\infty$ (si lo hace el primero) o $-\infty$ (si lo hace el segundo).

a) $\lim\limits_{x \to +\infty} \left(2x - 3\sqrt{2x^3 - x + 1}\right) = +\infty - \infty = -\infty$, por comparación de los grados de polinomios

b) $\lim\limits_{x \to +\infty} \left(2^x - x^3\right) = +\infty - \infty = +\infty$, por comparación del orden de infinitos de exponenciales y polinómicos

12. Calcula estas indeterminaciones:

a) $\lim\limits_{x \to +\infty} \left(2x - \sqrt{4x^2 + 3x - 1}\right)$

b) $\lim\limits_{x \to -\infty} \left(\dfrac{3x^2 - 1}{x + 2} + \dfrac{1 - 3x^3}{x^2 - 4}\right)$

Solución:

a) $$\lim_{x \to +\infty} \left(2x - \sqrt{4x^2 + 3x - 1}\right) = \infty - \infty = \lim_{x \to +\infty} \frac{\left(2x - \sqrt{4x^2 + 3x - 1}\right)\left(2x + \sqrt{4x^2 + 3x - 1}\right)}{\left(2x + \sqrt{4x^2 + 3x - 1}\right)} =$$

$$= \lim_{x \to +\infty} \frac{\cancel{4x^2 - 4x^2} - 3x + 1}{2x + \sqrt{4x^2 + 3x - 1}} = \frac{-\infty}{\infty} = \frac{-3}{2 + \sqrt{4}} = \frac{-3}{4}$$

b) $$\lim_{x \to -\infty} \left(\frac{3x^2 - 1}{x + 2} + \frac{1 - 3x^3}{x^2 - 4}\right) = -\infty + \infty = \lim_{x \to -\infty} \frac{\left(3x^2 - 1\right)\left(x - 2\right) + 1 - 3x^3}{x^2 - 4} =$$

$$= \lim_{x \to -\infty} \frac{\cancel{3x^3} - 6x^2 - x + 2 + 1 \cancel{- 3x^3}}{x^2 - 4} = \frac{-\infty}{+\infty} = -6$$

Ejercicios

12. Resuelve los siguientes límites:

a) $\lim_{x\to+\infty} \frac{2-x+4x^2}{3x^3+x-9}$ b) $\lim_{x\to+\infty} \frac{-2x^2+6x-3}{4+x^2-7x}$ c) $\lim_{x\to-\infty} \frac{3x^3+5}{2x^2+x-6}$

d) $\lim_{x\to+\infty} \frac{\sqrt{5x^3+x^2-x+1}}{3x^2-1}$ e) $\lim_{x\to+\infty} \frac{\sqrt[3]{2x^3-x}+2x}{-4x+\sqrt{3x^2-1}}$

f) $\lim_{x\to+\infty} \frac{x^7+3x^2}{e^{x-1}}$ g) $\lim_{x\to-\infty} \frac{\ln\left(2-x^3\right)}{x+1}$

13. Calcula las indeterminaciones siguientes:

a) $\lim_{x\to+\infty} \frac{3x+1}{x^2-9} \cdot \frac{x^2+7x+12}{\sqrt{2x^2+x}}$ b) $\lim_{x\to0^+} \left(x \ln x\right)$

c) $\lim_{x\to+\infty} \left(e^{-x}\left(x^2+x+1\right)\right)$ d) $\lim_{x\to1} \frac{1}{\sqrt{x-1}} \cdot \left(x-1\right)$

14. Resuelve los siguientes límites:

a) $\lim_{x\to3} \left(\frac{4}{x-3} - \frac{3x}{x^2-x-6}\right)$ b) $\lim_{x\to+\infty} \left(\sqrt{4x^2-2x+6}-2x+1\right)$

c) $\lim_{x\to+\infty} \left(\frac{2x^4-x^2+1}{x^3} - \frac{2x^3+x^2-x+4}{3x^2}\right)$ d) $\lim_{x\to2} \left(\frac{1}{\sqrt{x-2}} - \frac{3}{\sqrt{x^2-4}}\right)$

15. Calcula el límite en función del parámetro.

$$\lim_{x\to+\infty} \left(\sqrt{2x-6}-\sqrt{3-ax}\right)$$

16. Calcula el valor del parámetro para que se cumpla la igualdad.

$$\lim_{x\to+\infty} \left(\sqrt{x^2+ax-5}-x\right) = 4$$

3. Funciones elementales

3.1. Transformaciones de una gráfica: traslaciones, dilataciones y contracciones, simetrías

Dada la gráfica de una función $y = f(x)$, presentamos a continuación la correspondencia entre las transformaciones en su expresión algebraica y su gráfica posterior.

	Vertical	Horizontal
Traslación	$y = f(x) \pm k$ (*k* unidades hacia arriba o abajo respectivamente)	$y = f(x \pm k)$ (*k* unidades hacia izquierda o derecha respectivamente)
Contracción	$y = \dfrac{f(x)}{k}$, $k > 1$ (contraída *k* veces en vertical)	$y = f(kx)$, $k > 1$ (contraída *k* veces en horizontal)
Dilatación	$y = kf(x)$, $k > 1$ (dilatada *k* veces en vertical)	$y = f\left(\dfrac{x}{k}\right)$, $k > 1$ (dilatada *k* veces en horizontal)
Simetría de eje	$y = f(-x)$	$y = -f(x)$

Cuidado

Cuando tengamos varias transformaciones aplicadas a una función, las realizaremos de forma consecutiva, comenzando por la primera en el orden de la composición de funciones. Por ejemplo, en $y = -f(x) + 1$, primero deberemos hacer la simetría y luego la traslación, pues, en orden inverso, la composición de funciones resultaría $y = -(f(x) + 1)$, que no es equivalente al original.

Ejercicios resueltos

1. Dada la siguiente gráfica de la función $y = f(x)$, transfórmala como se indica en cada apartado:

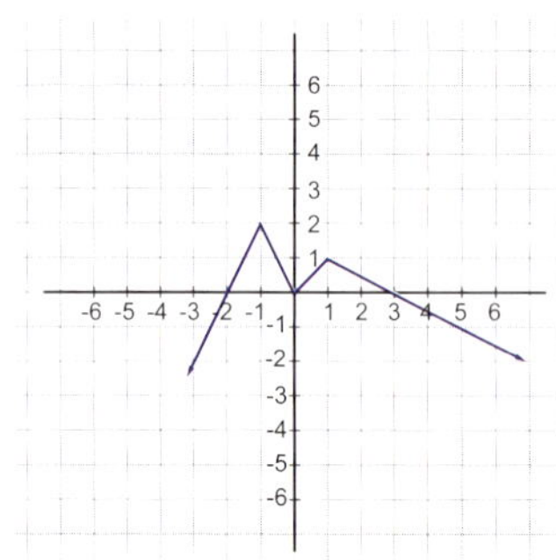

a) $y = f(x-1) + 2$ *b)* $y = -2f(x)$ *c)* $y = f\left(\dfrac{-x}{2}\right)$

Solución:

a) Se trata de trasladar los puntos de la gráfica una unidad a la derecha y dos hacia arriba.

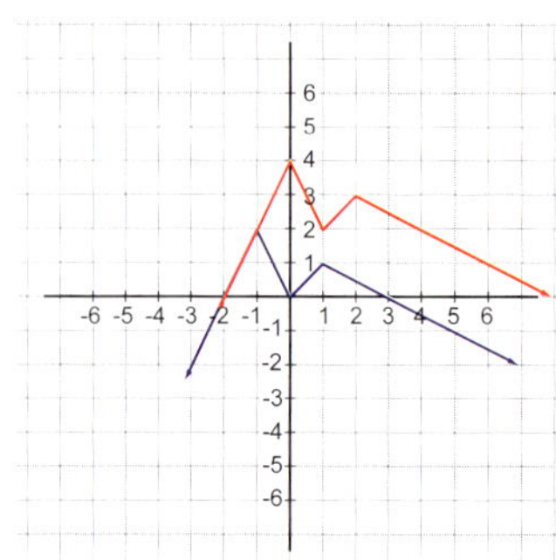

b) Se trata de dilatar la gráfica verticalmente el doble y hacer una simetría de eje *X*.

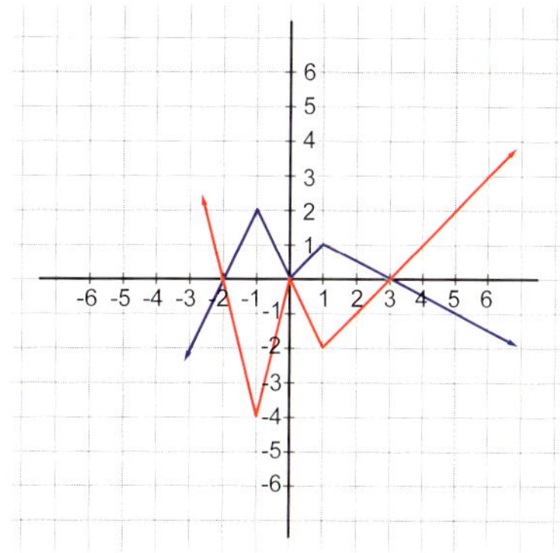

c) Se trata de dilatar la gráfica el doble horizontalmente y realizar una simetría de eje *Y*.

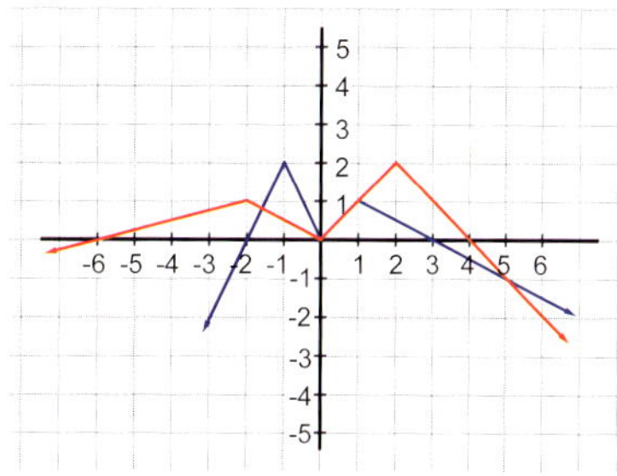

Ejercicios

17. Dada la siguiente gráfica de $y = f(x)$, realiza las transformaciones que se indican a continuación:

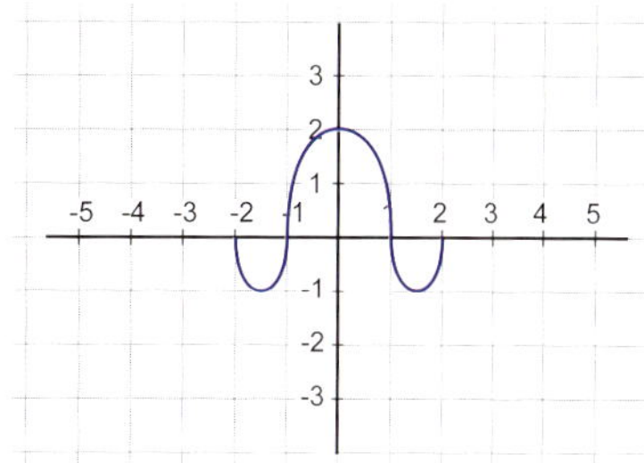

a) $y = f(x+1) - 3$ *b*) $y = f(2x) + 1$ *c*) $y = \dfrac{f(-x)}{2}$

18. Dadas las siguientes transformaciones de la gráfica del ejercicio anterior, indica de qué expresión algebraica se trata en cada caso.

a)

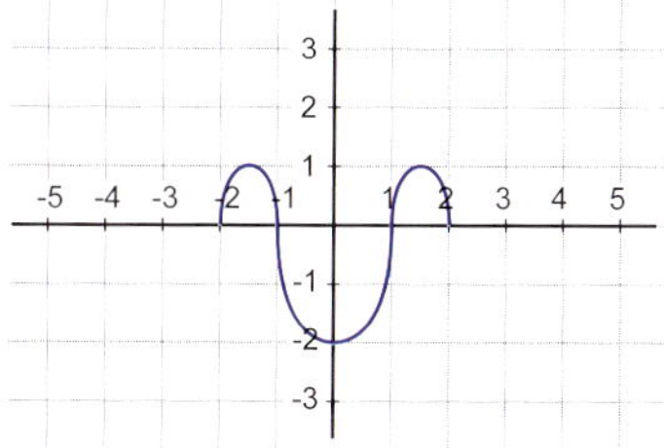

b)

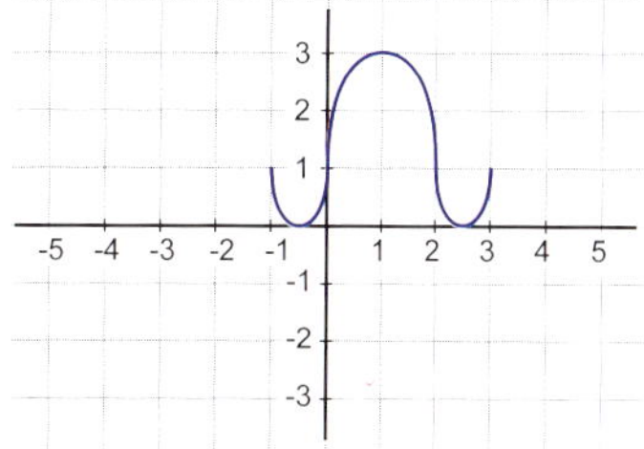

c)

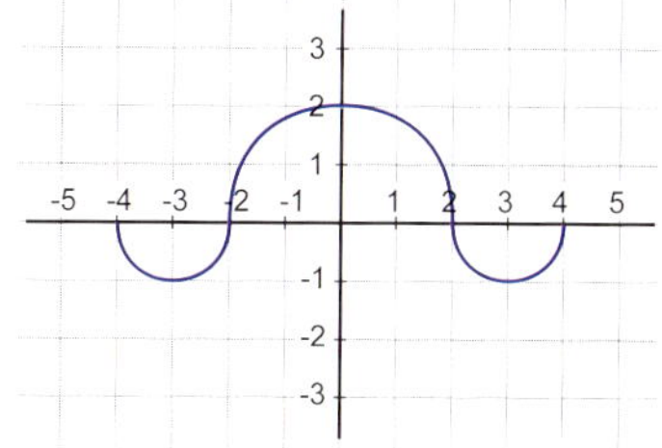

3.2. Esbozo de funciones elementales

- **Funciones polinómicas:** $y = P(x)$

Si el grado de $P(x)$ **es 1:** $y = mx + n$ función lineal. Su gráfica es una recta, que representaremos con una pequeña tabla de valores o el estudio de su pendiente y ordenada en el origen.

Si el grado de $P(x)$ **es 2:** $y = ax^2 + bx + c$ función cuadrática. Su gráfica es una parábola, que representaremos obteniendo su curvatura, su vértice, sus puntos de corte con los ejes y, en caso necesario, con una pequeña tabla de valores.

Si el grado de $P(x)$ **es mayor que 2:** Representaremos su gráfica obteniendo sus tendencias (sus límites en el infinito), sus puntos de corte con los ejes, su curvatura (el número de curvaturas diferentes es, como mucho, uno menos que su grado) y, en caso necesario, con una pequeña tabla de valores.

Ejercicios resueltos

2. Realiza un pequeño estudio y representa las siguientes funciones polinómicas:

a) $y = -x^2 + 2x + 8$ b) $y = x^3 - x$

Solución:

a) Se trata de una parábola con forma de $\cap$ pues $a = -1 < 0$.

Su vértice es $V(1, 9)$; los puntos de corte con el eje *X* son las soluciones de $0 = -x^2 + 2x + 8$, $(4, 0), (-2, 0)$; el punto de corte con el eje *Y* es $(0, 8)$.

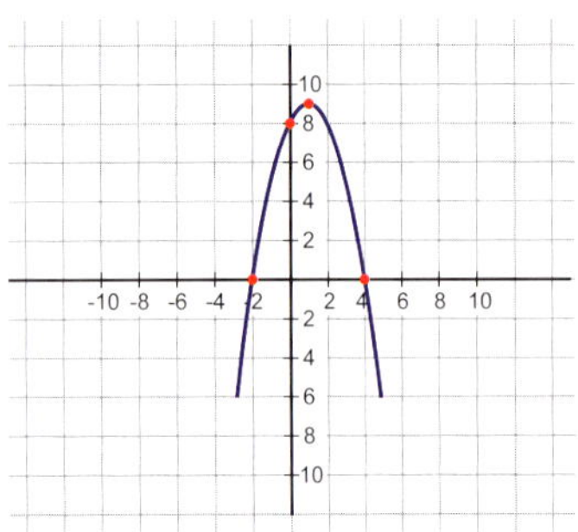

b) Tendencias $\lim_{x \to -\infty} (x^3 - x) = -\infty$; $\lim_{x \to +\infty} (x^3 - x) = +\infty$; los puntos de corte con el eje *X* son las soluciones de $0 = x^3 - x \Rightarrow (0, 0), (1, 0), (-1, 0)$; el punto de corte con el eje *Y* es el origen. Tiene como mucho dos curvaturas distintas.

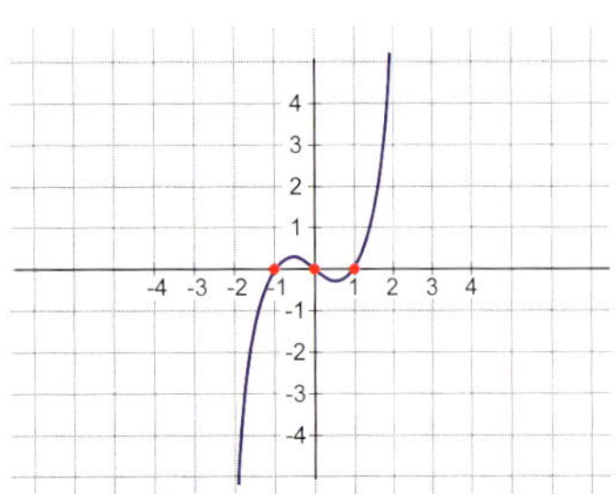

3. Conocida la gráfica del polinomio $y = x^4 - 5x^2 + 4$, realiza las siguientes transformaciones de la misma:

a) $y = x^4 - 5x^2 + 2$

b) $y = (x+1)^4 - 5(x+1)^2 + 4 = x^4 + 4x^3 + x^2 - 6x$

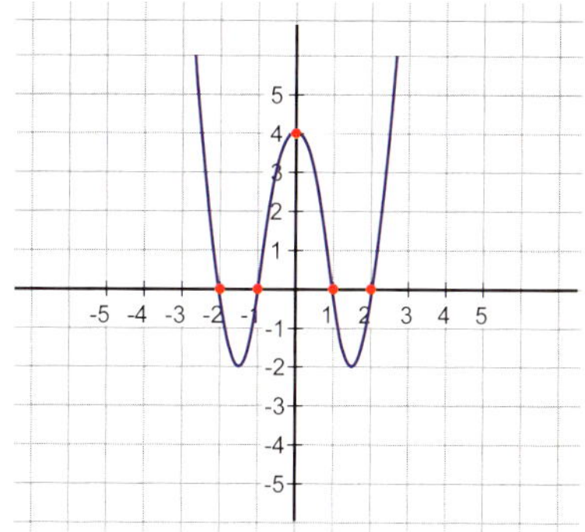

Solución:

a) Se trata de desplazar la gráfica dos unidades hacia abajo.

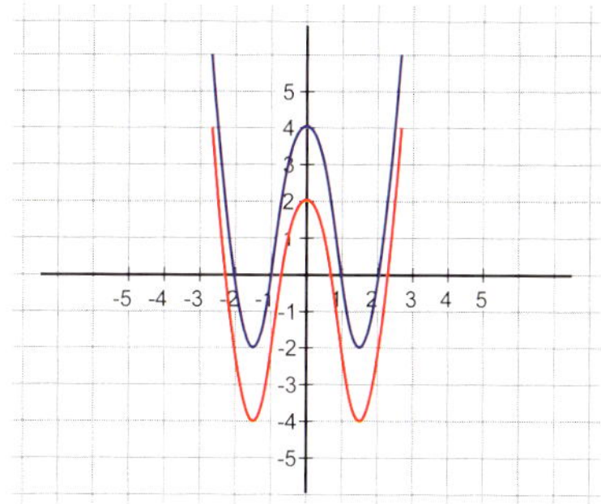

b) Se trata de desplazar la gráfica una unidad a la izquierda.

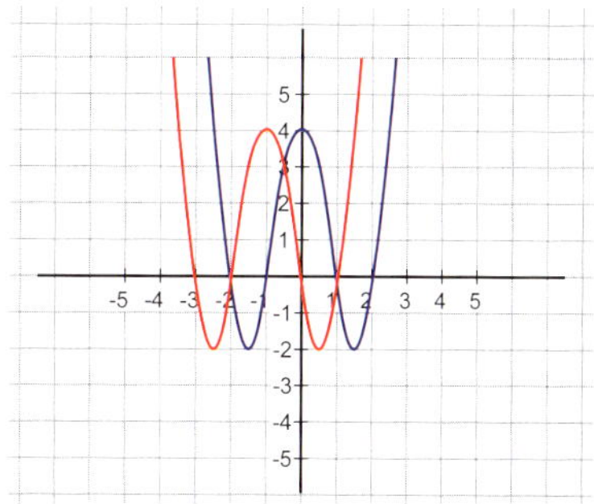

Ejercicios

19. Esboza las siguientes funciones polinómicas realizando un breve estudio:

a) $y = 8x - 4x^2 - 3$

b) $y = x^3 - 2x^2 + x$

c) $y = x^3 - 2x^2 - x + 2$

20. Las funciones de oferta y demanda de un producto son, respectivamente, $O(x) = 300 + 3x$ y $D(x) = 700 - 2x$, donde x representa el precio en euros del producto.

Representa las funciones de oferta y demanda y utilízalas para determinar el precio de equilibrio del producto y la cantidad de equilibrio.

Observación: el precio de equilibrio de un producto es el precio en el que la oferta y la demanda del producto se igualan, de forma que se llega vaciar el mercado de dicho producto.

Observa

Cuanto más próximos al valor desconocido sean los extremos del intervalo de interpolación menor será el error cometido en la misma.

- **Interpolación y extrapolación**

La interpolación y la extrapolación permiten calcular valores que no aparecen en una tabla de valores de una función. Si el valor que queremos obtener es interior al intervalo definido en la tabla este procedimiento se denomina **interpolación** y si es exterior, **extrapolación**.

Interpolación/extrapolación lineal

En la interpolación/extrapolación lineal se construye una función lineal que pase por dos puntos de la tabla de valores para así poder estimar el valor deseado.

Si los puntos son $(x_0, y_0),(x_1, y_1)$ la función lineal será $y - y_0 = \frac{y_1 - y_0}{x_1 - x_0}(x - x_0)$ y bastará sustituir el valor en la abscisa x, para calcular la ordenada y.

Ejercicios resueltos

4. En un parking tenemos una tabla de precios orientativos en función del tiempo de estancia en el aparcamiento.

***x* (min)**	0	10	20	30	40	50	60
***y* (€)**	1	1,5	1,95	2,45	2,85	3,2	3,5

a) Representa los valores en una gráfica.

b) ¿Cuánto costarán 43 minutos de estancia?

c) ¿Y 12 minutos?

d) ¿Y 65 min?

Solución:

a)

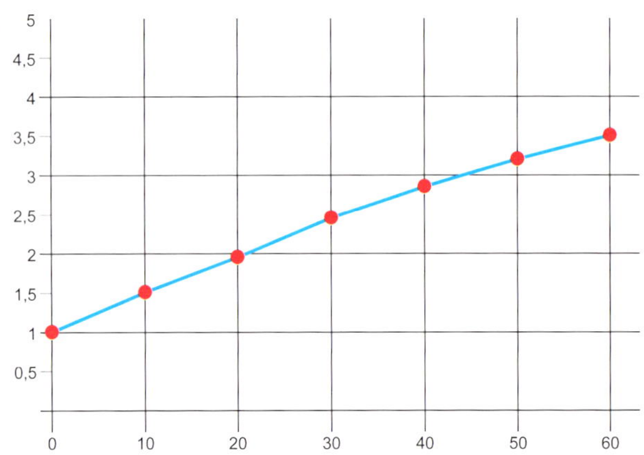

b) Realizaremos una interpolación lineal con el intervalo de valores más próximos a nuestra incógnita, es decir, el intervalo $[40, 50]$, y consideraremos los puntos $(40;2,85)$, $(50;3,2)$

La función lineal será $y - 2,85 = \frac{3,2 - 2,85}{50 - 40}(x - 40)$. Sustituyendo el valor que queremos averiguar

$$y - 2,85 = \frac{3,2 - 2,85}{50 - 40}(43 - 40) \Rightarrow y = 2,955, \text{ es decir, } 2,96€$$

c) Ahora escogeremos el intervalo $[10, 20]$, y consideraremos los puntos $(10;1,5),(20;1,95)$

La función lineal ahora será $y - 1,5 = \frac{1,95 - 1,5}{20 - 10}(x - 10) \Rightarrow y - 1,5 = \frac{1,95 - 1,5}{20 - 10}(12 - 10) \Rightarrow y = 1,59€$

d) Tomamos para la extrapolación los valores más próximos a nuestra incógnita, que en este caso, son los dos más superiores. Esto es $(50;3,2),(60;3,5)$

$$y - 3,2 = \frac{3,5 - 3,2}{60 - 50}(x - 50) \Rightarrow y - 3,2 = \frac{3,5 - 3,2}{60 - 50}(65 - 50) \Rightarrow y = 3,65€$$

Interpolación/extrapolación cuadrática

En la interpolación/extrapolación cuadrática se construye una función cuadrática que pase por tres puntos de la tabla de valores para así poder estimar el valor deseado.

Si los puntos son $(x_0, y_0), (x_1, y_1), (x_2, y_2)$ la función cuadrática será $y = ax^2 + bx + c$ y bastará resolver un sistema de tres ecuaciones lineales para encontrar los valores de los coeficientes y posteriormente sustituir el valor en la abscisa x, para calcular la ordenada y.

Ejercicios resueltos

5. Obtén la función cuadrática que pasa por los puntos $(0, 1), (1, 0), (2, 3)$ y después estima el valor que tomará la ordenada correspondiente a la abscisa $x = 0{,}5$.

Solución:

Se trata de una interpolación cuadrática que resolveremos, en primer lugar, mediante un sistema de ecuaciones, para hallar los parámetros de $y = ax^2 + bx + c$

$$\begin{cases} 1 = a\cdot 0^2 + b\cdot 0 + c \\ 0 = a\cdot 1^2 + b\cdot 1 + c \\ 3 = a\cdot 2^2 + b\cdot 2 + c \end{cases} \Rightarrow a = 2, b = -3, c = 1 \Rightarrow y = 2x^2 - 3x + 1$$

El valor de la ordenada será $y = 2\cdot 0{,}5^2 - 3\cdot 0{,}5 + 1 = 0$

Observa

Para la interpolación/extrapolación lineal necesitamos dos puntos y para la cuadrática necesitamos tres.

Ejercicios

21. La gráfica siguiente, donde en el eje X se sitúan los meses comenzando por $x = 1$ (enero), y en el eje Y, el dinero en euros, expresa el gasto mensual de gas de una familia a lo largo del año:

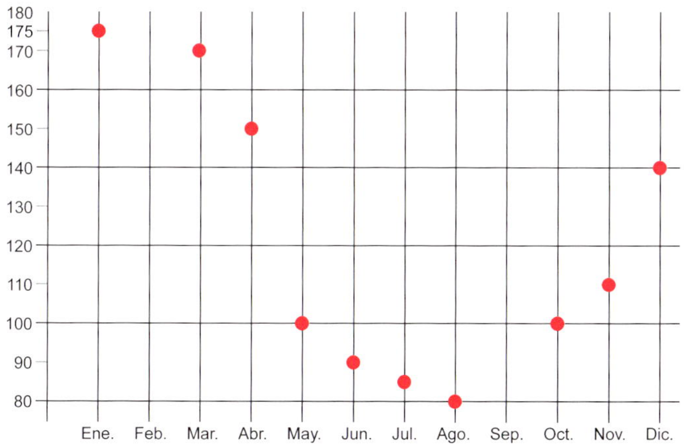

Los meses de septiembre $(x = 9)$ y febrero $(x = 2)$ se han borrado. Realiza interpolaciones lineales para estimar el gasto en esos meses.

22. Sabemos que la población en el año 2018 en Barcelona era de 1 620 343 habitantes, mientras que en el 2016 era de 1 615 562 y en 2017 de era de 1 618 632. Calcula por extrapolación lineal la población de Barcelona en 2019.

23. Obtén mediante interpolación cuadrática el valor de la ordenada cuando la abscisa es –1, si la tabla siguiente corresponde a la función cuadrática.

x	–2	0	1
y	4	2	–2

24. Una cepa de paramecios sigue una distribución cuadrática en su crecimiento de forma que al inicio $(t = 0)$ tenemos 7 mil unidades, al cabo de un minuto tenemos 15 mil y al cabo de 2 minutos 33 mil. Calcula por interpolación y extrapolación cuadrática la cantidad de paramecios (en miles) que había al pasar 30 segundos y la cantidad que habrá al llegar a 3 minutos.

- **Funciones radicales: $y = \sqrt{x}$**

La función elemental $f(x) = \sqrt{x}$ tiene los siguientes elementos de estudio:

$\text{Dom} f(x) = [0, +\infty)$

Tendencias: $\lim_{x \to +\infty} \sqrt{x} = +\infty$

Tabla de valores:

x	0	1	4
y	0	1	2

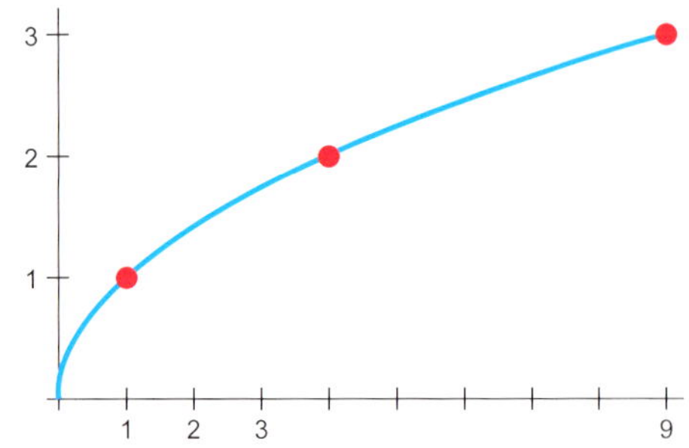

Ejercicios resueltos

6. Empleando transformaciones de $y = \sqrt{x}$ esboza la gráfica de:

a) $y = \sqrt{x-2} + 1$ *b)* $y = -2\sqrt{x}$ *c)* $y = \sqrt{\dfrac{-x}{2}}$

Solución:

a) Debemos realizar dos traslaciones, una horizontal de dos unidades a la derecha y otra vertical de una unidad hacia arriba.

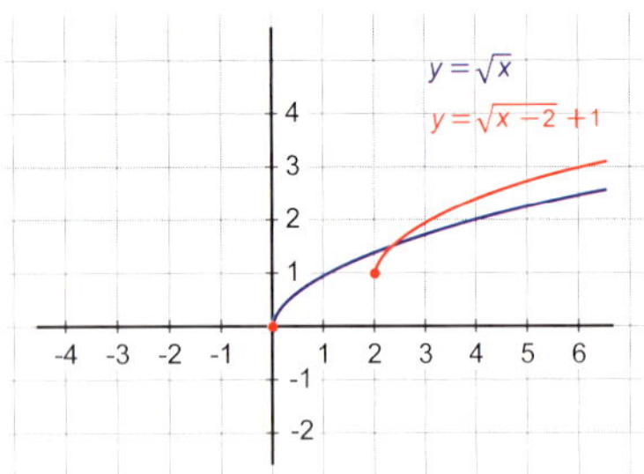

b) En este caso debemos realizar una simetría de eje horizontal y una dilatación vertical (el doble).

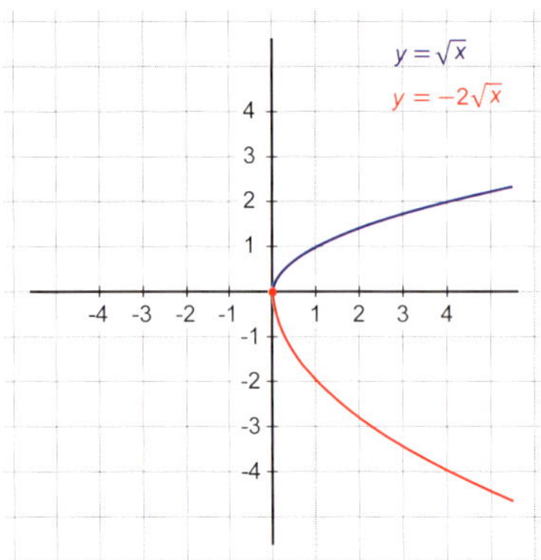

c) Haremos una simetría de eje vertical y una dilatación en horizontal (el doble).

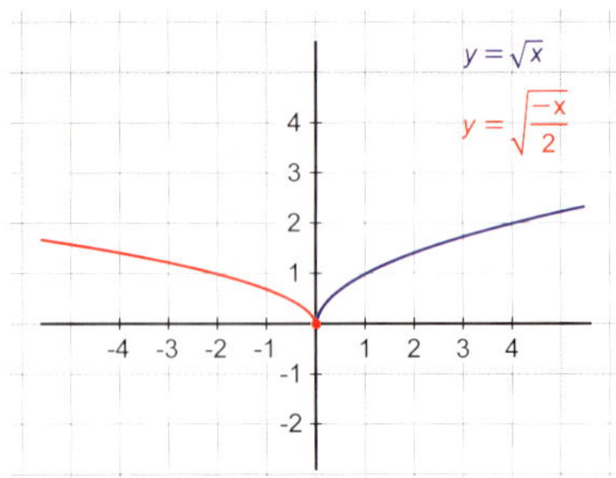

- **Funciones racionales: $y = \dfrac{k}{x}$ (función de proporcionalidad inversa: hipérbola)**

La función elemental $f(x) = \dfrac{k}{x}$ tiene los siguientes elementos de estudio:

$\text{Dom} f(x) = \mathbb{R} - \{0\}$

Asíntotas: vertical en $x = 0$, horizontal en $y = 0$.

Constante de proporcionalidad inversa: *k* nos proporciona el valor constante del área del rectángulo de lados *x* e *y*, siendo (x, y) cualquier punto de su gráfica. Como $xy = k$ todo punto de la hipérbola forma un rectángulo con el corte de las asíntotas de área constante *k*.

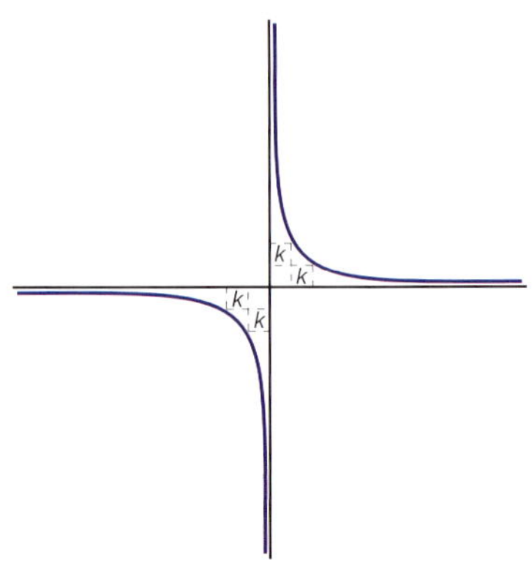

Ejercicios resueltos

7. Representa la hipérbola $y = \dfrac{2}{x+1} - 1$ obteniendo sus asíntotas, su dominio, y extrayendo información de la constante de proporcionalidad inversa.

Solución:

$\operatorname{Dom} f(x) = \mathbb{R} - \{-1\}$

Presenta asíntotas en $x = -1$ y en $y = -1$.

La constante de proporcionalidad es 2, lo que implica que los puntos de la hipérbola, con la intersección de las asíntotas, forman rectángulos de área 2 unidades cuadradas.

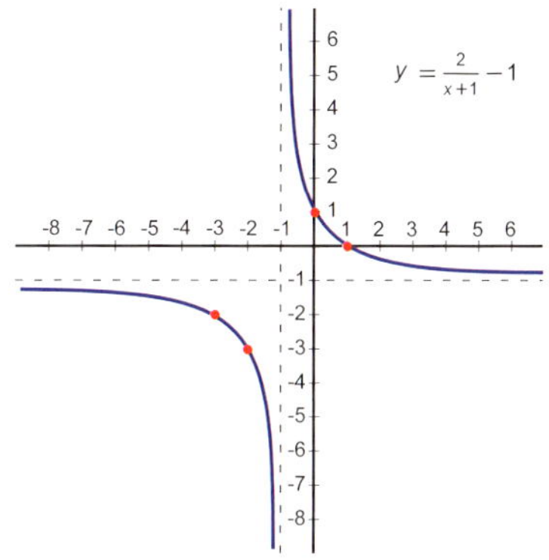

8. Representa la hipérbola $y = \dfrac{-1}{x-2} + 3$ transformando la hipérbola elemental $y = \dfrac{1}{x}$.

Solución:

Tenemos traslaciones 2 unidades a la derecha (asíntota vertical en $x = 2$) y 3 unidades hacia arriba (asíntota horizontal $y = 3$). Además, presenta una simetría, por lo que las ramas de la hipérbola estarán situadas en los cuadrantes 2.° y 4.° respecto de las asíntotas. Finalmente, el área del rectángulo que forman todos los puntos con el corte de las asíntotas es de una unidad cuadrada.

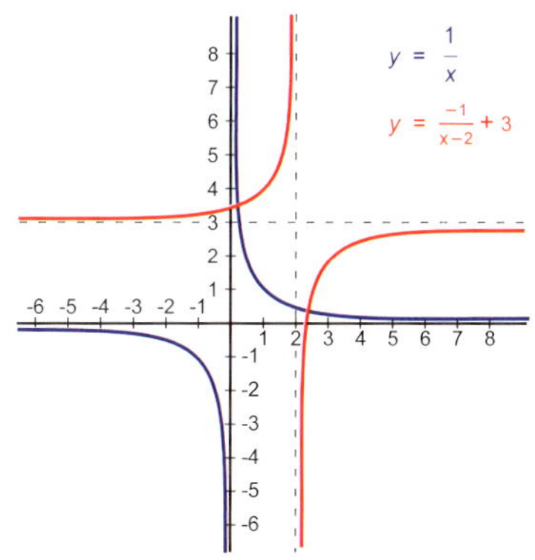

Ejercicios

25. Haz un breve estudio y esboza la gráfica de la función elemental $y = \sqrt[3]{x}$.

26. Esboza la gráfica de las siguientes funciones radicales a partir de la elemental:

a) $y = -2\sqrt[3]{x}$ b) $y = \sqrt{x+3} - 1$ c) $y = \sqrt[3]{x+1} - 2$ d) $y = -\sqrt{2x}$

27. Esboza la gráfica de las siguientes hipérbolas a partir de la elemental o realizando un breve estudio:

a) $y = \dfrac{2}{x+1} - 2$ b) $y = \dfrac{-1}{x-2} + 1$

28. Esboza la gráfica de las siguientes hipérbolas a partir de la elemental o realizando un breve estudio. Observa que sus ecuaciones no tienen el mismo aspecto que las del ejercicio anterior.

a) $y = \dfrac{4}{2x-1} + 3$ b) $y = \dfrac{4x-1}{2x+5}$

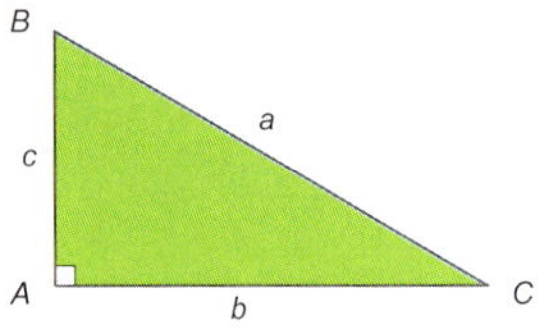

- **Funciones trigonométricas:** $y = \operatorname{sen} x$; $y = \cos x$; $y = \operatorname{tg} x$

Recordemos que en un triángulo rectángulo en $\widehat{A}$ podíamos definir, además del teorema de Pitágoras que establece relaciones entre sus lados, las razones trigonométricas, que establecen relaciones entre sus ángulos agudos y sus lados.

Se definen tres **razones trigonométricas** de cada uno de sus ángulos agudos, que son:

$$\operatorname{sen}\widehat{B} = \frac{\text{cateto opuesto}}{\text{hipotenusa}} \qquad \cos\widehat{B} = \frac{\text{cateto contiguo}}{\text{hipotenusa}} \qquad \operatorname{tg}\widehat{B} = \frac{\text{cateto opuesto}}{\text{cateto contiguo}} = \frac{\operatorname{sen}\widehat{B}}{\cos\widehat{B}}$$

Calculadora

Las teclas **sin**, **cos**, **tan** calculan razones trigonométricas de ángulos en tu calculadora. Recuerda poner el modo DEG (si introduces el ángulo en grados) o RAD (si introduces el ángulo en radianes).

Las definiciones de las razones trigonométricas, se pueden extender a cualquier amplitud de ángulo con ayuda de la **circunferencia goniométrica** (circunferencia centrada en el origen de coordenadas y de radio 1). En esta circunferencia, los ángulos se miden desde la parte positiva del eje OX y en sentido contrario a las agujas del reloj.

En el primer cuadrante, donde los ángulos son agudos, cualquier ángulo determina, al cortar con la circunferencia, un triángulo rectángulo cuyos catetos vertical y horizontal son el seno y el coseno del ángulo respectivamente.

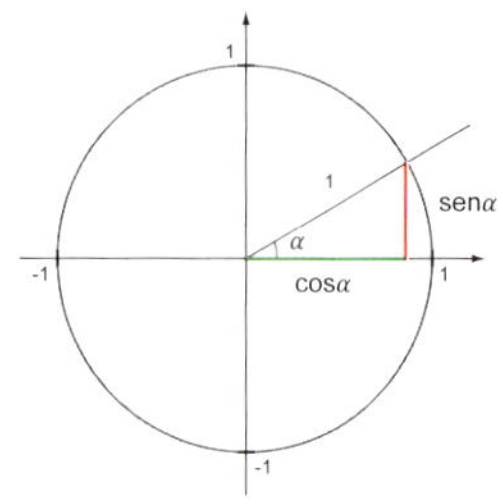

Observa

A la hora de representar funciones trigonométricas, siempre emplearemos radianes para las x, nunca el sistema sexagesimal.

Extendiendo esta idea al resto de cuadrantes, observamos que el recorrido de las funciones seno y coseno oscila entre –1 y 1:

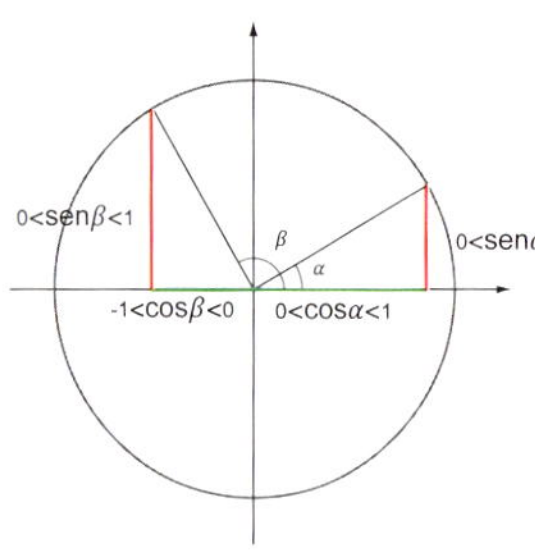

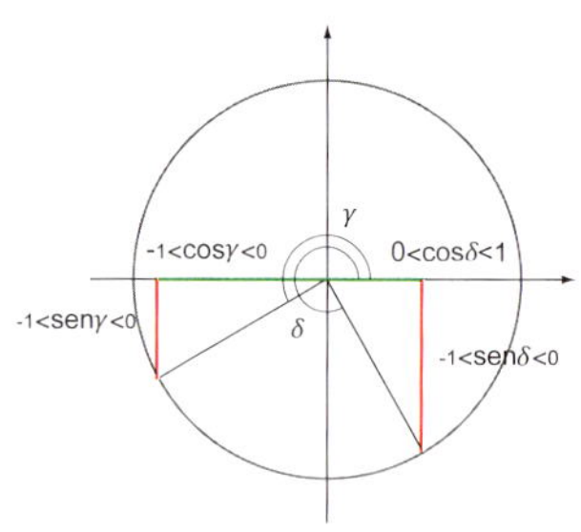

Las funciones trigonométricas son funciones periódicas, que cumplen las condiciones estudiadas anteriormente en trigonometría. Sus gráficas son las siguientes:

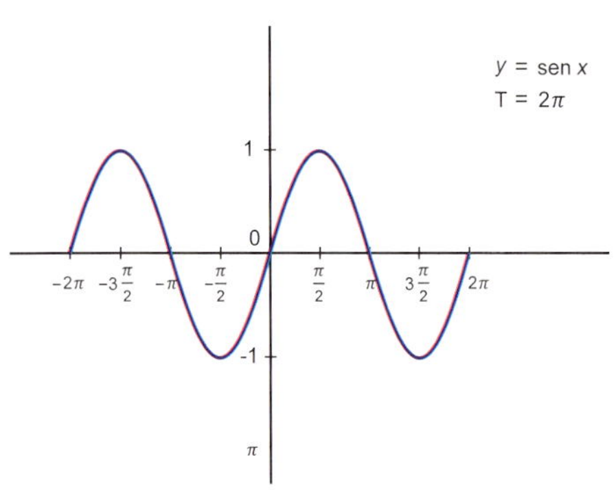

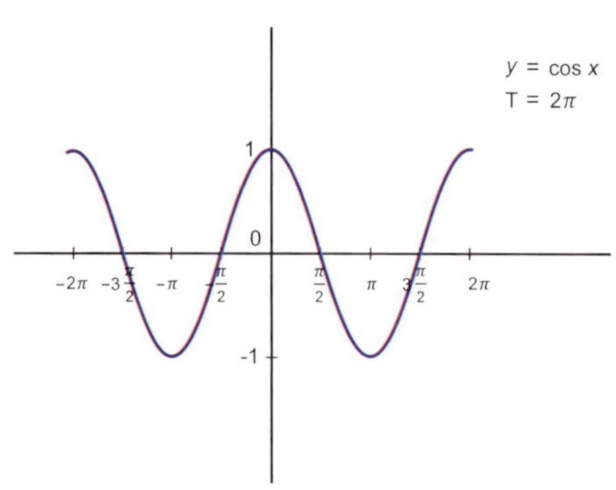

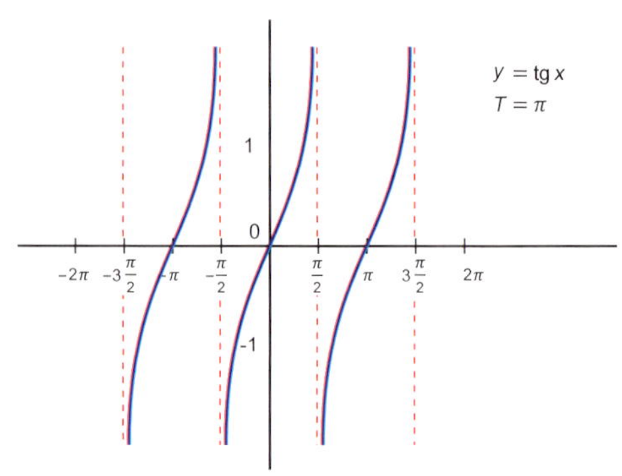

Ejercicios resueltos

9. Esboza las gráficas de las siguientes funciones trigonométricas empleando transformaciones. Indica también el periodo de la función.

a) $y = \operatorname{sen}\left(x + \pi\right) + 1$ b) $y = -\cos\left(\dfrac{x}{2}\right)$ c) $y = \operatorname{tg}\left(x - \dfrac{\pi}{2}\right)$

Solución:

a) Se trata de una traslación horizontal de π unidades a la izquierda y una vertical de una unidad hacia arriba. El periodo se conserva $T = 2\pi$.

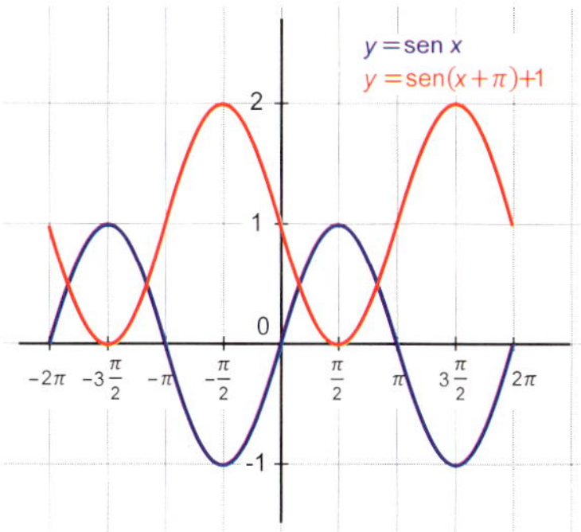

b) Se trata de una simetría de eje horizontal y una dilatación horizontal (el doble). El periodo es $T = 2 \cdot 2\pi = 4\pi$.

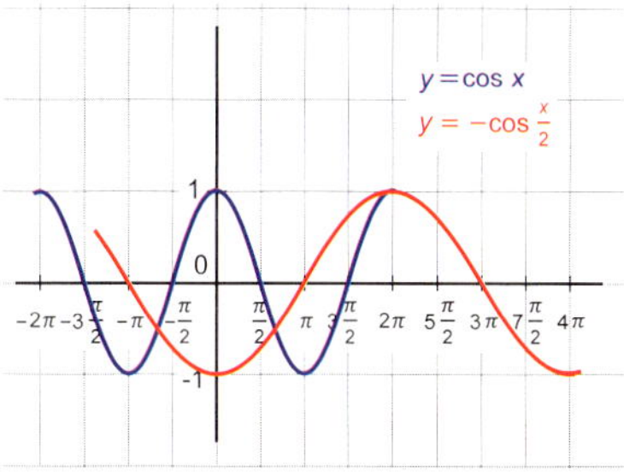

c) Se trata de una traslación de $\dfrac{\pi}{2}$ unidades a la derecha, conservando el periodo $T = \pi$.

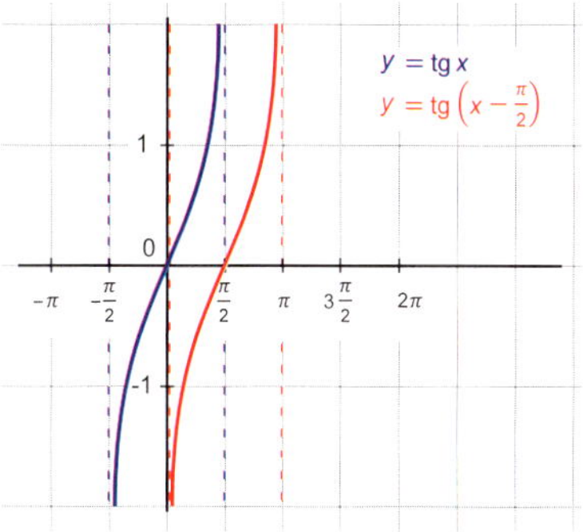

Ejercicios

29. Realiza esbozos de las siguientes funciones trigonométricas a partir de las elementales. Indica el periodo de las gráficas transformadas en cada caso.

a) $y = \operatorname{sen}\left(4x\right) + 1$ b) $y = \dfrac{-\cos x}{2}$ c) $y = \operatorname{tg}\left(\dfrac{-x}{4}\right)$ d) $y = \operatorname{sen}\left(-x - \pi\right)$

30. Observa las gráficas del seno y del coseno y responde: ¿cuál es la transformación que nos lleva de una a otra?

- **Funciones exponenciales:** $y = a^x \left(a > 0 \right)$

La función elemental $f\left(x \right) = a^x$ tiene los siguientes elementos de estudio:

$\text{Dom} f\left(x \right) = \mathbb{R}$

$\text{Rec} f\left(x \right) = \left(0, +\infty \right)$

Tabla de valores:

x	0	1
y	1	a

Tendencias:

– Caso $0 < a < 1 \rightarrow \lim\limits_{x \to -\infty} a^x = +\infty; \lim\limits_{x \to +\infty} a^x = 0$

– Caso $a > 1 \rightarrow \lim\limits_{x \to -\infty} a^x = 0; \lim\limits_{x \to +\infty} a^x = +\infty$

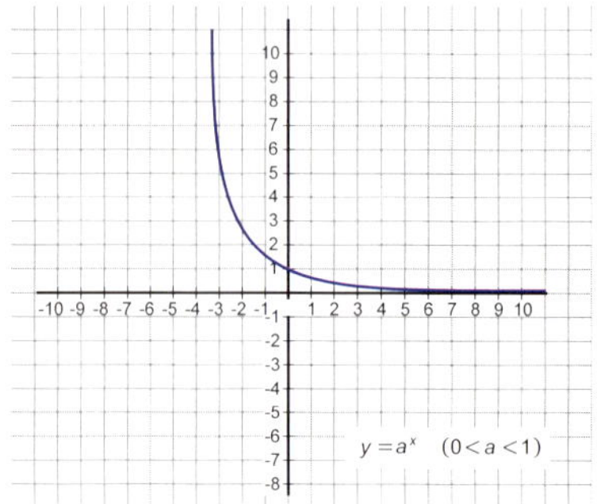

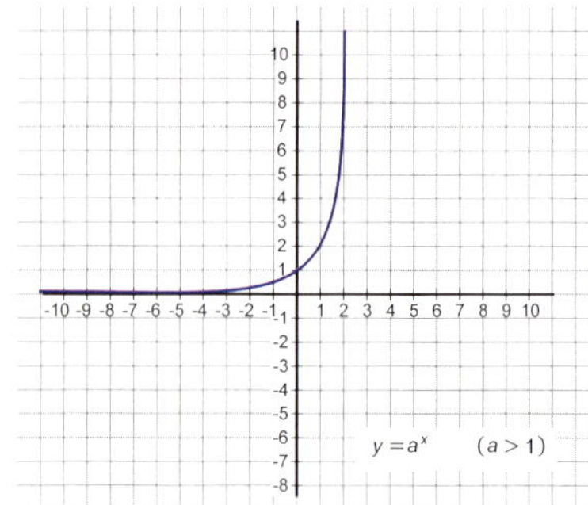

Ejercicios resueltos

10. Esboza las siguientes funciones indicando las transformaciones respecto de la original:

a) $y = -2^x - 3$ *b*) $y = \left(\dfrac{1}{3} \right)^{-x+1}$

Solución:

a) Se trata de una simetría de eje horizontal y una traslación de tres unidades hacia abajo.

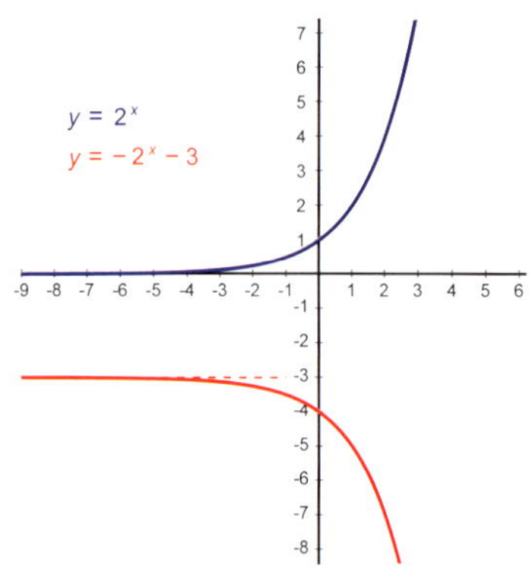

b) Se trata de una traslación de una unidad hacia la izquierda y una simetría de eje vertical.

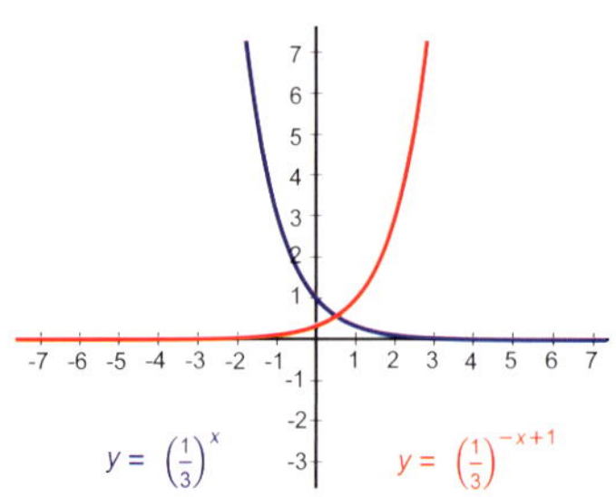

- **Funciones logarítmicas:** $y = \log_a x \left(a > 0 \right)$

La función elemental $f\left(x \right) = \log_a x$ tiene los siguientes elementos de estudio:

$\text{Dom}\, f\left(x \right) = \left(0, +\infty \right)$

$\text{Rec}\, f\left(x \right) = \mathbb{R}$

Tabla de valores:

x	1	a
y	0	1

Tendencias:

– Caso $0 < a < 1 \rightarrow \lim\limits_{x \to 0^+} \log_a x = +\infty;\ \lim\limits_{x \to +\infty} \log_a x = -\infty$

– Caso $a > 1 \rightarrow \lim\limits_{x \to 0^+} \log_a x = -\infty;\ \lim\limits_{x \to +\infty} \log_a x = +\infty$

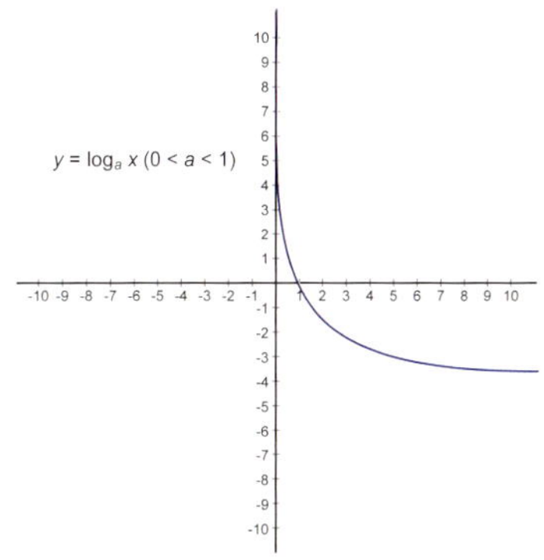

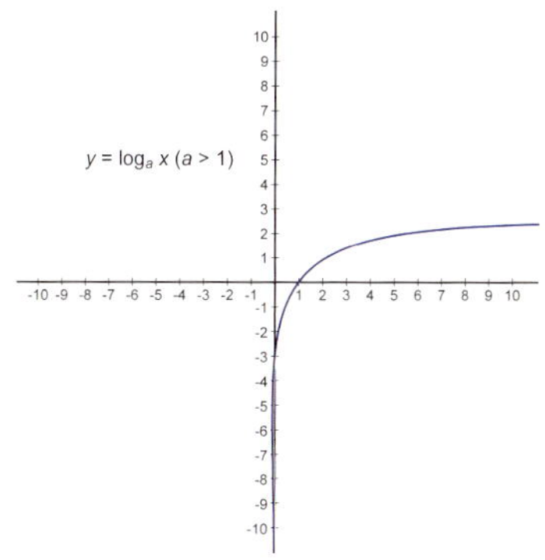

Ejercicios resueltos

11. Esboza las siguientes funciones indicando las transformaciones respecto de la original:

a) $y = 2\ln\left(x + 1 \right)$

b) $y = \log_{\frac{1}{2}} \left(-x \right) + 1$

Solución:

a) Se trata de una dilatación vertical (el doble) y una traslación de una unidad a la izquierda.

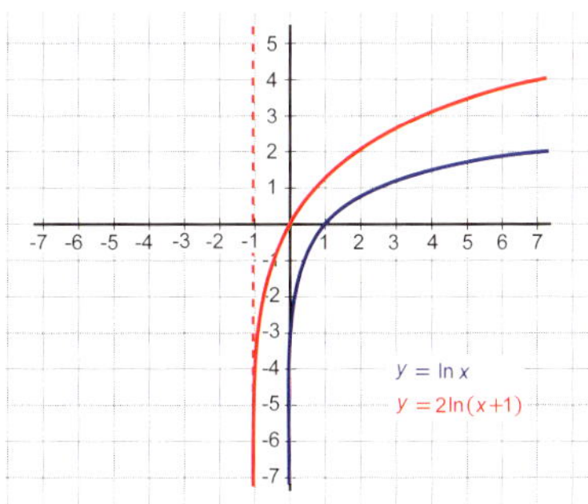

b) Se trata de una simetría de eje vertical y una traslación de una unidad hacia arriba.

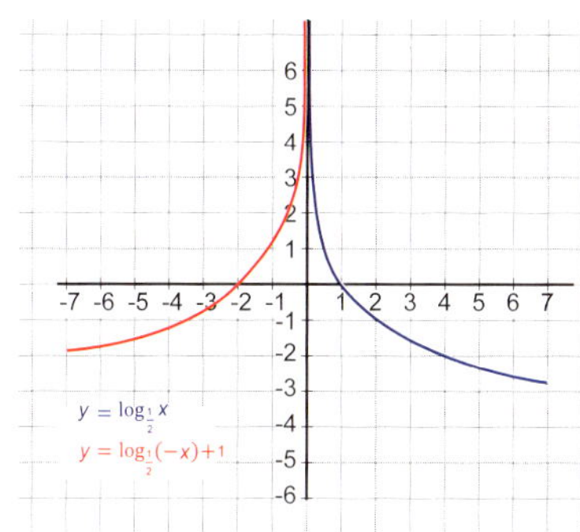

Ejercicios

31. Realiza una gráfica aproximada de las siguientes funciones a partir de su función elemental:

a) $y = -3^x - 2$

b) $y = \left(\dfrac{1}{2} \right)^{-x} + 1$

c) $y = e^{2x-1}$

32. Realiza una gráfica aproximada de las siguientes funciones a partir de su función elemental:

a) $y = \log_3 \left(x - 1 \right) + 2$

b) $y = -\log_{\frac{1}{2}} \left(2x \right)$

c) $y = \ln\left(-x \right) + 3$

33. Calcula la función inversa respecto de la composición de $y = e^x$ y representa ambas funciones en los mismos ejes coordenados, junto con la bisectriz del primer cuadrante. ¿Qué observas?

- **Funciones por partes**

Para representar una función por partes, realizaremos las gráficas de cada una de las partes en la región indicada a la derecha de cada expresión, cuidando los extremos de las regiones.

Ejercicios resueltos

12. Representa la función $f\left(x\right)=\begin{cases} e^x & x<0 \\ -2x+1 & 0\le x\le 4 \\ \sqrt{x}+2 & x>4 \end{cases}$

Solución:

Representamos las funciones indicadas en los intervalos correspondientes: la exponencial en $\left(-\infty,\ 0\right)$, la recta en $\left[\ 0,\ 4\ \right]$ y la radical en $\left(4,\ +\infty\right)$.

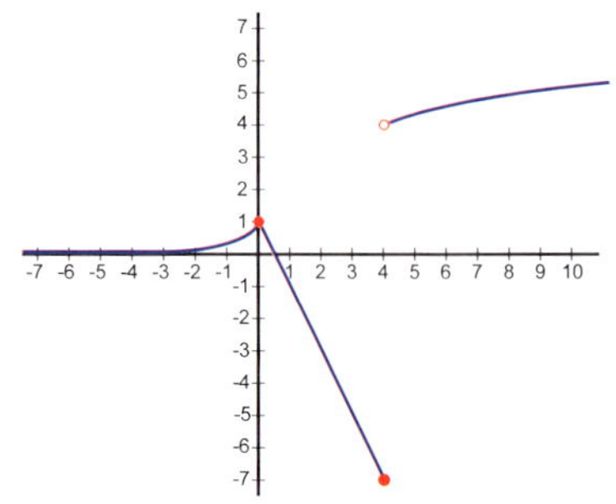

13. Dada la siguiente gráfica, encuentra la expresión algebraica de la función por partes que la representa:

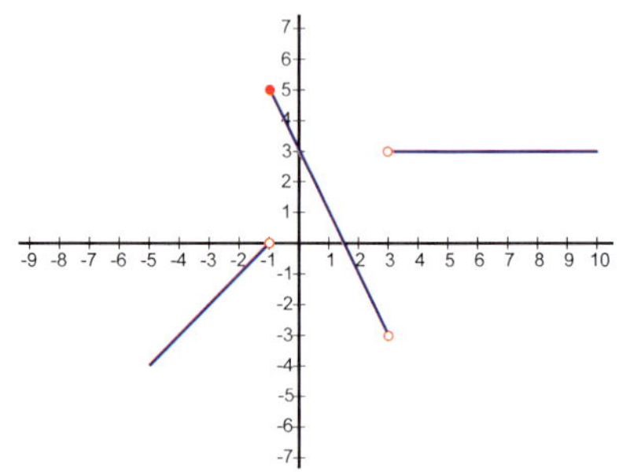

Solución:

Se trata de tres rectas definidas en tres intervalos distintos. La función por partes sería:

$$f\left(x\right)=\begin{cases} x+1 & x<-1 \\ -2x+3 & -1\le x<3 \\ 3 & x>3 \end{cases}$$

- **Funciones con valor absoluto:** $y=\left|f\left(x\right)\right|$

Para representar el valor absoluto $y=\left|f\left(x\right)\right|$, basta con obtener la gráfica de $y=f\left(x\right)$ y realizar simetrías de eje *X* de las partes bajo el eje de abscisas para conseguir que toda la función quede con recorrido positivo.

Ejercicios resueltos

14. Representa la función $y=\left|x^2+2x-8\right|$.

Solución:

En primer lugar representamos la parábola $y=x^2+2x-8$ y después realizamos una simetría de eje *X* de la parte negativa para conseguir que todas las ordenadas sean positivas.

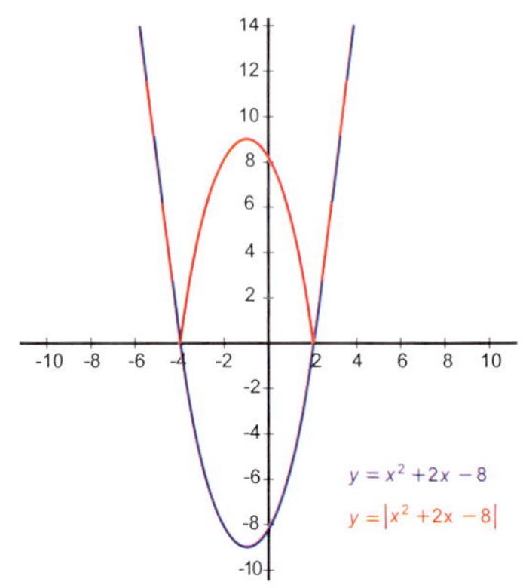

En el caso de tratarse de una combinación de expresiones algebraicas y valores absolutos, expresaremos la función como función por partes previamente a su representación.

Ejercicios resueltos

15. Representa la función $y = 2|x-1| + 3|x|$.

Solución:

En este caso, primero debemos escribir esta función por partes para, posteriormente, representarla en el plano.

$$2|x-1|+3|x| = \begin{cases} -2(x-1)-3x & x \le 0 \\ -2(x-1)+3x & 0 < x < 1 \\ 2(x-1)+3x & x \ge 1 \end{cases} \Rightarrow 2|x-1|+3|x| = \begin{cases} -5x+2 & x \le 0 \\ x+2 & 0 < x < 1 \\ 5x-2 & x \ge 1 \end{cases}$$

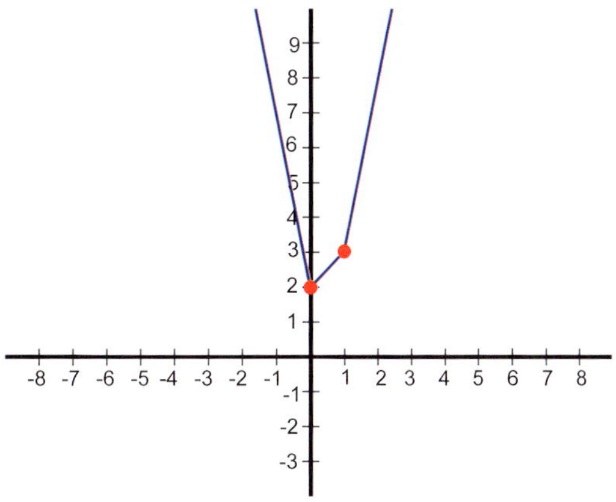

Ejercicios

34. Realiza la gráfica de las siguientes funciones por partes:

a) $f(x) = \begin{cases} \left(\frac{1}{3}\right)^x & x \le 0 \\ 1 - x & 0 < x < \pi \\ \operatorname{sen} x & x \ge \pi \end{cases}$

b) $g(x) = \begin{cases} \frac{-1}{x+1} & x < -1 \\ -x^2 + 1 & -1 \le x < 3 \\ 5 - x & x \ge 3 \end{cases}$

35. Representa los siguientes valores absolutos:

a) $y = |\operatorname{sen}(2x)|$

b) $y = |\ln(x-1)|$

36. Escribe estas expresiones en funciones por partes y esboza su gráfica:

a) $y = x|x+2| - |3x|$

b) $y = 3|2x-1| - 2|2-x|$

4. Derivadas

4.1. Concepto

Sea $y = f(x)$ la función cuya gráfica se muestra a continuación, y sean los puntos $A(a, f(a))$ y $B(b, f(b))$ puntos de la gráfica.

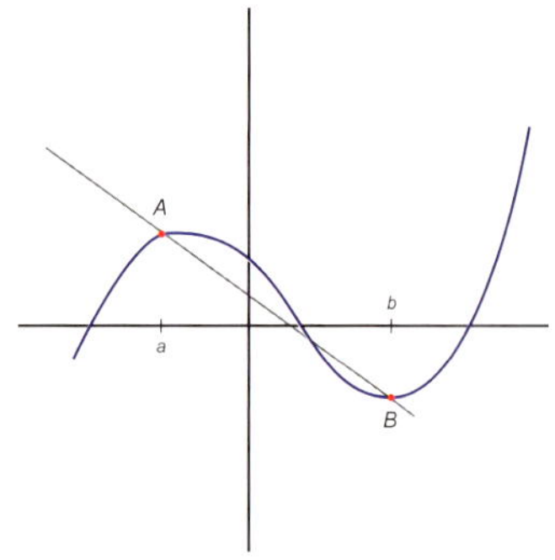

La pendiente de la recta secante que pasa por A y B coincide con el valor de la **tasa de variación media** en el intervalo $[a, b]$:

$$m_{\text{secante}} = TVM_{[a,b]}f = \frac{f(b) - f(a)}{b - a}$$

Si ahora procedemos a «acercar infinitamente» los dos puntos, es decir, hacemos tender B hacia A, en lugar de obtener una recta secante a la curva en los puntos A y B, obtenemos una recta tangente a la curva en el punto A.

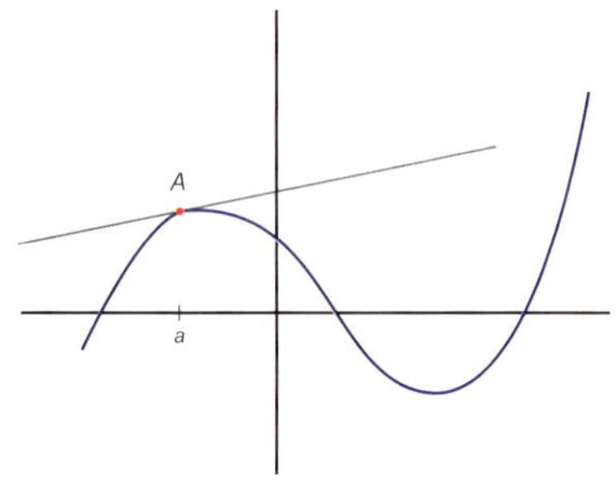

La pendiente de dicha recta tangente en el punto A, coincide con el valor de la **tasa de variación instantánea** en el punto $A(a, f(a))$:

$$m_{\text{tangente}} = TVI_a f = \lim_{b \to a} \frac{f(b) - f(a)}{b - a}$$

Si renombramos $h = b - a$, encontramos otra definición equivalente de tasa de variación instantánea, que es la que, habitualmente, se da como expresión de la **derivada de la función en el punto** $x = a$, denotada $f'(a)$:

$$m_{\text{tangente}} = TVI_a f = f'(a) = \lim_{h \to 0} \frac{f(a+h) - f(a)}{h}$$

La **función derivada** de una función $f(x)$ se denota $f'(x)$ y es aquella que asigna a cada punto x el valor:

$$f'(x) = \lim_{h \to 0} \frac{f(x+h) - f(x)}{h}$$

Ejercicios resueltos

1. Calcula la derivada de la función $f(x) = \dfrac{2}{x}$ en el punto $x = 1$ con la definición.

Solución:

$$f'(1) = \lim_{h \to 0} \frac{f(1+h) - f(1)}{h} = \lim_{h \to 0} \frac{\frac{2}{1+h} - \frac{2}{1}}{h} = \lim_{h \to 0} \frac{\frac{2 - 2 - 2h}{1+h}}{h} = \lim_{h \to 0} \frac{-2h}{h(1+h)} = \lim_{h \to 0} \frac{-2}{1+h} = -2$$

2. Calcula la función derivada de $f(x) = 3x^2$.

Solución:

$$f'(x) = \lim_{h \to 0} \frac{f(x+h) - f(x)}{h} = \lim_{h \to 0} \frac{3(x+h)^2 - 3x^2}{h} = \lim_{h \to 0} \frac{3x^2 + 6xh + 3h^2 - 3x^2}{h} = \lim_{h \to 0} \frac{6xh + 3h^2}{h} = \lim_{h \to 0} \frac{\cancel{h}(6x + 3h)}{\cancel{h}} = 6x$$

4.2. Derivadas elementales y operaciones

- **Regla de la suma y de la resta:**

$$(f \pm g)'(x) = f'(x) \pm g'(x)$$

- **Regla del producto:**

$$(f \cdot g)'(x) = f'(x) \cdot g(x) + f(x) \cdot g'(x)$$

- **Regla del cociente:**

$$\left(\frac{f}{g}\right)'(x) = \frac{f'(x) \cdot g(x) - f(x) \cdot g'(x)}{g^2(x)}$$

- **Regla de la cadena (composición):**

$$(f \circ g)'(x) = f'(g(x)) \cdot g'(x)$$

- **Tabla de derivadas de las funciones elementales**

$f(x)$	x^k	k	e^x	a^x	$\ln x$	$\log_a x$	$\text{sen}\, x$	$\cos x$	$\text{tg}\, x$
$f'(x)$	kx^{k-1}	0	e^x	$a^x \ln a$	$\frac{1}{x}$	$\frac{1}{x \ln a}$	$\cos x$	$-\text{sen}\, x$	$1+\text{tg}^2\, x = \frac{1}{\cos^2 x}$

Ejercicios resueltos

3. Demuestra con la definición de derivada la propiedad de la suma de derivadas:

$$(f+g)'(x) = f'(x) + g'(x)$$

Solución:

$$(f+g)'(x) = \lim_{h\to 0} \frac{(f+g)(x+h) - (f+g)(x)}{h} = \lim_{h\to 0} \frac{f(x+h) + g(x+h) - (f(x) + g(x))}{h} =$$

$$\lim_{h\to 0} \frac{f(x+h) - f(x) + g(x+h) - g(x)}{h} = \lim_{h\to 0} \left(\frac{f(x+h) - f(x)}{h} + \frac{g(x+h) - g(x)}{h} \right) = f'(x) + g'(x)$$

4. Demuestra que la derivada de $f(x) = x^3$ es $f'(x) = 3x^2$.

Solución:

$$f'(x) = \lim_{h\to 0} \frac{f(x+h) - f(x)}{h} = \lim_{h\to 0} \frac{(x+h)^3 - x^3}{h} = \lim_{h\to 0} \frac{x^3 + 3x^2h + 3xh^2 + h^3 - x^3}{h} =$$

$$\lim_{h\to 0} \frac{3x^2h + 3xh^2 + h^3}{h} = \frac{0}{0} = \lim_{h\to 0} \frac{h(3x^2 + 3xh + h^2)}{h} = \lim_{h\to 0} (3x^2 + 3xh + h^2) = 3x^2$$

Ejercicios

37. Calcula la tasa de variación media de la función $f(x) = \frac{x}{x+1}$ en el intervalo $[1, 2]$ y la tasa de variación instantánea de esa misma función en el punto $x = 1$.

38. Calcula $f'(-2)$ si $f(x) = x + \frac{1}{x+1}$, usando la definición.

39. Calcula, usando la definición, $f'(x)$ si $f(x) = 3x^2 - 2x + 10$.

40. Demuestra la derivada de la función constante $f(x) = k$ es $f'(x) = 0$ con la definición.

41. Demuestra la derivada de la función $f(x) = \frac{1}{x}$ es $f'(x) = -\frac{1}{x^2}$ con la definición.

4.3. Cálculo de derivadas. Derivadas sucesivas

Ejercicios resueltos

5. Obtén las siguientes derivadas aplicando la regla de la cadena cuando sea preciso:

a) $a(x) = 3\cos x + 4x^2$

b) $b(x) = x\ln x$

c) $c(x) = \dfrac{2x+1}{3x-2}$

d) $d(x) = \text{sen}(3x-4)$

e) $e(x) = \cos^2(4x)$

f) $f(x) = \ln\sqrt{\dfrac{3x^2-1}{2x}}$

g) $g(x) = \dfrac{2}{x^2+x-4}$

h) $h(x) = \dfrac{4\sqrt{x} - 5x^2 + \ln^4 x}{3}$

Solución:

a) $a(x) = 3\cos x + 4x^2 \Rightarrow a'(x) = 3(\cos x)' + 4(x^2)' = -3\,\text{sen}\,x + 8x$

b) $b(x) = x\ln x \Rightarrow b'(x) = x'\ln x + x(\ln x)' = 1\cdot\ln x + x\cdot\dfrac{1}{x} = \ln x + 1$

c) $c(x) = \dfrac{2x+1}{3x-2} \Rightarrow c'(x) = \dfrac{(2x+1)'(3x-2)-(2x+1)(3x-2)'}{(3x-2)^2} =$

$= \dfrac{2(3x-2)-(2x+1)\cdot 3}{(3x-2)^2} = \dfrac{6x-4-6x-3}{(3x-2)^2} = \dfrac{-7}{(3x-2)^2}$

d) $d(x) = \text{sen}(3x-4) \Rightarrow d'(x) = \cos(3x-4)\cdot(3x-4)' = \cos(3x-4)\cdot 3 = 3\cos(3x-4)$

e) $e(x) = \cos^2(4x) \Rightarrow e'(x) = 2\cos^{2-1}(4x)\cdot(-\text{sen}(4x))\cdot 4 = -8\cos(4x)\,\text{sen}(4x)$

f) $f(x) = \ln\sqrt{\dfrac{3x^2-1}{2x}} = \ln\left(\dfrac{3x^2-1}{2x}\right)^{\frac{1}{2}} = \dfrac{1}{2}\left(\ln(3x^2-1) - \ln(2x)\right) \Rightarrow$

$\Rightarrow f'(x) = \dfrac{1}{2}\left(\dfrac{1}{3x^2-1}\cdot 6x - \dfrac{1}{2x}\cdot 2\right) = \dfrac{3x}{3x^2-1} - \dfrac{1}{2x}$

g) $g(x) = \dfrac{2}{x^2+x-4} = 2(x^2+x-4)^{-1} \Rightarrow g'(x) = -2(x^2+x-4)^{-2}(2x+1) = \dfrac{-2(2x+1)}{(x^2+x-4)^2}$

h) $h(x) = \dfrac{4\sqrt{x}-5x^2+\ln^4 x}{3} = \dfrac{1}{3}\left(4\sqrt{x}-5x^2+\ln^4 x\right) \Rightarrow h'(x) = \dfrac{1}{3}\left(\dfrac{4}{2\sqrt{x}} - 10x + 4\ln^3 x\cdot\dfrac{1}{x}\right)$

$= \dfrac{1}{3}\left(\dfrac{2\sqrt{x}}{x} - 10x + \dfrac{4\ln^3 x}{x}\right) = \dfrac{2\sqrt{x}-10x^2+4\ln^3 x}{3x}$

Recuerda

$f(x) = \sqrt{x}$

$f'(x) = \dfrac{1}{2\sqrt{x}}$

Para algunas aplicaciones de las derivadas que verás en la próxima unidad, es necesario calcular **derivadas sucesivas** de una función, que consiste en derivar las funciones derivadas calculadas con anterioridad. Las derivadas sucesivas se denotan:

$$f''(x) = (f'(x))' \qquad f'''(x) = (f''(x))' \qquad \ldots \qquad f^{n)}(x) = (f^{n-1)}(x))'$$

Ejercicios resueltos

6. Calcula la cuarta derivada de $f(x) = x^7 - 2x^5 + 3x^2$

Solución:

$$f(x) = x^7 - 2x^5 + 3x^2 \Rightarrow f'(x) = 7x^6 - 10x^4 + 6x \Rightarrow f''(x) = 42x^5 - 40x^3 + 6 \Rightarrow$$

$$\Rightarrow f'''(x) = 210x^4 - 120x^2 \Rightarrow f^{IV}(x) = 840x^3 - 240x$$

Ejercicios

42. Calcula y simplifica las derivadas de las siguientes funciones:

a) $f(x) = 4x^3 - 2x^2 + 7x - 3$ *b)* $g(x) = 5\,\text{sen}(3x^2 - 2x + 7)$ *c)* $h(x) = \log(3x^3 - 2x^2)$

d) $i(x) = 2\sqrt{4x - 5}$ *e)* $j(x) = (3x - 1)\ln x$

43. Calcula y simplifica las siguientes derivadas:

a) $f(x) = \sqrt{e^{2x^3 - 4x^2}}$ *b)* $g(x) = 2\,\text{tg}^3(3x + 2)$ *c)* $h(x) = \ln\sqrt[3]{\left(\frac{2x - 1}{4 - 3x}\right)^2}$

d) $i(x) = \dfrac{5}{\left(2^{\frac{x}{\text{sen}\,x}}\right)^2}$ *e)* $j(x) = \left(\sqrt{\dfrac{x}{\ln x}}\right)^5$

44. Calcula y simplifica las siguientes derivadas:

a) $f(x) = e^{-x} \cdot \ln x^3 \cdot \cos x$ *b)* $h(x) = \sqrt{\text{sen}^2(x^4 - 1) + e + \cos^2(x^4 - 1)}$

c) $g(x) = \sqrt{\cos^3\left(\dfrac{2x}{3}\right)}$ *d)* $i(x) = \left(\dfrac{x^2 e^x}{x + 1}\right)^3$

45. Calcula $f'(1)$ de cada una de las funciones siguientes:

a) $f(x) = x\ln(\cos(x - 1))$ *b)* $f(x) = 3^{\sqrt{\frac{x^2+1}{2}}}$ *c)* $f(x) = (x^3 - 5x^2 + 4x - 1)^{30}$

46. Calcula la derivada tercera de las funciones que se indican:

a) $f(x) = 3x^2\,\text{sen}\,x$ *b)* $g(x) = 2xe^{-x}$

Síntesis

Funciones reales de variable real

$\text{Dom} f(x)$ = valores de las x para los que $f(x)$ produce un valor real.

$\text{Rec} f(x) = \text{Im} f(x)$ = valores que toma $f(x)$.

Operaciones

- **Suma y resta:** $(f \pm g)(x) = f(x) \pm g(x)$ con $\text{Dom}(f \pm g) = \text{Dom} f \cap \text{Dom} g$
- **Producto:** $(f \cdot g)(x) = f(x) \cdot g(x)$ con $\text{Dom}(f \cdot g) = \text{Dom} f \cap \text{Dom} g$
- **Cociente:** $\left(\dfrac{f}{g}\right)(x) = \left(f \cdot \dfrac{1}{g}\right)(x) = \dfrac{f(x)}{g(x)}$ con $\text{Dom}\left(\dfrac{f}{g}\right) = \text{Dom} f \cap \text{Dom} g - \{x \in \mathbb{R} : g(x) = 0\}$
- **Composición:** $(f \circ g)(x) = f(g(x))$ con $\text{Dom}(f \circ g) = \{x \in \text{Dom} g : g(x) \in \text{Dom} f\}$

  Función inversa $= f^{-1}$ tal que $(f \circ f^{-1})(x) = f(f^{-1}(x)) = Id(x) = x$

Límites

Concepto

$\lim\limits_{x \to a} f(x)$ = valor al que se acerca $f(x)$, a medida que x se aproxima a a.

$\lim\limits_{x \to a^-} f(x) \to$ x se aproxima a a por su izquierda

$\lim\limits_{x \to a^+} f(x) \to$ x se aproxima a a por su derecha

$\lim\limits_{x \to +\infty} f(x) \to$ x se hace cada vez mayor

$\lim\limits_{x \to -\infty} f(x) \to$ x se hace cada vez menor

$\dfrac{k}{0} = \pm\infty$. Para obtener el signo del infinito, debemos tomar límites laterales.

$\dfrac{0}{0}$: Factorizar y simplificar, o multiplicar y dividir por el conjugado.

$\dfrac{\infty}{\infty}$: $\lim\limits_{x \to \infty} \dfrac{ax^n + \ldots}{bx^m + \ldots} = \begin{cases} \pm\infty & \text{si } n > m \\ 0 & \text{si } n < m \\ \dfrac{a}{b} & \text{si } n = m \end{cases}$

$0 \cdot \infty$: Encontrar expresiones equivalentes del tipo $\dfrac{\infty}{\infty}$ o $\dfrac{0}{0}$

$\infty - \infty$: Operar la diferencia, o multiplicar y dividir por el conjugado.

Transformaciones	Vertical	Horizontal
Traslación	$y = f(x) \pm k$ (k unidades hacia arriba o abajo respectivamente)	$y = f(x \pm k)$ (k unidades hacia izquierda o derecha respectivamente)
Contracción	$y = \dfrac{f(x)}{k}$, $k > 1$ (contraída k veces)	$y = f(kx)$, $k > 1$ (contraída k veces)
Dilatación	$y = kf(x)$, $k > 1$ (dilatada k veces)	$y = f\left(\dfrac{x}{k}\right)$, $k > 1$ (dilatada k veces)
Simetría de eje	$y = f(-x)$	$y = -f(x)$

Funciones elementales

Funciones polinómicas

N.º de curvaturas diferentes ≤ grado –1

Interpolación lineal

$(x_0, y_0), (x_1, y_1) \rightarrow$

$$y - y_0 = \frac{y_1 - y_0}{x_1 - x_0}(x - x_0)$$

Interpolación cuadrática

$(x_0, y_0), (x_1, y_1), (x_2, y_2) \rightarrow$

Hallar a, b, c para que $y = ax^2 + bx + c$ pase por los tres puntos.

Funciones radicales

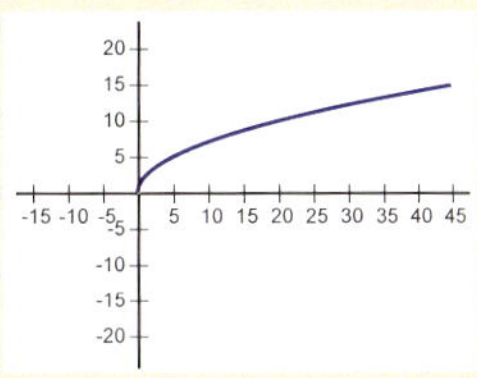

Funciones racionales

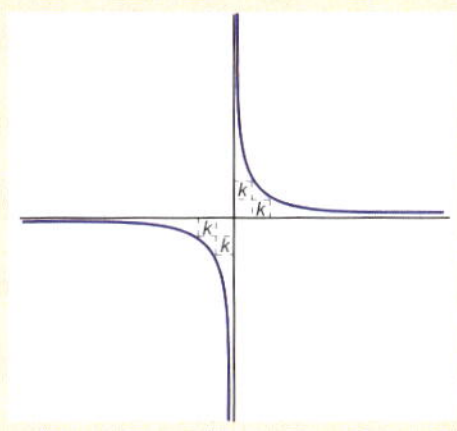

Funciones trigonométricas

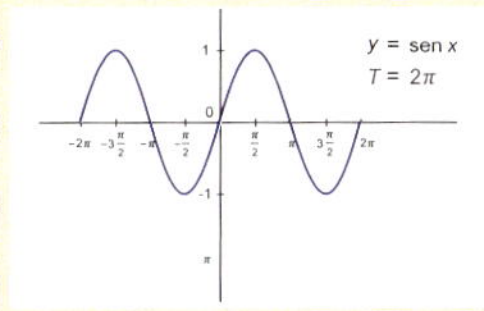

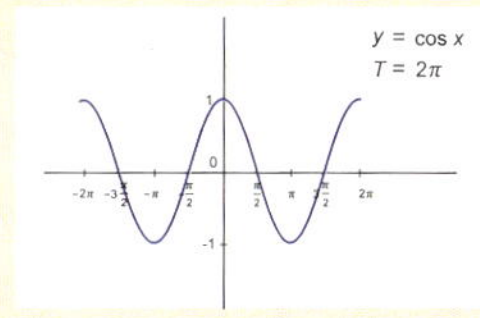

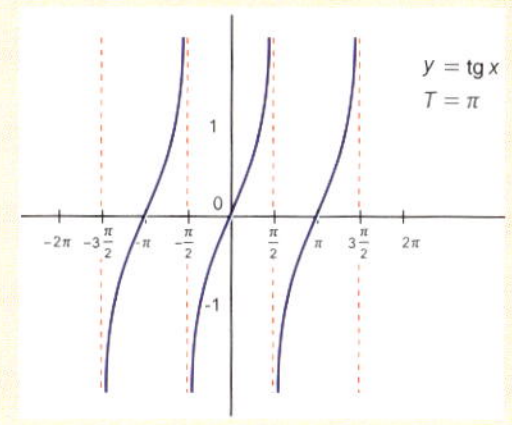

Funciones exponenciales

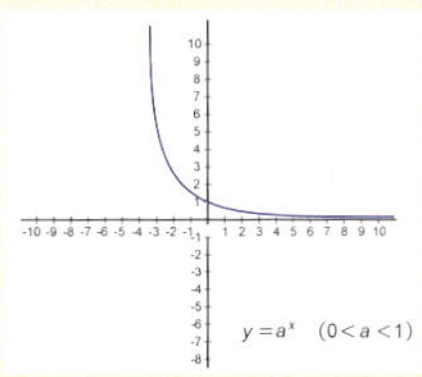

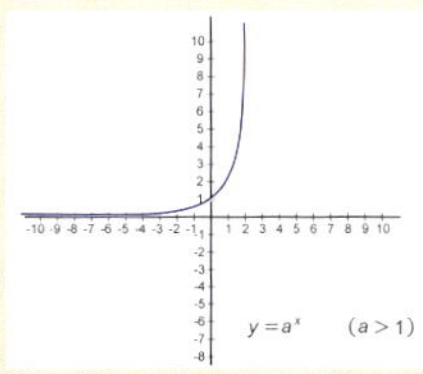

Funciones logarítmicas

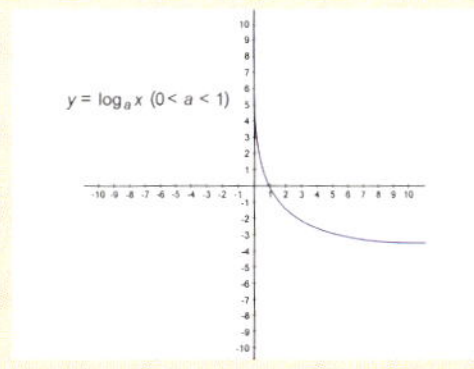

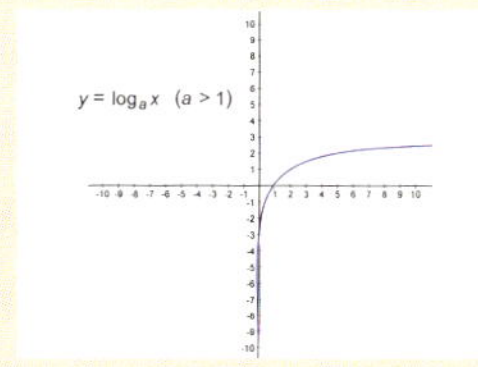

Funciones con valor absoluto

$y = |f(x)| \rightarrow$ Se realiza la simetría de eje X de las partes bajo el eje de abscisas de $y = f(x)$.

Derivadas

Conceptos

$$TVM_{[a,b]} f = \frac{f(b) - f(a)}{b - a} \qquad TVI_a f = \lim_{b \to a} \frac{f(b) - f(a)}{b - a}$$

$$f'(a) = \lim_{h \to 0} \frac{f(a+h) - f(a)}{h} \qquad f'(x) = \lim_{h \to 0} \frac{f(x+h) - f(x)}{h}$$

Derivadas de operaciones:

$$(f \pm g)'(x) = f'(x) \pm g'(x)$$

$$(f \cdot g)'(x) = f'(x) \cdot g(x) + f(x) \cdot g'(x)$$

$$\left(\frac{f}{g}\right)'(x) = \frac{f'(x) \cdot g(x) - f(x) \cdot g'(x)}{g(x)^2}$$

$$(f \circ g)'(x) = f'(g(x)) \cdot g'(x)$$

Tabla de derivadas de las funciones elementales

$f(x)$	$f'(x)$	$f(x)$	$f'(x)$	$f(x)$	$f'(x)$
x^k	kx^{k-1}	a^x	$a^x \ln a$	sen x	cos x
k	0	$\ln x$	$\frac{1}{x}$	cos x	–sen x
e^x	e^x	$\log_a x$	$\frac{1}{x \ln a}$	tg x	$1 + \text{tg}^2\, x = \frac{1}{\cos^2 x}$

Problemas tipo

Funciones reales de variable real

47. Calcula el dominio de:

a) $f(x)=\sqrt{\dfrac{x+1}{x(x+2)}}$

b) $g(x)=\dfrac{\ln(x^2-x)}{x^2-4}$

a) $\dfrac{x+1}{x(x+2)}\geq 0 \rightarrow \text{Dom}\, f=(-2,-1]\cup(0,+\infty)$

b) $\left.\begin{array}{l} x^2-x>0\rightarrow(-\infty,0)\cup(1,+\infty) \\ x^2-4\neq 0\rightarrow x\neq\pm 2\end{array}\right\}\Rightarrow \text{Dom}\, g=(-\infty,-2)\cup(-2,0)\cup(1,2)\cup(2,+\infty)$

48. Dadas las funciones

$f(x)=\dfrac{2x}{x+1}$ y

$g(x)=\dfrac{1}{x-1}$ halla:

a) $(f-g)(x)$

b) $(fg)(x)$

c) $\left(\dfrac{f}{g}\right)(x)$

d) $(f\circ g)(x)$

e) $f^{-1}(x)$

a) $(f-g)(x)=\dfrac{2x}{x+1}-\dfrac{1}{x-1}=\dfrac{2x^2-2x-x-1}{(x+1)(x-1)}=\dfrac{2x^2-3x-1}{x^2-1}$

b) $(fg)(x)=\dfrac{2x}{x+1}\cdot\dfrac{1}{x-1}=\dfrac{2x}{x^2-1}$

c) $\left(\dfrac{f}{g}\right)(x)=\dfrac{\dfrac{2x}{x+1}}{\dfrac{1}{x-1}}=\dfrac{2x(x-1)}{x+1}=\dfrac{2x^2-2x}{x+1}$

d) $(f\circ g)(x)=\dfrac{2\dfrac{1}{x-1}}{\dfrac{1}{x-1}+1}=\dfrac{\dfrac{2}{x-1}}{\dfrac{1+x-1}{x-1}}=\dfrac{2}{x}$

e) $x=\dfrac{2y}{y+1}\rightarrow xy+x=2y\rightarrow(x-2)y=-x\Rightarrow f^{-1}(x)=\dfrac{-x}{x-2}$

Límites

49. Resuelve los límites:

a) $\lim\limits_{x\to -1}\dfrac{2x^2-1}{1-x^2}$

b) $\lim\limits_{x\to 2}\dfrac{2x^3-3x^2-2x}{x^3-4x^2+x+6}$

c) $\lim\limits_{x\to 2}\dfrac{\sqrt{x+2}-2}{x-2}$

d) $\lim\limits_{x\to -\infty}\dfrac{6x^2-3x+2}{-2x^2+x-1}$

a) $\dfrac{1}{0}=\left\{\begin{array}{l}\lim\limits_{x\to -1^-}\dfrac{2x^2-1}{1-x^2}=\dfrac{1}{0^-}=-\infty \\ \lim\limits_{x\to -1^+}\dfrac{2x^2-1}{1-x^2}=\dfrac{1}{0^+}=+\infty\end{array}\right\}\Rightarrow \lim\limits_{x\to -1}\dfrac{2x^2-1}{1-x^2}=\infty$

b) $\dfrac{0}{0}=\lim\limits_{x\to 2}\dfrac{(x-2)(2x^2+x)}{(x-2)(x^2-2x-3)}=\lim\limits_{x\to 2}\dfrac{2x^2+x}{x^2-2x-3}=\dfrac{10}{-3}=-\dfrac{10}{3}$

c) $\dfrac{0}{0}=\lim\limits_{x\to 2}\dfrac{(\sqrt{x+2}-2)(\sqrt{x+2}+2)}{(x-2)(\sqrt{x+2}+2)}=\lim\limits_{x\to 2}\dfrac{\cancel{x+2-4}}{\cancel{(x-2)}(\sqrt{x+2}+2)}=\lim\limits_{x\to 2}\dfrac{1}{\sqrt{x+2}+2}=\dfrac{1}{4}$

d) $\dfrac{\infty}{\infty}=\lim\limits_{x\to -\infty}\dfrac{\dfrac{6x^2}{x^2}-\dfrac{3x}{x^2}+\dfrac{2}{x^2}}{\dfrac{-2x^2}{x^2}+\dfrac{x}{x^2}-\dfrac{1}{x^2}}=\lim\limits_{x\to -\infty}\dfrac{6-\dfrac{3}{x}+\dfrac{2}{x^2}}{-2+\dfrac{1}{x}-\dfrac{1}{x^2}}=\dfrac{6}{-2}=-3$

Límites *(Cont.)*

50. Resuelve los límites:

a) $\lim\limits_{x\to+\infty}\left(x^2+x-2\right)e^{-x}$

b) $\lim\limits_{x\to+\infty}\left(\dfrac{x^2-2x}{x+1}-\dfrac{x^2+x}{x-1}\right)$

c) $\lim\limits_{x\to+\infty}\left(\sqrt{x^2+x}-x\right)$

a) $\infty\cdot 0=\lim\limits_{x\to+\infty}\dfrac{x^2+x-2}{e^x}=\dfrac{\infty}{\infty}=0$ (pues e^x tiene mayor orden)

b) $\infty-\infty=\lim\limits_{x\to+\infty}\dfrac{\left(x^2-2x\right)\left(x-1\right)-\left(x^2+x\right)\left(x+1\right)}{\left(x+1\right)\left(x-1\right)}=$

$=\lim\limits_{x\to+\infty}\dfrac{x^3-x^2-2x^2+2x-x^3-x^2-x^2-x}{x^2-1}=\lim\limits_{x\to+\infty}\dfrac{-5x^2+x}{x^2-1}=-5$

c) $\infty-\infty=\lim\limits_{x\to+\infty}\dfrac{\left(\sqrt{x^2+x}-x\right)\left(\sqrt{x^2+x}+x\right)}{\sqrt{x^2+x}+x}=$

$=\lim\limits_{x\to+\infty}\dfrac{x^2+x-x^2}{\sqrt{x^2+x}+x}=\lim\limits_{x\to+\infty}\dfrac{x}{\sqrt{x^2+x}+x}=\dfrac{1}{1+1}=\dfrac{1}{2}$

Funciones elementales

51. Dada la gráfica de $y=f\left(x\right)$, traza la gráfica de:

a) $y=f\left(2x\right)+1$

b) $y=1-2f\left(x\right)$

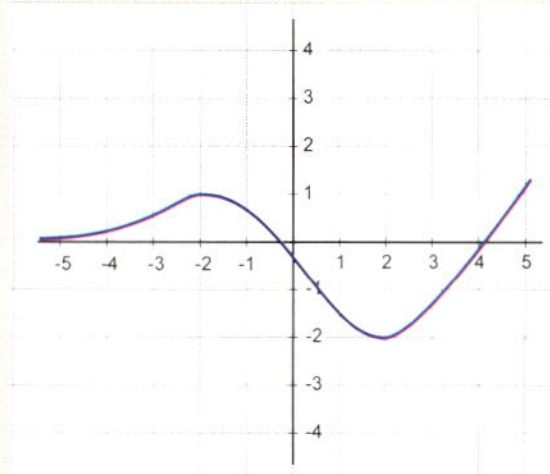

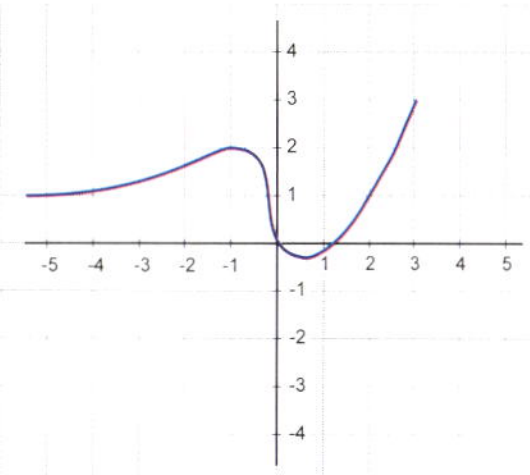

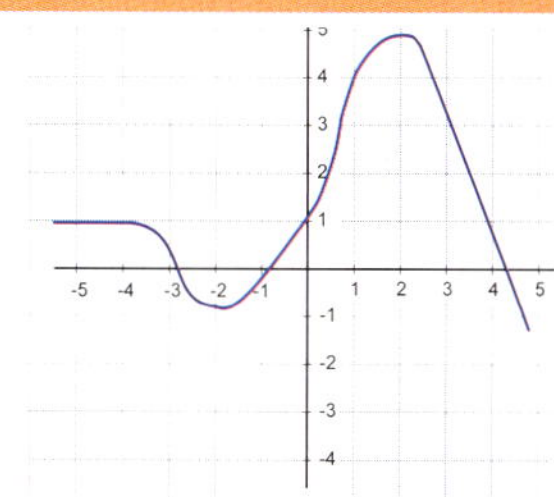

52. Halla, por interpolación lineal, el valor que toma una función en $x=2$ sabiendo que pasa por los puntos $\left(1,-3\right),\left(5,-1\right)$.

$y+3=\dfrac{-1+3}{5-1}\left(x-1\right)\to y+3=\dfrac{1}{2}\left(x-1\right)\to y=\dfrac{x}{2}-\dfrac{7}{2}$

$\Rightarrow x=2\to y=\dfrac{2}{2}-\dfrac{7}{2}=-\dfrac{5}{2}$

53. Halla, por interpolación cuadrática, el valor que toma una función en $x=1$ sabiendo que pasa por los puntos $\left(-1,6\right),\left(0,1\right),\left(2,3\right)$.

$y=ax^2+bx+c\to\begin{cases}6=a\left(-1\right)^2+b\left(-1\right)+c\\1=a\cdot0^2+b\cdot0+c\\3=a\cdot2^2+b\cdot2+c\end{cases}\to\begin{cases}a-b+c=6\\c=1\\4a+2b+c=3\end{cases}\to$

$\to a=2,b=-3,c=1\to y=2x^2-3x+1\Rightarrow x=1\to y=2\cdot1^2-3\cdot1+1=0$

54. Representa las siguientes funciones polinómicas:

a) $y=-3x+1$

b) $y=2x^2-x-1$

c) $y=-x^3+3x^2+x-3$

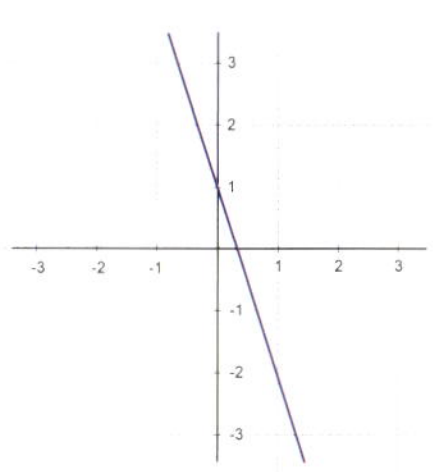

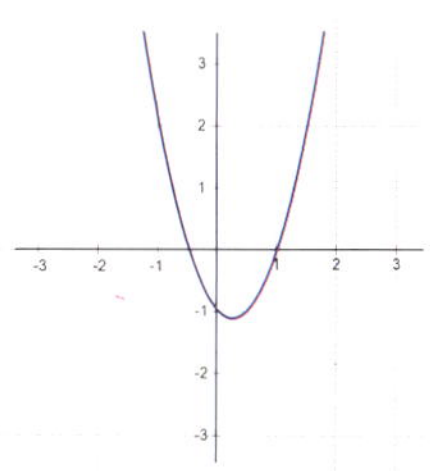

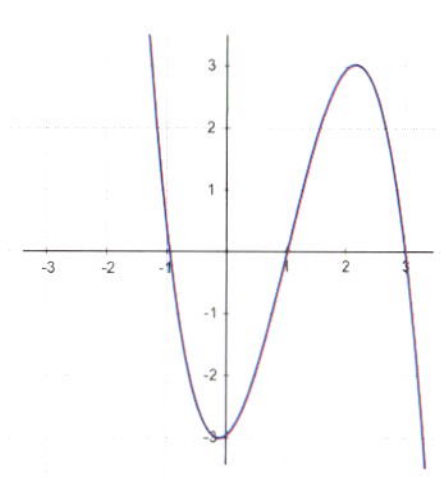

55. Representa la gráfica de

$y=2-\sqrt{\dfrac{-x}{2}}$

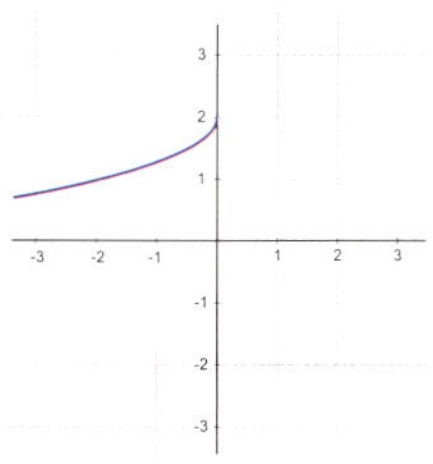

56. Representa, a partir de la gráfica de

$y = \dfrac{1}{x}$,

la función $y = \dfrac{x+1}{x-2}$

$$y = \frac{x+1}{x-2} = 1 + \frac{3}{x-2} \rightarrow$$

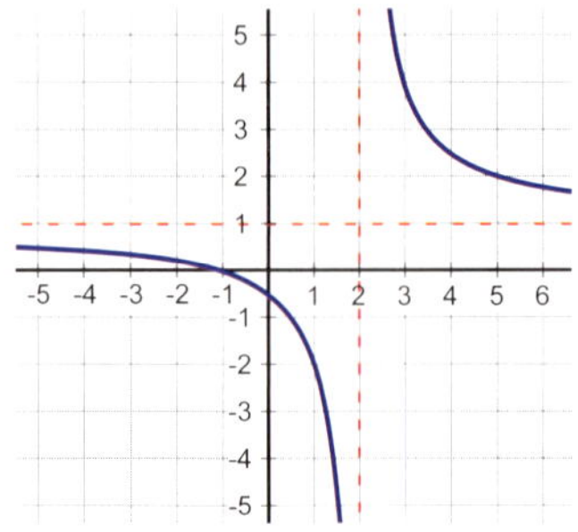

57. Representa las funciones trigonométricas:

a) $y = -2\,\text{sen}\left(x + \dfrac{\pi}{2}\right)$

b) $y = 1 - \text{tg}\,\dfrac{x}{2}$

a)

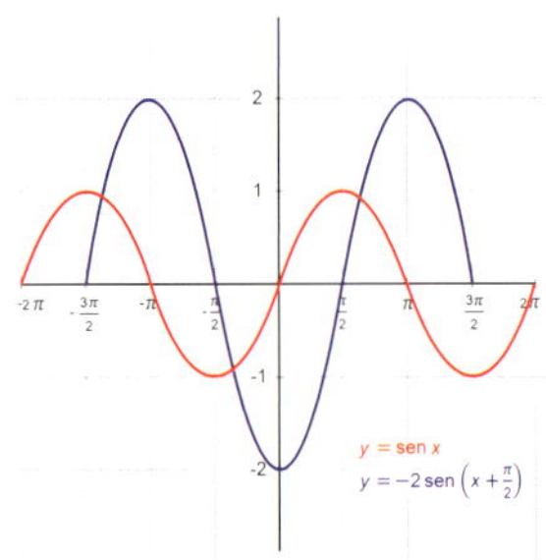

b)

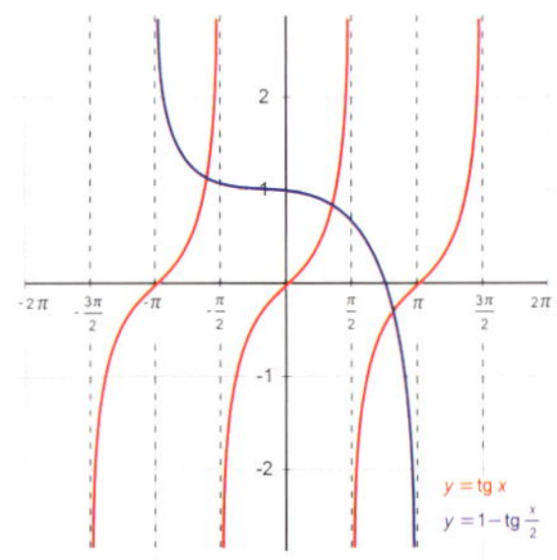

58. Representa la gráfica de la función

$$y = 1 + \left(\frac{1}{2}\right)^{-(x+1)}$$

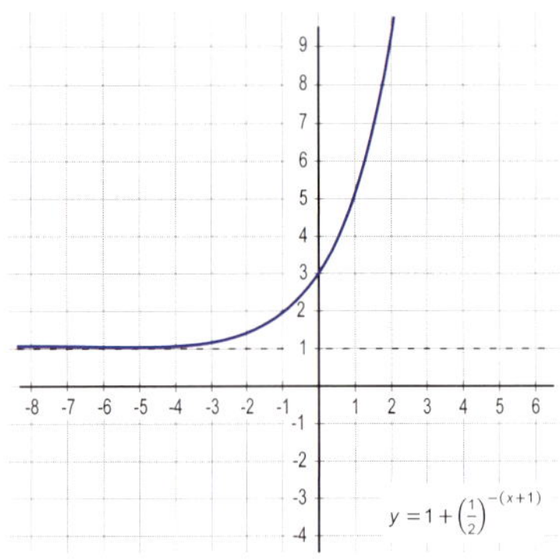

59. Representa la función logarítmica

$$y = 2 - \log_{\frac{1}{2}}(x+1)$$

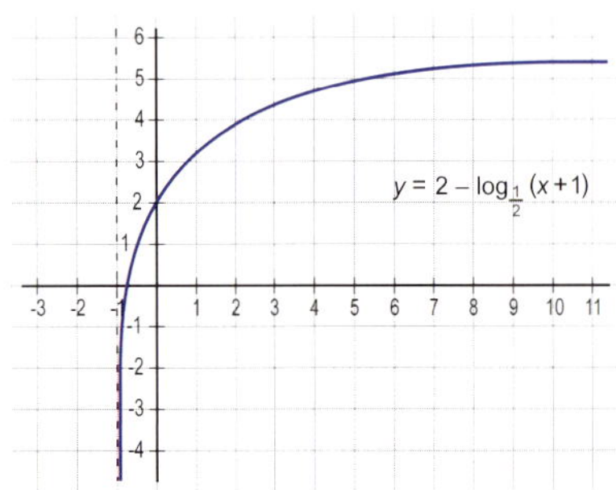

60. Representa la siguiente función por partes:

$$f(x) = \begin{cases} -x+1 & \text{si } x < -1 \\ 1 - x^2 & \text{si } -1 \le x < 1 \\ \ln x & \text{si } x \ge 1 \end{cases}$$

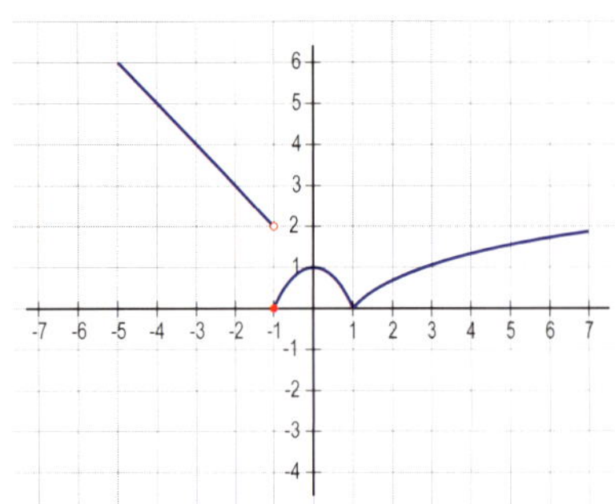

Funciones elementales

(Cont.)

61. Escribe como funciones por partes:

a) $y = \left| x^2 - 2x - 3 \right|$

b) $y = \left| x+1 \right| - \left| x-1 \right|$

a) $y = \begin{cases} x^2 - 2x - 3 & \text{si } x \le -1 \text{ o } x \ge 3 \\ -x^2 + 2x + 3 & \text{si } -1 < x < 3 \end{cases}$

b) $y = \begin{cases} -x-1-(-x+1) & \text{si } x < -1 \\ x+1-(-x+1) & \text{si } -1 \le x < 1 \\ x+1-(x-1) & \text{si } x \ge 1 \end{cases} = \begin{cases} -2 & \text{si } x < -1 \\ 2x & \text{si } -1 \le x < 1 \\ 2 & \text{si } x \ge 1 \end{cases}$

Derivadas

62. Halla, mediante la definición.

a) La derivada de $f(x) = -x^2 + 2x - 3$ en $x = -1$.

b) La función derivada de $\dfrac{1}{x-1}$.

a) $f'(-1) = \lim\limits_{h \to 0} \dfrac{f(-1+h) - f(-1)}{h} = \lim\limits_{h \to 0} \dfrac{-(-1+h)^2 + 2(-1+h) - 3 - (-6)}{h} =$

$= \lim\limits_{h \to 0} \dfrac{-1 + 2h - h^2 - 2 + 2h - 3 + 6}{h} = \lim\limits_{h \to 0} \dfrac{-h^2 + 4h}{h} = \lim\limits_{h \to 0} \dfrac{\not{h}(-h+4)}{\not{h}} = 4$

b) $f'(x) = \lim\limits_{h \to 0} \dfrac{f(x+h) - f(x)}{h} = \lim\limits_{h \to 0} \dfrac{\dfrac{1}{x+h-1} - \dfrac{1}{x-1}}{h} = \lim\limits_{h \to 0} \dfrac{\dfrac{x-1-x-h+1}{(x+h-1)(x-1)}}{h} =$

$= \lim\limits_{h \to 0} \dfrac{-h}{h(x+h-1)(x-1)} = \lim\limits_{h \to 0} \dfrac{-1}{(x+h-1)(x-1)} = \dfrac{-1}{(x-1)^2}$

63. Calcula la derivada de las siguientes funciones:

a) $f(x) = \sqrt{\dfrac{2x+1}{2x-1}}$

b) $f(x) = \dfrac{\operatorname{sen} x + \cos x}{\operatorname{sen} x \cos x}$

c) $f(x) = \ln\left(\dfrac{e^{x^2}}{\sqrt{x}} \right)$

a) $f'(x) = \dfrac{1}{2\sqrt{\dfrac{2x+1}{2x-1}}} \cdot \dfrac{2(2x-1) - (2x+1) \cdot 2}{(2x-1)^2} = \dfrac{4x - 2 - 4x - 2}{2(2x-1)^2 \sqrt{\dfrac{2x+1}{2x-1}}} = \dfrac{-2}{\sqrt{(2x-1)^3 (2x+1)}}$

b) $f'(x) = \dfrac{(\cos x - \operatorname{sen} x)\operatorname{sen} x \cos x - (\operatorname{sen} x + \cos x)(\cos^2 x - \operatorname{sen}^2 x)}{\operatorname{sen}^2 x \cos^2 x} =$

$= \dfrac{\operatorname{sen} x \cos^2 x - \operatorname{sen}^2 x \cos x - \operatorname{sen} x \cos^2 x + \operatorname{sen}^3 x - \cos^3 x + \operatorname{sen}^2 x \cos x}{\operatorname{sen}^2 x \cos^2 x} =$

$= \dfrac{\operatorname{sen}^3 x - \cos^3 x}{\operatorname{sen}^2 x \cos^2 x}$

c) $f'(x) = \dfrac{1}{\dfrac{e^{x^2}}{\sqrt{x}}} \cdot \dfrac{e^{x^2} \cdot 2x\sqrt{x} - e^{x^2} \dfrac{1}{2\sqrt{x}}}{\left(\sqrt{x}\right)^2} = \dfrac{\sqrt{x}}{e^{x^2}} \cdot \dfrac{e^{x^2} \dfrac{4x^2 - 1}{2\sqrt{x}}}{x} = \dfrac{4x^2 - 1}{2}$

Ejercicios y problemas

Funciones reales de variable real

64. Un productor de pienso para ganado tiene la siguiente oferta para sus clientes: un precio por kilogramo de 0,16 € por una compra de menos de 5 000 kg; si se compra más de esa cantidad el precio es de 0,14 €/kg.

a) Dibuja una gráfica que represente el dinero que habrá que pagar en función de los kilogramos comprados.

b) ¿A partir de cuántos kilogramos sale más rentable comprar los 5 000 kg?

65. Un corredor de fondo comienza corriendo a 15 km/h, y su velocidad desciende progresivamente a razón de 1,5 km/h por cada minuto que pasa. Al llegar a 9 km/h, se detiene.

Dibuja la gráfica que representa la velocidad en función del tiempo.

66. Se ha realizado un estudio sobre la cantidad de horas de estudio necesarias para obtener calificaciones óptimas en cierta materia. Según sus fuentes, por cada dos horas de estudio la calificación final se incrementa un punto hasta que se llegan a 12 horas de estudio, a partir de las cuales, son necesarias tres horas de estudio para incrementar en un punto la calificación. Teniendo en cuenta que consideramos como calificación inicial un 0 (sin haber estudiado nada) y como calificación máxima un 10, responde a las siguientes cuestiones:

a) Decide cuál es la variable independiente cuál la dependiente.

b) Completa una tabla de valores que te parezcan adecuados al contexto.

c) Realiza una gráfica de la función.

d) Encuentra la expresión (o expresiones algebraicas) que representen este enunciado.

67. En un sistema de impuestos por tramos, el contribuyente debe pagar por sus ingresos un 15 % hasta los 15 000 €, un 20 % entre el tramo de 15 000 y 25 000 €, un 25 % entre el de 25 000 y 40 000 €, y un 30 % a partir de 40 000 €.

Por ejemplo, para unos ingresos de 38 000 €, esta cantidad se dividiría en tres partes: 15 000 + 10 000 + 13 000, por lo que debería pagar
15 % · 15 000 + 20 % · 10 000 + 25 % · 13 000 = 7 500 €

Escribe la ecuación de la función que refleja cuánto debe pagar un contribuyente en función de la cantidad *x* que ingresa.

68. Halla el dominio y recorrido de las siguientes funciones, dadas sus gráficas:

a)

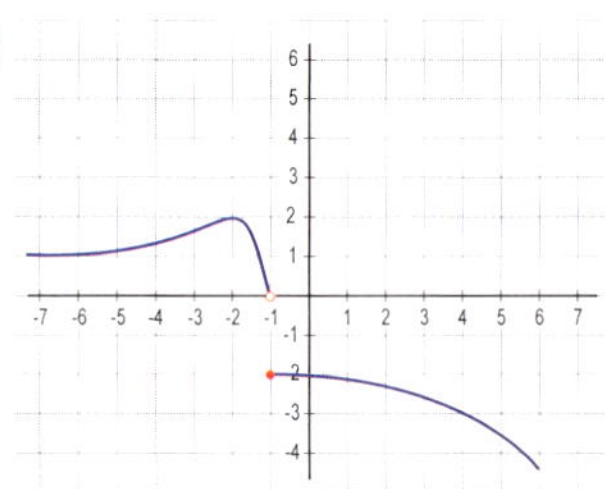

b)

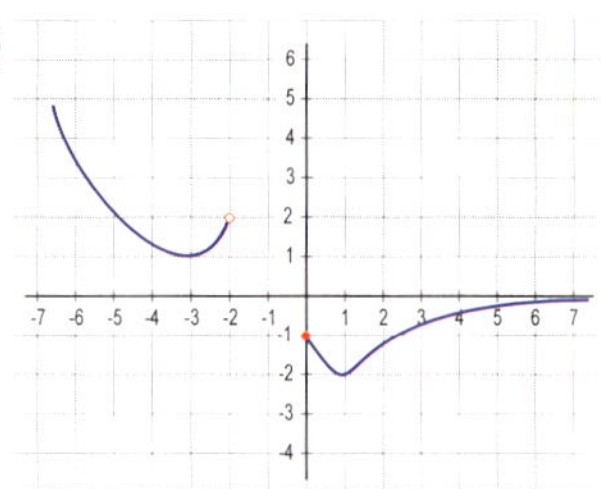

c)

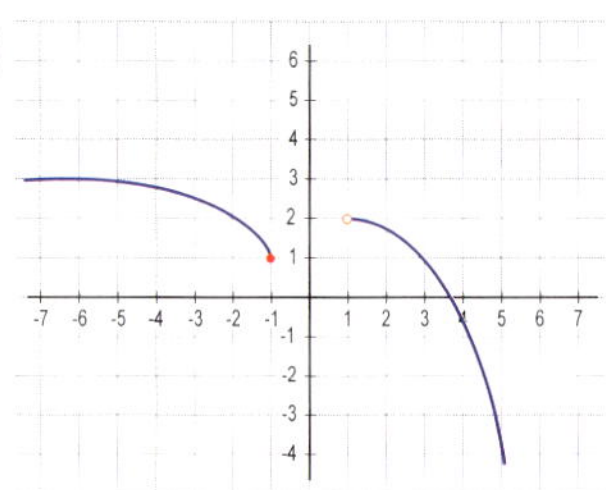

d)

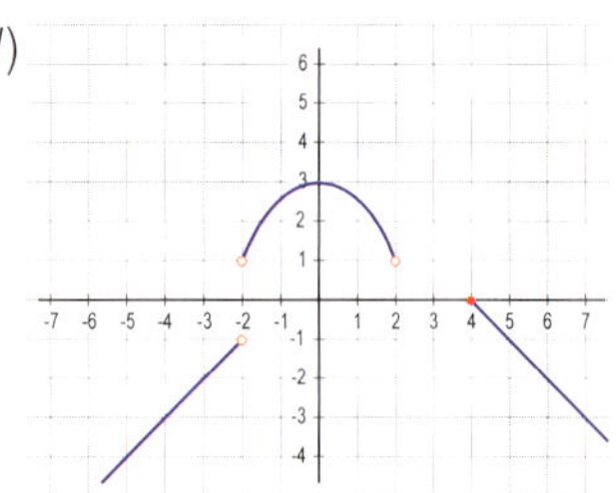

69. Halla el dominio de las siguientes funciones:

a) $f(x) = \dfrac{x+2}{x^2-2x-3}$

b) $f(x) = \dfrac{x^2-4x+1}{x^3-3x^2+2x}$

c) $f(x) = \dfrac{x^3-3x^2+x-1}{x^3+4x^2+4x}$

d) $f(x) = \dfrac{x^2-6x-5}{2x^2-3x+2}$

70. Halla el dominio de las siguientes funciones:

a) $f(x)=\sqrt{x^2+3x-4}$ b) $f(x)=\sqrt{\dfrac{x-1}{x^2-2x-3}}$

c) $f(x)=\ln\left(\dfrac{x^2-x}{x+3}\right)$ d) $f(x)=\log_2\left(\dfrac{x^2+2x}{x^2-1}\right)$

71. Halla el dominio de las siguientes funciones:

a) $f(x)=\dfrac{\sqrt{x^2-x}}{x+3}$ b) $f(x)=\dfrac{x^3-x^2+3x+1}{\sqrt[4]{-x^3-x^2+4x+4}}$

c) $f(x)=\dfrac{\ln(x^2+5x)}{\ln(x-1)}$ d) $f(x)=\dfrac{\log(-x^3-x^2+x+1)}{\sqrt[3]{(x-1)\log x}}$

72. Dadas las funciones $f(x)=\dfrac{\sqrt{x}}{x-1}$, $g(x)=\dfrac{x+2}{\sqrt{x}}$, halla:

a) $(f+g)(x)$ b) $(f-g)(x)$ c) $(fg)(x)$ d) $\left(\dfrac{f}{g}\right)(x)$

73. Dadas las funciones $f(x)=\dfrac{x}{x+3}$, $g(x)=x^2-x$, $h(x)=1-\dfrac{1}{x}$, halla:

a) $(f\circ g)(x)$ b) $(g\circ f)(x)$ c) $(f\circ h)(x)$

d) $(h\circ f)(x)$ e) $(g\circ h)(x)$ f) $(h\circ g)(x)$

74. Halla la función inversa de $f(x)=\dfrac{2x-3}{5-2x}$ y realiza la comprobación, hallando $f\circ f^{-1}$ y $f^{-1}\circ f$.

75. Halla el valor de *a* para que la función $f(x)=\dfrac{x+a}{x-a}$ sea inversa de sí misma.

Límites

76. Dada la gráfica de la ilustración, halla los siguientes límites:

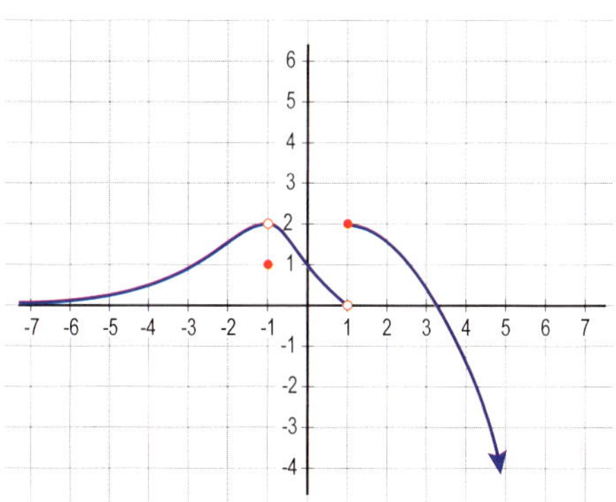

a) $\lim\limits_{x\to-\infty} f(x)$ b) $\lim\limits_{x\to+\infty} f(x)$ c) $\lim\limits_{x\to 0} f(x)$

d) $\lim\limits_{x\to-1} f(x)$ e) $\lim\limits_{x\to 1^-} f(x)$ f) $\lim\limits_{x\to 1^+} f(x)$

g) $\lim\limits_{x\to 1} f(x)$

77. Dibuja una gráfica que verifique: $\lim\limits_{x\to-\infty} f(x)=1$, $\lim\limits_{x\to+\infty} f(x)=-1$, $\lim\limits_{x\to 1^-} f(x)=-\infty$, $\lim\limits_{x\to 1^+} f(x)=0$.

78. Dada la función por partes $f(x)=\begin{cases}\dfrac{x+1}{x-1} & \text{si } x<0\\ x^2-1 & \text{si } 0\le x<1\\ \dfrac{1}{x} & \text{si } x\ge 1\end{cases}$ halla los siguientes límites:

a) $\lim\limits_{x\to-\infty} f(x)$ b) $\lim\limits_{x\to-1} f(x)$ c) $\lim\limits_{x\to 0} f(x)$

d) $\lim\limits_{x\to 1} f(x)$ e) $\lim\limits_{x\to+\infty} f(x)$

79. Halla el valor de los siguientes límites:

a) $\lim\limits_{x\to+\infty}\left(\sqrt{x^2+1}+x\right)$ b) $\lim\limits_{x\to 0^+}\dfrac{\ln x}{x^2}$

c) $\lim\limits_{x\to-\infty}\sqrt[\frac{1}{x}]{x^2+x}$ d) $\lim\limits_{x\to-1^+}\left(\dfrac{2x+1}{x-1}\right)^{\frac{1}{x+1}}$

80. Calcula los siguientes límites:

a) $\lim\limits_{x\to 3}\dfrac{x^2+x-5}{x^2-x-6}$ b) $\lim\limits_{x\to-2}\dfrac{-x^2+2x}{x^2+4x+4}$

c) $\lim\limits_{x\to-1}\dfrac{3x^2-x+6}{-2x^2+x+3}$ d) $\lim\limits_{x\to 1}\dfrac{x^3-3x-2}{x^3-3x+2}$

81. Halla el resultado de los siguientes límites:

a) $\lim\limits_{x\to 2}\dfrac{2x^2-7x+6}{-x^2+5x-6}$ b) $\lim\limits_{x\to-1}\dfrac{2x^3+2x^2+x+1}{x^3+2x^2-2x-3}$

c) $\lim\limits_{x\to 1}\dfrac{x^3-5x^2+7x-3}{x^3-x^2-x+1}$ d) $\lim\limits_{x\to-3}\dfrac{x^3+3x^2+9x+27}{x^3+3x^2-9x-27}$

82. Calcula los siguientes límites:

a) $\lim\limits_{x\to-2}\dfrac{\sqrt{x+6}+x}{x^2-4}$ b) $\lim\limits_{x\to 3}\dfrac{\sqrt{2x+3}-x}{\sqrt{2x-2}-\sqrt{x+1}}$

83. Discute el valor del siguiente límite en función de los valores del parámetro k:

a) $\lim_{x\to k}\frac{x^2-3x+2}{x^2-x}$ b) $\lim_{x\to 1}\frac{x^2+2kx+1}{(k-1)x^2+k^2x+1}$

84. Divide entre la mayor potencia de x que aparezca en cada caso para resolver las siguientes indeterminaciones:

a) $\lim_{x\to -\infty}\frac{3x^2-2x+1}{-x^3+2x^2+x-3}$ b) $\lim_{x\to -\infty}\frac{4x^3-x^2+2x+5}{-2x^2+7x-3}$

c) $\lim_{x\to +\infty}\frac{x^2-3x+2}{2x^2-x+5}$ d) $\lim_{x\to +\infty}\frac{-x^4-5x^2+3}{2x^3+x}$

85. Calcula los siguientes límites observando el grado de numerador y denominador:

a) $\lim_{x\to +\infty}\frac{3x^3+2x^2-x+2}{-2x^2+4x-3}$ b) $\lim_{x\to -\infty}\frac{4x^3-5x+1}{x^4+x^2-3}$

c) $\lim_{x\to -\infty}\frac{-4x^3+2x^2+1}{2x^3+x^2+x-4}$ d) $\lim_{x\to -\infty}\frac{-x^5+x^3+2x-5}{2x^3+3x^2+1}$

86. Calcula los siguientes límites observando el orden de numerador y denominador:

a) $\lim_{x\to +\infty}\frac{\sqrt{x^2+2x-1}+x}{3x^2-2x+1}$ b) $\lim_{x\to +\infty}\frac{x^2+\sqrt{x^3-2x^2+1}}{\sqrt{x^2-3x+2}}$

c) $\lim_{x\to +\infty}\frac{3x+\sqrt{x^2+1}}{2x+\sqrt{x^2-1}}$ d) $\lim_{x\to +\infty}\frac{x^2+\sqrt{4x^4+1}}{\sqrt{9x^4-5x^2}+2x}$

87. Halla el resultado de cada uno de los siguientes límites:

a) $\lim_{x\to +\infty}\frac{\ln x+x^2}{x^2+1}$ b) $\lim_{x\to +\infty}\frac{2^x+x}{3^x+x^2}$

c) $\lim_{x\to +\infty}\frac{e^{\frac{x}{2}}}{\left(x^2+x+1\right)^5}$ d) $\lim_{x\to +\infty}\frac{x\log_2\left(x^2+1\right)}{x^2-1}$

88. Resuelve las siguientes indeterminaciones:

a) $\lim_{x\to +\infty}\left(\frac{1}{2}\right)^x\cdot e^x$ b) $\lim_{x\to -\infty}\left(x^2+3x-5\right)5^x$

c) $\lim_{x\to 1}(x-1)\sqrt{\frac{x}{x^2-1}}$ d) $\lim_{x\to +\infty}2^{-x}\sqrt{x}$

89. Halla el resultado de los límites siguientes:

a) $\lim_{x\to +\infty}\left(\frac{x^2-1}{x}-\frac{x^2}{x-1}\right)$ b) $\lim_{x\to -\infty}\left(\frac{x^3+1}{x-1}-\frac{x^3-1}{x-2}\right)$

c) $\lim_{x\to +\infty}\left(\frac{x^3+1}{x^2+x}-\frac{x^3}{x^2-1}\right)$ d) $\lim_{x\to -\infty}\left(\frac{x^2}{1-x}+\frac{x^2+2}{x}\right)$

90. Calcula los límites siguientes:

a) $\lim_{x\to +\infty}\left(\sqrt{x^2+x-1}-\sqrt{x^2-x+1}\right)$

b) $\lim_{x\to +\infty}\left(\sqrt{x^2+3x+1}-x\right)$

c) $\lim_{x\to -\infty}\frac{1}{\sqrt{x^2+x-3}-\sqrt{x^2-2x}}$

d) $\lim_{x\to +\infty}\left(\sqrt{4x^2+1}-2x+1\right)$

91. Indica para qué valor del parámetro a se verifican las siguientes igualdades:

a) $\lim_{x\to +\infty}\left(\sqrt{x^2+ax}-\sqrt{x^2+ax}\right)=3$

b) $\lim_{x\to +\infty}\left(\sqrt{ax^2+1}-\sqrt{x^2-a}\right)=0$

¿Hay algún valor de a para el que no se presente una indeterminación?

Funciones elementales

92. Dada la gráfica de la función $y=f(x)$, dibuja la gráfica de:

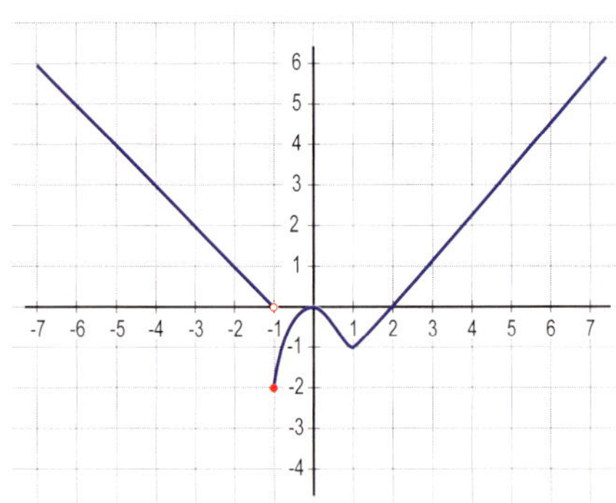

a) $y=f(x)+1$ b) $y=f(x)-2$

c) $y=f(x+2)$ d) $y=f(x-3)$

93. Dada la gráfica de la función $y = f(x)$, dibuja la gráfica de:

a) $y = 3f(x)$

b) $y = \dfrac{f(x)}{2}$

c) $y = f(2x)$

d) $y = f\left(\dfrac{x}{3}\right)$

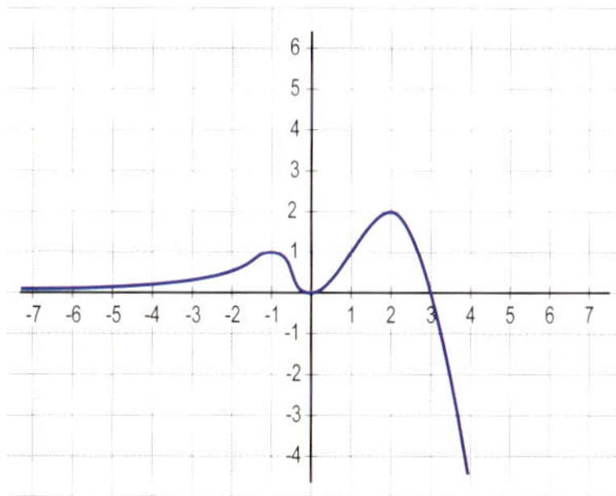

94. Dada la gráfica de la función $y = f(x)$, dibuja la gráfica de:

a) $y = -f(x)$

b) $y = f(-x)$

c) $y = -f(-x)$

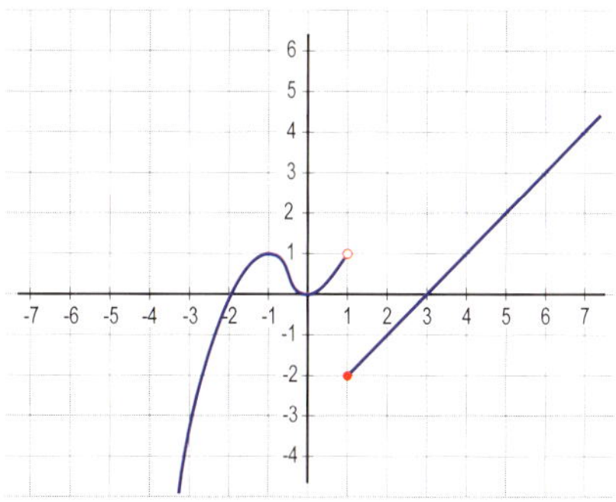

95. Dada la gráfica de la función $y = f(x)$, dibuja la gráfica de:

a) $y = 1 - f\left(\dfrac{x}{2}\right)$

b) $y = 2f(x+2) - 1$

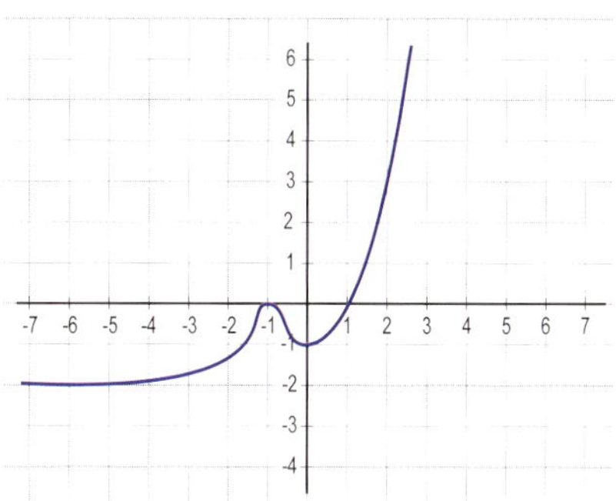

96. Halla la ecuación de las siguientes funciones lineales:

a) Pasa por $P(-3, 5)$ y tiene pendiente $m = -2$.

b) Pasa por $P(-2, -3)$ y su ordenada en el origen es $n = -1$.

c) Pasa por los puntos $P(-3, 0)$ y $Q(2, -4)$.

97. El distribuidor de cierto producto observa que si el precio de venta es de 5 € por unidad, se venden al mes 1 000 unidades, incrementándose en 100 unidades por cada euro que baje el precio. Además, observa que si el precio de venta es de 5 € por unidad, el fabricante saca al mercado 1 500, reduciéndose este volumen en 200 unidades por cada euro que baje el precio.

Indica cuál es la función de oferta y la función de demanda en función del precio unitario del producto, x.

Halla el precio de equilibrio (la oferta se iguala a la demanda).

98. En un edificio de oficinas han observado que el consumo eléctrico depende esencialmente de la temperatura a la que pongan el aire acondicionado.

Temperatura (°C)	21	24
Factura eléctrica (€)	1750	1327

A partir de los datos anteriores, ¿cuánto se espera que sea el gasto en electricidad si ponen la temperatura del aire acondicionado a 23°C? ¿Y si lo ponen a 25°C?

99. El PIB de determinada ciudad está experimentando una subida en los últimos años:

Año	2017	2018	2019	2020
PIB (millones de €)	3,51	3,82	4,11	4,4

Suponiendo que esa tendencia continuará, ¿cuál será el PIB correspondiente a 2021?

100. Una autoescuela tiene en marzo 46 alumnos, y al presentarlos al examen teórico, 35 lo han aprobado. En junio, la autoescuela tenía 58 alumnos, de los que aprobaron el teórico, 45.

En mayo tenían 49 alumnos. ¿Cuántos crees que aprobaron el examen teórico?

¿Cuántos crees que aprobarán en agosto, con 72 alumnos?

101. Traza la gráfica de las siguientes funciones cuadráticas, indicando sus características principales:

a) $y = x^2 + 4x - 5$

b) $y = 2x^2 - x - 3$

c) $y = -x^2 - 5x - 6$

d) $y = 4x^2 + 4x - 3$

102. Dibuja la gráfica de las siguientes funciones cuadráticas a partir de transformaciones de la función $y = x^2$:

a) $y = \dfrac{(x-1)^2}{2}$

b) $y = 2 - x^2$

c) $y = \left(\dfrac{x}{2}\right)^2 - 1$

d) $y = 2(x+1)^2 + 1$

103. Halla la función de interpolación cuadrática en cada caso:

a) $(-2,24),(-1,10),(1,0)$

b) $(-1,-5),(0,1),(3,-5)$

c) $(-2,16),(1,-8),(3,-14)$

d) $(1,1),(2,-1),(3,-11)$

104. Una empresa toma los siguientes datos:

Inversión en materiales (miles de €)	1	3	4
Beneficios (miles de €)	0,5	2,5	2

¿Qué beneficio se espera obtener si se invirtieran en materiales 2000 €? ¿Y si se invirtieran 5000 €?

105. La población rural de cierta provincia está decreciendo en las últimas décadas:

Inicio de la década	2000	2010	2020
Población rural (miles de habitantes)	189	181,5	161,5

Utiliza la interpolación cuadrática para averiguar en qué año se espera que desaparezca la población rural de esta zona, suponiendo que el decrecimiento sigue con la misma tendencia.

106. Dibuja la gráfica de las funciones polinómicas:

a) $y = x^3 + x^2 - 2x$

b) $y = -x^3 - x^2 + 4x + 4$

c) $y = x^4 - 5x^3 + 7x^2 - 3x$

d) $y = -x^5 + 3x^4 - x^3 - 3x^2 + 2x$

107. Representa, a partir de transformaciones de $y = \sqrt{x}$, las siguientes funciones:

a) $y = 2 - \sqrt{x+1}$ b) $y = 2\sqrt{-x}$

c) $y = -\sqrt{\frac{x}{4}} - 2$ d) $y = 1 + \sqrt{-2x}$

108. Representa, a partir de transformaciones de $y = \frac{1}{x}$, las siguientes funciones:

a) $y = \frac{1}{x-1} + 3$ b) $y = 3 - \frac{1}{x}$

c) $y = \frac{2}{x} - 2$ d) $y = \frac{1}{\frac{x}{2} + 1}$

109. Representa, a partir de transformaciones de $y = \frac{1}{x}$, las siguientes funciones. Divide primero el numerador y el denonador para poder detectar las transformaciones

a) $y = \frac{x+1}{x-1}$ b) $y = \frac{1-x}{x+2}$

c) $y = \frac{2x-1}{x-1}$ d) $y = \frac{3+2x}{x+1}$

110. Representa, a partir de transformaciones de $y = \operatorname{sen} x$, las siguientes funciones e indica el periodo de cada una:

a) $y = \operatorname{sen}\left(x - \frac{\pi}{2}\right) - 1$ b) $y = 3\operatorname{sen} 2x$

c) $y = 2 - \operatorname{sen}(x + \pi)$ d) $y = \operatorname{sen}(-(x - \pi))$

111. Representa, a partir de transformaciones de $y = \cos x$, las siguientes funciones e indica el periodo de cada una:

a) $y = \cos(-x) + 2$ b) $y = -\cos\left(x - \frac{\pi}{2}\right)$

c) $y = 2\cos(x + \pi) - 1$ d) $y = \frac{\cos\frac{x}{2}}{2}$

112. Representa, a partir de transformaciones de $y = \operatorname{tg} x$, las siguientes funciones e indica el periodo de cada una:

a) $y = -\operatorname{tg}\left(x + \frac{\pi}{2}\right)$ b) $y = \frac{\operatorname{tg}(-x)}{3}$

c) $y = -\operatorname{tg}\frac{x}{2}$ d) $y = \operatorname{tg}\left(2\left(x - \frac{\pi}{2}\right)\right)$

113. Representa las siguientes funciones exponenciales:

a) $y = 1 - 2^x$ b) $y = 3^{-x} - 2$

c) $y = \left(\frac{1}{2}\right)^{x+2} - 1$ d) $y = -\left(\frac{1}{3}\right)^{-x}$

114. Representa las siguientes funciones logarítmicas:

a) $y = \log_2(-x) + 2$ b) $y = 3 - \ln(x+2)$

c) $y = \log_{\frac{1}{2}}(x-1) - 2$ d) $y = -2\log_{\frac{1}{5}}(x+1)$

115. Representa la gráfica de cada una de las siguientes funciones definidas por partes:

a) $f(x) = \begin{cases} -2x-1 & \text{si } x < 0 \\ 2x-1 & \text{si } x \geq 0 \end{cases}$

b) $f(x) = \begin{cases} -x & \text{si } x < -2 \\ x-1 & \text{si } -2 \leq x < 2 \\ 2x-3 & \text{si } x \geq 2 \end{cases}$

c) $f(x) = \begin{cases} x^2 & \text{si } x \leq -1 \\ \left(\frac{1}{2}\right)^x - 1 & \text{si } -1 < x < 0 \\ \ln(x+1) & \text{si } x \geq 0 \end{cases}$

d) $f(x) = \begin{cases} -1 & \text{si } x \leq -\pi \\ \cos x & \text{si } -\pi < x \leq 0 \\ 1 - \sqrt{x} & \text{si } x > 0 \end{cases}$

116. Dadas las siguientes gráficas, halla la ecuación de la función por partes que corresponde a cada una:

a)

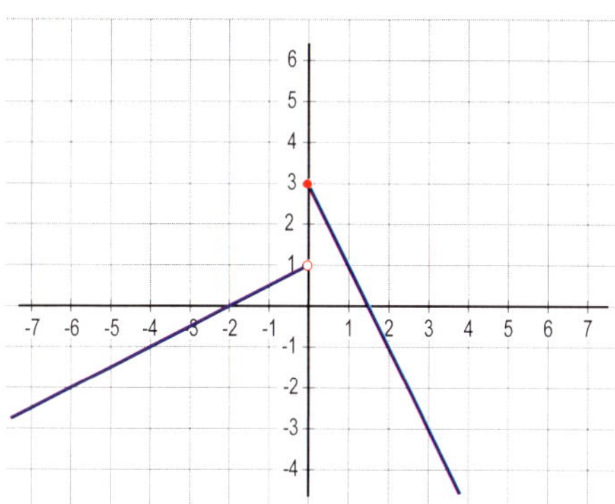

b)

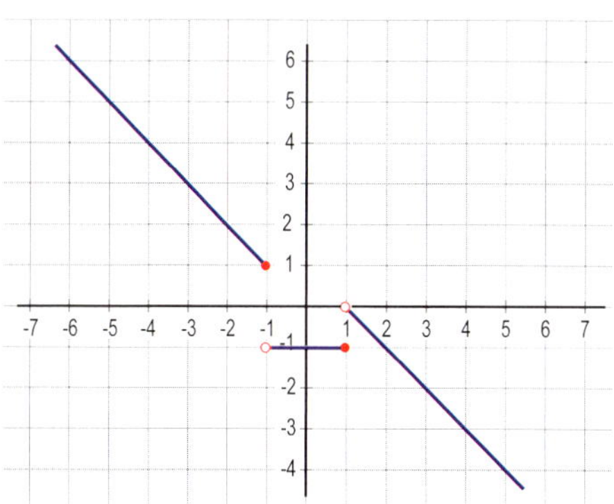

c)

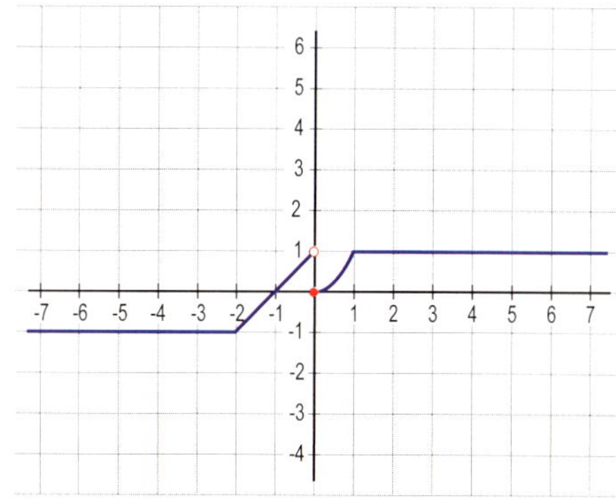

d)

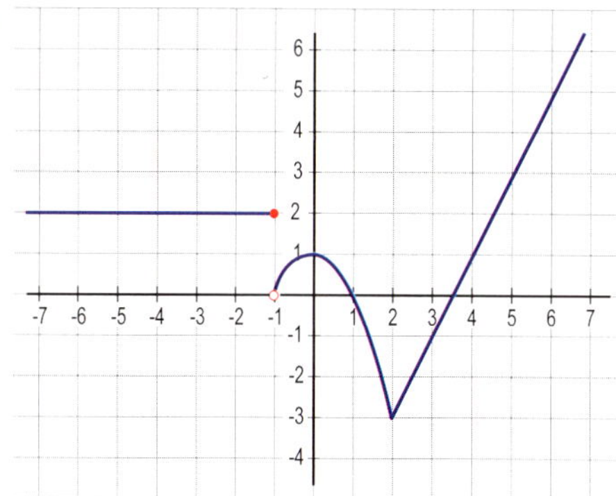

117. Representa las siguientes funciones:

a) $y = |2x-3|$ b) $y = |x^2 - 1|$

c) $y = |x^2 + x - 6|$ d) $y = \left|\frac{x+1}{x-1}\right|$

118. Escribe como funciones por partes y representa:

a) $y = |2x-1| + |2x+1|$ b) $y = |3-x| - |x+2|$

c) $y = |x+1| + |x| - |x-1|$ d) $y = \frac{|x-2| - |x+2|}{|x|}$

Derivadas

119. Calcula, usando la definición, la derivada de las siguientes funciones en los puntos indicados:

a) $f(x) = x^2 + 3x - 5$ en $x = -1$

b) $f(x) = \sqrt{x}$ en $x = 4$

c) $f(x) = \frac{1}{x}$ en $x = -2$

d) $f(x) = \frac{x+1}{x}$ en $x = 3$

120. Calcula, usando la definición, la función derivada de las siguientes funciones:

a) $f(x) = -x^3 + x^2$ *b)* $f(x) = \frac{x+2}{x-1}$

c) $f(x) = \sqrt{x^2+1}$ *d)* $f(x) = \frac{1}{x^2}$

121. El punto kilométrico en el que se sitúa un coche en función de la hora que es, x, viene dado por la función $f(x) = 2x^2 + 46x - 540$.

a) Halla la tasa de variación media entre las 10 horas y las 15 horas. ¿Qué representa la tasa de variación media en este contexto?

b) Halla la tasa de variación instantánea a las 12 horas. ¿Qué representa la tasa de variación instantánea en este contexto?

122. Calcula, usando las reglas de derivación, la derivada de las siguientes funciones:

a) $f(x) = \operatorname{sen} x + \cos x$ *b)* $f(x) = \cos x(1 - \operatorname{tg} x)$

c) $f(x) = e^x\sqrt{x}$ *d)* $f(x) = x^3 \operatorname{tg} x$

e) $f(x) = \frac{x^2+2x-1}{x+2}$ *f)* $f(x) = \frac{\ln x}{x^2}$

123. Halla la derivada de las siguientes funciones:

a) $f(x) = x \log x - x^2 \ln x$

b) $f(x) = (x^2 - 3x + 1) \cdot 2^x$

c) $f(x) = x \operatorname{sen} x \cos x$

d) $f(x) = \frac{x^2+1}{(x-1)^2}$

e) $f(x) = \frac{x \ln x}{x-1}$

f) $f(x) = \frac{e^x}{\operatorname{sen} x + \cos x}$

124. Calcula la derivada de:

a) $f(x) = \sqrt{\frac{2x}{x-2}}$

b) $f(x) = e^{\frac{x}{x^2-1}}$

c) $f(x) = \operatorname{sen}^5(2x^3 - 3)$

d) $f(x) = \ln\left(\frac{\sqrt{x}}{x-1}\right)$

125. Halla la derivada de las funciones siguientes:

a) $f(x) = \sqrt[3]{\operatorname{tg}(3x-1)}$

b) $f(x) = \ln\sqrt{\frac{2x-1}{2x+1}}$

c) $f(x) = \operatorname{sen}^3\left(\ln\sqrt{x}\right)$

d) $f(x) = 2^{\cos^2(e^x)}$

126. Calcula la derivada de las funciones:

a) $f(x) = \frac{\ln\sqrt[5]{x^2}}{\sqrt[4]{x^3}}$

b) $f(x) = \cos^5 x\sqrt{\operatorname{sen} x}$

c) $f(x) = e^{1+\ln^2 x}\sqrt{1+x^2}$

127. Obtén las cuatro primeras derivadas sucesivas de:

a) $f(x) = \frac{x-1}{x+1}$

b) $f(x) = \frac{x^2}{x-2}$

c) $f(x) = 2 \operatorname{sen} x \cos x$

d) $f(x) = x^2 \ln x$

Evalúate

1. Obtén el dominio de las siguientes funciones:

a) $f(x)=\frac{\ln(x^2-1)}{\sqrt[3]{x-2}}$ b) $g(x)=\sqrt{2x-1}+\sqrt{x^2+3x}$

2. Dadas $f(x)=\frac{2x+1}{3x}$ y $g(x)=(1-x)^2$, opera:

a) $(f\circ g)(x)$ b) $f^{-1}(x)$

3. Calcula los siguientes límites a partir de la gráfica que se muestra a continuación:

a) $\lim_{x\to+\infty} f(x)$ b) $\lim_{x\to-\infty} f(x)$ c) $\lim_{x\to 1} f(x)$

d) $\lim_{x\to-3} f(x)$ e) $\lim_{x\to-1} f(x)$

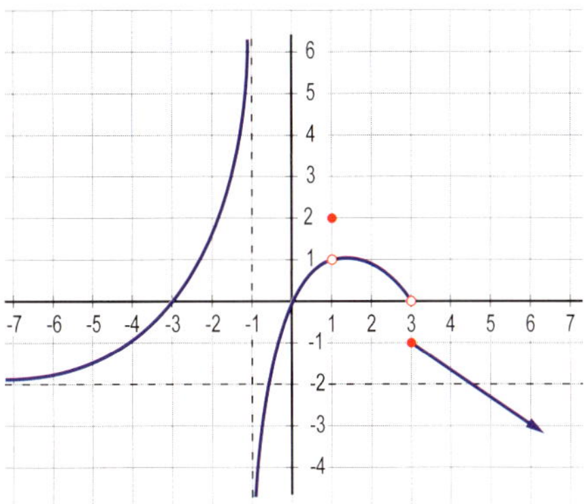

4. Resuelve las siguientes indeterminaciones:

a) $\lim_{x\to 1}\frac{x^2-6x+5}{x^2-x}$

b) $\lim_{x\to+\infty}\left(\sqrt{x^2+3x}-\sqrt{x^2-2x}\right)$

c) $\lim_{x\to 0}\frac{x^2-4x}{x^3-x^2}$

5. Calcula los límites que se indican de la función por partes

$$f(x)=\begin{cases}\frac{x}{e^x} & x<0\\ x^2+1 & 0\le x\le e\\ \ln x & x>e\end{cases}$$

a) $\lim_{x\to+\infty} f(x)$

b) $\lim_{x\to-\infty} f(x)$

c) $\lim_{x\to e} f(x)$

d) $\lim_{x\to 0} f(x)$

e) $\lim_{x\to-5} f(x)$

6. Realiza un esbozo de las siguientes funciones:

a) $y=\frac{-2}{x-3}+1$

b) $y=-3\cos\left(\frac{x}{2}\right)$

7. Expresa como función por partes y traza la gráfica de $y=-4|5+x|$.

8. Obtén la tasa de variación instantánea de la función $f(x)=3x^2-5x+1$ en el punto $x=0$ con la definición. ¿Qué pendiente tiene la recta tangente a esta curva en el punto $x=0$?

9. Obtén la función derivada de $f(x)=\frac{3}{2x-1}$ con la definición.

10. Calcula y simplifica las derivadas de las funciones que se muestran a continuación:

a) $f(x)=3x^2\ln x$

b) $h(x)=\log\sqrt[3]{x(x+1)^{10}}$

Unidad 6

Aplicaciones de límites y derivadas. Representación de funciones

La teoría de la relatividad de Einstein nos dice que el tiempo que transcurre entre dos sucesos *A* y *B* depende de la fuerza gravitatoria a la que se vea sometido el observador. Esta diferencia de tiempos viene dada por la fórmula:

$$t_{\substack{\text{fuera campo}\\\text{gravitatorio}}} = t_{\substack{\text{dentro campo}\\\text{gravitatorio}}}\sqrt{1-\frac{GM}{rc^2}}$$

donde $G = 6{,}674 \cdot 10^{-11}$ es la constante de gravitación universal, *M* es la masa del astro que produce la fuerza gravitatoria, *r* es la distancia en metros del observador al centro del astro, y $c = 300\,000\,000$ m/s es la velocidad de la luz.

¿Qué le ocurriría a un observador que esté en la superficie de la Tierra, cuya masa es $M = 5{,}972 \cdot 10^{24}$ kg, si nuestro planeta se comprimiera indefinidamente? En otras palabras, ¿qué ocurre si tomamos $\lim_{r\to 0}\sqrt{1-\frac{GM}{rc^2}}$?

Seguramente habrás visto que tal proeza es matemáticamente imposible pero ¿y si comprimiéramos la Tierra hasta que midiera 9 mm de radio, convirtiéndose así en un agujero negro? Toma $\lim_{r\to 0{,}009}\sqrt{1-\frac{GM}{rc^2}}$ y verás cómo el tiempo se detiene y el observador se hace inmortal...

MAPA CONCEPTUAL

- **LÍMITES**
  - CONTINUIDAD Y TIPOS DE DISCONTINUIDADES
    - Discontinuidad evitable ⇒ existe $\lim_{x \to a} f(x)$
    - Salto finito ⇒ $\lim_{x \to a^-} f(x) \neq \lim_{x \to a^+} f(x)$
    - Salto infinito ⇒ $\lim_{x \to a} f(x) = \pm\infty$
  - ASÍNTOTAS
    - Horizontal $\lim_{x \to \pm\infty} f(x) = a$
    - Vertical $\lim_{x \to b} f(x) = \pm\infty$
    - Oblicua $\lim_{x \to \pm\infty} \frac{f(x)}{x} = m, \ \lim_{x \to \pm\infty} \left(f(x) - mx\right) = n$

- **DERIVADAS**
  - RECTA TANGENTE — $y - f(a) = f'(a)(x - a)$
  - DERIVABILIDAD
  - MONOTONÍA
    - Crecimiento y decrecimiento
    - Máximo/Mínimo relativo
  - CURVATURA Y PUNTOS DE INFLEXIÓN
  - OPTIMIZACIÓN — Máximo/Mínimo absoluto

- **REPRESENTACIÓN DE FUNCIONES**

1. Aplicaciones de los límites

1.1. Continuidad de funciones

Una función $y = f(x)$ se dice **continua** en un punto $x = a$ si se cumplen las siguientes condiciones:

- Existe $\lim_{x \to a} f(x)$ siendo, además, finito.
- Existe $f(a)$.
- Los dos valores anteriores coinciden.

En caso contrario, la función tendrá una **discontinuidad** en el punto $x = a$ que puede ser:

- **Evitable:** si existe $\lim_{x \to a} f(x)$ y es finito, pero no coincide con $f(a)$ o $f(a)$ no está definido.
- **Salto finito:** si existen y son finitos los límites laterales en $x = a$, pero no coinciden entre sí.
- **Salto infinito:** si al menos uno de los dos límites laterales en $x = a$ es infinito.

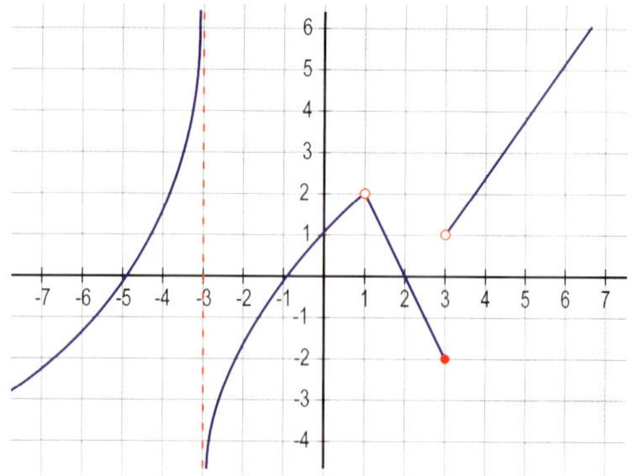
Discontinuidad evitable en $x = 1$, de salto infinito en $x = -3$ y de salto finito en $x = 3$.

Una función se dice **continua en un intervalo** (a, b) si es continua para todo punto del intervalo.

Ejercicios resueltos

1. Estudia la continuidad de las funciones e indica los tipos de discontinuidad si las hubiera:

a) $y = \dfrac{x^2 - 4x + 3}{x^2 + x - 2}$

b) $y = \begin{cases} \dfrac{3}{x+1} & x \le 0 \\ 2x - 1 & 0 < x < 1 \\ e^{x-1} & x \ge 1 \end{cases}$

Solución:

a) $\mathrm{Dom}\, f(x) = \mathbb{R} - \{-2, 1\} \Rightarrow$ La función es continua en $\mathbb{R} - \{-2, 1\}$.

En $x = -2$ tiene una discontinuidad de salto infinito porque $\lim_{x \to -2} \dfrac{x^2 - 4x + 3}{x^2 + x - 2} = \dfrac{15}{0} = \infty$.

En $x = 1$ tiene una discontinuidad evitable ya que $\lim_{x \to 1} \dfrac{x^2 - 4x + 3}{x^2 + x - 2} = \dfrac{0}{0} = \lim_{x \to 1} \dfrac{(x-1)(x-3)}{(x-1)(x+2)} = \dfrac{-2}{3}$.

b) $\mathrm{Dom}\, f(x) = \mathbb{R} - \{-1\} \Rightarrow$ La función es, en principio, continua en $\mathbb{R} - \{-1, 0, 1\}$.

En $x = -1$ la función presenta una discontinuidad de salto infinito, pues $\lim_{x \to -1} f(x) = \lim_{x \to -1} \dfrac{3}{x+1} = \infty$.

En $x = 0$ debemos estudiar los límites laterales y comprobar que coinciden con el valor $f(0)$:

$\lim_{x \to 0^-} \dfrac{3}{x+1} = 3 \neq \lim_{x \to 0^+} (2x - 1) = -1$, no es continua, y presenta una discontinuidad de salto finito. El salto es igual a la distancia entre 3 y –1, es decir, 4.

En $x = 1$ debemos estudiar los límites laterales y comprobar que coinciden con el valor $f(1)$:

$\lim_{x \to 1^-} (2x - 1) = 1 = \lim_{x \to 1^+} (e^{x-1}) = f(1)$, por lo que es continua en $x = 1$.

Finalmente, la función es continua en $\mathbb{R} - \{-1, 0\}$.

2. Determina los valores de a y b para que la función $f(x)=\begin{cases} ax+1 & x<\frac{1}{2} \\ \operatorname{sen}(\pi x) & \frac{1}{2}\le x\le 1 \\ e^{bx}-1 & x>1 \end{cases}$ sea continua en todo su dominio.

Solución:

$\operatorname{Dom} f(x)=\mathbb{R} \Rightarrow$ la función es continua para cualquier valor de a y b en $\mathbb{R}-\left\{\frac{1}{2},1\right\}$.

En $x=\frac{1}{2} \Rightarrow \left\{\begin{array}{l} \lim\limits_{x\to\frac{1}{2}^-}(ax+1)=\frac{a}{2}+1 \\ f\left(\frac{1}{2}\right)=\lim\limits_{x\to\frac{1}{2}^+}\operatorname{sen}(\pi x)=1 \end{array}\right\} \Rightarrow \frac{a}{2}+1=1 \Rightarrow a=0$ para que sea continua en $x=\frac{1}{2}$.

En $x=1 \Rightarrow \left\{\begin{array}{l} f(1)=\lim\limits_{x\to 1^-}\operatorname{sen}(\pi x)=0 \\ \lim\limits_{x\to 1^+}\left(e^{bx}-1\right)=e^{b}-1 \end{array}\right\} \Rightarrow e^{b}-1=0 \Rightarrow e^{b}=1 \Rightarrow b=0$, para que sea continua en $x=1$.

3. Indica el tipo de discontinuidades de la función $y=\frac{ax^2+x}{x-x^2}$ según el valor de a:

Solución:

$\operatorname{Dom} f(x)=\mathbb{R}-\{0,1\}$, por lo que la función no es continua en $x=0,\ x=1$.

$\lim\limits_{x\to 0}\frac{ax^2+x}{x-x^2}=\frac{0}{0}=\lim\limits_{x\to 0}\frac{x(ax+1)}{x(1-x)}=\frac{1}{1}=1 \Rightarrow$ discontinuidad evitable para todo a en $x=0$.

$\lim\limits_{x\to 1}\frac{ax^2+x}{x-x^2}=\frac{a+1}{0}\left\{\begin{array}{l} \text{Si } a\neq -1 \Rightarrow \frac{a+1}{0}=\infty \\ \text{Si } a:1 \Rightarrow \lim\limits_{x\to 1}\frac{ax^2+x}{x-x^2}=\lim\limits_{x\to 1}\frac{-x^2+x}{x-x^2}=\lim\limits_{x\to 1}1=1 \end{array}\right.$ $\Rightarrow$ Luego, en $x=1$, presenta una discontinuidad de salto infinito si $a\neq -1$ y una evitable si $a=-1$.

Ejercicios

1. Estudia la continuidad y clasifica las discontinuidades de las funciones:

a) $f(x)=\frac{2x^2-2x-12}{x^2-3x}$ b) $g(x)=e^{\frac{x-2}{x}}$ c) $h(x)=\sqrt{4-x^2}$

2. Escribe en qué intervalos son continuas y clasifica las discontinuidades de las siguientes funciones:

a) $f(x)=|2x-3|$ b) $g(x)=\begin{cases} 3x & x<1 \\ x^2+2 & 1\le x<2 \\ \frac{2x}{x-3} & x\ge 2 \end{cases}$

3. Calcula los valores de los parámetros para que la función $f(x)=\begin{cases} 2x-1 & x\le 3 \\ ax+b & 3<x\le 4 \\ -x+5 & x>4 \end{cases}$ sea continua en todo su dominio.

Observa

Para que $\lim_{x \to b} f(x) = \pm\infty$, el punto $x = b$ debe ser un punto que no esté en el dominio de la función, o que sea un extremo de su intervalo de dominio.

Observa

Si la función tiene asíntotas horizontales no puede tener asíntotas oblicuas, puesto que si $\lim_{x \to \pm\infty} f(x) = a \Rightarrow$

$\Rightarrow \lim_{x \to \pm\infty} \frac{f(x)}{x} = 0 = m$,

por tanto, la asíntota oblicua sería realmente horizontal.

Observa

Si $P(x) \,\big|\, Q(x)$, con resto R y cociente $mx + n$, entonces $y = mx + n$ es una asíntota oblícua de $f(x) = \frac{P(x)}{Q(x)}$.

1.2. Asíntotas y ramas infinitas

La gráfica de una función puede tener partes en las que se prolongue indefinidamente, bien pensando en el avance de la variable independiente x hacia el infinito, o el avance de la variable dependiente y hacia el infinito. Estas partes de la gráfica se llaman **ramas infinitas** de la función.

Si una rama infinita de una función se aproxima de forma indefinida a una recta, diremos que esa recta es una **asíntota** de la función.

- **Asíntotas horizontales**

La recta $y = a$ es una asíntota horizontal de la función $y = f(x)$ si $\lim_{x \to \pm\infty} f(x) = a$.

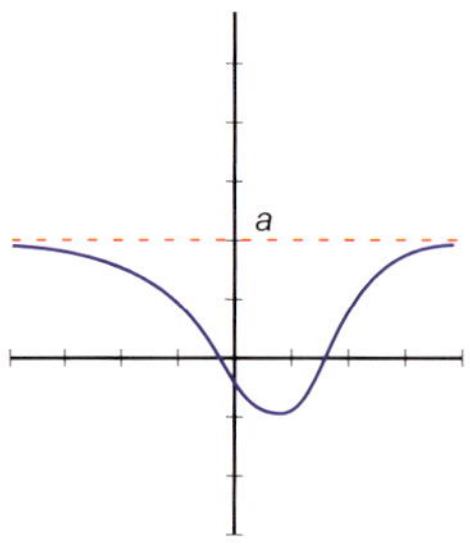

Asíntota horizontal por la izquierda y por la derecha.

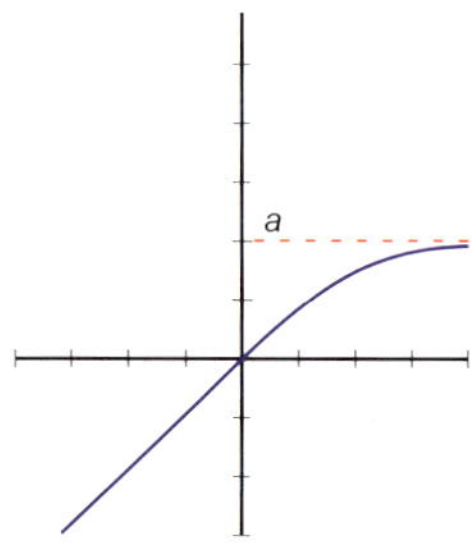

Asíntota horizontal por la derecha.

- **Asíntotas verticales**

La recta $x = b$ es una asíntota vertical de la función $y = f(x)$ si $\lim_{x \to b} f(x) = \pm\infty$.

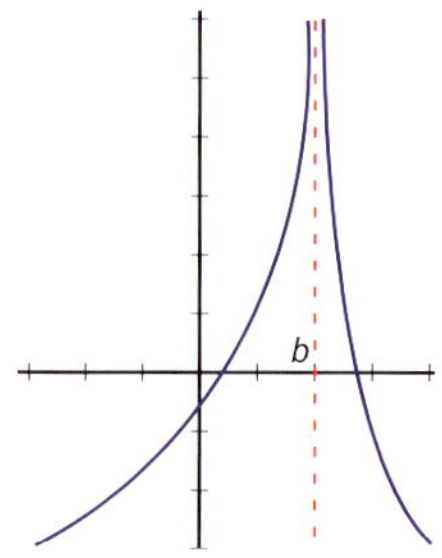

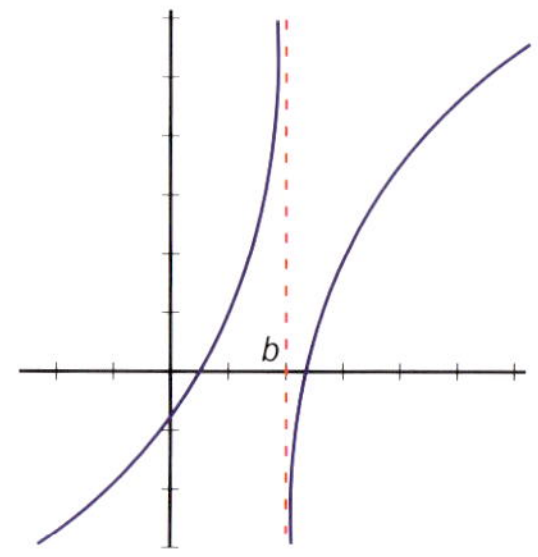

- **Asíntotas oblicuas**

La recta $y = mx + n$ es una asíntota oblicua de la función $y = f(x)$ si $\lim_{x \to \pm\infty} \frac{f(x)}{x} = m \neq 0, \infty$ y $\lim_{x \to \pm\infty} \left(f(x) - mx \right) = n \neq \infty$.

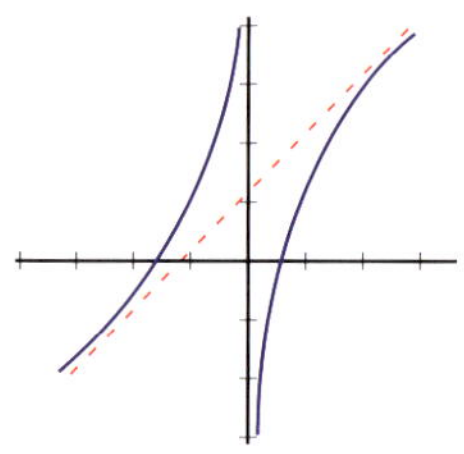

Asíntota oblicua por la derecha y por la izquierda.

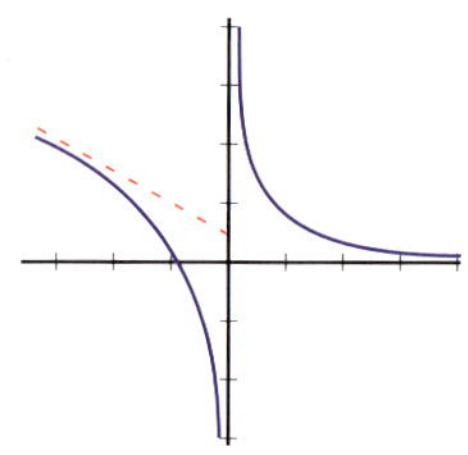

Asíntota oblicua por la izquierda.

Ejercicios resueltos

4. Obtén las asíntotas de las funciones siguientes:

a) $y = \frac{x^2 - x - 6}{3x^2 - 12}$ *b)* $y = xe^x$ *c)* $y = \frac{2x^2 - 3x + 1}{4x - 2}$

Solución:

a) Asíntotas horizontales $\lim_{x \to \pm\infty} \frac{x^2 - x - 6}{3x^2 - 12} = \frac{\infty}{\infty} = \frac{1}{3} \Rightarrow$ asíntota horizontal en $y = \frac{1}{3} \Rightarrow$ no oblicuas.

Asíntotas verticales: $\operatorname{Dom} f(x) = \mathbb{R} - \{-2, 2\}$

$\lim_{x \to -2} \frac{x^2 - x - 6}{3x^2 - 12} = \frac{0}{0} = \lim_{x \to -2} \frac{(x+2)(x-3)}{3(x+2)(x-2)} = \frac{5}{12}$, luego no tiene asíntota vertical.

$\lim_{x \to 2} \frac{x^2 - x - 6}{3x^2 - 12} = \frac{-4}{0} = \infty$, luego presenta asíntota vertical en $x = 2$.

b) Asíntotas horizontales: $\lim_{x\to\pm\infty} xe^x = \begin{cases} \lim_{x\to-\infty} xe^x = \infty\cdot 0 = 0 \Rightarrow \text{presenta asíntota horizontal } y=0 \text{ por la izquierda.} \\ \lim_{x\to+\infty} xe^x = +\infty \Rightarrow \text{no tiene asíntota horizontal por la derecha.} \end{cases}$

Asíntotas verticales: $\text{Dom} f(x) = \mathbb{R}$, luego no presenta asíntotas verticales.

Asíntotas oblicuas: $m = \lim_{x\to+\infty} \frac{xe^x}{x} = \infty$ luego no presenta asíntotas oblicuas por la derecha (por la izquierda no podía tenerlas por poseer asíntota horizontal).

c) Asíntotas horizontales: $\lim_{x\to\pm\infty} \frac{2x^2-3x+1}{4x-2} = \frac{\infty}{\infty} = \infty$, luego no presenta asíntotas horizontales.

Asíntotas verticales: $\text{Dom} f(x) = \mathbb{R} - \left\{\frac{1}{2}\right\}$

$$\lim_{x\to\frac{1}{2}} \frac{2x^2-3x+1}{4x-2} = \frac{0}{0} = \lim_{x\to\frac{1}{2}} \frac{(2x-1)(x-1)}{2(2x-1)} = \frac{-\frac{1}{2}}{2} = \frac{-1}{4}$$, luego no tiene asíntota vertical.

Asíntotas oblicuas: $m = \lim_{x\to\pm\infty} \frac{2x^2-3x+1}{4x^2-2x} = \frac{\infty}{\infty} = \frac{1}{2}$

$$n = \lim_{x\to\pm\infty}\left(\frac{2x^2-3x+1}{4x-2} - \frac{x}{2}\right) = \infty-\infty = \lim_{x\to\pm\infty}\left(\frac{2x^2-3x+1-2x^2+x}{4x-2}\right) = \lim_{x\to\pm\infty}\left(\frac{-2x+1}{4x-2}\right) = \frac{-1}{2},$$

luego presenta una asíntota oblicua en $y = \frac{1}{2}x - \frac{1}{2}$.

Ejercicios

4. Calcula las asíntotas de las funciones siguientes:

a) $f(x) = \frac{x-2}{x^2-4}$ *b*) $g(x) = \frac{2x^2-1}{x+2}$ *c*) $h(x) = \frac{3x^2+x+1}{x^2-3x-4}$

5. Construye una función racional que verifique:

- Asíntota horizontal en $y = 2$.
- Asíntotas verticales en $x = 1$, $x = -3$.
- No tiene más asíntotas.

¿Existe más de una solución?

6. Construye una función racional que cumpla las siguientes condiciones:

- No tiene asíntotas horizontales.
- Tiene una asíntota oblicua en $y = 2x - 1$.
- Tiene una asíntota vertical en $x = 4$.
- No tiene más asíntotas.

¿Existe más de una solución?

2. Aplicaciones de las derivadas

2.1. Recta tangente

La definición de derivada de una función $y = f(x)$ en un punto $x = a$ coincide con el valor de la pendiente de la recta de tangente a la curva en el punto $(a, f(a))$. Es por ello que la ecuación de la **recta tangente** a la curva $y = f(x)$ en el punto $x = a$ es: $y - f(a) = f'(a)(x - a)$

Ejercicios resueltos

1. Calcula la ecuación de la recta tangente en cada caso:

a) A la curva $y = x^3 - 2x^2 + 4x - 1$ en el punto $x = 1$.

b) A la curva $y = x^3 - 2x$ de forma que la recta tangente sea paralela a la recta $y = x - 1$.

Solución:

a) $y' = 3x^2 - 4x + 4 \Rightarrow f'(1) = 3 \Rightarrow$ La ecuación de la recta tangente en $x = 1$ es $y - 2 = 3(x - 1)$.

b) Como la recta tangente es paralela a $y = x - 1 \Rightarrow m_{tg} = 1 \Rightarrow f'(a) = 3a^2 - 2 = 1 \Rightarrow a = \pm 1$. Hay, por tanto, dos rectas tangentes solución, cuyas ecuaciones serán $y + 1 = x - 1 \Rightarrow y = x - 2$ y también $y - 1 = x + 1 \Rightarrow y = x + 2$.

2.2. Derivabilidad

Recuerda

Si una función no es continua en un punto, entonces no puede ser derivable.

Una función se dice **derivable** en un intervalo (a, b) si su derivada existe (y está definida) en cada uno de los puntos del intervalo. Para que esta circunstancia sea posible, es imprescindible que la recta tangente en cada uno de los puntos del intervalo exista y sea única y por tanto, la función debe ser continua en dichos puntos y su gráfica «suave».

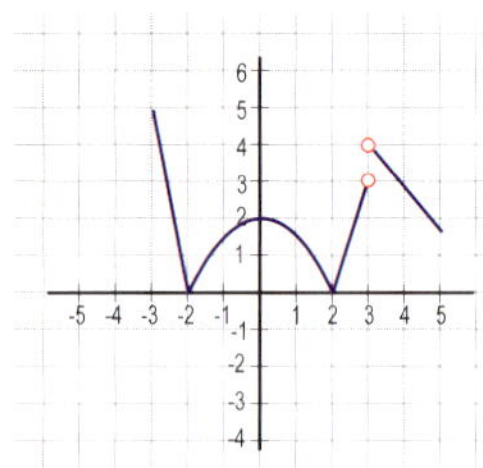

Función no derivable en $x = -2$, $x = 2$ (por no ser suave), ni en $x = 3$ (por no ser continua).

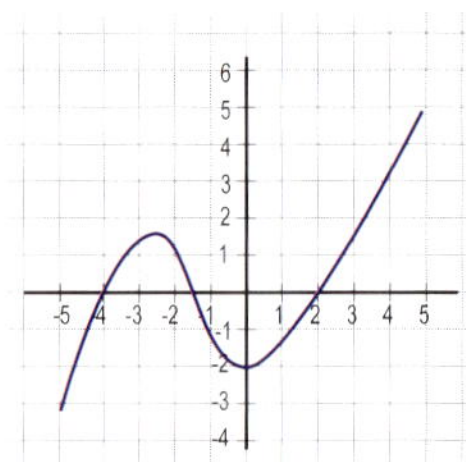

Función derivable en todos los números reales.

Ejercicios resueltos

2. Estudia la derivabilidad de

a) $g(x) = \sqrt{\dfrac{x-1}{x}}$

b) $f(x) = \begin{cases} 3x & x \leq 1 \\ \dfrac{x^2}{2} + 2x & 1 < x < 2 \\ x^2 + 2 & x \geq 2 \end{cases}$

Solución:

Es imprescindible calcular la continuidad de la función antes de comenzar con la derivabilidad.

a) $\text{Dom}\, g(x) = (-\infty, 0) \cup [1, +\infty) \Rightarrow$ La función es continua en $(-\infty, 0) \cup (1, +\infty)$, dado que lo es en todos sus puntos, por existir sus límites y coincidir con el valor de la función en el punto.

La derivada es $g'(x) = \dfrac{1}{2x^2} \sqrt{\dfrac{x}{\sqrt{x-1}}}$, que está definida en $(-\infty, 0) \cup (1, +\infty)$.

b) Continuidad: $\begin{cases} \text{En } x = 1 \text{ los límites laterales no coinciden, luego la función no es continua, ni derivable.} \\ \text{En } x = 2 \text{ los límites laterales coinciden y también lo hacen con } f(2)\text{, por lo que es continua.} \end{cases}$

Derivabilidad: $\left\{ x = 2 : f'(x) = \begin{cases} 3 & x < 1 \\ x+2 & 1 < x < 2 \\ 2x & x > 2 \end{cases} \Rightarrow \begin{cases} f'(2^-) = 4 \\ f'(2^+) = 4 \end{cases} \right. \Rightarrow$ la función es derivable en $\mathbb{R} - \{1\}$

Observa que también se verificaría que $f'(1^-) = f'(1^+)$ pero esto no es derivable, pues no es continua.

3. Calcula el valor de los parámetros para que la función $f(x) = \begin{cases} x^2 + ax - 2 & x \le -1 \\ 2bx^2 + 1 & x > -1 \end{cases}$ sea derivable en su dominio.

Solución:

La función es continua en $\mathbb{R} - \{-1\}$ para cualquier valor de los parámetros. Para que lo sea en $x = -1$, los límites laterales deben ser iguales:

$$\left. \begin{array}{l} f(-1) = \lim\limits_{x \to -1^-} (x^2 + ax - 2) = 1 - a - 2 = -a - 1 \\ \lim\limits_{x \to -1^+} (2bx^2 + 1) = 2b + 1 \end{array} \right\} \Rightarrow 2b + 1 = -a - 1$$

Por otro lado, $f'(x) = \begin{cases} 2x + a & x < -1 \\ 4bx & x > -1 \end{cases}$ definida por ahora en $\mathbb{R} - \{-1\}$ (puesto que tenemos que exigir los valores adecuados de *a* y *b* para que esté definida en $\mathbb{R}$). Para que sea derivable en $x = -1$, se debe cumplir la condición de continuidad y, además, $f'(-1^-) = f'(-1^+)$, por tanto:

$$\left. \begin{array}{l} f'(-1^-) = -2 + a \\ f'(-1^+) = -4b \end{array} \right\} \Rightarrow -2 + a = -4b$$

Considerando ambas condiciones, $\begin{cases} 2b + a = -2 \\ -4b - a = -2 \end{cases} \Rightarrow a = -6,\ b = 2.$

Ejercicios

7. Calcula la ecuación de la recta tangente a las curvas indicadas:

a) A la curva $y = 2x^3 - 3x^2 - x + 1$ en el punto de abscisa $x = 1$.

b) A la curva $y = e^{x-1}$, siendo la recta tangente paralela a la recta $x - y = 2$.

c) A la curva $y = x^2 + 4x - 1$, pasando la recta tangente por el punto $(2, 10)$.

d) A la curva $y = x^2 - x - 6$ en los puntos de ordenada -5.

8. Estudia la derivabilidad de las funciones siguientes:

a) $y = \sqrt{3 + 2x - x^2}$ *b*) $y = x|4x - 1|$ *c*) $y = \begin{cases} e^x & x \le 0 \\ 2x + 1 & 0 < x \le 1 \\ \ln x + 3 & x > 1 \end{cases}$

9. Obtén, si existen, el valor de *a* y *b* para que $f(x) = \begin{cases} ax^2 + 2x + 1 & x \le 0 \\ \sqrt{x^2 + 9} - b & 0 < x \le 4 \\ \ln(e^{x-1}) & x > 4 \end{cases}$ sea derivable en todo su dominio.

Observa

Aunque la función sea derivable, la condición $f'(a)=0$ no es equivalente a tener un extremo relativo, pues hay puntos en los que la tangente puede ser horizontal y no presentarse un extremo. Es imprescindible observar si la función cambia su crecimiento antes y después del posible extremo.

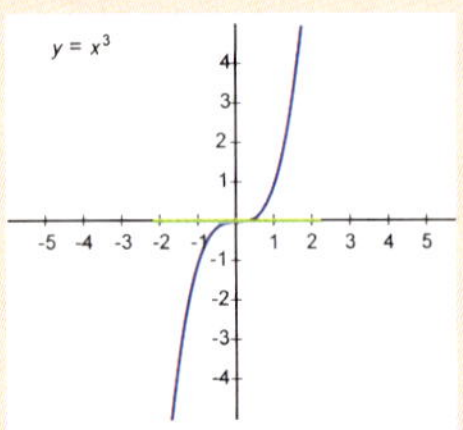

2.3. Monotonía

Una función se dice **creciente** en un punto $x = a$ si en su entorno se verifica que $x > a \Rightarrow f(x) > f(a)$ y $x < a \Rightarrow f(x) < f(a)$. Si $f(x)$ es derivable, por la definición de derivada esta definición es equivalente a:

$$f'(a) = \lim_{x\to a} \frac{f(x)-f(a)}{x-a} > 0$$

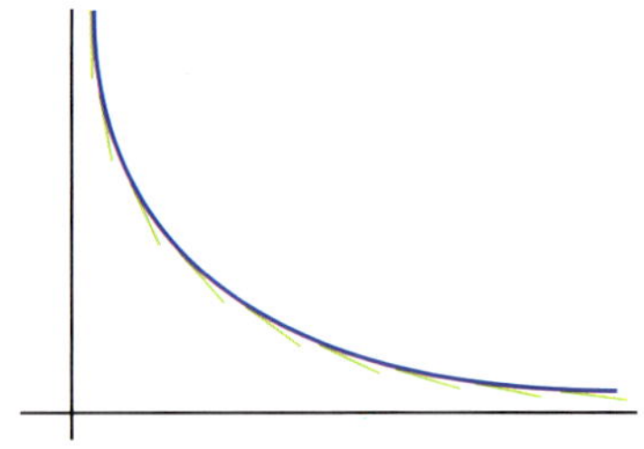

Equivalentemente, una función se dice **decreciente** en un punto $x = a$ si en su entorno se verifica que $x > a \Rightarrow f(x) < f(a)$ y $x < a \Rightarrow f(x) > f(a)$. Para funciones derivables, esta definición es equivalente a:

$$f'(a) = \lim_{x\to a} \frac{f(x)-f(a)}{x-a} < 0$$

La función $f(x)$, derivable en su dominio, tiene un **máximo** (o un **mínimo relativo**), también llamados **extremos relativos**, en el punto $x = a$, si en dicho punto pasa de ser creciente a ser decreciente (o de ser decreciente a ser creciente), por lo que en dicho punto se cumple que:

$$f'(a) = 0$$

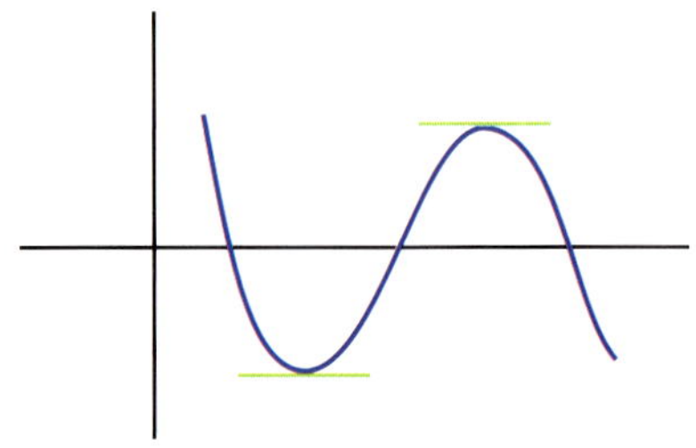

Ejercicios resueltos

4. Obtén los intervalos de crecimiento y decrecimiento de las funciones siguientes, indicando también las coordenadas de sus extremos relativos:

a) $f(x) = 2x^3 + 9x^2 - 24x + 1$ b) $g(x) = \ln\left(\dfrac{2x^2+1}{x^2+1}\right)$

Solución:

a) $f'(x) = 6x^2 + 18x - 24 \Rightarrow \begin{cases} f'(x) > 0 \Rightarrow \text{creciente en } (-\infty, -4), (1, +\infty) \\ f'(x) < 0 \Rightarrow \text{decreciente en } (-4, 1) \end{cases} \Rightarrow \begin{cases} x = -4 \text{ es un máximo relativo} \\ x = 1 \text{ es un mínimo relativo} \end{cases}$

b) $g'(x) = \dfrac{x^2+1}{2x^2+1} \cdot \dfrac{4x(x^2+1)-(2x^2+1)2x}{(x^2+1)^2} = \dfrac{2x}{(2x^2+1)(x^2+1)} \Rightarrow \begin{cases} f'(x) > 0 \Rightarrow \text{crec. } (0, +\infty) \\ f'(x) < 0 \Rightarrow \text{decr. } (-\infty, 0) \end{cases} x = 0 \text{ es mín. rel.}$

5. Calcula los parámetros de $y = 2x^3 + ax^2 + bx + c$ sabiendo que la función tiene un máximo en $(1, 11)$ y un mínimo de abscisa $x = 2$.

Solución:

$$\left.\begin{array}{l} \text{Pasa por } (1, 11) \to f(1) = 11 \to 2 + a + b + c = 11 \\ \text{Extremo en } x = 1 \to f'(1) = 0 \to 6 + 2a + b = 0 \\ \text{Extremo en } x = 2 \to f'(2) = 0 \to 24 + 4a + b = 0 \end{array}\right\} \Rightarrow a = -9, b = 12, c = 6$$

2.4. Optimización

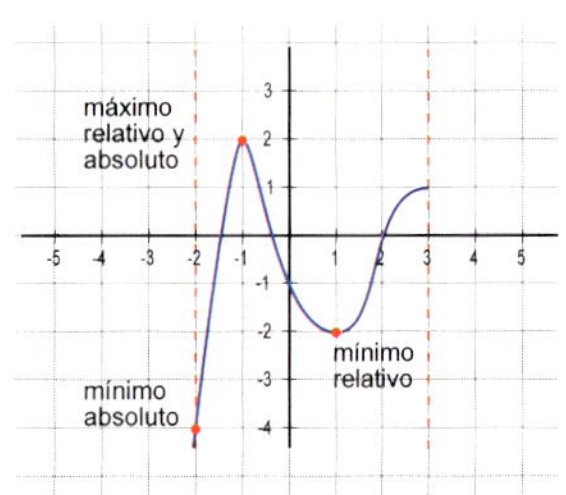

Optimizar una función consiste en hallar su máximo o mínimo absolutos. En el caso de funciones derivables en el intervalo de estudio, estos puntos se encuentran siempre entre sus extremos relativos y los valores de la función en los extremos del intervalo (si este es cerrado).

Ejercicios resueltos

6. La venta de un determinado producto tiene una función beneficio $B(x) = x^2 - 2x$ (en miles de euros) con $x \in [0, 12]$ tiempo que transcurre (en meses).

   a) Calcula el momento en el que se obtiene el beneficio mínimo y el máximo.

   b) Calcula el momento a partir del cual se empiezan a obtener ganancias.

   Solución:

   a) $B'(x) = 2x - 2 \Rightarrow x = 1$ es el posible extremo, que resulta ser mínimo.

   Deberemos operar en los extremos del intervalo en búsqueda del máximo. Como $B(0) = 0$, $B(12) = 120$ extraemos que el máximo beneficio se obtiene al finalizar el año con 120 000 €.

   b) $B(x) = x^2 - 2x > 0$ si $x > 2$ (en el contexto del problema), es decir, se comienzan a obtener beneficios a partir del segundo mes.

7. Se desea cerrar un terreno rectangular con 160 m de valla, de forma que ocupe lo máximo posible. Averigua las dimensiones de dicho terreno.

   Solución:

   Si llamamos *x* e *y* a las dimensiones del terreno, se verifica que $2x + 2y = 160 \Rightarrow x + y = 80$. Maximizamos *Área* = *xy*.

   Si despejamos de la ecuación inicial y sustituimos en el área tenemos $f(x) = x(80 - x)$.

   Derivando, $f'(x) = 80 - 2x \Rightarrow x = 40$ resulta ser un máximo relativo de la función área.

   Este máximo es, además, el absoluto de la función, pues $x \in [0, 80]$ y el área en los valores extremos sería nula, lo cual no tiene sentido en este enunciado. Por tanto, las dimensiones del terreno serán 40 × 40 m.

Ejercicios

10. Estudia la monotonía de:

    a) $f(x) = 2x^3 - 3x^2 + 1$ *b)* $g(x) = \dfrac{e^x}{x-1}$ *c)* $h(x) = x\sqrt{x^2+1}$ *d)* $i(x) = \dfrac{x+1}{x^2+15}$

11. Calcula el valor de los parámetros para que el polinomio $P(x) = ax^3 + bx^2 + cx + d$ tenga un mínimo de abscisa 5, un máximo en $(-1, 48)$ y corte el eje de ordenadas en 40.

12. El nivel de agua en los embalses de cierto país se puede aproximar por la función $N(x) = -x^2 + 12x + 13$ donde *x* representa el momento del año en meses $x \in [0, 12]$ y $N(x)$ la cantidad de agua (en cientos de hectómetros cúbicos) embalsada.

    a) Calcula en qué momento del año se almacena la mayor cantidad de agua. ¿Puedes deducir de este hecho en qué hemisferio se localiza este país con mayor probabilidad? ¿Cuál es ese máximo?

    b) ¿Llegan a vaciarse los embalses alguna vez?

13. Disponemos de una chapa rectangular de 50 cm × 100 cm. Con ella, eliminado sus esquinas recortando cuatro cuadrados iguales, deseamos construir un prisma sin tapa. Determina, con un decimal, las dimensiones del prisma para que tenga volumen máximo.

2.5. Curvatura

La curvatura de una función en el punto $x = a$ viene definida por la posición de las rectas tangentes y la gráfica de la función en un entorno del punto. De esta forma tenemos dos posibilidades:

- Una función se dice **cóncava** en $x = a$ si la curva está por encima de la recta tangente en ese punto. Observa que, en este caso, $f'(x)$ es creciente en $x = a$ y, por tanto, tendremos que:

$$f''(a) > 0$$

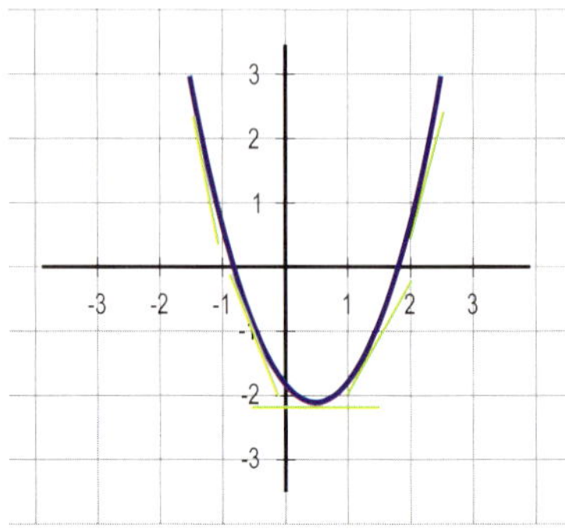

- Una función se dice **convexa** en $x = a$ si la curva está por debajo de la recta tangente en ese punto. Observa que, en este caso, $f'(x)$ es decreciente en $x = a$ y, por tanto, tendremos que:

$$f''(a) < 0$$

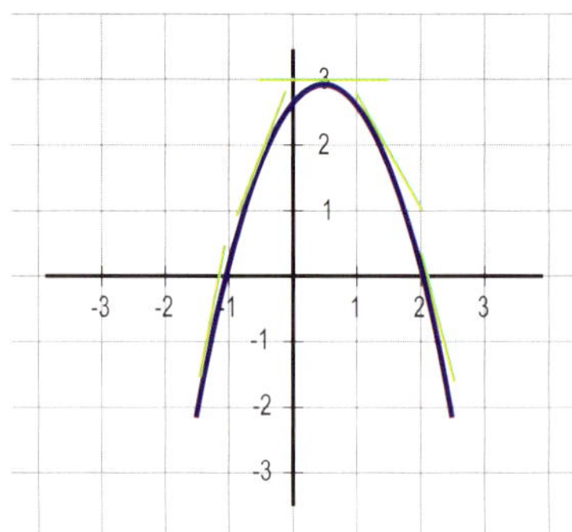

En el caso de que, en $x = a$, la posición de la curva y las rectas tangentes cambie de cóncava a convexa o al revés, estaremos ante un **punto de inflexión** de la curva y, por tanto, si la función es derivable, tendremos que:

$$f''(a) = 0$$

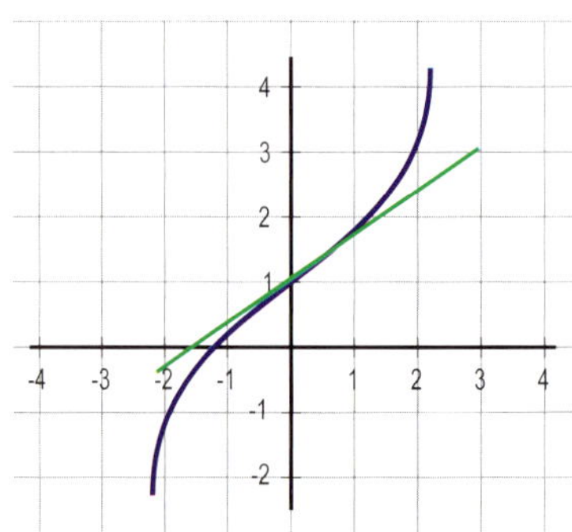

Observa

Aunque la función sea derivable, la condición $f''(a) = 0$ no es equivalente a tener un punto de inflexión. Es imprescindible observar si la función cambia su curvatura antes y después del posible punto de inflexión.

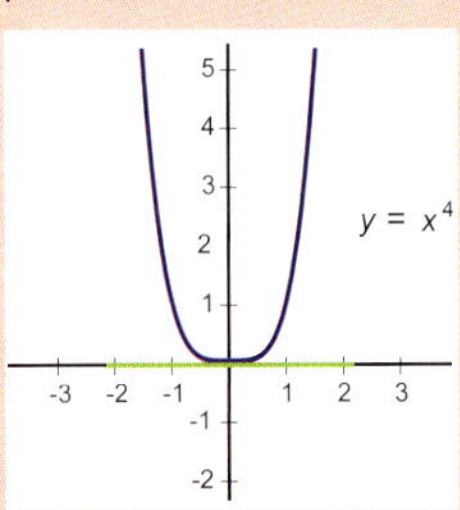

Ejercicios resueltos

8. Obtén los intervalos de concavidad y convexidad, así como los puntos de inflexión de la función $y = x^2 + 2\ln x$.

Solución:

$\text{Dom} f(x) = (0, +\infty)$

$f'(x) = 2x + \frac{2}{x} \Rightarrow f''(x) = 2 - \frac{2}{x^2} \Rightarrow 2 - \frac{2}{x^2} = 0 \Rightarrow 2x^2 - 2 = 0 \Rightarrow x = \pm 1$, de las cuales solo consideramos la positiva debido al dominio de la función. Por tanto, tenemos un posible punto de inflexión en $x = 1$.

Intervalos de concavidad: $f''(x) = \frac{2x^2 - 2}{x^2} > 0$ en $(1, +\infty)$ (dentro del dominio).

Intervalos de convexidad: $f''(x) = \frac{2x^2 - 2}{x^2} < 0$ en $(0, 1)$ (dentro del dominio).

Por tanto, la función tiene un punto de inflexión en $(1, 1)$.

9. Halla a, b y c para que $y = x^3 + ax^2 + bx + c$ tenga un máximo en el punto (–4, 33) y un punto de inflexión en $x = -2$.

Solución:

$f'(x) = 3x^2 + 2ax + b;\ f''(x) = 6x + 2a$

$$\left.\begin{array}{l} f(-4) = 33 \Rightarrow -64 + 16a - 4b + c = 33 \\ f'(-4) = 0 \Rightarrow 48 - 8a + b = 0 \\ f''(-2) = 0 \Rightarrow -12 + 2a = 0 \end{array}\right\} \Rightarrow a = 6, b = 0, c = 1$$

Ejercicios

14. Estudia la curvatura y los puntos de inflexión de las funciones siguientes:

a) $y = x^4 - 6x^2 + 1$

b) $y = e^{-x}(2x - 3)$

c) $y = \ln(x^2 + x)$

15. Estudia la concavidad, convexidad y puntos de inflexión de:

$$f(x) = \frac{x}{x^2 + 12}$$

16. Calcula el valor de los parámetros para que el polinomio $f(x) = ax^4 + bx^3 + cx^2 + dx + e$ tenga puntos de inflexión en $(1, 5)$ y $(-2, -76)$, un extremo relativo de abscisa $x = \frac{-7}{2}$ y pase por el origen de coordenadas.

3. Representación de funciones

Una vez estudiados los límites y las derivadas, podemos realizar estudios muy completos de funciones para obtener su gráfica con bastante exactitud sin necesidad de crear tablas de valores. Los apartados que estudiaremos (dependiendo de las funciones serán necesarios unos u otros) serán los siguientes:

- Dominio
- Continuidad y tipos de discontinuidades
- Puntos de corte con los ejes
- Signo
- Simetrías
- Periodicidad
- Asíntotas
- Monotonía (crecimiento, decrecimiento y extremos relativos)
- Curvatura y puntos de inflexión

Ejercicios resueltos

1. Realiza un estudio y representa la función $y = \dfrac{x^2+4x}{2x-1}$.

Solución:

- $\text{Dom} f(x) = \mathbb{R} - \left\{\dfrac{1}{2}\right\}$
- La función es continua en su dominio y, en $x = \dfrac{1}{2}$, presenta una discontinuidad de salto infinito.
- Puntos de corte con el eje *X*: $0 = \dfrac{x^2+4x}{2x-1} \Rightarrow x^2+4x=0 \Rightarrow x=0,\ x=-4 \Rightarrow (0, 0), (-4, 0)$

  Punto de corte con el eje *Y*: $y = \dfrac{0^2+4\cdot 0}{2\cdot 0-1} = 0 \Rightarrow (0, 0)$
- Signo positivo: $\dfrac{x^2+4x}{2x-1} > 0 \Rightarrow x \in (-4, 0) \cup \left(\dfrac{1}{2}, +\infty\right)$

  Signo negativo: $x \in (-\infty, -4) \cup \left(0, \dfrac{1}{2}\right)$.
- La simetría respecto del eje *Y* se determina observando si $f(-x) = f(x)$ (simetría par) y la simetría respecto del origen (simetría impar) si $f(-x) = -f(x)$. En nuestro caso, como $f(-x) = \dfrac{x^2-4x}{-2x-1} \neq \pm f(x)$ no hay ninguno de estos dos tipos de simetría.
- La periodicidad se restringe generalmente a las funciones trigonométricas, con lo que no tiene cabida en este ejercicio.
- Asíntotas
  - Asíntotas horizontales: $\lim\limits_{x\to\pm\infty} \dfrac{x^2+4x}{2x-1} = \pm\infty \Rightarrow$ no tiene asíntotas horizontales.
  - Asíntotas verticales: $\lim\limits_{x\to\frac{1}{2}} \dfrac{x^2+4x}{2x-1} = \dfrac{\frac{9}{4}}{0} = \infty \Rightarrow$ asíntota vertical en $x = \dfrac{1}{2}$.

    En nuestro caso, $\lim\limits_{x\to\frac{1}{2}^-} \dfrac{x^2+4x}{2x-1} = \dfrac{\frac{9}{4}}{0^-} = -\infty$; $\lim\limits_{x\to\frac{1}{2}^+} \dfrac{x^2+4x}{2x-1} = \dfrac{\frac{9}{4}}{0^+} = +\infty$.
  - Asíntotas oblicuas:

$$\left.\begin{array}{l} m = \lim\limits_{x\to\pm\infty} \dfrac{x^2+4x}{2x^2-x} = \dfrac{\infty}{\infty} = \dfrac{1}{2} \\ n = \lim\limits_{x\to\pm\infty} \left(\dfrac{x^2+4x}{2x-1} - \dfrac{x}{2}\right) = \infty - \infty = \lim\limits_{x\to\pm\infty} \dfrac{2x^2+8x-2x^2+x}{2x-1} = \lim\limits_{x\to\pm\infty} \dfrac{9x}{4x-2} = \dfrac{9}{4} \end{array}\right\} \Rightarrow y = \dfrac{1}{2}x + \dfrac{9}{4}$$

- Monotonía

$$y=\frac{x^2+4x}{2x-1}\Rightarrow y'=\frac{(2x+4)(2x-1)-2(x^2+4x)}{(2x-1)^2}=\frac{2x^2-2x-4}{(2x-1)^2}$$

Los posibles extremos relativos son las soluciones de

$$\frac{2x^2-2x-4}{(2x-1)^2}=0\Rightarrow 2x^2-2x-4=0\Rightarrow x=\frac{2\pm\sqrt{4-4\cdot 2\cdot(-4)}}{4}=\frac{2\pm 6}{4}=\left\langle\begin{matrix}2\\-1\end{matrix}\right.$$

Los intervalos de crecimiento son $(-\infty,\ -1),(2,+\infty)$, que resultan de resolver $y'=\frac{2x^2-2x-4}{(2x-1)^2}>0$, y los de decrecimiento $\left(-1,\frac{1}{2}\right),\left(\frac{1}{2},2\right)$, por el mismo motivo. Por lo tanto, tenemos en $(-1,1)$ un máximo relativo y en $(2,4)$ un mínimo relativo.

- Curvatura

$$y=\frac{x^2+4x}{2x-1}\Rightarrow y'=\frac{2x^2-2x-4}{(2x-1)^2}\Rightarrow y''=\frac{(4x-2)(2x-1)^{\not 2}-(2x^2-2x-4)\cdot 2\cancel{(2x-1)}\cdot 2}{(2x-1)^{\not 4}}=$$

$$=\frac{8x^2-8x+2-8x^2+8x+16}{(2x-1)^3}=\frac{18}{(2x-1)^3}$$

Los posibles puntos de inflexión son las soluciones de $y''=\frac{18}{(2x-1)^3}=0\Rightarrow 18\neq 0$, que no tiene soluciones, luego no existen puntos de inflexión.

La función es cóncava si $y''=\frac{18}{(2x-1)^3}>0\Rightarrow x\in\left(\frac{1}{2},+\infty\right)$ y la función es convexa si $x\in\left(-\infty,\frac{1}{2}\right)$

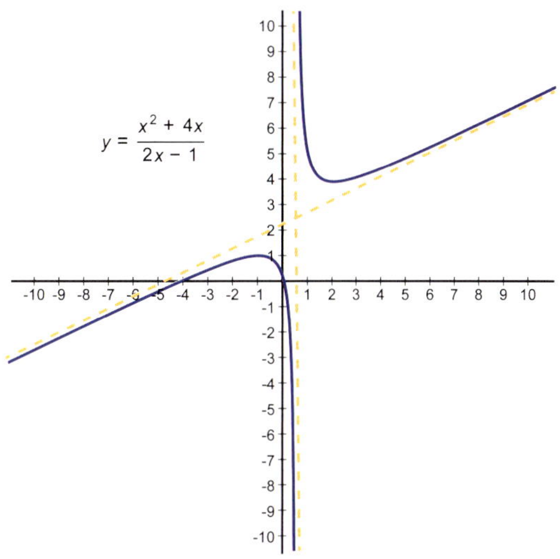

Ejercicios

17. Realiza un esbozo de la gráfica de las funciones, previo estudio de sus características principales:

a) $y=\frac{x^2}{2x-2}$ b) $y=\frac{1}{2}\ln(x^2+1)$ c) $y=e^{-x^2}$ d) $y=\frac{x^4-2x^2}{x^2-1}$ (sin curvatura)

Síntesis

Aplicaciones de los límites

Continuidad

$f(x)$ es continua en $x = a$ si $\lim\limits_{x \to a} f(x) = f(a)$

Discontinuidades:

- Evitable: existe $\lim\limits_{x \to a} f(x)$
- De salto finito: $\lim\limits_{x \to a^-} f(x) \neq \lim\limits_{x \to a^+} f(x)$ (finitos)
- De salto infinito: $\lim\limits_{x \to a^-} f(x) = \infty$ o $\lim\limits_{x \to a^+} f(x) = \infty$

Asíntotas y ramas infinitas

Horizontales: $\lim\limits_{x \to \pm\infty} f(x) = a \Rightarrow y = a$

Verticales: $\lim\limits_{x \to b} f(x) = \pm\infty \Rightarrow x = b$

Oblicuas: $\left.\begin{array}{l} \lim\limits_{x \to \pm\infty} \dfrac{f(x)}{x} = m \neq 0, \infty \\ \lim\limits_{x \to \pm\infty} \left(f(x) - mx\right) = n \neq \infty \end{array}\right\} \Rightarrow y = mx + n$

Aplicaciones de las derivadas

Recta tangente

$y - f(a) = f'(a)(x - a)$

Derivabilidad

$f(x)$ es derivable en $x = a$ si es continua y $f'(a^-) = f'(a^+)$

Monotonía

$f'(a) > 0 \Rightarrow f(x)$ es creciente en un entorno de $x = a$.

$f'(a) < 0 \Rightarrow f(x)$ es decreciente en un entorno de $x = a$.

La función derivable $f(x)$ tiene un máximo (o mínimo) relativo en $x = a$ si pasa de ser creciente a decreciente (o de decreciente a creciente).

Optimización

Optimizar una función es hallar su máximo o mínimo absolutos. Estos se encuentran siempre entre sus extremos relativos y los valores de la función en los extremos del intervalo (si es cerrado).

Curvatura

Cóncava en $x = a \Rightarrow f''(a) > 0$

Convexa en $x = a \Rightarrow f''(a) < 0$

Punto de inflexión en $x = a \Rightarrow f''(a) = 0$

Representación de funciones

- Dominio
- Continuidad y tipos de discontinuidades
- Puntos de corte con los ejes
- Signo
- Simetrías
- Periodicidad
- Asíntotas
- Monotonía (crecimiento, decrecimiento y extremos relativos)
- Curvatura y puntos de inflexión

Problemas tipo

Aplicaciones de los límites

18. Estudia la continuidad de esta función:

$$f(x)=\begin{cases} x-1 & \text{si } x<-1 \\ \dfrac{x^2+1}{x} & \text{si } -1\le x<1 \\ \dfrac{x^2-4}{x-2} & \text{si } x\ge 1 \end{cases}$$

$$x=-1\rightarrow \left\{\begin{array}{l} \lim\limits_{x\to -1^-} f(x)=\lim\limits_{x\to -1^-}(x-1)=-2 \\ \lim\limits_{x\to -1^+} f(x)=\lim\limits_{x\to -1^+}\dfrac{x^2+1}{x}=-2 \end{array}\right\}\Rightarrow \text{Continua}$$

$$x=0\rightarrow \lim_{x\to 0} f(x)=\lim_{x\to 0}\frac{x^2+1}{x}=\infty\Rightarrow \text{Discontinua de salto infinito}$$

$$x=1\rightarrow \left\{\begin{array}{l} \lim\limits_{x\to 1^-} f(x)=\lim\limits_{x\to 1^-}\dfrac{x^2+1}{x}=2 \\ \lim\limits_{x\to 1^+} f(x)=\lim\limits_{x\to 1^+}\dfrac{x^2-4}{x-2}=3 \end{array}\right\}\Rightarrow \text{Discontinua de salto finito igual a 1}$$

$$x=2\rightarrow \lim_{x\to 2} f(x)=\lim_{x\to 2}\frac{x^2-4}{x-2}=\frac{0}{0}:\lim_{x\to 2}\frac{\cancel{(x-2)}(x+2)}{\cancel{x-2}}=4\Rightarrow \text{Evitable}$$

Continua en $\mathbb{R}-\{0,1,2\}$

19. Halla las asíntotas de las siguientes funciones:

a) $f(x)=\dfrac{x^2+x}{x^2-1}$

b) $f(x)=\dfrac{x^2-3x}{x+1}$

a) A.V.: $\lim\limits_{x\to -1}\dfrac{x^2+x}{x^2-1}=\dfrac{0}{0}=\lim\limits_{x\to -1}\dfrac{x\cancel{(x+1)}}{\cancel{(x+1)}(x-1)}=\dfrac{1}{2}\Rightarrow$ No hay.

$$\lim_{x\to 1}\frac{x^2+x}{x^2-1}=\frac{2}{0}=\infty\Rightarrow x=1$$

A.H.: $\lim\limits_{x\to\infty}\dfrac{x^2+x}{x^2-1}=1\Rightarrow y=1$ A.O.: No hay porque hay horizontales.

b) A.V.: $\lim\limits_{x\to -1}\dfrac{x^2-3x}{x+1}=\dfrac{4}{0}=\infty\Rightarrow x=-1$ A.H.: $\lim\limits_{x\to\infty}\dfrac{x^2-3x}{x+1}=\infty\Rightarrow$ No hay.

$$\left.\begin{array}{l} \text{A.O.: } m=\lim\limits_{x\to\infty}\dfrac{\frac{x^2-3x}{x+1}}{x}=\lim\limits_{x\to\infty}\dfrac{x^2-3x}{x^2+x}=1 \\ n=\lim\limits_{x\to\infty}\left(\dfrac{x^2-3x}{x+1}-x\right)=\lim\limits_{x\to\infty}\dfrac{x^2-3x-x^2-x}{x+1}=\lim\limits_{x\to\infty}\dfrac{-4x}{x+1}=-4 \end{array}\right\}\Rightarrow y=x-4$$

Aplicaciones de las derivadas

20. Halla la ecuación explícita de la recta tangente a $f(x)=\dfrac{x+1}{x-1}$ en el punto de abscisa $x=2$.

$$f(x)=\frac{x+1}{x-1}\rightarrow f(2)=3$$

$$f'(x)=\frac{1\cdot(x-1)-(x+1)\cdot 1}{(x-1)^2}=\frac{x-1-x-1}{(x-1)^2}=\frac{-2}{(x-1)^2}\rightarrow f'(2)=-2$$

$$y-3=-2(x-2)\Rightarrow y=-2x+7$$

21. Determina el punto de la curva $f(x)=2x^3-9x^2-18x-23$ donde su recta tangente sea paralela a la recta $6x-y+5=0$.

$$f'(x)=6x^2-18x-18;\ m=6$$

$$6x^2-18x-18=6\rightarrow 6x^2-18x-24=0\rightarrow x^2-3x-4=0\rightarrow x=\left\langle\begin{array}{l} 4\Rightarrow(4,\ -111) \\ -1\Rightarrow(-1,\ -16) \end{array}\right.$$

22. Estudia la derivabilidad de la siguiente función: $f(x)=\begin{cases} -x^2 & \text{si } x<-1 \\ 2x+1 & \text{si } -1\le x<1 \\ x^2+1 & \text{si } 1\le x<2 \\ 3x-1 & \text{si } x\ge 2 \end{cases}$

$$x=-1\rightarrow\left\{\begin{array}{l}\lim\limits_{x\to-1^-} f(x)=\lim\limits_{x\to-1^-}\left(-x^2\right)=-1\\ \lim\limits_{x\to-1^+} f(x)=\lim\limits_{x\to-1^+}(2x+1)=-1\end{array}\right\}\rightarrow\left\{\begin{array}{l}f'\left(-1^-\right)=\left[-2x\right]_{x=-1}=2\\ f'\left(-1^+\right)=\left[2\right]_{x=-1}=2\end{array}\right\}\Rightarrow \text{Derivable}$$

$$x=1\rightarrow\left\{\begin{array}{l}\lim\limits_{x\to1^-} f(x)=\lim\limits_{x\to1^-}(2x+1)=3\\ \lim\limits_{x\to1^+} f(x)=\lim\limits_{x\to1^+}\left(x^2+1\right)=2\end{array}\right\}\rightarrow \text{Discontinua}\Rightarrow\text{No derivable}$$

$$x=2\rightarrow\left\{\begin{array}{l}\lim\limits_{x\to2^-} f(x)=\lim\limits_{x\to2^-}\left(x^2+1\right)=5\\ \lim\limits_{x\to2^+} f(x)=\lim\limits_{x\to2^+}(3x-1)=5\end{array}\right\}\rightarrow\left\{\begin{array}{l}f'\left(2^-\right)=\left[2x\right]_{x=2}=4\\ f'\left(2^+\right)=\left[3\right]_{x=2}=3\end{array}\right\}\Rightarrow \text{No derivable}$$

23. Halla los intervalos de crecimiento y de decrecimiento de $f(x)=\dfrac{x^2}{x-1}$, así como sus extremos relativos.

$$f'(x)=\frac{2x(x-1)-x^2\cdot 1}{(x-1)^2}=\frac{2x^2-2x-x^2}{(x-1)^2}=\frac{x^2-2x}{(x-1)^2}=\frac{x(x-2)}{(x-1)^2}$$

0 1 2

x	−	+	+	+
$x-2$	−	−	−	+
$(x-1)^2$	+	+	+	+
$f'(x)$	+	−	−	+

Creciente en $(-\infty, 0), (2, +\infty)$

Decreciente en $(0, 1), (1, 2)$

Máximo en $x=0$

Mínimo en $x=2$

24. Halla las dimensiones de un rectángulo de perímetro 100 cm para que su diagonal sea mínima.

x, y = lados del rectángulo $2x+2y=100 \rightarrow y=50-x$

Diagonal: $D=\sqrt{x^2+y^2}\rightarrow f(x)=\sqrt{x^2+(50-x)^2}=\sqrt{2x^2-100x+2500}$

$$f'(x)=\frac{4x-100}{2\sqrt{2x^2-100x+2500}}=\frac{2x-50}{\sqrt{2x^2-100x+2500}}=0\Rightarrow x=25$$

Es un mínimo, ya que pasa de decrecer a crecer.

Además es absoluto, pues los valores extremos son $x=0$, y $x=50$, para los que la diagonal mediría 50 cm, mientras que para $x=25$ la diagonal mide menos.

El rectángulo mide $x=25$ cm, $y=25$ cm.

25. Halla los intervalos de concavidad y convexidad de $f(x)=\dfrac{x}{x^2+1}$, indicando cuáles son los puntos de inflexión.

$$f'(x)=\frac{1\cdot\left(x^2+1\right)-x\cdot 2x}{\left(x^2+1\right)^2}=\frac{x^2+1-2x^2}{\left(x^2+1\right)^2}=\frac{-x^2+1}{\left(x^2+1\right)^2}$$

$$f''(x)=\frac{-2x\left(x^2+1\right)^2-\left(-x^2+1\right)\cdot 2\left(x^2+1\right)\cdot 2x}{\left(x^2+1\right)^4}=\frac{-2x^3-2x+4x^3-4x}{\left(x^2+1\right)^3}=\frac{2x^3-6x}{\left(x^2+1\right)^3}$$

$-\sqrt{3}$ 0 $\sqrt{3}$

$2x$	−	−	+	+
$x-\sqrt{3}$	−	−	−	+
$x+\sqrt{3}$	−	+	+	+
$\left(x^2+1\right)^3$	+	+	+	+
$f''(x)$	−	+	−	+

Cóncava en $\left(-\sqrt{3}, 0\right), \left(\sqrt{3}, +\infty\right)$

Convexa en $\left(-\infty, -\sqrt{3}\right), \left(0, \sqrt{3}\right)$

Puntos de inflexión en $x=-\sqrt{3}$, $x=0$ y $x=\sqrt{3}$

Representación de funciones

26. Representa la gráfica de $f(x) = \dfrac{x^3}{x^2-1}$ haciendo un estudio completo de la misma.

- Dominio: $\text{Dom} f = \mathbb{R} - \{\pm 1\}$
- Continuidad: $x = \pm 1 \to \lim\limits_{x \to \pm 1} \dfrac{x^3}{x^2-1} = \infty \Rightarrow$ Discontinua de salto infinito en $x = \pm 1$
- Cortes: $OX: y = 0,\ \dfrac{x^3}{x^2-1} = 0 \to x = 0 \Rightarrow (0, 0)$, $OY: x = 0,\ y = \dfrac{0^3}{0^2-1} = 0 \Rightarrow (0, 0)$
- Signo:

	-1	0	1	
x^3	−	−	+	+
$x-1$	−	−	−	+
$x+1$	−	+	+	+
$f(x)$	−	+	−	+

Positiva en $(-1, 0), (1, +\infty)$

Negativa en $(-\infty, -1), (0, 1)$

- Simetrías: $f(-x) = \dfrac{(-x)^3}{(-x)^2-1} = \dfrac{-x^3}{x^2-1} = -f(x) \Rightarrow$ impar
- Periodicidad: No es periódica.
- Asíntotas: A.V. $x = \pm 1 \to \lim\limits_{x \to \pm 1} \dfrac{x^3}{x^2-1} = \infty \Rightarrow$ Asíntotas en $x = \pm 1$.

A.H. $\lim\limits_{x \to \infty} \dfrac{x^3}{x^2-1} = \infty \Rightarrow$ No hay

A.O. $$\left.\begin{array}{l} m = \lim\limits_{x \to \infty} \dfrac{\frac{x^3}{x^2-1}}{x} = \lim\limits_{x \to \infty} \dfrac{x^3}{x^3-x} = 1 \\ n = \lim\limits_{x \to \infty} \left(\dfrac{x^3}{x^2-1} - x \right) = \lim\limits_{x \to \infty} \dfrac{x^3 - x^3 + x}{x^2-1} = \lim\limits_{x \to \infty} \dfrac{x}{x^2-1} = 0 \end{array}\right\} \Rightarrow y = x$$

- Monotonía y extremos relativos:

$$f'(x) = \frac{3x^2(x^2-1) - x^3 \cdot 2x}{(x^2-1)^2} = \frac{x^4 - 3x^2}{(x^2-1)^2}$$

	$-\sqrt{3}$	-1	0	1	$\sqrt{3}$	
x^2	+	+	+	+	+	+
$x-\sqrt{3}$	−	−	−	−	−	+
$x+\sqrt{3}$	−	+	+	+	+	+
$(x-1)^2$	+	+	+	+	+	+
$(x+1)^2$	+	+	+	+	+	+
$f'(x)$	+	−	−	−	−	+

Creciente en $(-\infty, -\sqrt{3}), (\sqrt{3}, +\infty)$

Decreciente $(-\sqrt{3}, -1), (-1, 0), (0, 1), (1, \sqrt{3})$

Máximo en $x = -\sqrt{3}$

Mínimo en $x = \sqrt{3}$

- Curvatura P.I.: $f''(x) = \dfrac{2x^3 + 6x}{(x^2-1)^3}$

	-1	0	1	
$2x$	−	−	+	+
x^2+3	+	+	+	+
$(x-1)^3$	−	−	−	+
$(x+1)^3$	−	+	+	+
$f'(x)$	−	+	−	+

Cóncava en $(-1, 0), (1, +\infty)$

Convexa $(0, -1), (0, 1)$

Punto de inflexión en $x = 0$ ($x = \pm 1$ no están en el dominio).

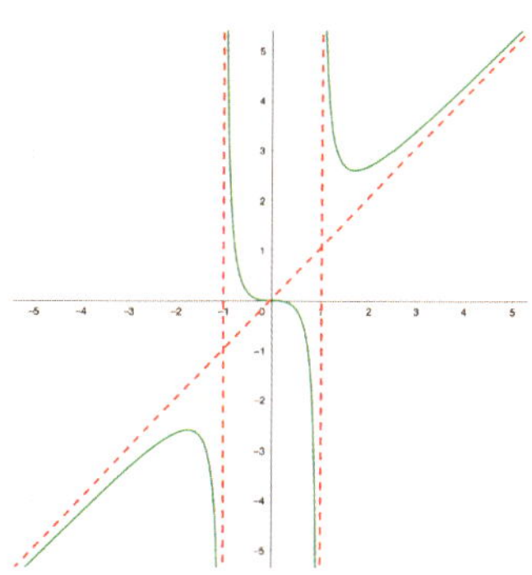

Ejercicios y problemas

Aplicaciones de los límites

27. Estudia la continuidad de las siguientes funciones:

a) $f(x)=\dfrac{x^2-4x+2}{x^2+2x-3}$ b) $f(x)=\dfrac{x^2-1}{x^2-x}$

c) $f(x)=\dfrac{x^2+3x-4}{x^2-3x+4}$ d) $f(x)=\dfrac{x^3-2x^2-x+2}{x^3-3x-2}$

28. Estudia la continuidad de las siguientes funciones:

a) $f(x)=\begin{cases}\dfrac{x^2}{x+1} & \text{si } x<0\\ x^2+x & \text{si } x\geq 0\end{cases}$

b) $f(x)=\begin{cases}\dfrac{x}{x^2-1} & \text{si } x<0\\ \dfrac{x}{x^2+x} & \text{si } x\geq 0\end{cases}$

c) $f(x)=\begin{cases}-x & \text{si } x<-2\\ \dfrac{x^2+2}{x} & \text{si } -2\leq x<1\\ 4-x^2 & \text{si } x\geq 1\end{cases}$

d) $f(x)=\begin{cases}\dfrac{-x}{x+1} & \text{si } x<-1\\ 2x-1 & \text{si } -1\leq x<1\\ \dfrac{x^2-1}{x} & \text{si } x\geq 1\end{cases}$

29. Halla el valor del parámetro real *a* para que cada una de las siguientes funciones sean continuas en todo su dominio:

a) $f(x)=\begin{cases}1-2x & \text{si } x<-1\\ ax-a & \text{si } x\geq -1\end{cases}$

b) $f(x)=\begin{cases}x^2-a & \text{si } x<1\\ 2ax-1 & \text{si } x\geq 1\end{cases}$

c) $f(x)=\begin{cases}x^2+x-a & \text{si } x<0\\ 2x-a+2 & \text{si } x\geq 0\end{cases}$

d) $f(x)=\begin{cases}ax+a & \text{si } x<-1\\ a(x+1)^2 & \text{si } -1\leq x<1\\ ax+3a & \text{si } x\geq 1\end{cases}$

30. Halla el valor de los parámetros *a* y *b* para que las funciones siguientes sean continuas:

a) $f(x)=\begin{cases}-x^2 & \text{si } x<-1\\ ax+b & \text{si } -1\leq x<1\\ 2x-3 & \text{si } x\geq 1\end{cases}$

b) $f(x)=\begin{cases}-2x+a & \text{si } x<0\\ 2^x & \text{si } 0\leq x<2\\ 2x+b & \text{si } x\geq 2\end{cases}$

c) $f(x)=\begin{cases}x+b & \text{si } x<0\\ \dfrac{a+1}{x+1} & \text{si } 0\leq x\leq 1\\ \ln x & \text{si } x>1\end{cases}$

d) $f(x)=\begin{cases}bx^2+a & \text{si } x<-1\\ ax^2+b & \text{si } -1\leq x\leq 0\\ b(ax+1) & \text{si } x>0\end{cases}$

31. Discute la continuidad y los tipos de discontinuidad de la función $f(x)=\begin{cases}-2x+3 & \text{si } x<1\\ a & \text{si } x=1\\ x^2 & \text{si } x>1\end{cases}$ en función del valor del parámetro *a*.

31. Discute los tipos de discontinuidad de la función $f(x)=\dfrac{x^2+a}{x^2+x}$ en función del valor del parámetro *a*.

33. Discute la continuidad y los tipos de discontinuidad de la función $f(x)=\begin{cases}\dfrac{x^2-4}{x-a} & \text{si } x<0\\ 2x-1 & \text{si } x\geq 0\end{cases}$ en función del valor del parámetro *a*.

34. Halla las asíntotas de las siguientes funciones:

a) $f(x)=\dfrac{2x^2-1}{x^2+1}$ b) $f(x)=\dfrac{x^2-3x}{x^2-x-6}$

c) $f(x)=\dfrac{x^3+1}{x^2-1}$ d) $f(x)=\dfrac{x^2-x+1}{2x+3}$

35. Halla las asíntotas de las siguientes funciones:

a) $f(x) = x\ln x$ b) $f(x) = \frac{e^x}{x}$

c) $f(x) = \frac{\sqrt{x-1}}{x}$ d) $f(x) = \ln\left(\frac{x-1}{x+1}\right)$

36. Calcula las asíntotas de las siguientes funciones:

a) $f(x) = \begin{cases} \frac{x}{x+1} & \text{si } x \le 0 \\ \frac{x^2-1}{x} & \text{si } x > 0 \end{cases}$

b) $f(x) = \begin{cases} \frac{x^2}{x-1} & \text{si } x \le 1 \\ \frac{\ln x}{x} & \text{si } x > 1 \end{cases}$

c) $f(x) = \begin{cases} \frac{2^x}{x} & \text{si } x \le -2 \\ \frac{x}{\sqrt{x+2}} & \text{si } x > -2 \end{cases}$

d) $f(x) = \begin{cases} \frac{x^2+1}{x} & \text{si } x \le -1 \\ \frac{x^3}{x^2-1} & \text{si } -1 < x < 1 \\ 2^x & \text{si } x \ge 1 \end{cases}$

37. Calcula las asíntotas de las siguientes funciones:

a) $f(x) = \left|\frac{x}{x-1}\right|$ b) $f(x) = \left|\frac{2x^2}{x+1}\right|$

38. Escribe una función racional con las siguientes asíntotas: $y = 2$, $x = -1$, $x = 1$.

39. Escribe una función racional con las siguientes asíntotas: $x = -1$, $y = -x + 3$

Aplicaciones de las derivadas

40. Determina, en cada caso, las coordenadas del punto de la gráfica donde su recta tangente sea horizontal.

a) $f(x) = -2x^2 + x + 3$ b) $f(x) = -2x^3 + 3x^2 + 12x - 7$

c) $f(x) = x - \ln x$ d) $f(x) = \frac{x}{(x-1)^2}$

41. Calcula la ecuación de la recta tangente a cada curva en el punto de abscisa dado:

a) $f(x) = x^3 - 3x^2 + 5$ en $x = -1$

b) $f(x) = \frac{x}{x-1}$ en $x = 2$

c) $f(x) = \sqrt{x^2 + x - 2}$ en $x = -3$

d) $f(x) = \ln\frac{2x-1}{x+1}$ en $x = 2$

42. Determina, en cada caso, la abscisa del punto de la gráfica donde su recta tangente sea paralela a la recta dada.

a) $f(x) = 3x^2 - 4x + 5$. Paralela a $y = 2x - 1$.

b) $f(x) = 2x^3 + 5x^2 + 4x - 3$. Paralela a $y = \frac{4x}{3} + 1$.

c) $f(x) = \frac{x^2-1}{x}$. Paralela a $5x - y - 4 = 0$.

d) $f(x) = -x^4 + x^3 - 3x^2 + x + 2$. Paralela a $6x + y - 5 = 0$.

43. Determina, en cada caso, la abscisa del punto de la gráfica donde su recta tangente sea perpendicular a la recta dada.

a) $f(x) = -x^2 + 5x - 3$. Perpendicular a $y = -3x + 2$.

b) $f(x) = 2x^3 - 5x^2 + x - 1$. Perpendicular a $3x - 5y + 1 = 0$.

c) $f(x) = \frac{x^2}{x-1}$. Perpendicular a $4x - 5y - 2 = 0$.

d) $f(x) = x^4 - 2x^3 + x - 5$. Perpendicular a $y = \frac{-x+5}{9}$.

44. Halla la recta tangente a cada curva que pase por el punto *P* dado, exterior a la curva.

a) $f(x) = x^2 - x$; $P(1, -4)$

b) $f(x) = x^3 - 3x^2 + 6x - 1$; $P(-1, -3)$

45 Estudia la derivabilidad de las siguientes funciones:

a) $f(x) = \begin{cases} 4x - 1 & \text{si } x < 1 \\ x^2 + 2 & \text{si } x \ge 1 \end{cases}$

b) $f(x) = \begin{cases} -3x^2 + 1 & \text{si } x \le -1 \\ -2x^2 + 2x + 2 & \text{si } x > -1 \end{cases}$

46. Estudia la derivabilidad de las siguientes funciones con valores absolutos:

a) $f(x)=|x^2+x|$ b) $f(x)=|x^3-x^2|$

47. Estudia la derivabilidad de las siguientes funciones:

a) $f(x)=\begin{cases} x^2+3x & \text{si } x<0 \\ 3x-2 & \text{si } 0\le x<2 \\ x^2 & \text{si } x\ge 2 \end{cases}$

b) $f(x)=\begin{cases} -3x+7 & \text{si } x<1 \\ x^2-5x+8 & \text{si } 1\le x<4 \\ 3x-8 & \text{si } x\ge 4 \end{cases}$

c) $f(x)=\begin{cases} x-1 & \text{si } x<-1 \\ x^2-3 & \text{si } -1\le x<0 \\ \dfrac{x+3}{x-1} & \text{si } x\ge 0 \end{cases}$

d) $f(x)=\begin{cases} \dfrac{2x+2}{x} & \text{si } x<-2 \\ -x-1 & \text{si } -2\le x<2 \\ \dfrac{-5x+4}{x} & \text{si } x\ge 2 \end{cases}$

48. Halla los valores del parámetro *a* para que las siguientes funciones sean derivables en todo su dominio.

a) $f(x)=\begin{cases} 3x^2-1 & \text{si } x<1 \\ ax^2-ax+2 & \text{si } x\ge 1 \end{cases}$

b) $f(x)=\begin{cases} ax+2 & \text{si } x<-1 \\ 2x^2-a & \text{si } x\ge -1 \end{cases}$

49. Halla los valores de los parámetros *a* y *b* para que las siguientes funciones sean derivables en su dominio.

a) $f(x)=\begin{cases} ax^2-2 & \text{si } x<1 \\ -2x+b & \text{si } x\ge 1 \end{cases}$

b) $f(x)=\begin{cases} 3x^2+ax+b & \text{si } x<0 \\ -x^2+bx+a & \text{si } x\ge 0 \end{cases}$

c) $f(x)=\begin{cases} ax-2b+5 & \text{si } x<-1 \\ (a+b)x^2 & \text{si } x\ge -1 \end{cases}$

d) $f(x)=\begin{cases} x^2-ax+b-2 & \text{si } x<1 \\ -x^2+bx-1 & \text{si } x\ge 1 \end{cases}$

50. Halla los intervalos de crecimiento y decrecimiento de las siguientes funciones. Indica también sus máximos y mínimos relativos.

a) $f(x)=-3x^2+2x-1$

b) $f(x)=2x^3+3x^2-12x+7$

c) $f(x)=3x^4+4x^3-6x^2-12x+5$

d) $f(x)=2x^6-9x^4+8x^3-1$

51. Estudia la monotonía de las siguientes funciones, incluyendo sus extremos relativos.

a) $f(x)=\dfrac{x^2+4}{x}$ b) $f(x)=\dfrac{x^3}{x-1}$

c) $f(x)=\dfrac{x}{x^2-4}$ d) $f(x)=\dfrac{3x-1}{x^2+x}$

52. Calcula los intervalos de crecimiento y de decrecimiento de las funciones siguientes:

a) $f(x)=x-\ln x$ b) $f(x)=\ln(x^2+x)$

c) $f(x)=\sqrt{1-x^2}$ d) $f(x)=\dfrac{e^x}{x}$

53. Halla los máximos y los mínimos relativos de las siguientes funciones por partes:

a) $f(x)=\begin{cases} -x+1 & \text{si } x<0 \\ x-2 & \text{si } x\ge 0 \end{cases}$ b) $f(x)=\begin{cases} -x+1 & \text{si } x\le 0 \\ x-2 & \text{si } x>0 \end{cases}$

c) $f(x)=\begin{cases} -x-2 & \text{si } x<0 \\ x+1 & \text{si } x\ge 0 \end{cases}$ d) $f(x)=\begin{cases} -x-2 & \text{si } x\le 0 \\ x+1 & \text{si } x>0 \end{cases}$

e) $f(x)=\begin{cases} x+1 & \text{si } x<0 \\ -x-2 & \text{si } x\ge 0 \end{cases}$ f) $f(x)=\begin{cases} x+1 & \text{si } x\le 0 \\ -x-2 & \text{si } x>0 \end{cases}$

g) $f(x)=\begin{cases} x-2 & \text{si } x<0 \\ -x+1 & \text{si } x\ge 0 \end{cases}$ h) $f(x)=\begin{cases} x-2 & \text{si } x\le 0 \\ -x+1 & \text{si } x>0 \end{cases}$

54. Halla los máximos y los mínimos relativos de las siguientes funciones por partes:

a) $f(x)=\begin{cases} -x & \text{si } x<0 \\ x^2-2x+2 & \text{si } 0\le x<3 \\ -x+3 & \text{si } x\ge 3 \end{cases}$

b) $f(x)=\begin{cases} 2^x & \text{si } x\le 0 \\ -2x+2 & \text{si } 0<x<2 \\ \dfrac{1}{x-1} & \text{si } x\ge 2 \end{cases}$

55. Determina el valor del parámetro a para que $f(x)=ax^2-(a+2)x+2$ tenga un extremo relativo en el punto de abscisa $x=\frac{5}{6}$.

56. Determina el valor del parámetro a para que $f(x)=\frac{a}{2}x^3-a(a+2)x+a^2$ tenga un extremo relativo en el punto de abscisa $x=-2$.

57. Determina el valor de los parámetros a y b para que $f(x)=x^3+ax^2+ax+b$ tenga un extremo relativo en el punto $(-1,\ -6)$.

58. Determina el valor de los parámetros a y b para que $f(x)=\dfrac{bx^2+a}{x}$ tenga un extremo relativo en el punto de abscisa $x=\frac{1}{2}$ y pase por el punto $(-1,\ -5)$.

59. Determina el valor de los parámetros a, b y c para que $f(x)=x^4+ax^3+bx^2+cx+3$ tenga un extremo relativo en el punto $(-2,\ -1)$ y pase por el punto $(-1,\ 3)$.

60. Determina el valor de los parámetros a, b, c y d para que $f(x)=x^4+ax^3+bx^2+cx+d$ tenga un extremo relativo en el punto $(-1,\ -2)$ y otro extremo relativo en $(0,\ -2)$.

61. Los ingresos semanales (en miles de euros) de una gasolinera varían en función del precio x al que ponen a la venta la gasolina (en €/L), según la función $f(x)=-0{,}8x^2+2x+15$.

a) ¿A qué precio deben vender la gasolina para obtener los máximos ingresos posibles?

b) ¿Cuáles serán los ingresos en esa situación?

62. La producción, en miles de barras, de una fábrica de turrones durante el mes de diciembre viene dada por la función $f(x)=-\dfrac{x^2}{30}+x+20$, con x el día del mes.

a) ¿Qué día de diciembre producen más barras de turrón?

b) ¿Cuántas barras produce ese día?

c) ¿Y qué día producen menos?

d) ¿En qué periodo del mes la producción va aumentando, y en qué periodo va disminuyendo?

63. Los beneficios obtenidos el primer año de funcionamiento de cierta empresa vienen expresados por la función $f(x)=x^3-15x^2+63x-49$ en miles de euros, siendo x los meses que han pasado desde su inauguración.

a) ¿En qué periodos ha habido ganancias y en qué periodos, pérdidas?

b) ¿En qué periodos han ido mejorando los resultados de la empresa y en qué periodos han ido empeorando?

c) ¿Cuándo se ha obtenido el beneficio mayor en el primer año?

d) ¿Y el peor?

64. La cantidad de lluvia caída en cierto lugar a lo largo del año se puede medir por $f(x)=\dfrac{x^3}{3}-6x^2+\dfrac{95x}{4}+\dfrac{153}{2}$ (en milímetros), siendo x los meses desde el inicio del año.

Halla en qué momentos del año la cantidad de agua de lluvia recogida ha sido máxima y mínima, respectivamente.

65. Queremos cortar una tira de latón de 50 cm de largo en dos partes para construir con cada una de ellas un molde cortapastas cuadrado y otro circular como los de la ilustración.

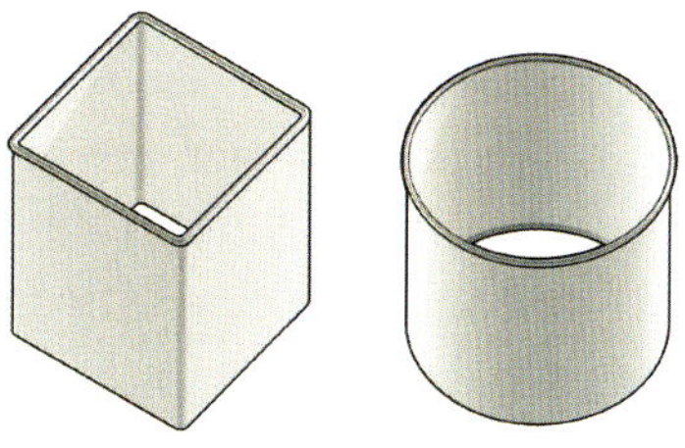

Calcula cuánto debe medir cada trozo de latón para que la cantidad de pasta que quepa en ambos moldes juntos sea:

a) la mayor posible. *b)* la menor posible.

66. De entre todos los triángulos isósceles de perímetro 10 cm, halla las dimensiones del que, al girar sobre su eje de simetría, genere un cono de volumen máximo.

67. Un ganadero tiene un lote de terneros que, en total, pesan 5100 kg. Si los vende ahora, obtendrá 2,50 € por cada kg de peso. Los terneros engordan de forma que el lote aumenta 150 kg cada día, pero cada día que pasa, el precio disminuye 5 céntimos por kg. ¿Dentro de cuántos días debe vender los terneros para obtener el mayor beneficio posible? ¿Qué beneficio obtendrá si los vende ese día y cuál hubiera sido si los vendiera al principio?

68. En una competición deportiva, los participantes deben ir del punto *A* al *B* saltando al agua desde el punto *P* que ellos prefieran para comenzar a nadar. Sabiendo que un corredor alcanza 5 m/s corriendo, y 1 m/s nadando, ¿a qué distancia de *A* debe estar situado el punto *P* para que el deportista tarde el menor tiempo posible en llegar a *B*?

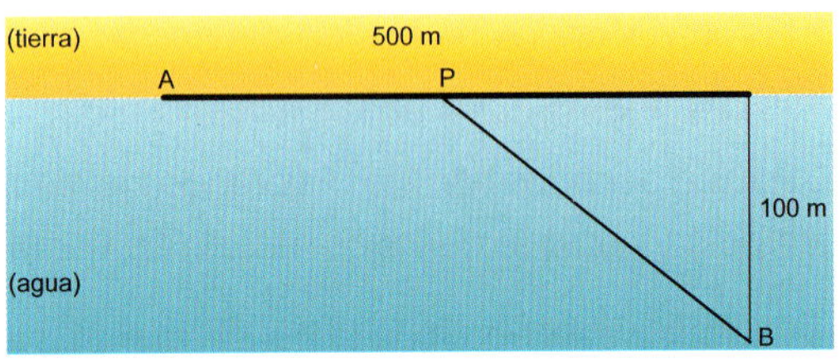

69. Un perro está atado con una cuerda a un poste cuadrado de 40 cm de lado como indica la figura, siendo el punto *P* un nudo corredizo.

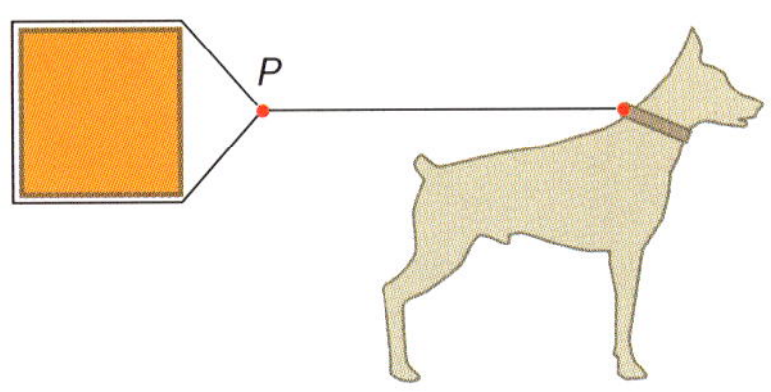

Si la longitud total de la cuerda es de 5 metros, ¿cuánto puede separarse, como máximo, el perro del poste en la dirección del dibujo?

70. Halla dos números reales tales que su suma sea 100 y la suma de sus cuadrados sea mínima.

71. Calcula las dimensiones de una puerta de garaje de 18 m^2 para que usemos la menor cantidad posible de material para hacer el marco como en la ilustración.

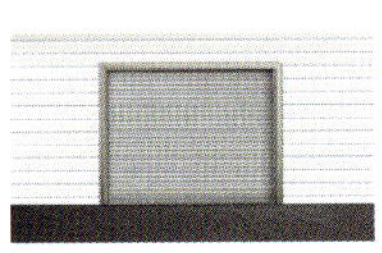

72. En una fábrica, se quieren construir cajas de cartón en forma de prisma con la base cuadrada de modo que se pueda aprovechar la mayor capacidad posible pero utilizando, como máximo, 5400 cm^2 de cartón por caja. ¿Cuáles deben ser las dimensiones, en centímetros, de la caja?

73. En una fábrica de latas de conserva, se quieren fabricar latas cilíndricas de aluminio con una capacidad de 250 cm^3 utilizando la menor cantidad posible de material. ¿Cuánto debe medir el radio y la altura de la lata para conseguirlo?

74. De entre todos los triángulos rectángulos inscritos en una circunferencia de radio 10 cm, halla la longitud de los lados del que tenga área máxima.

Nota: Recuerda que si un triángulo rectángulo está inscrito en una circunferencia, la hipotenusa es uno de los diámetros de la circunferencia.

75. En la parte superior de la boca de un túnel se quiere colocar un panel luminoso rectangular, tal como puede verse en la figura:

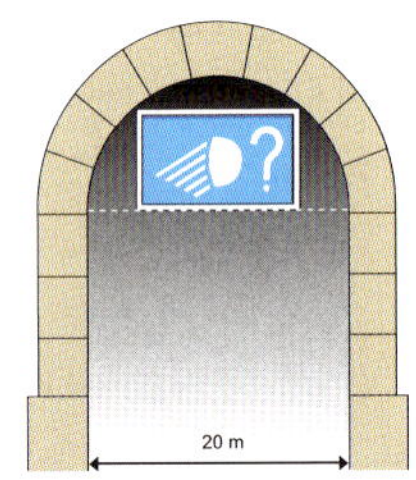

Halla las dimensiones del rectángulo para que el panel luminoso tenga la mayor superficie posible.

76. Calcula los intervalos de concavidad y convexidad, así como los puntos de inflexión, de las siguientes funciones:

a) $f(x) = -x^2 + 6x + 7$

b) $f(x) = x^3 + 3x^2 + 3x - 4$

c) $f(x) = -x^4 + 6x^3 + 7x - 3$

d) $f(x) = 6x^5 - 15x^4 + 30x^2 - 10x - 9$

77. Estudia la curvatura y los puntos de inflexión de las siguientes funciones:

a) $f(x) = \dfrac{x}{x-1}$

b) $f(x) = \dfrac{x^2}{x^2+3}$

c) $f(x) = \dfrac{1}{x^2-1}$

d) $f(x) = \dfrac{x^3-1}{x}$

78. Halla los intervalos de concavidad y convexidad de las funciones siguientes. Halla también los puntos de inflexión.

a) $f(x) = xe^x$

b) $f(x) = x^2 + 2\ln x$

79. Determina el valor de los parámetros a y b para que $f(x) = x^3 + ax^2 + bx - 1$ tenga un extremo relativo en el punto de abscisa $x = -3$ y un punto de inflexión en el punto de abscisa $x = -2$.

81. Determina el valor de los parámetros a y b para que $f(x) = x^4 + ax^3 + bx^2 - 3x + 2$ tenga un punto de inflexión en el punto $(1, -6)$.

81. Determina el valor de los parámetros a, b y c para que $f(x) = -x^4 + ax^3 + bx^2 + cx + 3$ tenga un punto de inflexión en el punto $(-1, 13)$ y pase por el punto $(1, 15)$.

Representación de funciones

82. Representa, haciendo un estudio previo, la gráfica de la función $f(x) = \dfrac{x^2}{x-2}$.

83. Representa, haciendo un estudio previo, la gráfica de la función $f(x) = \dfrac{x^2 + x + 1}{x^2}$.

84. Representa, haciendo un estudio previo, la gráfica de la función $f(x) = \dfrac{x}{x^2 + 3}$.

85 Representa, haciendo un estudio previo, la gráfica de la función $f(x) = \dfrac{x^2 + 1}{(x-1)^2}$.

86. Dada la función $y = \dfrac{(x-1)\ln x}{x^2 - 1}$, estudia su dominio, continuidad, puntos de corte con los ejes, signo, simetrías, periodicidad y asíntotas, y utiliza esta información para representar su gráfica.

86. Representa, haciendo un estudio completo previo, la gráfica de la función $f(x) = e^{-2x^2 - x}$.

Evalúate

1. Estudia la continuidad de $y = \dfrac{2x^2 - 2}{x+1}$ y clasifica sus discontinuidades. Después, define, si es posible, una función continua a partir de la anterior.

2. Obtén las asíntotas de $y = \begin{cases} \dfrac{x-1}{2x+3} & x < 0 \\ e^{-x} & x \geq 0 \end{cases}$

3. Construye una función racional que tenga una asíntota horizontal en $y = -3$ y dos asíntotas verticales en $x = 1$, $x = 4$.

4. Escribe la ecuación de la recta tangente a $y = e^x$ que es paralela a $x - y = 3$.

5. Estudia la derivabilidad de la función.

$$y = \begin{cases} x^2 - x & x < 0 \\ \dfrac{1}{6}(2x^3 - 3x^2 - 6x) & 0 \leq x \leq 2 \\ e^{x-2} & x > 2 \end{cases}$$

6. Obtén los intervalos de crecimiento y decrecimiento, así como los extremos relativos de la función $y = x \ln x$.

7. En un aparcamiento, se establece el precio de la estancia a 2 € por hora, sin poder realizar pagos fraccionarios de la misma, lo que supone, por tanto, que cualquier estancia inferior a un número natural de horas se cobrará como si la hora completa se hubiera aprovechado.

   Describe la continuidad y derivabilidad de esta función. ¿Qué nombre recibe?

8. Halla dos números reales positivos de forma que uno sea la mitad del cuadrado del otro y tales que la diferencia de sus cuadrados respectivos sea mínima.

9. Obtén la curvatura de la función $y = x \ln x$.

10. Calcula las asíntotas, dominio y cortes con los ejes de la función del ejercicio anterior. A continuación, y junto con la información de los ejercicios 6 y 9, represéntala en los ejes de coordenadas.

TIC 2: Trabajar con Geogebra
Bloque II: Análisis

Unidad 7

Estadística unidimensional y bidimensional

Uno de los objetivos principales de la estadística al trabajar con dos variables es establecer la correlación entre ellas, es decir, cuantificar en qué medida hay una relación entre los valores que toman cada una de las dos variables.

Esta correlación hay que interpretarla con cierta cautela, pues la relación entre los valores de las variables puede deberse a una mera casualidad.

Para mostrar que puede haber una alta correlación sin que haya una relación de causalidad, se han hecho estudios de lo más variopinto, como, por ejemplo, la cantidad de ahogados en piscinas y la cantidad de películas de Nicolas Cage hasta ese año, la cantidad de usuarios de Facebook y la prima de riesgo en Grecia, o incluso la edad de Miss América y la cantidad de asesinatos con objetos calientes o de vapor.

La estadística es una herramienta muy potente para analizar situaciones de lo más diversas, sin embargo, como vemos, debe tenerse mucho cuidado al interpretar los resultados.

MAPA CONCEPTUAL

- **ESTADÍSTICA UNIDIMENSIONAL**
  - VARIABLE
    - Cualitativa
    - Cuantitativa
      - Discreta
      - Continua
  - TABLAS DE FRECUENCIAS
  - PARÁMETROS ESTADÍSTICOS
    - Centralización
      - Moda
      - Media
      - Mediana
    - Posición
      - Percentiles
      - Cuartiles
    - Dispersión
      - Recorrido
      - Varianza
      - Desviación típica

- **ESTADÍSTICA BIDIMENSIONAL**
  - DISTRIBUCIONES MARGINALES
  - DISTRIBUCIONES MARGINALES
  - COVARIANZA
  - CORRELACIÓN
    - positiva / negativa / nula
    - funcional / no funcional
  - COEFICIENTE DE CORRELACIÓN LINEAL (PEARSON)
  - RECTAS DE REGRESIÓN

1. Estadística unidimensional

Una **variable estadística**, *X*, es aquella que estudia una única característica de la población a través de la interpretación mediante gráficos y parámetros estadísticos de los datos recogidos a individuos de una muestra representativa.

La variable estadística puede clasificarse como **cualitativa** (si valora una cualidad de la población) o **cuantitativa** (si valora algo cuantificable). En este último caso, podemos encontrarnos variables **discretas** (si toma un número «reducido» de valores) y **continuas** (si toma un número de valores «muy amplio»).

1.1. Organización de datos: tablas de frecuencias

Para poder trabajar con datos es imprescindible encontrarlos ordenados, por ejemplo, en una tabla de frecuencias.

Ejercicios resueltos

1. Realiza una tabla de frecuencias de las estaturas de 25 alumnos de Bachillerato que se muestran a continuación:

170 183 176 190 164 169 181 192 172 166 168 177

189 194 165 167 169 171 173 174 175 178 179 180 182

Solución:

Es una variable continua, por lo que hay que agrupar los datos en intervalos de amplitud constante. Podemos considerar apropiado $\sqrt{N}$ intervalos, con *N* el número de datos. En este caso, tendremos $\sqrt{25} = 5$ intervalos. Como la diferencia entre el dato mayor y el menor es 194 – 164 = 30, la longitud de cada intervalo será de 30 : 5 = 6 unidades.

	Marca de clase	Frecuencia absoluta	Frecuencia absoluta acumulada	Frecuencia relativa	Frecuencia relativa acumulada	Porcentaje
Intervalo	x_i	f_i	F_i	h_i	H_i	%
[164, 170)	167	7	7	$\frac{7}{25}$	$\frac{7}{25}$	28
[170, 176)	173	6	13	$\frac{6}{25}$	$\frac{13}{25}$	24
[176, 182)	179	6	19	$\frac{6}{25}$	$\frac{19}{25}$	24
[182, 188)	185	2	21	$\frac{2}{25}$	$\frac{21}{25}$	8
[188, 194]	191	4	25	$\frac{4}{25}$	$\frac{25}{25} = 1$	16
		$N = 25$				

Observa

Los intervalos son todos semiabiertos salvo el último que puede ser cerrado.

1.2. Interpretación de los datos: Parámetros estadísticos

1.2.1. Medidas de centralización

Indican en torno a qué valores se encuentran los datos.

- **Moda / Intervalo modal.** En el caso cualitativo o cuantitativo discreto, es el dato que más aparece, el de mayor frecuencia absoluta. En el caso continuo, se puede indicar el intervalo modal, es decir, aquel o aquellos intervalos de mayor frecuencia absoluta. En ambos casos se denota con las letras *Mo*.

- **Media aritmética.** Solo existe en el caso de variables cuantitativas. Se denota $\overline{x}$ y se obtiene dividiendo la suma de todos los datos recogidos entre el número total de datos, es decir,

$$\overline{x} = \frac{\sum_{i=1}^{n} x_i f_i}{N}$$

- **Mediana / Intervalo mediano.** Es el valor que se sitúa en la posición central una vez ordenados todos los datos de menor a mayor. Como se hace necesario ordenar los datos, la mediana solo existe en el caso cuantitativo.

  En el caso discreto, si el número de datos es impar, la mediana es el dato central, y si el número de datos es par, la mediana es la media de la pareja de datos centrales. Se emplea la columna de las frecuencias absolutas acumuladas para obtener dichos datos centrales. En el caso continuo hay que proceder del mismo modo, pero localizando únicamente el intervalo que contiene a la mediana, que recibe el nombre de *intervalo mediano*. En cualquier caso, se denota *Me*.

Ejercicios resueltos

2. Calcula las medidas de centralización de la siguiente variable:

X = masa (en kg) de las vacas de un ganadero

Intervalos	$[400, 450)$	$[450, 500)$	$[500, 550)$	$[550, 600)$
f_i	19	13	8	19

Solución:

Intervalos	x_i	f_i	F_i	$x_i f_i$
$[400, 450)$	425	19	19	8075
$[450, 500)$	475	13	32	6175
$[500, 550)$	525	8	40	4200
$[550, 600)$	575	19	59	10925
		$N = 59$		29375

Intervalo modal = $Mo = [400, 450), [550, 600)$

$$\overline{x} = \frac{\sum_{i=1}^{n} x_i f_i}{N} = \frac{29375}{59} = 497,88$$

$$\frac{N}{2} = 29,5 \Rightarrow Me = x_{30} \in [450, 500)$$

Ejercicios

1. Organiza los siguientes datos en una tabla de frecuencias y extrae todas las medidas de centralización que conozcas:

3	5	1	6	2	1	5	4	3	3	6	5	5	4	1	4	2	3	4	6
2	6	5	3	2	1	1	4	2	5	2	3	1	6	5	4	2	2	2	1

2. Organiza los siguientes datos en una tabla de frecuencias y extrae todas las medidas de centralización que conozcas:

1	1,3	1,5	1,67	1,75	1,21	1,9	1,76	1,91	1,23	1,87	1,24
1,54	1,86	1,2	1,65	1,33	1,82	1,49	1,67	1,56	1,22	1,99	1,23
1,42	2	1,87	1,29	1,5	1,76	1,6	1,4	1,8	1,43	1,02	

1.2.2. Medidas de posición

Las medidas de posición dividen los datos en el número de partes deseado, de forma que cada una de esas partes tenga la misma cantidad de elementos. Como se requiere de una colocación de los datos en orden creciente, solo existirán en el caso cuantitativo.

- **Cuartiles y percentiles.** Los **cuartiles** Q_1, Q_2, Q_3 dividen el conjunto de los datos en cuatro partes con la misma cantidad de elementos y los **percentiles** p_k lo dividen en 100 partes.

Para calcularlos, se procede igual que en la mediana ($Me = Q_2$) observando las frecuencias absolutas acumuladas. En el caso continuo solo obtendremos el intervalo que contiene el cuartil o percentil buscado.

1.2.3. Medidas de dispersión

Estos parámetros aportan información sobre cuánto se alejan los datos respecto de su media aritmética. Estas medidas complementan a las de centralización, pues facilitan observar, en distintas muestras con valores centrales similares, la homogeneidad de las mismas, es decir, si tienen datos similares o muy distantes entre sí. Dado que se están introduciendo otra vez nociones relativas a distancias, solo se obtendrán estos parámetros si la variable es cuantitativa.

- **Recorrido o rango.** Es la diferencia entre el dato mayor y el menor. Se denota con R. Si aparecen valores extremos (se llaman *valores atípicos*) deja de ser representativo.

$$R = x_{\text{máx.}} - x_{\text{mín.}}$$

- **Varianza.** Se denota como S^2 y se define como la media de los cuadrados de las desviaciones respecto de la media, es decir,

$$S^2 = \frac{\sum_{i=1}^{n} (x_i - \overline{x})^2 f_i}{N} = \frac{\sum_{i=1}^{n} x_i^2 f_i}{N} - \overline{x}^2$$

- **Desviación típica.** Como la varianza no tiene las mismas unidades que los datos, al estar estos elevados al cuadrado, se introduce la desviación típica:

$$S = +\sqrt{S^2}$$

Calculadora

La calculadora científica tiene un modo estadístico que permite introducir datos en la memoria de la calculadora y emplear teclas con funciones especiales para calcular los parámetros estadísticos fundamentales.

Ejercicios resueltos

3. Obtén los cuartiles, los percentiles p_{10}, p_{60}, y las medidas de dispersión de la siguiente tabla de frecuencias:

Intervalo	$[0, 5)$	$[5, 10)$	$[10, 15)$	$[15, 20)$	$[20, 25)$	$[25, 30)$
f_i	7	10	12	5	4	6

Solución:

Intervalo	x_i	f_i	F_i	$x_i f_i$	$x_i^2 f_i$
$[0, 5)$	2,5	7	7	17,5	43,75
$[5, 10)$	7,5	10	17	75	562,5
$[10, 15)$	12,5	12	29	150	1 875
$[15, 20)$	17,5	5	34	87,5	1 531,25
$[20, 25)$	22,5	4	38	90	2 025
$[25, 30)$	27,5	6	44	165	4 537,5
		$N = 44$		585	10 575

$\frac{1}{4}$ de 44 = 11, con lo que consideramos las posiciones 11.º y 12.º $\Rightarrow Q_1 = \frac{x_{11} + x_{12}}{2} \in [5,10)$

$\frac{1}{2}$ de 44 = 22, con lo que consideramos las posiciones 22.º y 23.º $\Rightarrow Me = Q_2 = \frac{x_{22} + x_{23}}{2} \in [10,15)$

$\frac{3}{4}$ de 44 = 33, con lo que consideramos las posiciones 33.º y 34.º $\Rightarrow Q_3 = \frac{x_{33} + x_{34}}{2} \in [15,20)$

10 % de 44 = 4,4, con lo que consideramos la posición 5.º $\Rightarrow p_{10} = x_5 \in [0,5)$

60 % de 44 = 26,4, con lo que consideramos la posición 27.º $\Rightarrow p_{60} = x_{27} \in [10,15)$

Las medidas de dispersión son: $R = 30 - 0 = 30$

Para la varianza, obtenemos primero la media $\bar{x} = \frac{585}{44} = 13,295$

$$S^2 = \frac{\sum_{i=1}^{n} x_i^2 f_i}{N} - \bar{x}^2 = \frac{10\,575}{44} - 13,295^2 = 63,584$$

$$S = \sqrt{63,584} = 7,974$$

Ejercicios

3. Obtén los cuartiles y los percentiles p_8, p_{83}, y las medidas de dispersión y de centralización de la siguiente tabla de frecuencias:

x_i	0	1	2	3	4	5
f_i	21	35	41	12	21	10

4. Observa el siguiente histograma y escribe la tabla de frecuencias correspondiente. Calcula, además, los cuartiles y los percentiles p_{35}, p_{90}, y las medidas de dispersión y de centralización.

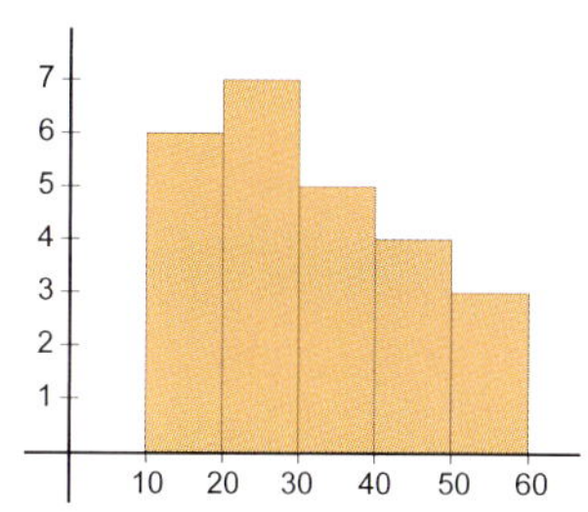

5. Dado el siguiente diagrama de sectores, completa la tabla de frecuencias de la distribución y averigua la media, la desviación típica y los tres cuartiles. Para ello, ten en cuenta que la muestra es de 200 individuos.

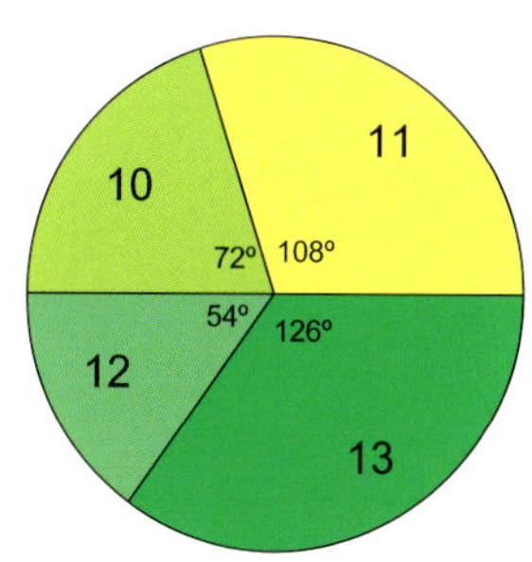

2. Estadística bidimensional. Conceptos básicos

Una variable estadística bidimensional, denotada (X, Y), es el conjunto de dos variables unidimensionales cuantitativas que se estudian sobre los mismos individuos de una población.

Toda variable estadística bidimensional toma parejas de valores (x_i, y_i) que se suelen representar en el plano formando una **nube de puntos**.

El estudio de una variable bidimensional, pasa por analizar las características principales de las variables unidimensionales que la forman, que reciben el nombre de **distribuciones marginales.**

Al igual que en el caso de las variables unidimensionales, los datos se presentan habitualmente en **tablas**.

Ejercicios resueltos

1. A continuación se muestra una tabla que relaciona el grosor del tallo de una planta (X = diámetro en centímetros) con la cantidad de frutos, Y, que produce.

X	17	18	17	19	20	18	19
Y	10	11	9	12	15	12	13

a) Dibuja la nube de puntos empleando la escala que consideres conveniente.

b) Describe la distribución marginal de Y: calcula la media y la desviación típica.

Solución:

a)

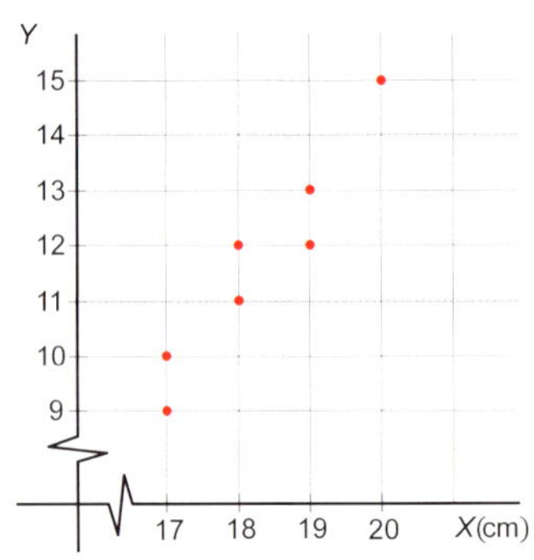

b) $\bar{y} = \dfrac{10+11+9+12+15+12+13}{7} = 11{,}714$

$$S_Y = \sqrt{\frac{100+121+81+144+225+144+169}{7} - 11{,}714^2} = 1{,}831$$

2.1. Covarianza

Definimos **covarianza** de una variable bidimensional (X, Y) (o varianza conjunta de X e Y), y se denota S_{XY}, de la siguiente manera:

$$S_{XY} = \frac{\sum (x_i - \bar{x})(y_i - \bar{y}) f_i}{N} \text{ o equivalentemente } S_{XY} = \frac{\sum x_i y_i f_i}{N} - \bar{x}\,\bar{y}$$

Ejercicios resueltos

2. Dada la distribución del ejercicio resuelto anterior, calcula:

a) La media y la desviación típica de la distribución marginal *X*.

b) La covarianza de la distribución.

Solución:

a) $\overline{x} = \dfrac{17+18+17+19+20+18+19}{7} = 18,286$

$$S_X = \sqrt{\frac{289+324+289+361+400+324+361}{7} - 18,286^2} = 1,025$$

b) $S_{XY} = \dfrac{17 \cdot 10 + 18 \cdot 11 + 17 \cdot 9 + 19 \cdot 12 + 20 \cdot 15 + 18 \cdot 12 + 19 \cdot 13}{7} - 18,286 \cdot 11,714 = 1,798$

Ejercicios

6. A partir de la siguiente tabla de una distribución bidimensional, dibuja la nube de puntos y calcula la media y desviación típica de la distribución marginal *X*:

X	2	2	3	3	3	4	5	5	6
Y	9	8	8	7	6	5	6	5	5
f	4	3	3	2	4	3	4	2	1

7. A partir de la siguiente tabla, escribe las tablas de las distribuciones marginales de *X* e *Y*, obtén sus medias y desviaciones típicas, así como la covarianza de la distribución bidimensional:

Y \ X	0	1	2	3	Totales
8	4	5	2	4	15
9	5	6	4	3	18
10	3	4	5	2	14
Totales	12	15	11	9	47

8. A partir de la siguiente nube de puntos, encuentra la covarianza de la distribución bidimensional representada. Los números entre paréntesis indican la frecuencia de cada par de datos.

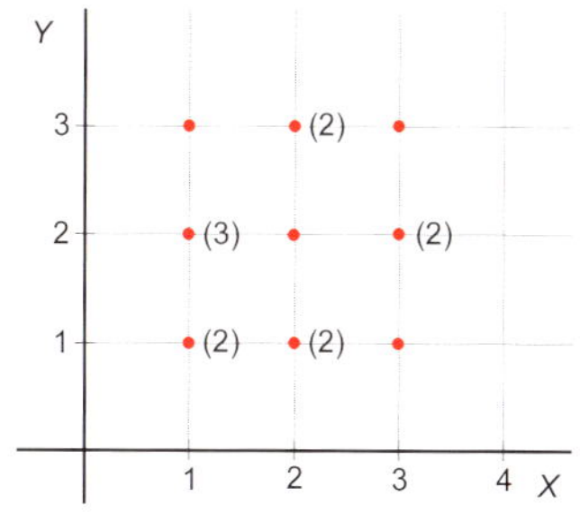

2.2. Correlación lineal: coeficiente de correlación de Pearson

Se llama **correlación** a la «dependencia» existente entre las dos variables unidimensionales que intervienen en una variable bidimensional.

La correlación se puede clasificar, según la nube de puntos, en:

<table>
<tr><td rowspan="3">Según el crecimiento de las variables</td><td colspan="2">Positiva o directa: Si X crece, Y también.</td><td>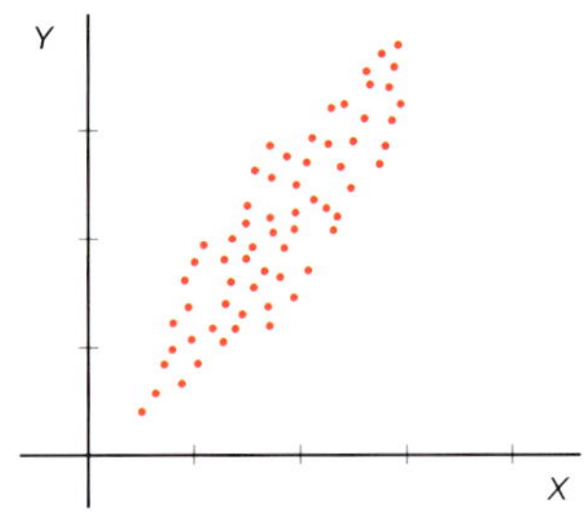
</td></tr>
<tr><td colspan="2">Negativa o inversa: Si X crece, Y decrece.</td><td>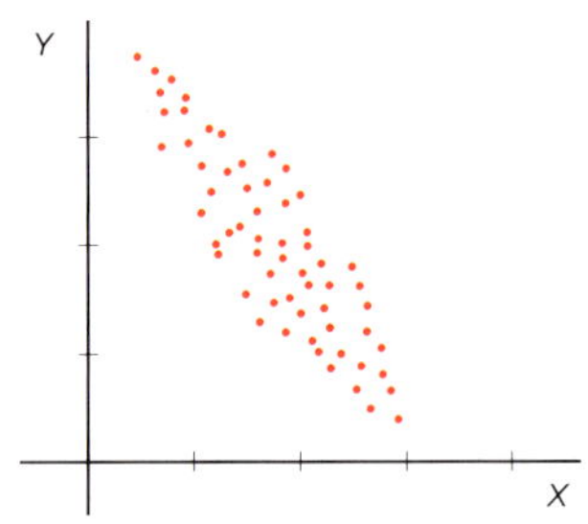
</td></tr>
<tr><td colspan="2">Nula: Al azar: X e Y son incorreladas.</td><td>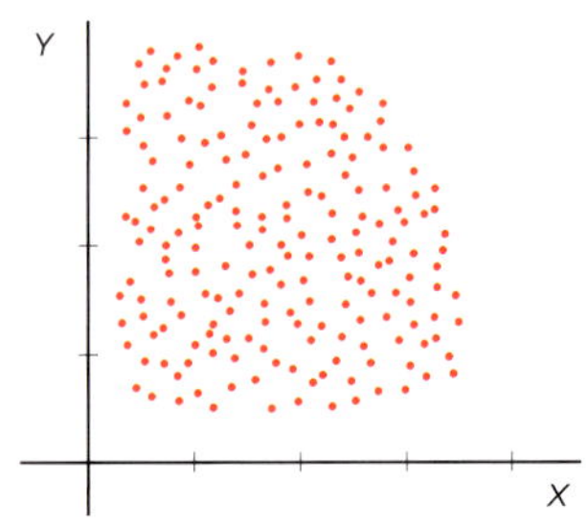
</td></tr>
<tr><td rowspan="3">Según la forma de su nube de puntos</td><td colspan="2">Funcional: Los puntos se ajustan por completo a un tipo de función, por ejemplo, lineal o curvilínea.</td><td>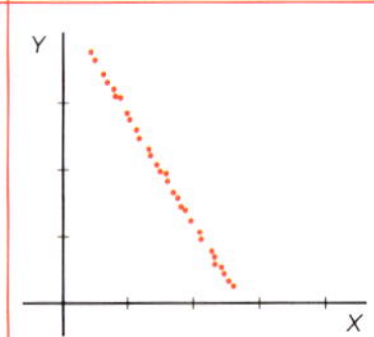

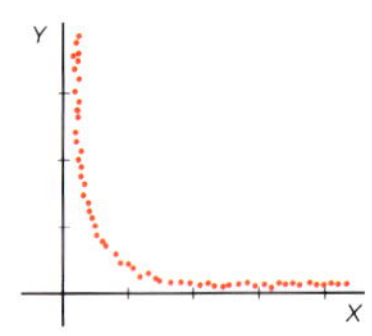
</td></tr>
<tr><td rowspan="2">No funcional: No existe una función que ajuste correctamente la nube de puntos.</td><td>Fuerte: los puntos se aproximan bastante a la gráfica de cierta función.</td><td>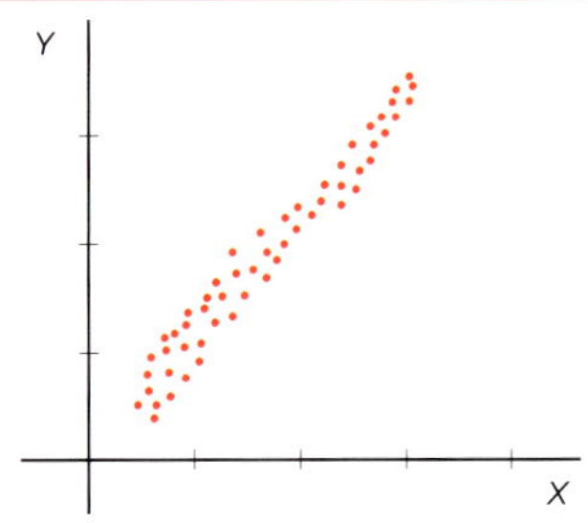
</td></tr>
<tr><td>Débil: los puntos están bastante dispersos respecto a los de la gráfica de una función.</td><td>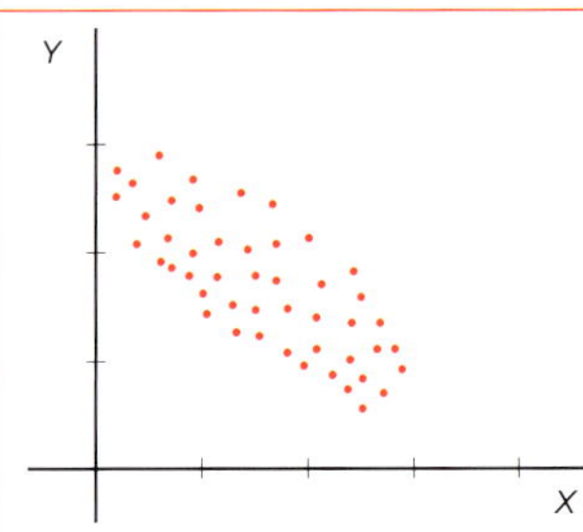
</td></tr>
</table>

Si queremos estudiar el grado de **correlación lineal** entre dos variables, calcularemos el coeficiente de correlación de Pearson, r, que es el cociente

$$r = \frac{S_{XY}}{S_X S_Y}$$

que puede tomar valores entre –1 y 1, coincidiendo su signo con el de la covarianza S_{XY}.

Signo de *r*	Positivo	Correlación positiva o directa.
	Negativo	Correlación negativa o inversa.
	Nulo	No hay correlación.
$\lvert r \rvert$	1	Correlación lineal funcional.
	Cercano a 1	Correlación lineal no funcional muy fuerte (más fuerte cuanto más próximo a 1).
	Cercano a 0	Correlación lineal no funcional muy débil (puede incluso que no exista relación lineal, pero sí curvilínea).
	0	No hay correlación.

Ejercicios resueltos

3. Basándote en los datos de los ejercicios del epígrafe anterior que relacionaban el grosor del tallo con la cantidad de frutos producidos, responde razonadamente.

a) Atendiendo a la nube de puntos, ¿cómo es la correlación de *X* e *Y*?

b) Obtén el coeficiente de correlación de Pearson.

c) ¿Cómo es la correlación atendiendo al coeficiente de correlación?

Solución:

a) Según la nube de puntos, la correlación es positiva, no funcional y fuerte.

b) $r = \frac{S_{XY}}{S_X S_Y} = \frac{1,798}{1,025 \cdot 1,831} = 0,958$

c) Presenta una correlación lineal no funcional fuerte.

Ejercicios

9. Dada la siguiente distribución bidimensional que relaciona las calificaciones de diez alumnos de Inglés, *X*, con las de Francés, *Y*.

X	4	4	5	5	5	6	7	7	8	10
Y	3	4	4	5	6	7	7	8	9	10

a) Halla la covarianza.

b) Dibuja la nube de puntos.

c) Describe el tipo de correlación según la nube de puntos.

d) Calcula el coeficiente de correlación de Pearson.

10. Dada la siguiente tabla de doble entrada, calcula:

a) La covarianza.

b) La nube de puntos.

c) Describe el tipo de correlación según la nube de puntos.

d) El coeficiente de correlación de Pearson.

Y \ X	4	5	6	7	Totales
1	3	5	1	9	18
2	2	3	0	5	10
3	1	3	2	4	10
Totales	6	11	3	18	38

2.3. Regresión lineal

Si entre dos variables existe una correlación lineal fuerte (se suele considerar $|r| > 0{,}85$), la nube de puntos se aproxima bastante a una recta. Si se toma X como la variable independiente e Y como la dependiente, se puede hallar la ecuación de la recta que se ajusta de forma óptima a los puntos de la nube: es la **recta de regresión de *Y* sobre *X***.

La ecuación de la recta de regresión de Y sobre X es:

$$y - \bar{y} = \frac{S_{XY}}{S_X^{\,2}}(x - \bar{x})$$

Si se considera Y como variable independiente y X como variable dependiente, se obtiene la **recta de regresión de *X* sobre *Y***, de ecuación:

$$x - \bar{x} = \frac{S_{XY}}{S_Y^{\,2}}(y - \bar{y})$$

Ambas rectas se cortan en el punto $(\bar{x}, \bar{y})$ que es el **centro de gravedad** de la distribución. Las estimaciones serán más fiables cuanto más cerca estén del centro de gravedad.

Además, cuanto más fuerte es la correlación entre las variables, más pequeño es el ángulo que forman las rectas, de forma que se podrá usar cualquiera de las rectas de regresión para estimar el valor de una de las variables a partir de la otra.

Sin embargo, si la correlación es más débil, el ángulo que formarán se irá ampliando. En el caso de correlaciones débiles, hay que tomar la recta de regresión que corresponda según la variable que se quiere estimar, para obtener así mejores resultados.

Ejercicios resueltos

4. Con los datos de los ejercicios del epígrafe anterior que relacionaban el grosor del tallo con la cantidad de frutos producidos:
   a) Calcula la recta de regresión de Y sobre X.
   b) Dibuja la nube de puntos y la recta de regresión sobre los mismos ejes.
   c) Si el tallo de una planta mide 18,5 cm de diámetro, ¿cuántos frutos podemos esperar?
   d) Si necesitamos que nuestras plantas produzcan 14 frutos, ¿qué diámetro debemos esperar?

Solución:

Dado que la correlación es lineal y fuerte, tiene sentido obtener la recta de regresión.

a) $y - \bar{y} = \frac{S_{XY}}{S_X^{\,2}}(x - \bar{x}) \Rightarrow y - 11{,}714 = \frac{1{,}798}{1{,}051}(x - 18{,}286) \Rightarrow y - 11{,}714 = 1{,}711(x - 18{,}286) \Rightarrow y = 1{,}711x - 19{,}573$

b)

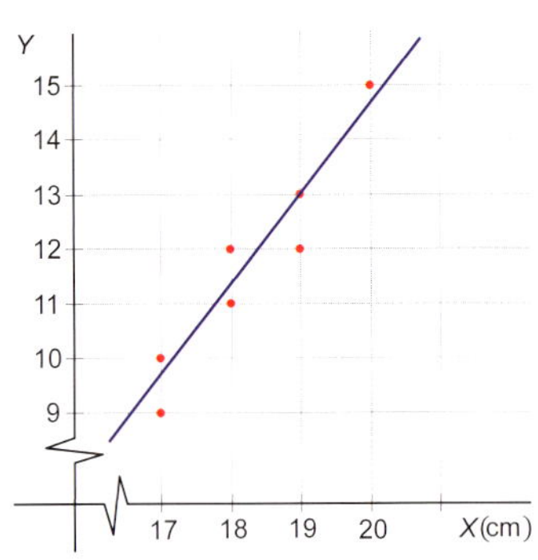

c) Si $x = 18{,}5 \Rightarrow y = 1{,}711 \cdot 18{,}5 - 19{,}573 = 12{,}08 \approx 12$ frutos

d) Si $y = 14 \Rightarrow 14 = 1{,}711x - 19{,}573 \Rightarrow x = 19{,}6$ cm de diámetro

2.4. Coeficiente de determinación

El **coeficiente de determinación**, r^2, mide el porcentaje de la variación de X (o de Y) que se puede explicar a partir de Y (o de X).

$$r^2 = \frac{S_{XY}^{\ 2}}{S_X^{\ 2} \cdot S_Y^{\ 2}}, 0 \le r^2 \le 1$$

No debemos confundirlo con el coeficiente de correlación lineal de Pearson que mide la fiabilidad del ajuste de la recta de regresión a la nube de puntos, pero están íntimamente relacionados.

Ejercicios resueltos

5. Siguiendo con los datos del ejercicio resuelto anterior que relacionaban el grosor del tallo con la cantidad de frutos producidos, calcula el coeficiente de determinación e interpreta su resultado.

Solución:

$r = 0{,}958 \Rightarrow r^2 = 0{,}958^2 = 0{,}918$

Esto significa que el 91,8 % de la variación en la cantidad de frutos se explica por la variación en el grosor del tallo. El resto del porcentaje tiene otras explicaciones o simplemente se debe al azar.

Ejercicios

11. Siguiendo con los datos del ejercicio del epígrafe anterior, que relacionaba las calificaciones de Inglés, X, con las de Francés, Y, de un grupo de diez alumnos:

X	4	4	5	5	5	6	7	7	8	10
Y	3	4	4	5	6	7	7	8	9	10

a) Explica si podemos calcular las rectas de regresión en este ejercicio.

b) Halla la recta de regresión de Y sobre X.

c) Halla la recta de regresión de X sobre Y.

d) Obtén la nube de puntos y las dos rectas de regresión representadas en los mismos ejes de coordenadas.

e) Obtén la calificación esperada en Francés, si en Inglés un alumno obtiene un 9.

f) Obtén la calificación esperada en Inglés, si en Francés un alumno obtiene un 8,2.

12. Dada la siguiente tabla que relaciona la longitud, en cm, de bebés recién nacidos, X, con su peso, en kg, Y:

Y \ X	48	50	52	54	Totales
3	3	1	0	0	4
3,3	2	2	1	0	5
3,6	0	1	2	4	7
Totales	5	4	3	4	16

a) Calcula el coeficiente de correlación de Pearson.

b) Halla la recta de regresión de Y sobre X.

c) Halla la recta de regresión de X sobre Y.

d) Representa ambas rectas de regresión.

e) ¿Es amplio el ángulo que forman las rectas de regresión? ¿Cómo es la correlación?

f) Calcula el coeficiente de determinación e interprétalo.

Síntesis

Estadística unidimensional

Medidas de centralización

Moda: Mo = dato o datos con mayor frecuencia absoluta.

Media aritmética: $\bar{x} = \dfrac{\sum_{i=1}^{n} x_i f_i}{N}$

Mediana: Me = valor que se sitúa en la posición central, o media de los dos valores centrales.

Medidas de posición

Cuartiles: Q_1, Q_2, Q_3 dividen el conjunto de los datos en 4 partes iguales.

Percentiles: p_k dividen el conjunto de los datos en 100 partes iguales.

Medidas de dispersión

Rango o recorrido: $R = x_{máx.} - x_{mín.}$

Varianza: $S^2 = \dfrac{\sum_{i=1}^{n} (x_i - \bar{x})^2 f_i}{N} = \dfrac{\sum_{i=1}^{n} x_i^2 f_i}{N} - \bar{x}^2$

Desviación típica: $S = +\sqrt{S^2}$

Estadística bidimensional. Conceptos básicos

Covarianza

$$S_{XY} = \frac{\sum (x_i - \bar{x})(y_i - \bar{y}) f_i}{N} = \frac{\sum x_i y_i f_i}{N} - \bar{x}\,\bar{y}$$

Coeficiente de correlación de Pearson

$$r = \frac{S_{XY}}{S_X S_Y}$$

Signo de r	Positivo	Correlación positiva o directa.
	Negativo	Correlación negativa o inversa.
	Nulo	No hay correlación.
$\lvert r \rvert$	1	Correlación lineal.
	Cercano a 1	Correlación lineal muy fuerte (más fuerte cuanto más próximo a 1).
	Cercano a 0	Correlación lineal muy débil (puede incluso que no exista relación lineal, pero sí curvilínea).
	0	No hay correlación.

Regresión lineal

Y sobre X: $y - \bar{y} = \dfrac{S_{XY}}{S_X^{\ 2}}(x - \bar{x})$

X sobre Y: $x - \bar{x} = \dfrac{S_{XY}}{S_Y^{\ 2}}(y - \bar{y})$

Coeficiente de determinación

$$r^2 = \frac{S_{XY}^2}{S_X^2 S_Y^2}$$

Problemas tipo

Estadística unidimensional

13. Elabora una tabla de frecuencias completa con los siguientes datos:

Intervalo	f_i
$[0, 10)$	6
$[10, 20)$	9
$[20, 30)$	11
$[30, 40)$	8

Intervalo	x_i	f_i	h_i	F_i	H_i	%	$x_i f_i$	$x_i^2 f_i$
$[0, 10)$	5	6	0,176	6	0,176	17,6	30	150
$[10, 20)$	15	9	0,265	15	0,441	26,5	135	2025
$[20, 30)$	25	11	0,324	26	0,765	32,4	275	6875
$[30, 40)$	35	8	0,235	34	1	23,5	280	9800
		$N = 34$	1			100	720	18850

14. Halla las medidas de centralización de los datos del ejercicio anterior.

$Mo = [20, 30)$

$\frac{1}{2}$ de $34 = 17 \rightarrow Me = \frac{x_{17} + x_{18}}{2} \in [20, 30)$

$\bar{x} = \frac{720}{34} = 21,18$

15. Determina los cuartiles Q_1 y Q_3 y los percentiles p_{15} y p_{90} de los datos de los ejercicios anteriores.

$\frac{1}{4}$ de $34 = 8,5 \rightarrow Q_1 = x_9 \in [10, 20)$

$\frac{3}{4}$ de $34 = 25,5 \rightarrow Q_3 = x_{26} \in [20, 30)$

$15\,\%$ de $34 = 5,1 \rightarrow p_{15} = x_6 \in [0, 10)$

$90\,\%$ de $34 = 30,6 \rightarrow p_{90} = x_{31} \in [30, 40]$

16. Halla las medidas de dispersión de los datos de los ejercicios anteriores.

$R = 40 - 0 = 40$

$S^2 = \frac{18\,850}{34} - 21,18^2 = 105,82$

$S = \sqrt{105,82} = 10,29$

Estadística bidimensional. Conceptos básicos

17. Dados los siguientes pares de datos:

X	1	2	4	5	6	8
Y	1	1	3	4	6	7

Dibuja la nube de puntos.

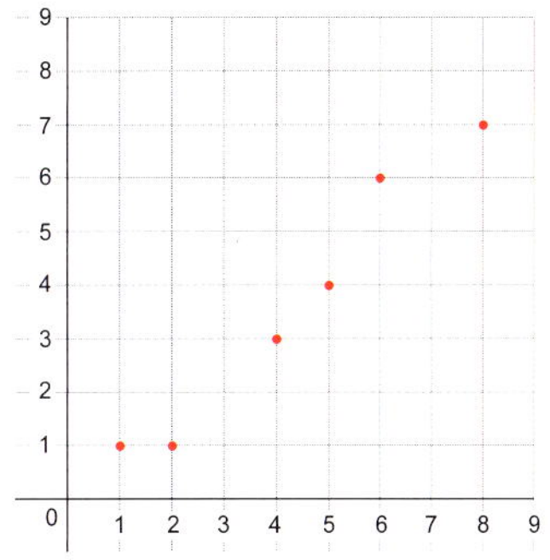

18. Halla la media aritmética y desviación típica marginales de los datos del ejercicio anterior.

x_i	y_i	x_i^2	y_i^2	x_iy_i
1	1	1	1	1
2	1	4	1	2
4	3	16	9	12
5	4	25	16	20
6	6	36	36	36
8	7	64	49	56
26	22	146	112	127

$$\overline{x} = \frac{26}{6} = 4,33; \quad S_X = \sqrt{\frac{146}{6} - 4,33^2} = 2,36$$

$$\overline{y} = \frac{22}{6} = 3,67; \quad S_Y = \sqrt{\frac{112}{6} - 3,67^2} = 2,28$$

19. Obtén la covarianza de los datos de los ejercicios anteriores.

$$S_{XY} = \frac{127}{6} - 4,33 \cdot 3,67 = 5,28$$

20. Calcula el coeficiente de correlación de Pearson del conjunto de datos de los ejercicios anteriores e interpreta qué tipo de correlación presenta.

$$r = \frac{5,28}{2,36 \cdot 2,28} = 0,98$$

Los datos tienen una correlación lineal muy fuerte.

21. Halla la recta de regresión de la distribución anterior:

a) De Y sobre X.

b) De X sobre Y.

a) $y - 3,67 = \frac{5,28}{5,58}\left(x - 4,33\right) \Rightarrow y = 0,95x - 0,44$

b) $x - 4,33 = \frac{5,28}{5,2}\left(y - 3,67\right) \Rightarrow x = 1,02y + 0,59$

22. Representa las rectas de regresión anteriores junto a la nube de puntos.

¿Qué relación observas entre el ángulo que forman ambas rectas y el coeficiente de correlación de Pearson?

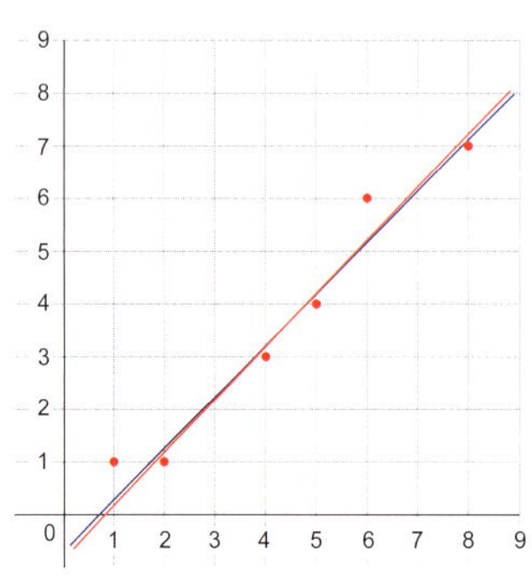

Las rectas forman un ángulo muy pequeño, que se ajusta a lo esperado, ya que el coeficiente de correlación tiene un valor absoluto muy cercano a 1.

23. Estima el valor de Y si suponemos que $x = 9$.

$y = 0,95x - 0,44 \rightarrow y = 0,95 \cdot 9 - 0,44 = 8,11$

24. Estima el valor de X si suponemos que $y = 5$.

$x = 1,02y + 0,59 \rightarrow x = 1,02 \cdot 5 + 0,59 = 5,69$

25. Determina el coeficiente de determinación del conjunto de datos de los ejercicios anteriores e interpreta el resultado.

$$r^2 = \frac{5,28^2}{5,58 \cdot 5,2} = 0,96$$

El 96 % de la variación de Y viene explicada por la variación de los valores de X.

Ejercicios y problemas

Estadística unidimensional

26. Elabora una tabla de frecuencias completa con los siguientes datos:

2, 4, 5, 3, 2, 4, 4, 5, 5, 4, 4, 6, 4, 5, 2, 2, 2, 3, 3, 5,
6, 6, 4, 2, 3, 3, 4, 5, 4, 4, 1, 1, 1, 1, 6, 3, 6, 2, 3, 3

27. Agrupa los siguientes datos en cinco intervalos y confecciona una tabla de frecuencias completa.

44, 6, 9, 10, 19, 42, 15, 23, 4, 20, 7, 2, 35, 18, 20,
1, 9, 24, 5, 17, 28, 48, 6, 37, 12, 43, 29, 50, 21, 42

28. Agrupa los siguientes datos en la cantidad de intervalos que sea más adecuada y confecciona una tabla de frecuencias completa.

55, 49, 67, 50, 66, 72, 28, 62, 11, 0, 82, 15, 35, 42, 40, 36, 63, 41, 47, 38, 24, 5, 77, 22, 76, 44, 79, 29, 17, 20, 68, 31, 70, 0, 90, 3

29. Completa la siguiente tabla de frecuencias:

x_i	f_i	h_i	F_i	H_i	%
1	3				
2		0,15			
3			18		
4				0,775	
5					22,5
	$N = 40$	1			100

30. Completa la siguiente tabla de frecuencias:

Intervalo	x_i	f_i	h_i	F_i	H_i	%
			0,14	7		
		6				
				28		
					0,76	
	22,5					16
	27,5		0,08			
		$N =$	1			100

31. Dados los datos de la siguiente tabla, halla sus tres medidas de centralización.

x_i	10	20	30	40	50	60	70	80
f_i	15	23	17	12	14	21	13	10

32. Halla las medidas de centralización de los datos de esta tabla de frecuencias:

Intervalo	$[0, 50)$	$[50, 100)$	$[100, 150)$
f_i	25	37	39
Intervalo	$[150, 200)$	$[200, 250)$	$[250, 300)$
f_i	31	29	39

33. Calcula la mediana, la media aritmética y la moda de las notas de los alumnos de clase:

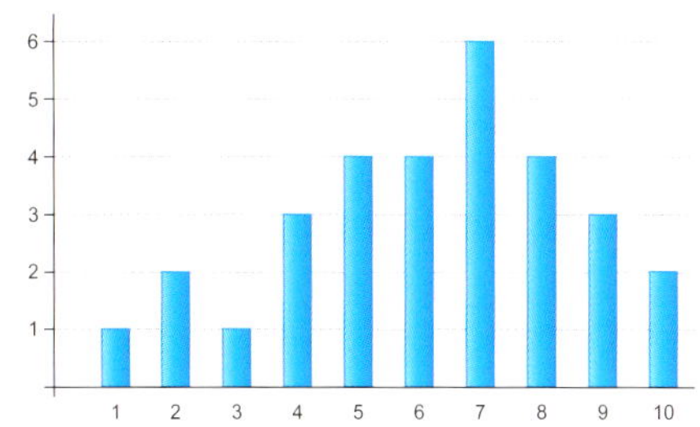

34. Halla la moda, la mediana y la media de los datos de este histograma:

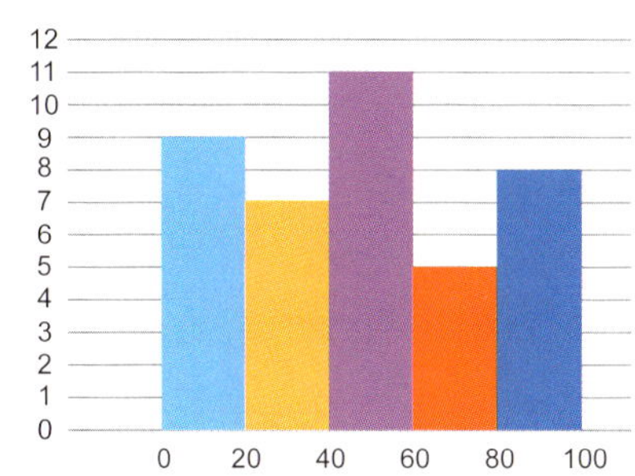

35. Calcula las medidas de centralización de los datos de este diagrama de sectores:

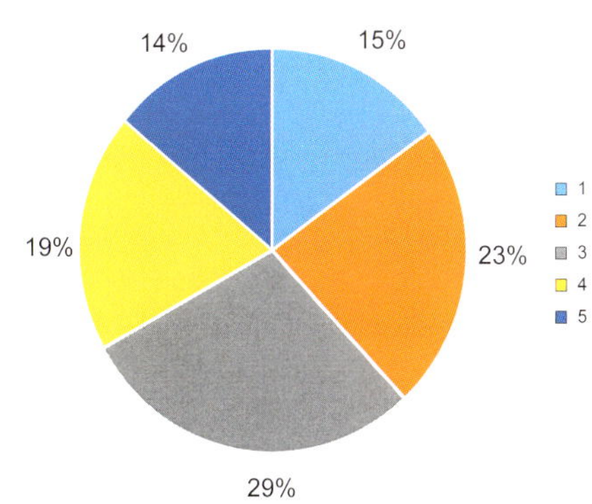

36. Calcula las medidas de centralización de los datos de este diagrama de sectores:

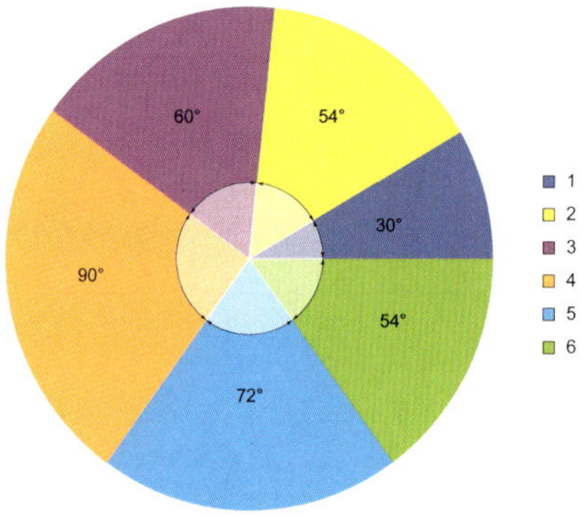

37. Halla la mediana y la media aritmética del siguiente conjunto de 100 datos:

x_i	1	2	3	4	5
f_i	15	23	29	19	14

Añade ahora al conjunto anterior el dato 1 000 y vuelve a calcular la mediana y la media aritmética. ¿Qué ocurre a cada una de ellas al añadir un dato tan aislado?

38. Suma 10 unidades a cada uno de los datos del enunciado del ejercicio anterior y vuelve a calcular la media aritmética. ¿Qué le ocurre?

39. Multiplica por 2 cada uno de los datos de los dos ejercicios anteriores y vuelve a calcular la media aritmética. ¿Qué le ocurre?

40. Determina los cuartiles Q_1 y Q_3 y los percentiles P_{20} y P_{87} del siguiente conjunto de datos:

x_i	1	2	3	4	5	6	7
f_i	3	4	5	5	4	6	3

41. Dados los siguientes datos:

Intervalo	$[0, 8)$	$[8, 16)$	$[16, 24)$	$[24, 32)$	$[32, 40]$
f_i	15	19	16	11	9

halla Q_1, Q_3, P_{17} y P_{80}.

42. Calcula las medidas de dispersión de los datos siguientes:

x_i	1	2	3	4	5	6	7	8	9
f_i	3	5	9	6	8	6	4	3	1

43. Halla las medidas de dispersión de los siguientes datos:

Intervalo	$[0, 10)$	$[10, 20)$	$[20, 30)$
f_i	9	13	11
Intervalo	$[30, 40)$	$[40, 50)$	$[50, 60)$
f_i	12	8	7

44. Halla la desviación típica del siguiente conjunto de 100 datos:

x_i	1	2	3	4	5
f_i	15	23	29	19	14

Suma 10 unidades a todos los datos anteriores y vuelve a calcular la desviación típica. ¿Qué le ocurre?

45. Multiplica por 2 cada uno de los datos del enunciado del ejercicio anterior y vuelve a calcular la desviación típica. ¿Qué le ocurre?

Estadística bidimensional. Conceptos básicos

46. Dibuja una nube de puntos con los siguientes pares de datos:

X	2	2	3	4	5	7	7	8	9
Y	1	2	2	3	5	6	7	7	8

47. Dibuja una nube de puntos con los siguientes pares de datos:

X	5	10	15	20	25	30	35	40
Y	100	80	80	60	40	40	20	10

48. Halla la media aritmética y la desviación típica marginales de la siguiente distribución bidimensional:

X	1	2	3	3	5	7	7	7	8	9
Y	5	4	6	5	7	7	6	9	8	10

49. Obtén la media aritmética y la desviación típica marginales de los siguientes datos:

X	1	3	4	5	7	9
Y	10	9	6	6	5	4
f_i	3	2	4	1	2	3

50. Dados los datos de la siguiente tabla, determina su covarianza:

X	10	11	12	14	16	16	17	18
Y	12	11	9	9	7	6	7	5

51. Halla la covarianza de:

X	12	14	15	16	18	19	21	24
Y	6	8	8	9	9	10	11	11
f_i	1	3	2	1	5	1	4	3

52. Determina la covarianza de los datos de esta tabla:

Y \ X	1	2	3	4	Totales
1	3	2	2	1	8
2	1	1	4	2	8
3	2	1	3	2	8
Totales	6	4	9	5	24

53. Dados los siguientes datos:

X	10	20	25	30	40
Y	5	10	15	15	25
f_i	1	2	4	3	2

Halla la covarianza usando la fórmula

a) $S_{XY} = \dfrac{\sum (x_i - \bar{x})(y_i - \bar{y}) f_i}{N}$.

b) $S_{XY} = \dfrac{\sum x_i y_i f_i}{N} - \bar{x}\,\bar{y}$

54. Halla el coeficiente de correlación de Pearson de los datos siguientes:

X	4	5	5	6	7	8	8	9
Y	6	3	7	5	9	9	12	11

55. Halla el coeficiente de correlación de Pearson de los datos siguientes:

X	1	1	2	2	2	3	4
Y	5	4	4	3	2	2	1
f_i	2	5	3	4	2	6	3

56. Calcula el coeficiente de correlación de Pearson de los siguientes datos:

Y \ X	1	2	3	Totales
1	5	3	1	9
2	2	7	1	10
3	1	2	8	11
Totales	8	12	10	30

57. Clasifica la correlación de *X* e *Y* según la nube de puntos.

a)

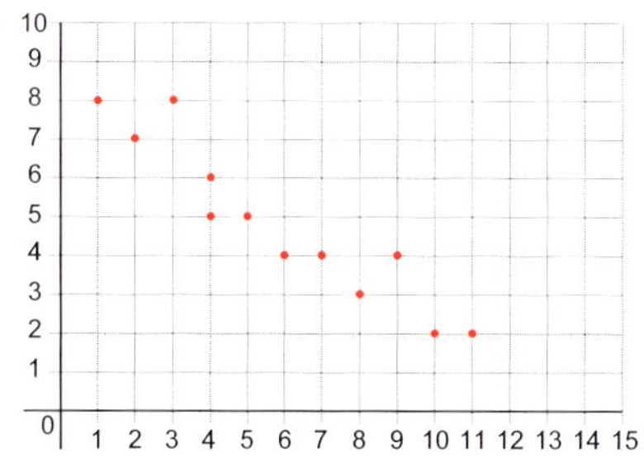

b)

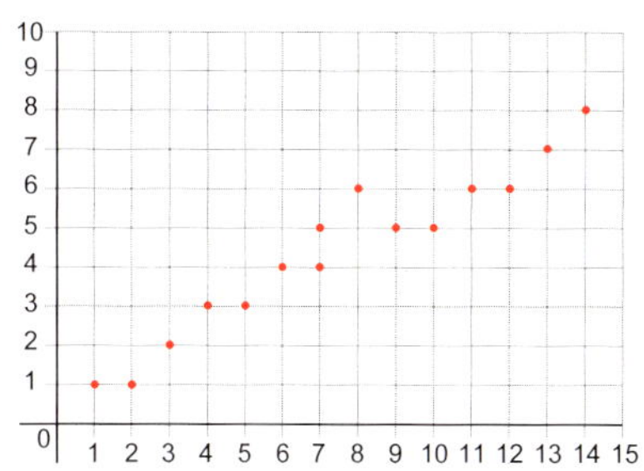

c)

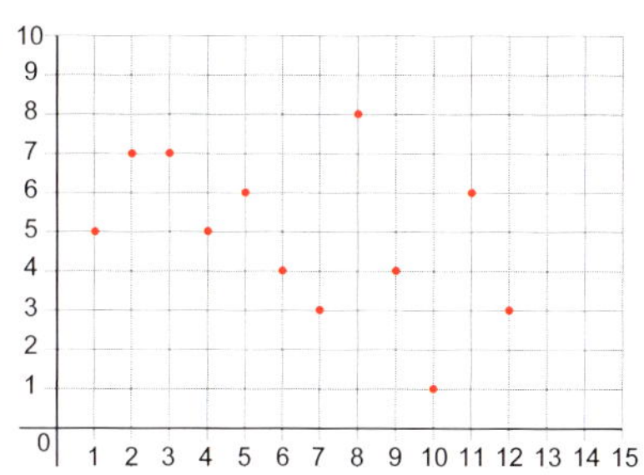

d)

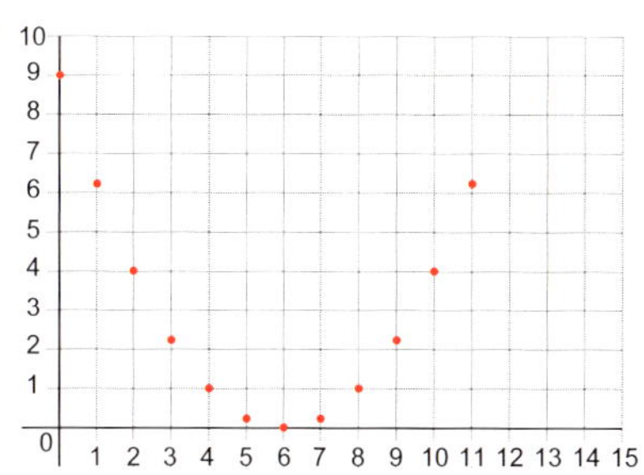

58. En un hospital se hace un estudio clínico a ocho pacientes con 250 mg/dL de colesterol. Cada paciente debe caminar todos los días el tiempo que se le ha indicado y, tras un año, vuelven a medirles el nivel de colesterol con los siguientes resultados:

x = Tiempo que camina cada día (min)
y = Nivel de colesterol (mg/dl)

X	30	40	50	60	70	80	90	100
Y	225	190	210	220	200	205	195	185

Estudia la correlación de estos datos, e interpreta los resultados.

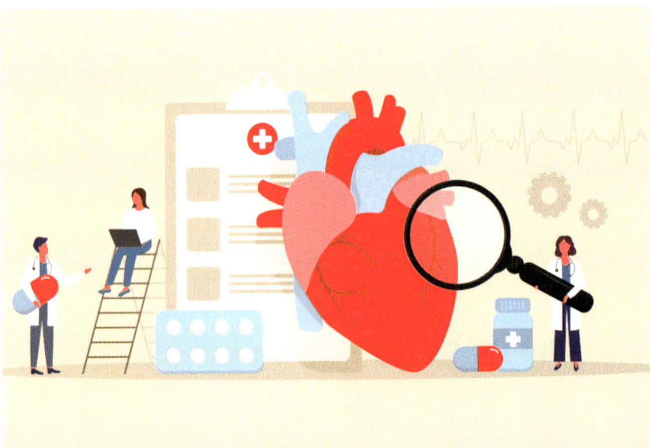

59. Se quiere evaluar el consumo de combustible de un nuevo modelo de coche, para lo que se hacen pruebas con 10 vehículos distintos de dicho modelo, obteniendo los siguientes resultados:

x = Distancia recorrida (km)
y = Combustible gastado (L)

X	55	68	72	93	102
Y	2,6	3,5	3,6	4,3	4,9
X	107	112	113	121	125
Y	5,4	5,7	5,1	7,9	8,5

Halla el coeficiente de correlación de estos datos e interpreta el resultado.

60. Soraya afirma que la cantidad de municipios en cada provincia de Andalucía está directamente relacionada con la extensión de dicho territorio. Halla el coeficiente de correlación de los siguientes datos, para comprobar en qué medida Soraya está en lo cierto.

Provincia	Extensión (miles de km^2)	Cantidad de municipios
Almería	9	103
Cádiz	7	45
Córdoba	14	77
Granada	13	174
Huelva	10	80
Jaén	14	97
Málaga	7	103
Sevilla	14	106

61. La siguiente tabla muestra la inversión mensual en sistemas de seguridad en cada uno de los siete supermercados de una cadena y las pérdidas por robos que ha tenido cada uno a lo largo de un mes:

x = Inversión en seguridad (miles de €)
y = Pérdidas por robos (miles de €)

X	3	5	5,5	6	7,5	8	8,5
Y	9	6	6,5	5	5,5	4	3,5

Determina el coeficiente de correlación de estos datos, e interpreta el resultado.

62. Una compañía energética afirma que, en verano, el consumo eléctrico se ve muy afectado por la temperatura ambiente, debido al uso del aire acondicionado.

Compruébalo calculando el coeficiente de correlación de los datos en una semana de verano:

x = Temperatura media del día (°C)
y = Consumo eléctrico en una vivienda (kWh)

X	29	31	33	38	34	32	30
Y	27	30	35	37	32	31	29

63. Halla la recta de regresión de *Y* sobre *X* de los siguientes datos:

X	2	3	3	4	5	5	5	6	8	9
Y	5	6	7	7	7	8	9	9	10	10

64. Halla la recta de regresión de *X* sobre *Y* de los datos del ejercicio anterior.

65. Determina la recta de regresión de *Y* sobre *X* de los siguientes datos:

X	1	1	2	2	3	3	3
Y	1	2	2	3	3	4	5
f_i	3	2	5	2	4	3	1

66. Determina la recta de regresión de *X* sobre *Y* de los datos del ejercicio anterior.

67. Dados los datos siguientes:

Y \ X	1	2	3	4	Totales
1	1	2	7	5	15
2	2	6	3	1	12
3	7	4	1	1	13
Totales	10	12	11	7	40

Halla la recta de regresión de *Y* sobre *X*.

68. Halla la recta de regresión de *X* sobre *Y* de los datos del ejercicio anterior.

69. Te presentamos una tabla de frecuencias de una distribución bidimensional (X, Y)

X	0	0	1	1	1	2	2	2	3	3
Y	10	9	9	8	7	8	7	6	6	5
f	5	3	1	2	3	1	3	5	2	5

a) Media y desviación típica de las distribuciones marginales

b) Covarianza y coeficiente de correlación

c) Describe la correlación entre las variables

d) La recta de regresión de *Y* sobre *X*

e) La recta de regresión de *X* sobre *Y*

f) La nube de puntos y ambas rectas de regresión representadas en los mismos ejes de coordenadas.

g) $x(5)$

h) $y(2,5)$

70. Se realiza un estudio sobre la relación entre la cantidad de sal que consumen a diario nueve personas y su tensión arterial, obteniendo los siguientes resultados:

x = Consumo de sal al día (g)

y = Presión arterial sistólica (mmHg)

X	2	2	4	4	5	5	6	9	15
Y	100	110	110	120	120	130	170	180	190

Estima cuál sería la presión sistólica de una persona que consumiera 7,5 gramos de sal al día. ¿Sería una buena estimación?

71. Un heladero piensa que vende más helados cuanto más caluroso es el día. Para comprobarlo, ha tomado los siguientes datos durante una semana:

x = Temperatura máxima del día (°C)

y = Cantidad de helados vendidos

X	27	29	31	33	29	28	30
Y	150	175	180	200	185	165	155

¿Está en lo cierto?

La semana próxima hay un aviso por ola de calor, con la previsión de que la temperatura podría alcanzar los 38 °C. Estima cuántos helados venderá ese día.

72. Una empresa agrícola está probando un nuevo fertilizante en doce terrenos de igual dimensión y características donde se ha plantado trigo:

x = Cantidad de fertilizante utilizado (L)
y = Cantidad de trigo cosechado (miles de kg)

X	110	150	180	120	100	150
Y	8	13	15	10	7	14
X	200	110	180	170	130	150
Y	16	9	15	13	10	12

¿Crees que la cantidad de trigo que se cosecha en cada terreno tiene relación con cantidad de fertilizante utilizado? En caso afirmativo, estima cuántos kilogramos de trigo se cosecharían en un terreno similar si se utilizaran 140 L de fertilizante.

73. Con los datos del ejercicio anterior, calcula qué cantidad de fertilizante se habrá usado en un terreno si sabemos que se han cosechado 11 000 kg de trigo.

74. El precio del metro cuadrado de vivienda en una gran ciudad depende de la distancia a la que se encuentre del centro urbano. Tomamos los datos de diez viviendas a diferentes distancias:

x = Distancia al centro (km)
y = Precio m^2 (miles de €)

X	0	1	1	2	2
Y	3,7	3,5	3,8	2,9	3,1
X	3	4	5	7	9
Y	2,6	2,5	2,1	2,0	1,7

Estima cuánto costaría el metro cuadrado de una vivienda a 6 km del centro. ¿Sería una buena estimación?

75. Usando los datos del ejercicio anterior, halla a qué distancia del centro urbano se encuentra una vivienda si sabemos que cada metro cuadrado cuesta 1 800 €.

76. Dada la distribución bidimensional siguiente:

X	5	6	7	7	8	9
Y	6	6	5	4	4	3

a) Calcula el coeficiente de correlación.

b) Halla la recta de regresión lineal de Y sobre X.

c) Halla la recta de regresión lineal de X sobre Y.

d) Determina el ángulo entre dichas rectas. Recuerda que el ángulo que forma una recta de pendiente m con la horizontal es $\alpha = \text{arctg}\, m$.

e) ¿Qué relación hay entre el coeficiente de correlación y el ángulo entre las rectas de regresión?

77. Repite el ejercicio anterior con los siguientes datos:

X	1	3	4	5	7	9
Y	8	2	7	1	9	3

¿Qué relación hay ahora entre el coeficiente de correlación y el ángulo entre las rectas de regresión?

78. Halla el coeficiente de determinación de los datos siguientes:

X	3	5	6	8	11	15	16	19	20
Y	10	7	12	14	19	16	21	20	24

79. Halla el coeficiente de determinación de los datos siguientes:

X	10	20	30	40	50
Y	20	20	15	10	10
f_i	3	5	6	4	2

80. Halla el coeficiente de determinación de los datos siguientes:

Y \ X	**5**	**6**	**7**	Totales
10	6	3	8	17
15	6	5	5	16
20	5	8	4	17
25	1	3	6	10
Totales	18	19	23	60

Evalúate

1. Obtén las medidas de centralización, dispersión y los cuartiles de la variable discreta cuyos datos se muestran a continuación:

2	4	1	0	3	2	2	0	1	4	0	3
2	1	1	1	3	2	4	0	0	2	2	1
3	2	3	3	1	4	0	2	3	4	1	2

2. Agrupa los siguientes datos en 5 intervalos de amplitud 3 empezando por el valor mínimo, para obtener las medidas de centralización, dispersión y los cuartiles de la variable continua siguiente:

1	3	16	14	3	2	15	4	4	2	2	16
15	12	13	8	7	4	4	2	2	14	16	15
13	8	9	9	7	15	12	10	11	8	6	3

3. Dado el siguiente gráfico de barras, completa la tabla de frecuencias de la variable correspondiente y obtén su media, desviación y percentil 40:

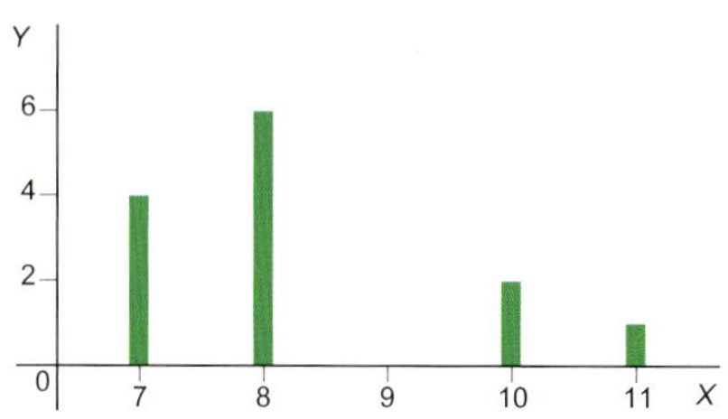

4. Dado el siguiente gráfico de sectores, completa la tabla de frecuencias de la variable correspondiente y obtén su media, desviación y percentil 80. La muestra se ha tomado a 7 200 individuos:

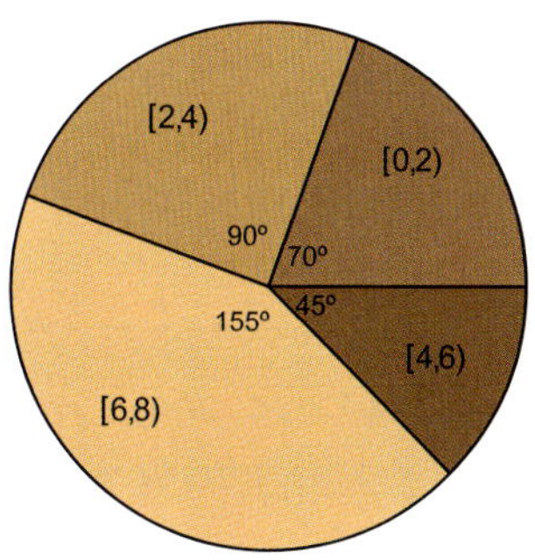

5. Obtén las tablas de las variables marginales a partir de la tabla de doble entrada de la distribución bidimensional:

Y \ X	7	8	9	10
1	0	0	2	3
2	3	2	2	1
3	4	2	1	0

6. Dada la nube de puntos mostrada a continuación, escribe los datos en una tabla de frecuencias:

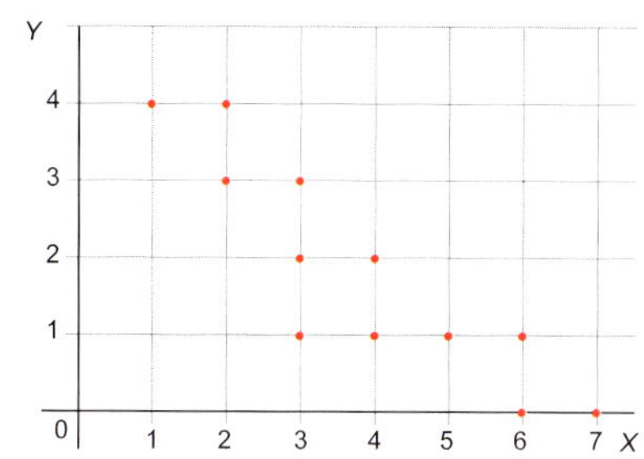

7. Halla la covarianza de los datos de los ejercicios 5 y 6.

8. Con los datos de los ejercicios 5 y 6, halla el coeficiente de correlación lineal de Pearson y describe la correlación de la distribución según su valor. Halla, también, el coeficiente de determinación e interprétalo en cada caso.

9. Obtén la recta de regresión de *Y* sobre *X* del ejercicio 5 y calcula el valor de *Y* cuando $x = 7{,}5$.

10. Obtén la recta de regresión de *X* sobre *Y* del ejercicio 6 y calcula el valor de *X* cuando $y = 2{,}5$.

Unidad 8

Combinatoria y probabilidad

El cálculo de probabilidades es una herramienta esencial en la toma de decisiones. No podemos confiar en nuestra propia intuición, pues a menudo nos juega malas pasadas.

Ante determinados sucesos muy poco probables tendemos a pensar que hay muchas más posibilidades de que ocurran. Por ejemplo, es bastante común creer que, si compramos lotería a menudo, más tarde o más temprano nos tocará un premio importante. Sin embargo, si calculamos la probabilidad real, veremos que es muy difícil que ganemos la lotería por muchas veces que juguemos.

Si estuviéramos en campo abierto en medio de una lluvia de meteoritos y uno de ellos acabara de dejar un cráter junto a nosotros huiríamos en otra dirección, aunque sería más seguro esconderse en el propio cráter, pues la probabilidad de que caiga un segundo meteorito exactamente en el mismo lugar es realmente baja.

Como vemos, tomar decisiones basadas en la probabilidad puede ayudarnos a no malgastar nuestro dinero, o a sobrevivir a la caída de un meteorito...

MAPA CONCEPTUAL

- **COMBINATORIA**
  - VARIACIONES
    - $V_{n,m} = n(n-1)\ldots(n-m+1)$
    - $VR_{n,m} = n^m$
  - PERMUTACIONES
    - $P_n = n \cdot (n-1)\ldots 2 \cdot 1 = n!$
  - COMBINACIONES
    - $C_{n,m} = \binom{n}{m} = \frac{n!}{m!(n-m)!}$
- **PROBABILIDAD**
  - SUCESOS
    - TIPOS
    - OPERACIONES
    - PROPIEDADES DE LAS OPERACIONES
  - AXIOMAS DE KOLMOGOROV
  - PROBABILIDAD TEÓRICA
    - REGLA DE LAPLACE
    - RECUENTO
      - DIAGRAMA DE ÁRBOL
      - COMBINATORIA
      - OTROS
  - PROBABILIDAD CONDICIONADA
    - SUCESOS DEPENDIENTES
    - TABLAS DE CONTINGENCIA
  - PROBABILIDAD EXPERIMENTAL

1. Combinatoria

Recuerda

La calculadora dispone de la tecla **nCr** que permite calcular

$C_{n,r} = \binom{n}{r}$ y también

la tecla **nPr** que permite calcular $V_{n,r}$.

La combinatoria es la parte de las matemáticas que permite realizar recuentos de forma óptima, organizando elementos (iguales o distintos) en grupos de distinto tamaño según nuestras necesidades.

Existen tres tipos principales de recuentos combinatorios: **variaciones**, **permutaciones** y **combinaciones**, cuyas fórmulas varían dependiendo de la cantidad de elementos tomados en cada agrupación y de los elementos en sí.

	Notación y fórmula	Importa el orden de los elementos	Descripción
VARIACIONES de *n* elementos tomados de *m* en *m*	$V_{n,m} = n \cdot (n-1) \cdot \ldots \cdot (n-m+1)$	SÍ	Cantidad de formas de elegir *m* elementos de entre los *n* que hay en total, importando el orden y sin repetirse.
VARIACIONES con REPETICIÓN de *n* elementos tomados de *m* en *m*	$VR_{n,m} = n^m$	SÍ	Cantidad de formas de elegir *m* elementos de entre los *n* que hay en total, importando el orden y pudiendo repetirse.
COMBINACIONES de *n* elementos tomados de *m* en *m*	$C_{n,m} = \binom{n}{m} = \frac{n!}{m!(n-m)!}$ $\left(k! = k \cdot (k-1) \cdot \ldots \cdot 3 \cdot 2 \cdot 1\right)$	NO	Cantidad de formas de elegir *m* elementos de entre los *n* que hay en total, sin importar el orden y sin repetirse.
PERMUTACIONES de *n* elementos	$P_n = n!$	SÍ	Cantidad de formas de ordenar *n* elementos.

Ejercicios resueltos

1. ¿Cuántos vehículos diferentes se pueden matricular si dejamos fijos los cuatro dígitos de la matrícula? Supón que se puede emplear cualquiera de las 27 letras del alfabeto para completar las tres letras que faltan en la matrícula.

Solución:

Las matrículas contienen grupos de 3 letras (repetidas o no) de entre las 27 que hay en total, por lo que se trata de variaciones con repetición.

$VR_{27,3} = 27^3 = 19\,683$ posibles matrículas

2. He olvidado la combinación secreta de mi tarjeta de crédito. Sé que consta de 4 dígitos y que no había ninguno repetido. ¿Cuántas veces debería probar en el cajero para acertar al azar?

Solución:

De los 10 dígitos debemos hacer grupos de cuatro, sin que se repita ninguno, e importando su orden pues genera claves distintas. Se trata por tanto de variaciones sin repetición.

$V_{10,4} = 10 \cdot 9 \cdot 8 \cdot 7 = 5\,040$ claves posibles

3. Tengo una bolsa con 100 canicas y quiero regalar 20 a mi sobrino. ¿Cuántas agrupaciones distintas de 20 canicas puedo hacer?

Solución:

Del conjunto de 100 canicas hay que hacer subconjuntos de 20, sin que se repitan y sin que el orden en que estén colocadas tenga importancia, pues las canicas son las mismas, aunque no estén colocadas igual. Por tanto, se trata de combinaciones.

$$C_{100,20} = \binom{100}{20} = \frac{100!}{20!80!} = \frac{100 \cdot 90 \cdot ... \cdot 82 \cdot 81 \cdot \cancel{80!}}{20! \cdot \cancel{80!}} = 5{,}36 \cdot 10^{20} \text{ agrupaciones posibles}$$

4. He ido al cine con mis amigos, Fernando, Jaume y Noah. ¿De cuántas formas nos podemos sentar en una fila de butacas, sin dejar ningún hueco entre nosotros?

Solución:

Se trata de contar cuántas maneras diferentes hay de ordenar esas 4 personas, por lo que son permutaciones.

$P_4 = 4! = 4 \cdot 3 \cdot 2 \cdot 1 = 24$ formas distintas

Ejercicios

1. Manuel y Conchi han tenido octillizos. Ahora que han crecido surgen las envidias entre ellos, y siempre quieren sentarse en el asiento de delante en la furgoneta familiar.
   a) ¿De cuántas formas diferentes se pueden sentar los ocho niños?
   b) ¿En cuántas ocasiones estará cada uno en el asiento delantero?

2. En la clase de 1.º Bachillerato A nadie quiere ser delegado, así que el tutor ha decidido hacer todos los grupos posibles de 5 alumnos, para que, escogido uno de estos grupos al azar, se realicen las votaciones sobre esas 5 personas.
   a) Si el grupo tiene 20 alumnos, ¿cuántos grupos de 5 alumnos tendría que formar el tutor?
   b) ¿Debería replantearse el tutor la forma de escoger delegado?

3. ¿Cuántos números distintos de 4 cifras y menores de 2 000 (esto es, comprendidos entre el 1 000 y el 1 999 ambos incluidos) se pueden forman con las cifras 0, 1, 2, 3, 4, 5, 6?

4. En la tienda de videojuegos me permiten alquilar tres cada semana. Para mi consola tienen 15 videojuegos disponibles en préstamo. ¿Cuántos tripletes distintos podría llevarme?

2. Probabilidad: sucesos y operaciones

Existen dos tipos de **experimentos**: en los **deterministas** el resultado del experimento se conoce de antemano, por ejemplo, que nos mojaremos al meter el pie en un charco; en los experimentos **aleatorios**, sin embargo, desconocemos qué va a suceder puesto que su resultado depende del azar. Los juegos de azar son buenos ejemplos de experimentos aleatorios (como las loterías).

La **probabilidad** es la parte de las matemáticas que se encarga de determinar los posibles resultados que existen en un experimento aleatorio y el peso de cada uno de ellos.

El conjunto de todos los posibles resultados diferentes que se pueden obtener en un experimento aleatorio es el **espacio muestral**, y se nombra E u Ω. Cada uno de los diferentes subconjuntos del espacio muestral recibe el nombre de **suceso**, y se denotará con letras mayúsculas o con frases entre comillas que expliquen su naturaleza.

- **Tipos de sucesos**

	Definición	**Ejemplo (en el experimento «tirar un dado cúbico con sus caras numeradas del 1 al 6»)**
Suceso elemental o caso	Consta de un solo elemento.	«salir número menor que 2» = {1}
Suceso compuesto	Consta de varios casos.	«sacar primo» = {2, 3, 5}
Suceso seguro	Ocurre con total seguridad. Coincide con E u Ω.	«sacar un número entre 1 y 6» = {1, 2, 3, 4, 5, 6}
Suceso imposible	No ocurre con total seguridad. Se denota $\varnothing$.	«sacar una A»
Suceso contrario	El suceso contrario a un suceso S ocurre cuando no ocurre S.	S = «sacar par», entonces $S^C = \bar{S}$ = {sacar impar}

- **Operaciones con sucesos**

Operación	**Definición**	**Ejemplo (en el experimento «tirar un dado cúbico»)**	**Diagrama de Venn**
Unión $A \cup B$	Formado por los casos de A y B. Ocurre cuando ocurre A o B (o ambos).	$A = \{2, 3, 5\}$ $B = \{1, 2, 3\}$ $A \cup B = \{1, 2, 3, 5\}$	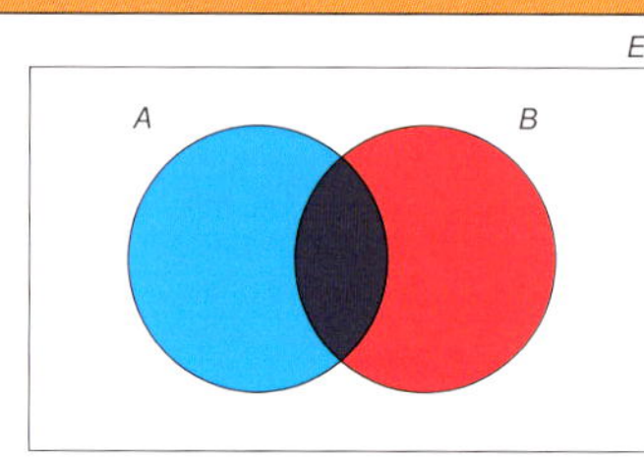
Intersección $A \cap B$	Formado por los casos comunes a A y B. Ocurre si ocurre A y B a la vez.	$A = \{2, 3, 5\}$ $B = \{1, 2, 3\}$ $A \cap B = \{2, 3\}$	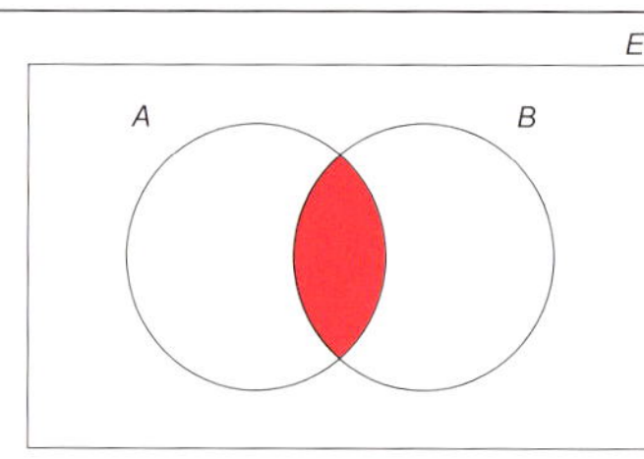
Diferencia $A - B$	Coincide con $A \cap \bar{B}$, y por tanto ocurre cuando ocurre A pero no ocurre B.	$A = \{2, 3, 5\}$ $B = \{1, 2, 3\}$ $A - B = \{5\}$	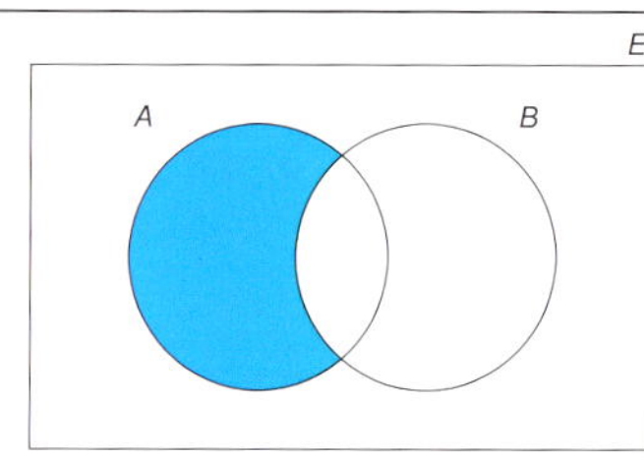

Recuerda

Dos sucesos A y B se dicen **incompatibles** si $A \cap B = \varnothing$, y se dicen **compatibles** en caso contrario.

Cuidado

La diferencia no es conmutativa $A - B \neq B - A$.

- **Propiedades de las operaciones con sucesos**

a) $\bar{E} = \varnothing$ y $\bar{\varnothing} = E$

b) $\bar{\bar{A}} = A$

c) La unión es conmutativa y asociativa:

$A \cup B = B \cup A$ $\qquad$ $A \cup (B \cup C) = (A \cup B) \cup C$

d) La intersección es conmutativa y asociativa:

$A \cap B = B \cap A$ $\qquad$ $A \cap (B \cap C) = (A \cap B) \cap C$

e) La unión y la intersección tienen la propiedad distributiva:

$A \cap (B \cup C) = (A \cap B) \cup (A \cap C)$ $\qquad$ $A \cup (B \cap C) = (A \cup B) \cap (A \cup C)$

f) Leyes de De Morgan:

$\overline{A \cup B} = \bar{A} \cap \bar{B}$ $\qquad$ $\overline{A \cap B} = \bar{A} \cup \bar{B}$

Ejercicios resueltos

1. Consideramos en el experimento «lanzar un dado octaédrico» los sucesos A = «sacar primo», B = «sacar par» y C = «sacar un número mayor que 5».

Escribe el espacio muestral del experimento y describe los sucesos siguientes:

a) A, B, C $\qquad$ *b*) $A \cup B$ $\qquad$ *c*) $(A \cap C) \cup B$ $\qquad$ *d*) $(\bar{A} - C) \cap B$

Solución:

El espacio muestral es $E = \{1, 2, 3, 4, 5, 6, 7, 8\}$.

Describir un suceso consiste en enumerar los casos que lo forman.

a) $A = \{2, 3, 5, 7\}$, $B = \{2, 4, 6, 8\}$, $C = \{6, 7, 8\}$ $\qquad$ *b*) $A \cup B = \{2, 3, 4, 5, 6, 7, 8\}$

c) $(A \cap C) \cup B = \{7\} \cup \{2, 4, 6, 8\} = \{2, 4, 6, 7, 8\}$ $\qquad$ *d*) $(\bar{A} - C) \cap B = \{1, 4\} \cap \{2, 4, 6, 8\} = \{4\}$

Ejercicios

5. Demuestra las leyes de De Morgan empleando diagramas de Venn.

6. En el experimento «sacar una bola de una urna con 10 bolas numeradas del 1 al 10», clasifica los sucesos indicados como elementales, compuestos, imposibles o seguros. A continuación, describe el suceso contrario a los sucesos descritos en cada uno de los apartados:

a) Sacar un número compuesto. $\qquad$ *b*) Sacar un número menor que 2.

c) Sacar un número mayor o igual a 1. $\qquad$ *d*) Sacar un 0.

e) ¿Son el suceso del apartado *a* y el del apartado *b* compatibles?

7. En la urna del ejercicio anterior se consideran los sucesos de los apartados *a*, *b*, *c* nombrados como A, B y C respectivamente. Describe los siguientes sucesos:

a) $\overline{A \cap C}$ $\qquad$ *b*) $\bar{C} \cup \bar{B}$ $\qquad$ *c*) $A \cup (B \cap C)$ $\qquad$ *d*) $(C \cup \bar{A}) \cup (\overline{A \cap B})$

3. Axiomas de Kolmogorov

La **probabilidad** p es una función que asigna a cada suceso de nuestro espacio muestral un valor numérico. Esta asignación se basa en tres axiomas que enunció Kolmogorov a principios del siglo XX. Estos axiomas se consideran verdades irrefutables y, a partir de ellos, se construye toda la teoría de esta rama.

Axioma 1: Todo suceso tiene probabilidad positiva o nula: $p(S) \geq 0$

Axioma 2: La probabilidad del suceso seguro es la unidad: $p(E) = 1$

Axioma 3: Si dos sucesos son incompatibles, se cumple que: $p(A \cup B) = p(A) + p(B)$

- **Propiedades de la probabilidad**

De estos axiomas se deducen varias propiedades de la probabilidad:

a) $p(\varnothing) = 0$

b) $0 \leq p(S) \leq 1$

c) Si $A \subseteq B \Rightarrow p(A) \leq p(B)$

d) $p(\overline{A}) = 1 - p(A)$

e) $p(A \cup B) = p(A) + p(B) - p(A \cap B)$ para cualquier suceso A, B

f) $p(A - B) = p(A \cap \overline{B}) = p(A) - p(A \cap B)$

Ejercicios resueltos

1. Conocidas $p(A) = 0,7$; $p(\overline{B}) = 0,2$; $p(A \cap B) = 0,55$ calcula las siguientes probabilidades:

a) $p(A \cup B)$ *b)* $p(\overline{A} \cap B)$ *c)* $p(A \cup \overline{B})$ *d)* $p(\overline{A} \cup \overline{B})$

Solución:

a) $p(\overline{B}) = 0,2 \Rightarrow p(B) = 0,8$

$p(A \cup B) = p(A) + p(B) - p(A \cap B) = 0,7 + 0,8 - 0,55 = 0,95$

b) $p(\overline{A} \cap B) = p(B - A) = p(B) - p(A \cap B) =$

$= 0,8 - 0,55 = 0,25$

c) $p(A \cup \overline{B}) = p(A) + p(\overline{B}) - p(A \cap \overline{B}) = 0,7 + 0,2 - p(A - B) =$

$= 0,7 + 0,2 - (p(A) - p(A \cap B)) = 0,7 + 0,2 - (0,7 - 0,55) = 0,75$

d) $p(\overline{A} \cup \overline{B}) = p(\overline{A \cap B}) = 1 - 0,55 = 0,45$

2. Plantea el ejercicio anterior con un diagrama de Venn que permita calcular las probabilidades solicitadas.

Solución:

Del enunciado extraemos el siguiente diagrama:

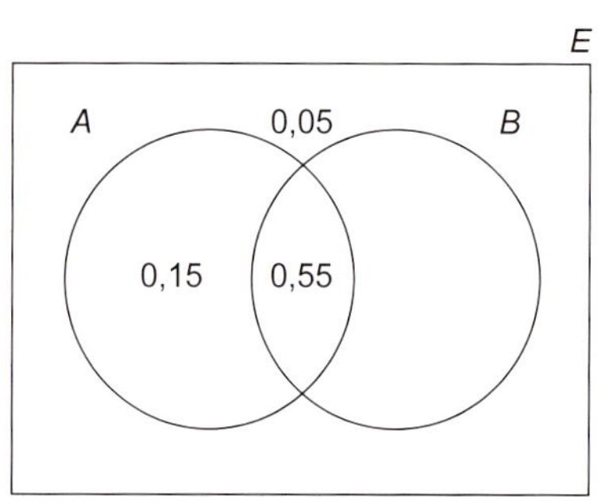

Sabiendo que la probabilidad del espacio muestral debe ser 1, podemos completarlo a:

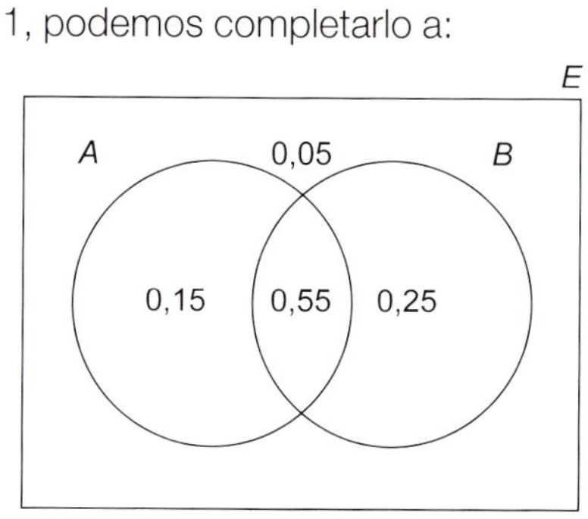

Observando el dibujo vemos que $p(A \cup B) = 0,15 + 0,55 + 0,25 = 0,95$; $p(\overline{A} \cap B) = 0,25$; $p(A \cup \overline{B}) = 0,15 + 0,55 + 0,05 = 0,75$; $p(\overline{A} \cup \overline{B}) = 0,05 + 0,15 + 0,25 = 0,45$.

4. Probabilidad teórica

4.1. Regla de Laplace

Si todos los casos del experimento que estamos trabajando son equiprobables, es decir, ocurren con la misma probabilidad, se verifica que:

$$\text{Probabilidad teórica de un suceso} = \frac{\text{Número de casos favorables}}{\text{Número de casos posibles}}$$

Ejercicios resueltos

1. En el experimento consistente en extraer una carta de la baraja española de 40 naipes, calcula la probabilidad de:

a) A = «sacar una figura» *b)* B = «sacar copa o 7» *c)* C = «sacar as de espadas»

d) $\overline{A} \cup B$ *e)* $B \cap \overline{C}$

Solución:

a) Como hay 4 sotas, 4 caballos y 4 reyes $\rightarrow p(A) = \frac{12}{40} = \frac{3}{10}$

b) A las 10 copas hay que añadir los otros 3 sietes que no son de copas $\rightarrow p(B) = \frac{13}{40}$

c) Solo hay 1 as de espadas $\rightarrow p(C) = \frac{1}{40}$

d) $p\left(\overline{A} \cup B\right) = p\left(\overline{A}\right) + p\left(B\right) - p\left(\overline{A} \cap B\right) = \frac{28}{40} + \frac{13}{40} - \frac{10}{40} = \frac{31}{40}$

e) $p(B \cap \overline{C}) = p\left(B - C\right) = p\left(B\right) = \frac{13}{40}$

Ejercicios

8. Empleando los axiomas de Kolmogorov y las propiedades que se derivan de ellos, calcula las probabilidades pedidas sabiendo que $p\left(A \cap B\right) = 0{,}1$; $p\left(\overline{A} \cap \overline{B}\right) = 0{,}05$; $p\left(B - A\right) = 0{,}4$.

a) $p\left(A \cup B\right)$ *b)* $p\left(B\right)$ *c)* $p\left(\overline{A}\right)$ *d)* $p\left(A \cap \overline{B}\right)$ *e)* $p\left(A \cup \overline{B}\right)$

9. Realiza el ejercicio anterior justificando los cálculos con un diagrama de Venn.

10. Explica con un diagrama de Venn las propiedades $p\left(A \cup B\right) = p\left(A\right) + p\left(B\right) - p\left(A \cap B\right)$ y la propiedad $p\left(\overline{A}\right) = 1 - p\left(A\right)$.

11. Dada la urna de la ilustración, calcula las probabilidades que se indican.

a) Sacar una bola roja.

b) Sacar una bola roja con número par.

c) Sacar una bola que no tenga un número menor que 7.

d) Sacar una bola azul o con un número impar.

e) Sacar una bola que no sea roja con un múltiplo de 5.

4.2. Recuento de casos en experimentos compuestos: diagrama de árbol y combinatoria

Si un experimento es una colección de otros experimentos más simples, es necesario organizar bien los posibles resultados para poder realizar correctamente los recuentos: el diagrama de árbol, la combinatoria y las tablas permiten resolver problemas probabilísticos más complejos minimizando los errores en el recuento.

Recuerda

Para calcular probabilidades en un diagrama de árbol usaremos la regla del producto: la probabilidad que corresponde a una rama completa es el producto de las probabilidades de las ramas que la forman.

Ejercicios resueltos

2. Tenemos dos urnas: la urna X con 5 bolas blancas y 4 negras y la urna Y con 3 blancas y 2 negras. Lanzamos un dado cúbico y, si sale un número menor que 3, extraemos una bola de la urna X, en caso contrario sacamos una bola de la urna Y. Realiza un diagrama de árbol del experimento y calcula las siguientes probabilidades:

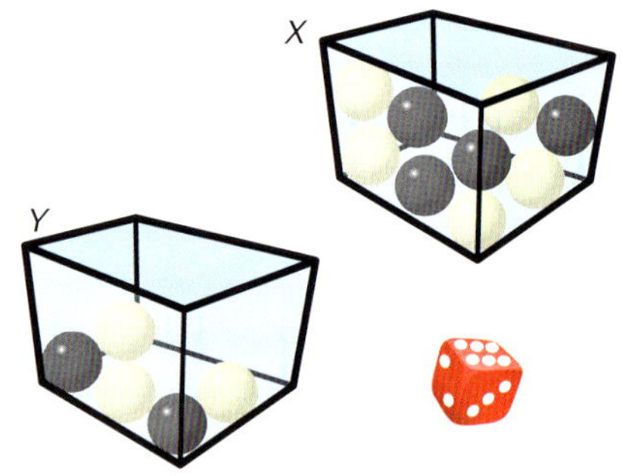

   a) Sacar una bola negra de la urna *X*.

   b) Sacar una bola blanca.

   Solución:

   a)

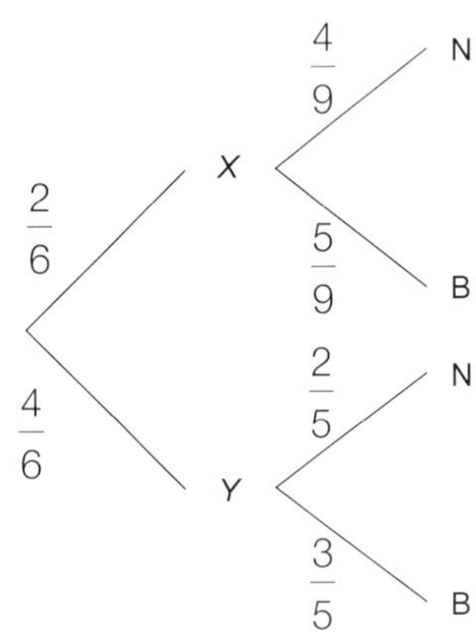

   Solo hay una rama que nos interesa, luego, empleando la regla del producto,

   $p(\text{«urna } X \text{ y negra»}) = \frac{2}{6} \cdot \frac{4}{9} = \frac{4}{27}$.

   b) Se trata de sumar las probabilidades de todas las ramas que conducen a la extracción de una bola blanca, que son urna X y bola blanca, o urna Y y bola blanca, por lo que

   $p(\text{«bola blanca»}) = \frac{2}{6} \cdot \frac{5}{9} + \frac{4}{6} \cdot \frac{3}{5} = \frac{10}{54} + \frac{12}{30} = \frac{79}{135}$.

3. Elegimos al azar una palabra de entre todas las palabras, con o sin sentido, que se pueden formar con las letras M, A, T, E, S. ¿Cuál es la probabilidad de que comience por M y termine por S?

   Solución:

   Este problema necesita de la combinatoria para hacer un correcto recuento de todos los casos, que son numerosos.

   Se pueden formar $P_5 = 5! = 120$ palabras en total, de las cuales tenemos $P_3 = 3! = 6$ que comienzan por M y terminan por S, por lo que la probabilidad pedida es $p = \frac{6}{120} = \frac{1}{20}$.

4. Se lanzan dos dados cúbicos y se suman las puntuaciones obtenidas en cada uno. Calcula la probabilidad de que dicha suma sea:

a) 7 *b*) primo

Solución:

Este ejercicio tiene un número de casos abundante por lo que el diagrama de árbol resultaría incómodo de manejar. Podemos agrupar los posibles resultados de las sumas en una tabla como la de la derecha:

	1	2	3	4	5	6
1	2	3	4	5	6	7
2	3	4	5	6	7	8
3	4	5	6	7	8	9
4	5	6	7	8	9	10
5	6	7	8	9	10	11
6	7	8	9	10	11	12

a) Aplicamos la regla de Laplace y obtenemos:

$$p(7) = \frac{6}{36} = \frac{1}{6}.$$

b) $p(\text{«primo»}) = \frac{15}{36} = \frac{5}{12}$

Ejercicios

12. En una fábrica de coches, disponen de tres modelos A, B y C. Cada mes salen de la fábrica 1 000 vehículos, de los cuales 350 son del modelo A, 400 del modelo B y el resto del C. Todos los modelos se fabrican con opción de 3 o 5 puertas: en el modelo A, dos de cada diez vehículos tienen tres puertas, en el B solo uno de cada veinte y en el C cuatro de cada siete. Calcula la probabilidad, de que, escogido un vehículo al azar de la fábrica:

a) Sea uno del modelo A de cinco puertas.

b) Tenga tres puertas.

c) Sea uno del modelo B de tres puertas.

d) Sea del modelo C.

13. El dominó es un juego clásico que consta de 28 fichas rectangulares distintas divididas en dos cuadrados con puntos en cada uno de ellos, que pueden ir desde ninguno hasta seis.

Si extraemos al azar una ficha de dominó, calcula la probabilidad de que:

a) Sea doble (tenga dos cantidades iguales de puntos en cada cuadrado).

b) La diferencia de los puntos de ambas partes sea exactamente 2.

c) La diferencia de los puntos de ambas partes sea de, al menos, 4.

14. En un restaurante reciben vino de dos bodegas, A y B, en proporción 2 a 3. En la bodega A embotellan el 60 % del vino en cristal y el resto en tetrabrik, mientras que en la B emplean tetrabrik y cristal a partes iguales. Los dueños del restaurante no están conformes con el servicio de las bodegas, puesto que en el caso de la bodega A, una de cada cien botellas viene en mal estado y dos de cada setenta envases de tetrabriks también. Es más alarmante el caso de la bodega B, donde tres de cada cien botellas no se pueden aprovechar y solo el 95 % de los tetrabriks está en buenas condiciones.

Calcula la probabilidad de que, escogida una muestra de vino del restaurante al azar:

a) Esté en malas condiciones.

b) Esté embotellado en la bodega A.

c) Provenga de un tetrabrik de B.

d) Sea un buen vino de una botella de la bodega B.

e) Sea un vino que se debe desechar de un tetrabrik de la bodega A.

15. Esta tarde iré al cine con mis amigos. En total formamos un grupo de 10 personas, entre ellas está Alfredo, mi mejor amigo. ¿Cuál es la probabilidad de que, si nos sentamos en un orden al azar, Alfredo y yo estemos juntos?

4.3. Probabilidad condicionada

Es extraño que los sucesos ocurran de forma aislada, habitualmente van relacionados o asociados unos con otros.

La **probabilidad condicionada** de *A* respecto a *B*, $p\left(A|B\right)$, es la probabilidad de que ocurra el suceso *A* sabiendo que ha ocurrido el suceso *B*, y se obtiene mediante la fórmula

$$p\left(A|B\right)=\frac{p\left(A\cap B\right)}{p\left(B\right)}$$

Observa

$p\left(\overline{A}|B\right)=1-p\left(A|B\right)$

En el caso de que la probabilidad de un suceso no esté condicionada a la de otro suceso, es decir, si $p\left(A|B\right)=p(A)$ y $p\left(B|A\right)=p(B)$, hablaremos de sucesos **independientes**. Más rigurosamente, dos sucesos se dicen independientes si:

$$p\left(A\cap B\right)=p\left(A\right)\cdot p\left(B\right)$$

Observa

Si *A* y *B* son independientes, también lo son $\overline{A}$ y $\overline{B}$, A y $\overline{B}$ y $\overline{A}$ y B.

Si no se verifican las condiciones anteriores, los sucesos *A* y *B* serán **dependientes**, y no podremos aplicar la fórmula anterior para el cálculo de la probabilidad de la intersección.

Ejercicios resueltos

4. De dos sucesos *A* y *B* conocemos que $p\left(A\right)=0{,}7$; $p\left(A\cap B\right)=0{,}315$; $p\left(A\cup B\right)=0{,}835$.

   a) Calcula $p\left(B|A\right)$.

   b) ¿Son *A* y *B* independientes?

   c) Halla $p\left(\overline{A}|\overline{B}\right)$.

Solución:

a) $p\left(B|A\right)=\dfrac{p\left(A\cap B\right)}{p\left(A\right)}=\dfrac{0{,}315}{0{,}7}=0{,}45$

b) $p\left(A\cup B\right)=0{,}835=0{,}7+p\left(B\right)-0{,}315\Rightarrow p\left(B\right)=0{,}45$

Como $p\left(A\cap B\right)=0{,}315=p\left(A\right)\cdot p\left(B\right)=0{,}7\cdot 0{,}45\Rightarrow$ son independientes.

c) Como son independientes, $p\left(\overline{A}|\overline{B}\right)=p\left(\overline{A}\right)=0{,}3$.

- **Tablas de contingencia**

Una tabla de contingencia es una forma de organizar los datos cuando en un problema tenemos dos características distintas de una misma población.

Ejercicios resueltos

5. Se ha realizado un estudio a 350 pacientes de un hospital, de los que 50 se encuentran medicados para superar un cáncer de pulmón. Entre los enfermos de cáncer, 43 son fumadores. Por otro lado, 243 pacientes no fumadores no han desarrollado ningún cáncer de pulmón. Completa una tabla de contingencia y calcula la probabilidad de que, escogiendo un paciente al azar:

   a) Sea fumador.

   b) No fume y tenga cáncer de pulmón.

   c) Tenga cáncer de pulmón si sabemos que fuma.

   d) No fume si sabemos que se está medicando para superar el cáncer de pulmón.

Solución:

	Fumador	No fumador	
Con cáncer	43	7	50
Sin cáncer	57	243	300
	100	250	350

Sea F = ser fumador, C = tener cáncer

a) $p(F) = \frac{100}{350} = \frac{2}{7}$ *b*) $p(\bar{F} \cap C) = \frac{7}{350} = \frac{1}{50}$

c) $p(C|F) = \frac{43}{100}$ *d*) $p(\bar{F}|C) = \frac{7}{50}$

Ejercicios

16. Calcula las probabilidades que se indican si sabemos que A y B son dos sucesos tales que

    $p(A|\bar{B}) = 0{,}7$; $p(B) = 0{,}8$; $p(A \cap B) = 0{,}3$:

    a) $p(A - B)$ *b*) $p(A)$ *c*) $p(A \cup B)$

    ¿Son A y B independientes?

17. El 80 % de los alumnos de la clase aprueban Francés y el 58 % del total aprueba tanto Francés como Inglés. Por otro lado, de los que suspenden Francés, solo un 10 % suspende también Inglés.

    Completa una tabla de contingencia y responde:

    a) Probabilidad de escoger un suspenso en Inglés.

    b) Probabilidad de que escogiendo un alumno que ha aprobado Inglés, suspenda Francés.

    c) Si el instituto tiene 400 alumnos, ¿cuántos suspenden Francés y aprueban Inglés? ¿Y al revés?

18. La probabilidad de tener mascotas en el hogar es de 0,44. Además, se ha realizado un estudio que indica que en un hogar con mascota hay el doble de probabilidad de que les regalen otra frente a los hogares que no la tienen. El porcentaje de familias que no tienen mascota y tampoco les han regalado una, asciende al 50,4 %.

    Si escogemos una familia al azar, calcula la probabilidad de que:

    a) Les regalen una mascota.

    b) No tuvieran previamente mascota, sabiendo que les acaban de regalar una.

    c) No les regalen ninguna mascota, si estamos estudiando los hogares que tienen mascotas.

- **Diagramas de árbol**

Los diagramas de árbol suelen utilizarse en experimentos compuestos, de forma que cada nivel en el diagrama corresponde con cada uno de los experimentos simples que forman el experimento compuesto.

A veces también se utiliza, al igual que las tablas de contingencia, en problemas en los que tenemos dos características de una misma población. Es especialmente útil si dichas características tienen un orden cronológico: primero conocemos una de las características, y luego la otra.

Ejercicios resueltos

6. En una empresa informática, el 52 % de los empleados son hombres y el 48 % son mujeres. Además, el 23 % de los hombres son altos directivos mientras que son el 24 % de las mujeres las que cubren altos cargos.

   Realiza un diagrama de árbol y calcula la probabilidad de que escogida una persona al azar que trabaje en dicha empresa:

   a) Sea una mujer que tiene un alto cargo.

   b) Sea una persona que no tenga un puesto elevado.

   c) No sea alto cargo, si estamos considerando solo a los hombres.

   d) Sea hombre, si estamos considerando únicamente los altos cargos.

Solución:

Sea M = ser mujer, H = ser hombre, A = ocupar un alto cargo

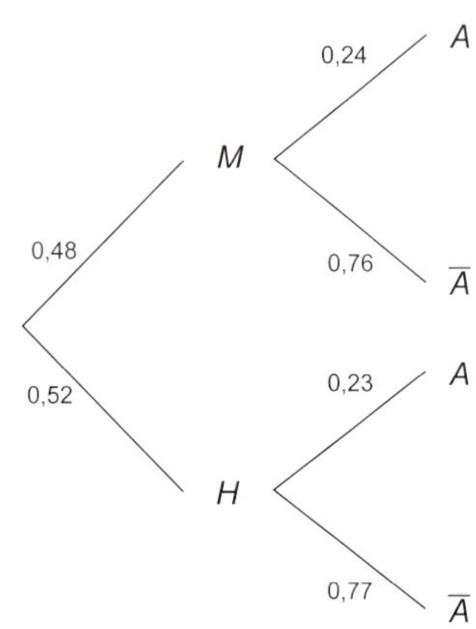

a) $p\left(M \cap A\right) = 0{,}48 \cdot 0{,}24 = 0{,}1152$

b) $p\left(\overline{A}\right) = 0{,}48 \cdot 0{,}76 + 0{,}52 \cdot 0{,}77 = 0{,}7652$

c) $p\left(\overline{A} \middle| H\right) = \dfrac{p\left(\overline{A} \cap H\right)}{p\left(H\right)} = \dfrac{\cancel{0{,}52} \cdot 0{,}77}{\cancel{0{,}52}} = 0{,}77$

Observa que, en este caso no sería necesario aplicar la definición de probabilidad condicionada: basta con observar la probabilidad pedida a partir de «ser hombre», que es el dato conocido, pues los otros términos se cancelan.

d) $p\left(H \middle| A\right) = \dfrac{p\left(H \cap A\right)}{p\left(A\right)} = \dfrac{0{,}52 \cdot 0{,}23}{1 - 0{,}7652} = 0{,}51$

En este caso, en cambio, sí debemos emplear la definición de probabilidad condicionada, no hay cancelación de términos.

5. Probabilidad experimental: estadística y probabilidad

Si el experimento no está compuesto de casos equiprobables, o no podemos reducirlo al estudio de sucesos de las mismas probabilidades, entra en juego la probabilidad experimental, que calcula la probabilidad de un suceso obteniendo la frecuencia relativa de ese suceso a lo largo del experimento:

$$\text{probabilidad experimental de un suceso} = \text{frecuencia relativa del suceso}$$

En este caso, parece lógico que, cuantas más pruebas se hayan realizado en el experimento, más acertada será la probabilidad experimental obtenida, de forma que

$$\lim_{\text{n.º repeticiones}\to\infty} \left(\text{probabilidad experimental}\right) = \text{probabilidad teórica}$$

Ejercicios resueltos

1. Una empresa farmacéutica está probando un medicamento en pequeños roedores antes de realizar sus pruebas sobre otros mamíferos. Tras 57 ensayos, ha comprobado que dicho medicamento presenta efectos no deseables en 8 de los casos. Según estos ensayos, ¿qué probabilidad asignarías a la seguridad de este medicamento?

Solución:

La frecuencia relativa de casos seguros en este ensayo ha sido de $h = \dfrac{49}{57} \approx 0{,}86$. Aunque el número de ensayos y sus características no pueden garantizar la seguridad en humanos, en los experimentos con roedores la seguridad de este medicamento ha sido de 0,86.

Ejercicios

19. Extraemos dos bolas de una urna con 7 bolas rojas y 5 negras. Calcula la probabilidad de extraer dos bolas del mismo color si:

a) Se extraen con reemplazamiento.

b) Se extraen sin reemplazamiento.

c) Se extraen a la vez.

20. Tenemos un dado trucado y, para estimar la probabilidad de cada una de las caras, realizamos varios lanzamientos, observando que la frecuencia relativa de las caras es proporcional a la cantidad de puntos que tienen. Calcula la probabilidad experimental de cada una las caras.

Síntesis

Combinatoria

	Notación y fórmula	Importa el orden de los elementos
VARIACIONES de *n* elementos tomados de *m* en m	$V_{n,m} = n \cdot (n-1) \cdot \ldots \cdot (n-m+1)$	SÍ
VARIACIONES con REPETICIÓN de *n* elementos tomados de *m* en *m*	$VR_{n,m} = n^m$	SÍ
COMBINACIONES de *n* elementos tomados de *m* en *m*	$C_{n,m} = \binom{n}{m} = \dfrac{n!}{m!(n-m)!}$	NO
PERMUTACIONES de *n* elementos	$P_n = n!$	SÍ

Probabilidad: sucesos y operaciones

Tipos de sucesos

Suceso elemental o caso = consta de un solo elemento

Suceso compuesto = consta de varios casos

Suceso seguro = $E = \Omega$ = ocurre con total seguridad

Suceso imposible = $\varnothing$ = con total seguridad, no ocurre

Suceso contrario de $S = S^C = \bar{S}$ = cuando no ocurre S.

Operaciones con sucesos

$A \cup B =$ ocurre A o B (o ambos)

$A \cap B =$ ocurre A y B a la vez

$A - B =$ ocurre A pero no ocurre B

Axiomas de Kolmogorov

Axiomas:

$p(S) \geq 0$

$p(E) = 1$

$p(A \cup B) = p(A) + p(B)$

Si A y B son incompatibles

Propiedades de la probabilidad:

$p(\varnothing) = 0$

$0 \leq p(S) \leq 1$

$A \subseteq B \Rightarrow p(A) \leq p(B)$

$p(\bar{A}) = 1 - p(A)$

$p(A \cup B) = p(A) + p(B) - p(A \cap B)$

$p(A - B) = p(A \cap \bar{B}) = p(A) - p(A \cap B)$

Regla de Laplace

$$\text{Probabilidad teórica de un suceso} = \frac{\text{Número de casos favorables}}{\text{Número de casos posibles}}$$

Probabilidad experimental

$$\lim_{\text{n.º repeticiones} \to \infty} (\text{Probabilidad experimental}) = \text{Probabilidad teórica}$$

Probabilidad condicionada

$$p(A|B) = \frac{p(A \cap B)}{p(B)}$$

A y B son independientes $\Leftrightarrow p(A \cap B) = p(A) \cdot p(B)$

Problemas tipo

Combinatoria

21. ¿Cuántas palabras de 4 letras, con o sin sentido, puedo hacer con mis 7 fichas del *scrabble*, si no tengo ninguna ficha repetida?	$V_{7,4} = 7 \cdot 6 \cdot 5 \cdot 4 = 840$ palabras distintas
22. Pulsamos 4 teclas al azar en un teclado de ordenador. Si sabemos que cada una de ellas ha sido una de las 27 letras, ¿cuántas palabras, con o sin sentido, se han podido formar?	$VR_{27,4} = 27^4 = 531\,441$ palabras distintas
23. ¿Cuántos grupos de cartas distintos me pueden tocar si me dan 4 naipes de una baraja de 40?	$C_{40,4} = \binom{40}{4} = \frac{40!}{4!36!} = \frac{40 \cdot 39 \cdot 38 \cdot 37}{4 \cdot 3 \cdot 2} = 91\,390$ grupos distintos
24. En Educación Física vamos a hacer carreras de relevos en equipos de 6. ¿De cuántas formas podemos ordenarnos los 6 corredores de mi equipo?	$P_6 = 6! = 6 \cdot 5 \cdot 4 \cdot 3 \cdot 2 = 720$ formas de colocarnos

Probabilidad: sucesos y operaciones

25. Dados los sucesos $A = \{1, 3, 5\}$ y $B = \{4, 5, 6\}$ correspondientes al experimento «lanzar un dado», halla: *a)* $A \cup B$ *b)* $A \cap B$ *c)* $A - B$ *d)* $\bar{A} - \bar{B}$	*a)* $A \cup B = \{1, 3, 4, 5, 6\}$ *b)* $A \cap B = \{5\}$ *c)* $A - B = \{1, 3\}$ *d)* $\bar{A} = \{2, 4, 6\}, \bar{B} = \{1, 2, 3\} \Rightarrow \bar{A} - \bar{B} = \{4, 6\}$

Propiedades de la probabilidad

26. Sabiendo que $p(\overline{A \cup B}) = 0{,}1$, $p(\bar{A}) = 0{,}4$ y $p(\bar{B}) = 0{,}3$, calcula: *a)* $p(A \cap B)$ *b)* $p(A \cup \bar{B})$	$p(\overline{A \cup B}) = 0{,}1 \rightarrow p(A \cup B) = 0{,}9$ $p(\bar{B}) = 0{,}3 \rightarrow p(B) = 0{,}7$ $p(\bar{A}) = 0{,}4 \rightarrow p(A) = 0{,}6$ *a)* $p(A \cup B) = p(A) + p(B) - p(A \cap B) \rightarrow 0{,}9 = 0{,}6 + 0{,}7 - p(A \cap B) \Rightarrow$ $\Rightarrow p(A \cap B) = 0{,}4$ *b)* $p(A \cup \bar{B}) = p(A) + p(\bar{B}) - p(A \cap \bar{B}) = 0{,}6 + 0{,}3 - (0{,}6 - 0{,}4) = 0{,}7$

Probabilidad teórica

27. Tenemos bolas numeradas en una urna:

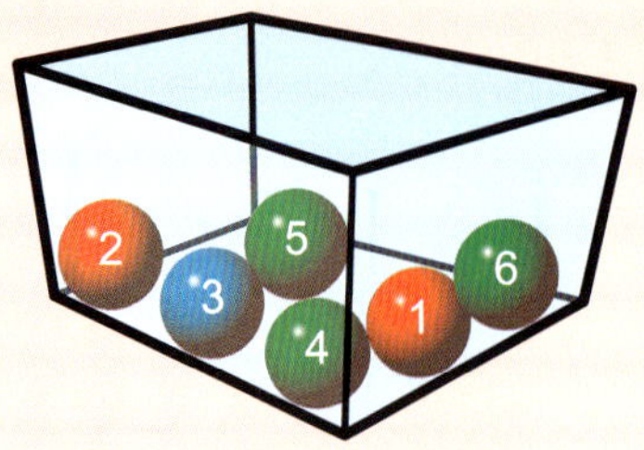

Calcula la probabilidad de que, si sacamos una bola al azar:

a) No sea roja.

b) Sea par.

c) Sea menor que 5 y verde.

d) Sea roja o impar.

a) Vale la bola azul y las tres verdes $\Rightarrow p = \frac{4}{6} = \frac{2}{3}$

b) Vale la número 2, 4 y 6 $\Rightarrow p = \frac{3}{6} = \frac{1}{2}$

c) Vale únicamente la bola verde con el número 4 $\Rightarrow p = \frac{1}{6}$

d) Además de la 1, 3 y 5, vale la 2 por ser roja $\Rightarrow p = \frac{4}{6} = \frac{2}{3}$

28. De la urna anterior, sacamos dos bolas sin reemplazamiento. Calcula la probabilidad de que:

a) Ambas sean rojas.

b) Sean de colores distintos.

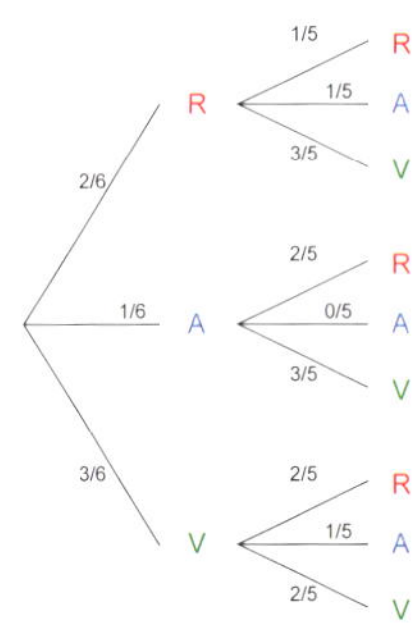

a) $p(RR) = \frac{2}{6} \cdot \frac{1}{5} = \frac{2}{30} = \frac{1}{15}$

b) $1 - \left(p(RR) + p(AA) + p(VV)\right) = 1 - \left(\frac{2}{6}\cdot\frac{1}{5} + \frac{1}{6}\cdot\frac{0}{5} + \frac{3}{6}\cdot\frac{2}{5}\right) = 1 - \frac{8}{30} = \frac{11}{15}$

Probabilidad condicionada

29. En un grupo de 30 alumnos, hay 20 matriculados en Francés, y el resto en Alemán. De entre los de Francés, el 75 % hace deporte, pero si consideramos a todos los alumnos, el 70 % hace deporte.

a) Si elegimos un alumno al azar, ¿cuál es la probabilidad de que estudie Alemán y no haga deporte?

b) Si elegimos un alumno que no hace deporte, ¿cuál es la probabilidad de que curse Alemán?

c) ¿Cursar Francés es independiente de hacer deporte?

F = «cursar Francés»

A = «cursar Alemán»

D = «hacer deporte»

	F	*A*	
D	15	6	21
$\bar{D}$	5	4	9
	20	10	30

a) $p(A \cap \bar{D}) = \frac{4}{30} = \frac{2}{15}$

b) $p(A \mid \bar{D}) = \frac{4}{9}$

c) $p(F \cap D) = \frac{15}{30} = \frac{1}{2} \neq p(F) \cdot p(D) = \frac{20}{30} \cdot \frac{21}{30} = \frac{14}{30} \Rightarrow$ dependientes

Probabilidad condicionada *(Cont.)*

30. En una ciudad, el 52 % de la población son mujeres. De las mujeres, el 30 % usa gafas; mientras que entre los hombres, el 35 % las usa. Si elegimos una persona de esa ciudad al azar:

a) ¿Cuál es la probabilidad de que sea una mujer que no use gafas?

b) Si sabemos que es una mujer, ¿cuál es la probabilidad de que no use gafas?

c) ¿Y cuál es la probabilidad de que use gafas?

M = «ser mujer», H = «ser hombre», G = «usar gafas»

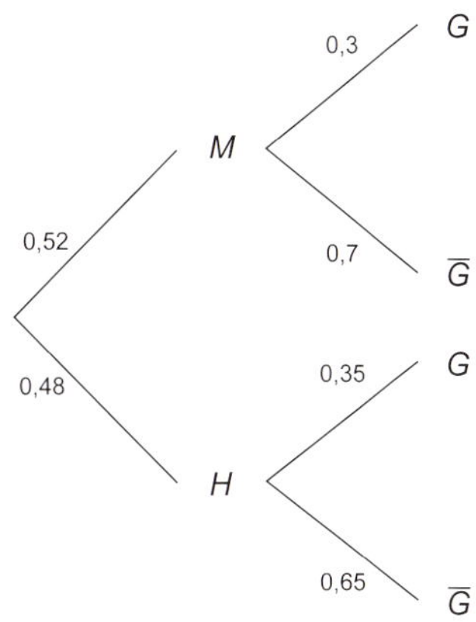

a) $p\left(M \cap \bar{G}\right) = 0{,}52 \cdot 0{,}7 = 0{,}364$

b) $p\left(\bar{G} \mid M\right) = 0{,}7$

c) $p\left(G\right) = 0{,}52 \cdot 0{,}3 + 0{,}48 \cdot 0{,}35 = 0{,}324$

31. Sabiendo que $p\left(A \mid B\right) = 0{,}6$, $p\left(B \mid A\right) = 0{,}75$ y $p\left(A \cap B\right) = 0{,}3$, halla:

a) $p\left(A \cup B\right)$

b) $p\left(\bar{A} \mid \bar{B}\right)$

$$p\left(A \mid B\right) = \frac{p\left(A \cap B\right)}{p\left(B\right)} \rightarrow p\left(B\right) = \frac{0{,}3}{0{,}6} = 0{,}5$$

$$p\left(B \mid A\right) = \frac{p\left(A \cap B\right)}{p\left(A\right)} \rightarrow p\left(A\right) = \frac{0{,}3}{0{,}75} = 0{,}4$$

a) $p\left(A \cup B\right) = 0{,}4 + 0{,}5 - 0{,}3 = 0{,}6$

b) $p\left(\bar{A} \mid \bar{B}\right) = \dfrac{p\left(\bar{A} \cap \bar{B}\right)}{p\left(\bar{B}\right)} = \dfrac{p\left(\overline{A \cup B}\right)}{p\left(\bar{B}\right)} = \dfrac{0{,}4}{0{,}5} = 0{,}8$

Probabilidad experimental: estadística y probabilidad

32. Unos amigos juegan a los dardos, y anotan la cantidad de veces que aciertan en la diana:

N.º jugadas	Jasmine	Joaquín
10	2	1
20	3	3
30	4	5
40	7	6

Haz una tabla con la evolución de la probabilidad experimental de cada uno de ellos, y de los dos en conjunto, según aumenta el número de jugadas.

Jasmine	Joaquín	Ambos
$\frac{2}{10} = 0{,}2$	$\frac{1}{10} = 0{,}1$	$\frac{3}{20} = 0{,}15$
$\frac{3}{20} = 0{,}15$	$\frac{3}{20} = 0{,}15$	$\frac{6}{40} = 0{,}15$
$\frac{4}{30} = 0{,}133$	$\frac{5}{30} = 0{,}167$	$\frac{9}{60} = 0{,}15$
$\frac{7}{40} = 0{,}175$	$\frac{6}{40} = 0{,}15$	$\frac{13}{80} = 0{,}1625$

Ejercicios y problemas

Combinatoria

33. Calcula.

a) $V_{10,3}$ b) $V_{12,5}$ c) $V_{20,4}$ d) $V_{30,6}$

34. Calcula.

a) $VR_{8,4}$ b) $VR_{3,9}$ c) $VR_{5,5}$ d) $VR_{10,6}$

35. Calcula.

a) $C_{6,5}$ b) $C_{12,4}$ c) $C_{50,3}$ d) $C_{20,10}$

36. Calcula.

a) P_9 b) P_{15} c) P_{18} d) P_{30}

37. Halla el valor de *x* en cada caso:

a) $V_{x,2} = 210$ b) $V_{x,3} = 1716$ c) $V_{x,4} = 360$

38. Halla el valor de *x* en cada caso:

a) $VR_{x,2} = 289$ b) $VR_{x,5} = 7776$ c) $VR_{3,x} = 6561$

39. Halla el valor de *x* en cada caso:

a) $C_{x,2} = 105$ b) $C_{x,3} = 120$ c) $C_{x,4} = 15$

40. Halla el valor de *x* en cada caso:

a) $2C_{x,3} = V_{x,2}$ b) $VR_{x,3} - V_{x,3} = x\left(C_{x,2} + 1\right)$

41. Tengo que pagar 1,75 € en una máquina expendedora y voy a hacerlo con una moneda de 1 €, una de 50 céntimos, una de 20 céntimos y una de 5 céntimos. ¿En cuántas ordenaciones diferentes podré introducir esas monedas en la máquina? ¿Cuáles son?

42. Si quiero hacer el pago del ejercicio anterior con una moneda de 1 €, tres de 20 céntimos, una de 10 céntimos y una de 5 céntimos, ¿cuántas ordenaciones existirán ahora?

43. En una clase de Educación Infantil tienen una biblioteca de aula con 15 cuentos, tantos como niños. Cada semana irán cambiando el libro de forma que todos acabarán leyendo los 15 cuentos, pero el maestro no tiene claro cómo hacer la asignación inicial. ¿De cuántas maneras puede hacerlo?

44. Los 15 alumnos de la clase del ejercicio anterior hacen una actividad en grupo cada día, sentándose en círculo. ¿De cuántas maneras distintas pueden colocarse?

45. Esta semana tengo que estudiar Matemáticas, Inglés, Lengua, Historia y Francés. De esas asignaturas, hoy voy a estudiar 3 de ellas, aunque aún no he decidido ni cuáles ni en qué orden. ¿Cuántas posibilidades distintas tengo?

46. En mi clase vamos a elegir delegado, subdelegado y suplente entre los 30 alumnos que hay. ¿Cuántos equipos distintos se podrían elegir?

47. Durante las fiestas de mi pueblo se va a sortear 1 jamón, 1 lomo, 1 queso y 1 caja de mantecados entre las 100 personas que han comprado una papeleta. Si nadie puede obtener más de un premio, ¿de cuántas maneras distintas se podrían repartir esos premios?

48. Si en el sorteo anterior se pudiera obtener más de un premio por persona, ¿cuántas maneras distintas de repartir los premios habría ahora? ¿En cuántos de esos repartos habría alguien con más de un premio?

49. El código ASCII es la forma en la que los ordenadores traducen los distintos símbolos y caracteres alfanuméricos de uso habitual a secuencias de ceros y unos y viceversa. Cada cero o uno es un *bit*.

a) ¿Cuántos símbolos distintos se pueden formar con 8 bits?

b) ¿Cuántos bits serían necesarios si quisiéramos cifrar un conjunto de 1 000 símbolos?

50. En la junta de delegados de mi centro se va a elegir a 3 representantes para el consejo escolar de entre los 30 delegados. ¿Cuántos grupos de representantes distintos podríamos hacer?

51. Jugando con una baraja de 40 naipes, ¿cuántos grupos distintos de cartas nos podrían tocar si jugáramos a los siguientes juegos?:

a) Brisca (3 cartas). b) Mus (4 cartas).

c) Chinchón (7 cartas). d) Tute (10 cartas).

Probabilidad: sucesos y operaciones

52. En el experimento que consiste en elegir al azar un número entre 1 y 10, tenemos los sucesos A = «elegir par», B = «elegir mayor que 5», C = «elegir múltiplo de 3». Halla:

a) $A \cup B$

b) $A \cup C$

c) $B \cup C$

d) $A \cup B \cup C$

e) $A \cap B$

f) $A \cap C$

g) $B \cap C$

h) $A \cap B \cap C$

53. En los sucesos del ejercicio anterior, calcula:

a) $A - B$

b) $B - A$

c) $A - C$

d) $C - A$

e) $B - C$

f) $C - B$

54. En los sucesos de los ejercicios anteriores, calcula:

a) $\overline{A \cap \bar{B}}$

b) $A \cup \left(\bar{B} \cap C \right)$

c) $\left(\bar{A} \cup B \right) - \bar{C}$

d) $\overline{A - \left(B \cap C \right)}$

55. Considerando los sucesos de los ejercicios anteriores, comprueba que se cumple la propiedad asociativa tanto para la unión como para la intersección.

56. Considerando los sucesos de los ejercicios anteriores, comprueba que se cumple la propiedad distributiva tanto de la unión respecto a la intersección como de la intersección respecto a la unión.

57. Comprobar las dos leyes de De Morgan con los sucesos A y B de los ejercicios anteriores.

Axiomas de Kolmogorov

58. Sabiendo que $p\left(A \right) = 0,4$; $p\left(A \cup B \right) = 0,8$ y $p\left(A - B \right) = 0,3$, halla $p\left(B \right)$.

59. Sabiendo que $p\left(A \right) = 0,6$; $p\left(B \right) = 0,7$ y $p\left(A \cap B \right) = 0,4$, halla $p\left(\bar{A} \cap \bar{B} \right)$.

60. Sabiendo que $p\left(A \right) = 0,65$; $p\left(\bar{B} \right) = 0,6$ y $p\left(\bar{A} \cup \bar{B} \right) = 0,85$, halla $p\left(A \cup B \right)$.

61. Sabiendo que $p\left(A \cup B \right) = 0,85$; $p\left(A \cap B \right) = 0,25$ y $p\left(\bar{A} \cup B \right) = 0,55$, halla $p\left(A \right)$ y $p\left(B \right)$.

62. Sabiendo que $p\left(A \cup \bar{B} \right) = 0,8$; $p\left(\bar{A} \cup B \right) = 0,7$ y $p\left(\bar{A} \cup \bar{B} \right) = 0,9$, halla $p\left(A \right)$ y $p\left(B \right)$.

63. Sabiendo que $p\left(A \cup B \right) = 0,75$; $p\left(\left(A - B \right) \cup \left(B - A \right) \right) = 0,6$ y $p\left(\bar{A} \cup B \right) = 0,95$, halla $p\left(A \right)$ y $p\left(B \right)$.

64. Entre los pacientes de un oftalmólogo, el 70 % tiene miopía, el 65 % astigmatismo, y el 15 % no padece ninguna de estas dos patologías. ¿Qué porcentaje de pacientes tienen miopía pero no astigmatismo?

65. En un polideportivo, el 60 % de los usuarios practica fútbol, el 25 % atletismo, el 45 % natación, y el 10 % no practica ninguno de estos tres deportes. El 15 % practica fútbol y atletismo, el 10 % atletismo y natación, y el 20 % fútbol y natación. ¿Qué porcentaje de usuarios practica los tres deportes?

Probabilidad teórica

66. Si giramos la siguiente ruleta:

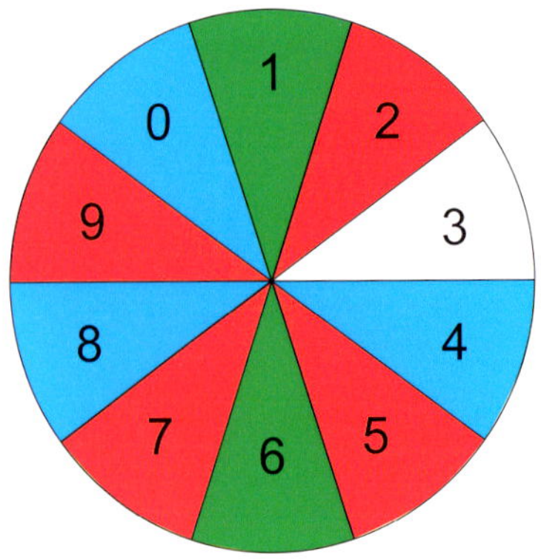

Calcula la probabilidad de obtener:

a) Un número par.

b) Un color que no sea verde.

c) Impar o verde.

d) Impar y rojo.

67. Sacamos al azar una carta de una baraja española de 40 cartas. Calcula la probabilidad de obtener:

a) Un oro.

b) Un caballo.

c) Una carta que sea oro o caballo.

d) Una carta que sea oro y caballo.

e) Una figura que no sea de copas.

f) Una carta que no sea figura ni copas.

Nota: La baraja española tiene cuatro palos (oros, copas, espadas, bastos) y cada uno tiene diez cartas (as, 2, 3, 4, 5, 6, 7, sota, caballo, rey).

68. Sacamos al azar una carta de una baraja francesa de 52 cartas. Calcula la probabilidad de obtener:

a) Una pica.

b) Una K o una carta roja.

c) Un as negro.

d) Una carta que no sea de tréboles ni un 8.

Nota: La baraja francesa tiene cuatro palos (diamantes [rojos], corazones [rojos], tréboles [negros], picas [negros]) y cada uno tiene trece cartas (A, 2, 3, 4, 5, 6, 7, 8, 9, 10, J, Q, K).

69. El *scrabble* es un juego que consiste en formar palabras con las siguientes fichas:

Letra	Cantidad
A	12
B	2
C	4
CH	1
D	5
E	12
F	1
G	2
H	2
I	6
J	1
L	4
LL	1
M	2
N	5
Ñ	1
O	9
P	2
Q	1
R	5
RR	1
S	6
T	4
U	5
V	1
X	1
Y	1
Z	1
Comodín	2

Si sacamos al azar una ficha de la bolsa, calcula la probabilidad de que:

a) Sea vocal.

b) Esté formada por dos caracteres.

c) No quede en la bolsa otra ficha igual a la que se saca.

d) Sea una letra simple.

70. Tenemos una urna como la de la figura:

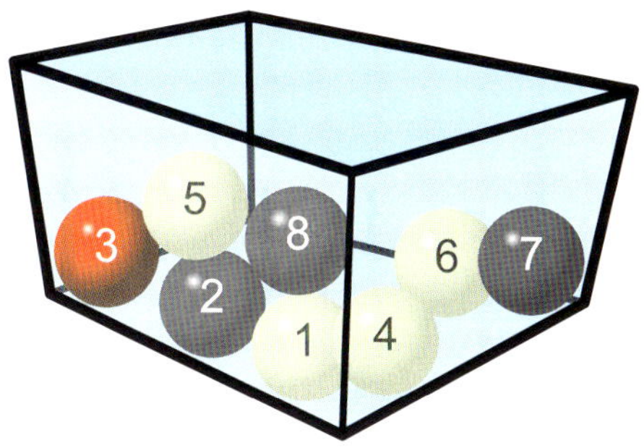

Halla la probabilidad de que, si sacamos una bola al azar:

a) Sea negra par.

b) Sea blanca o impar.

c) No sea negra ni par.

d) No sea blanca o no sea impar.

71. El juego de la ruleta está formado por los números del 0 al 36, sin que se pueda apostar al 0:

3	6	9	12	15	18	21	24	27	30	33	36
2	5	8	11	14	17	20	23	26	29	32	35
1	4	7	10	13	16	19	22	25	28	31	34

Se pueden realizar las siguientes apuestas:

a) A un número concreto.

b) A rojo o negro.

c) A par o impar (el 0 no se considera ni par ni impar en el juego de la ruleta).

d) A falta (1-18) o pasa (19-36).

e) A la primera docena (1-12), segunda docena (13-24) o tercera docena (25-36).

Halla la probabilidad de ganar en cada uno de los tipos de apuestas.

72. Lanzamos una moneda cuatro veces. Haz el diagrama de árbol y utilízalo para hallar la probabilidad de que salgan:

a) Exactamente dos caras. *b*) Al menos dos caras.

c) Más de dos caras. *d*) Al menos una cara y una cruz.

73. Giramos tres veces una ruleta como en la ilustración:

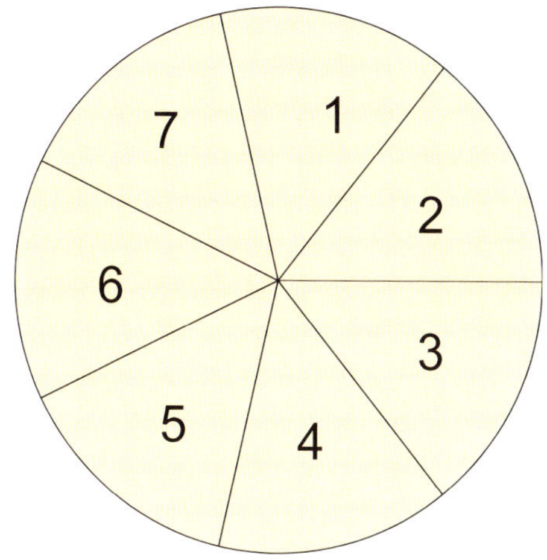

Calcula la probabilidad de que salgan:

a) Tres veces par.

b) Al menos dos pares.

c) Algún par.

d) Exactamente dos pares.

74. Extraemos una bola de una urna como la de la figura, anotamos su color, la introducimos de nuevo en la urna, y continuación sacamos una segunda bola:

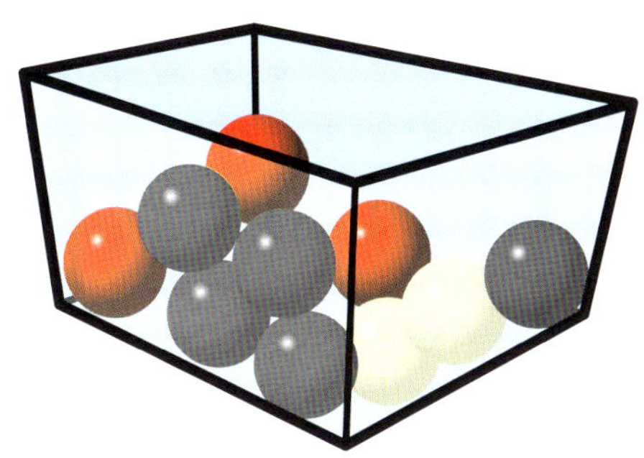

Calcula la probabilidad de que:

a) No sean ambas rojas.

b) Sean ambas del mismo color.

c) La primera no sea roja y la segunda no sea blanca.

75. Repite el ejercicio anterior, en el supuesto de que la primera bola no sea introducida de nuevo en la urna antes de sacar la segunda bola.

76. De la urna de los ejercicios anteriores, sacamos tres bolas de forma consecutiva sin reemplazamiento. Halla la probabilidad de que:

a) Sean las tres del mismo color.

b) Sea cada una de un color.

77. Sacamos dos cartas de una baraja española. Calcula la probabilidad de que salgan:

a) Dos espadas.

b) Dos palos distintos.

c) Un oro y una copa (en cualquier orden).

78. Sacamos tres cartas de una baraja española. Calcula la probabilidad de que salgan:

a) Tres espadas.

b) Tres palos distintos.

c) Dos cartas del mismo palo y la otra de un palo diferente (en cualquier orden).

79. En el mus cada jugador recibe cuatro cartas de las 40 de la baraja española. Los treses y los reyes tienen el máximo valor. ¿Qué probabilidad hay de que obtengamos cuatro cartas del máximo valor en el primer reparto?

80. En el póker cada jugador recibe cinco cartas de las 52 de la baraja francesa (supongamos que se está jugando sin comodines). Un jugador tiene póker si cuatro de sus cinco cartas son iguales. ¿Cuál es la probabilidad de tener póker en el primer reparto?

81. Los candidatos a una oposición deben examinarse sobre un tema que pueden escoger entre dos opciones. El tribunal elige esos dos temas al azar entre los 70 que forman el temario.

Si un opositor se ha preparado 50 temas, ¿cuál es la probabilidad de que alguno de los dos temas que propone el tribunal sea de los que sí ha preparado? ¿Y si el tribunal sacara cinco temas al azar?

Escribe los resultados en forma decimal para compararlos más fácilmente.

82. ¿Cuál es la probabilidad de que entre un grupo de 30 personas haya al menos dos nacidas el mismo día? ¿Y en un grupo de 50?

83. De entre todas las palabras, con o sin sentido, que se pueden formar con las letras A, B, C, D, E, F, y utilizándolas todas, elegimos una al azar. ¿Cuál es la probabilidad de que comience por las dos vocales?

84. De entre todas las palabras de cuatro letras, con o sin sentido, que se pueden formar con las letras A, B, C, D, E, F, sin repetir ninguna, elegimos una al azar. ¿Cuál es la probabilidad de que comience por una vocal?

85. De entre todas las palabras de cuatro letras, con o sin sentido, que se pueden formar con las letras A, B, C, D, E, F, pudiendo repetirse alguna letra, elegimos una al azar. ¿Cuál es la probabilidad de que comience por una vocal?

86. En mi equipo de baloncesto, compuesto 12 jugadores, el entrenador va a elegir al azar un grupo de 5 para iniciar el partido. ¿Cuál es la probabilidad de que tanto mi amigo Andrés como yo salgamos en la alineación inicial?

87. En el reparto de 40 naipes de la baraja española me tocan siete cartas. ¿Cuál es la probabilidad de que en esa jugada tenga los cuatro reyes?

88. Lanzamos dos dados y restamos la puntuación entre el mayor y el menor. Halla la probabilidad de que la resta obtenida sea:

a) Igual a 3.

b) Menor que 3.

c) Par.

89. Lanzamos dos dados y multiplicamos las puntuaciones. Halla la probabilidad de que el producto obtenido sea:

a) Igual a 6.

b) Menor que 10.

c) Par.

90. Un agricultor posee 50 hectáreas de tierra de las cuales dedica el 60 % a regadío y el resto a secano. El 20 % del terreno está en barbecho a partes iguales en ambas zonas. Si elegimos un punto al azar del terreno de este agricultor, halla la probabilidad de que:

a) Sea de secano y se esté cultivando actualmente.

b) Que esté en barbecho, sabiendo que hemos elegido la zona de regadío.

c) Si la zona elegida no está en barbecho, que sea de secano.

91. En mi ciudad, el 70 % de los menores de 25 años somos estudiantes. De entre los estudiantes, el 60 % hacen deporte, y de entre los que no son estudiantes hace deporte el 40 %.

a) Si elegimos un menor de 25 años de mi ciudad, halla la probabilidad de que no haga deporte.

b) Si elegimos un menor de 25 años que hace deporte, ¿cuál es la probabilidad de que no sea estudiante?

c) Indica si hacer deporte y ser estudiante son sucesos independientes o no.

92. En una encuesta han participado 400 hombres y 600 mujeres. De los hombres, el 32 % son menores de edad y entre los menores de edad, el 25 % son hombres.

Si elegimos una persona al azar de entre las que ha realizado la encuesta, calcula la probabilidad de que:

a) Sea mayor de edad.

b) Sea mujer menor de edad.

c) Sabiendo que es mujer, sea mayor de edad.

d) Sabiendo que es mayor de edad, sea mujer.

93. Halla x para que los sucesos A y B de esta tabla de contingencia sean independientes:

	A	$\bar{A}$	
B		0,1	
$\bar{B}$	x		
	0,6		1

94. En mi comunidad de vecinos hay 18 viviendas habitadas por sus propietarios y 12 que están alquiladas. Entre las viviendas en propiedad la mitad tiene balcón y entre las alquiladas solo lo tienen la tercera parte.

a) Si elegimos al azar una de las viviendas, ¿cuál es la probabilidad de que sea de alquiler con balcón?

b) Si elegimos al azar una de las viviendas, ¿cuál es la probabilidad de que tenga balcón?

c) Si elegimos al azar una vivienda con balcón, ¿cuál es la probabilidad de que sea de alquiler?

95. El 85 % de la plantilla de una empresa es fija y el resto es eventual. De los trabajadores fijos, el 75 % cobra más de 1 500 € al mes y entre los eventuales el porcentaje se reduce al 40 %.

a) Si elegimos al azar un trabajador de la plantilla, ¿cuál es la probabilidad de que sea fijo con un sueldo superior a 1 500 €?

b) Si elegimos al azar un trabajador de la plantilla, ¿qué probabilidad hay de que tenga un sueldo superior de 1 500 €?

c) Si elegimos al azar un trabajador y resulta que tiene un sueldo de más de 1 500 €, ¿cuál es la probabilidad de que sea fijo?

96. De los 20 canales que tengo sintonizados en mi televisor, 3 son para público infantil. En los canales generales, hay 5 minutos de anuncios cada hora, mientras que en los infantiles son 9 minutos cada hora.

Si elegimos al azar un momento del día y un canal cualquiera:

a) ¿Cuál es la probabilidad de que estén emitiendo anuncios?

b) Sabiendo que están emitiendo anuncios, ¿cuál es la probabilidad de que sea un canal infantil?

97. Halla $p(A \cup B)$, sabiendo que $p(A) = \frac{3}{4}$, $p(A \mid B) = \frac{6}{7}$ y $p(B \mid A) = \frac{4}{5}$.

98. Sabiendo que A y B son sucesos tales que $p(A \cap B) = 0,1$ $p(B \mid A) = 0,25$ y $p(B) = 0,5$, calcula $p(A \mid A \cup B)$.

99. Si conocemos que $p(A \cap B) = 0,2$; $p(\bar{A} \cap \bar{B}) = 0,1$ y $p(A \mid B) = 0,4$, calcula $p(B \mid A)$.

100. Si sabemos que $p(A) = 0,5$ y $p(B \mid \bar{A}) = 0,2$, halla $p(\bar{A} \cap \bar{B})$.

101. Sabiendo que $p(B) = 0,4$; $p(A \cup B) = 0,6$ y $p(B \mid A) = 0,6$, calcula $p(A)$ y $p(A \cap B)$.

Probabilidad experimental: estadística y probabilidad

102. En mi clase queremos hallar la probabilidad de que una goma de borrar caiga con el rótulo hacia arriba. Para ello, tres personas usan tres gomas iguales y la lanzan varias veces cada uno, obteniendo estos resultados:

	N.º veces con el rótulo hacia arriba	N.º veces con el rótulo hacia abajo
Lanzador A	9	11
Lanzador B	17	23
Lanzador C	23	27

Halla la probabilidad experimental de cada uno de los lanzadores. ¿Cómo hallarías la mejor aproximación a la probabilidad buscada?

103. En el departamento de calidad de una fábrica hacen controles a sus productos y desechan los que resultan defectuosos:

Inspector	Unidades inspeccionadas	Unidades desechadas
A	1 000	9
B	1 200	13
C	1 250	13
D	1 300	12
E	1 400	15
F	1 425	16
G	1 550	17
H	1 600	16

¿Cuál crees que es la probabilidad de encontrar un producto defectuoso si elegimos al azar una unidad antes de su inspección?

Evalúate

1. ¿De cuántas formas se pueden sentar cinco personas alrededor de una mesa redonda?

2. En la lotería primitiva se marcan 6 números del 1 al 49. Calcula la probabilidad de ganar el premio mayor si rellenamos una sola apuesta.

3. Describe los siguientes sucesos de un experimento que consiste en lanzar un dardo a una diana como la de la figura:

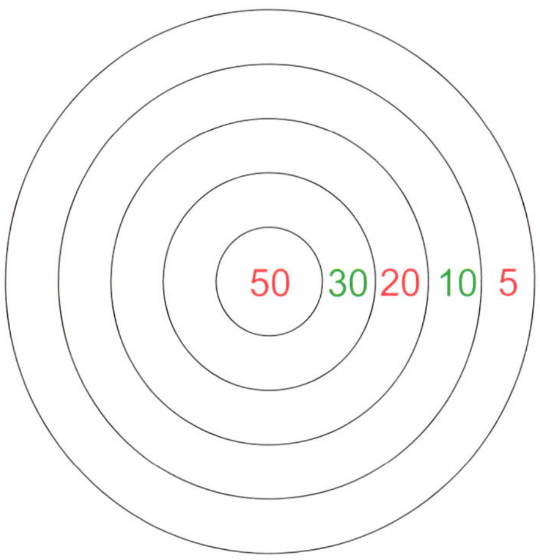

a) «número múltiplo de 10»

b) «rojo»

c) «verde y múltiplo de 2»

d) «rojo y primo»

4. Sean los sucesos *A* y *B* tales que $p(A) = 0{,}8; p(\overline{A \cup B}) =$ $= 0{,}01; p(\overline{A \cap B}) = 0{,}7$. Calcula:

a) $p(B - A)$

b) $p(A|B)$

c) $p(A \cup \bar{B})$

d) $p(\bar{B}|\bar{A})$

5. Calcula las probabilidades de los sucesos del ejercicio 3.

6. Tenemos una urna con dos bolas blancas, tres negras y una azul. Se extraen tres bolas de forma consecutiva y sin reemplazamiento. Calcula la probabilidad de que:

a) Tengan el mismo color.

b) La última sea la azul.

c) No haya ninguna negra.

7. Se lanzan dos dados y se anota la diferencia, en valor absoluto, de la puntuación obtenida. Calcula la probabilidad de que:

a) Sea 1.

b) Sea par.

8 En una protectora de animales tienen 65 perros y 45 gatos. Entre las dos especies hay un total de 50 machos, y entre los gatos hay 20 hembras.

Completa una tabla de contingencia y obtén la probabilidad de que, escogido un animal al azar, sea:

a) Perro macho.

b) Un gato, sabiendo que hemos escogido un macho.

c) Hembra, sabiendo que hemos escogido un perro.

9. En una heladería estudian la cantidad y características de los helados que venden a diario. Han observado que de los 1 520 productos que ofrecen, 1 135 son helados de cucurucho y el resto son de tarrina. Además, el 15 % de los de cucurucho son especiales para diabéticos y el 25 % de los de tarrina también. Calcula la probabilidad de que, escogida al azar una muestra del helado:

a) Sea apta para diabéticos.

b) Sea una tarrina.

c) Sea una tarrina no apta para diabéticos.

d) Venga en cucurucho, si es para diabéticos.

e) No sea apta para diabéticos, si es de tarrina.

10. Joan tira una moneda 6 veces y sale cara en 2 ocasiones. ¿Puedes asegurar que su moneda está trucada? A continuación, tira la moneda 100 veces y sale cara en 48 ocasiones, ¿qué ocurre ahora con la probabilidad experimental?

Unidad 9

Distribuciones de probabilidad

El *dilema del prisionero* es un problema que se aborda en la teoría de juegos y que plantea el caso en que a dos prisioneros se les ofrece un trato, sin que puedan comunicarse para ponerse de acuerdo:

- Si los dos guardan silencio, ambos tendrán que cumplir un año de cárcel.
- Si uno guarda silencio, pero el otro delata al compañero, el delator se librará de la cárcel, pero el que guardó silencio cumplirá 10 años de condena.
- Si ambos se delatan entre sí, tendrán que estar 6 años en la cárcel cada uno.

Globalmente, la solución óptima sería que los dos permanecieran en silencio, ya que, en conjunto, conseguirían la mínima pena. Sin embargo, individualmente, lo más rentable es delatar al compañero:

El prisionero A no sabe lo que va a hacer B, que elegirá delatar a A con una probabilidad p, y guardar silencio con probabilidad $1 - p$. Las probabilidades de cada condena para A en función de lo que él mismo haga son:

	0 años	1 año	6 años	10 años
A delata a B	$1 - p$	0	p	0
A guarda silencio	0	$1 - p$	0	p

Estas son las distribuciones de probabilidad de delatar y de guardar silencio, que, en este caso, nos muestran que a cada prisionero le resulta más ventajoso delatar al contrario, aun siendo una solución desfavorable globalmente.

MAPA CONCEPTUAL

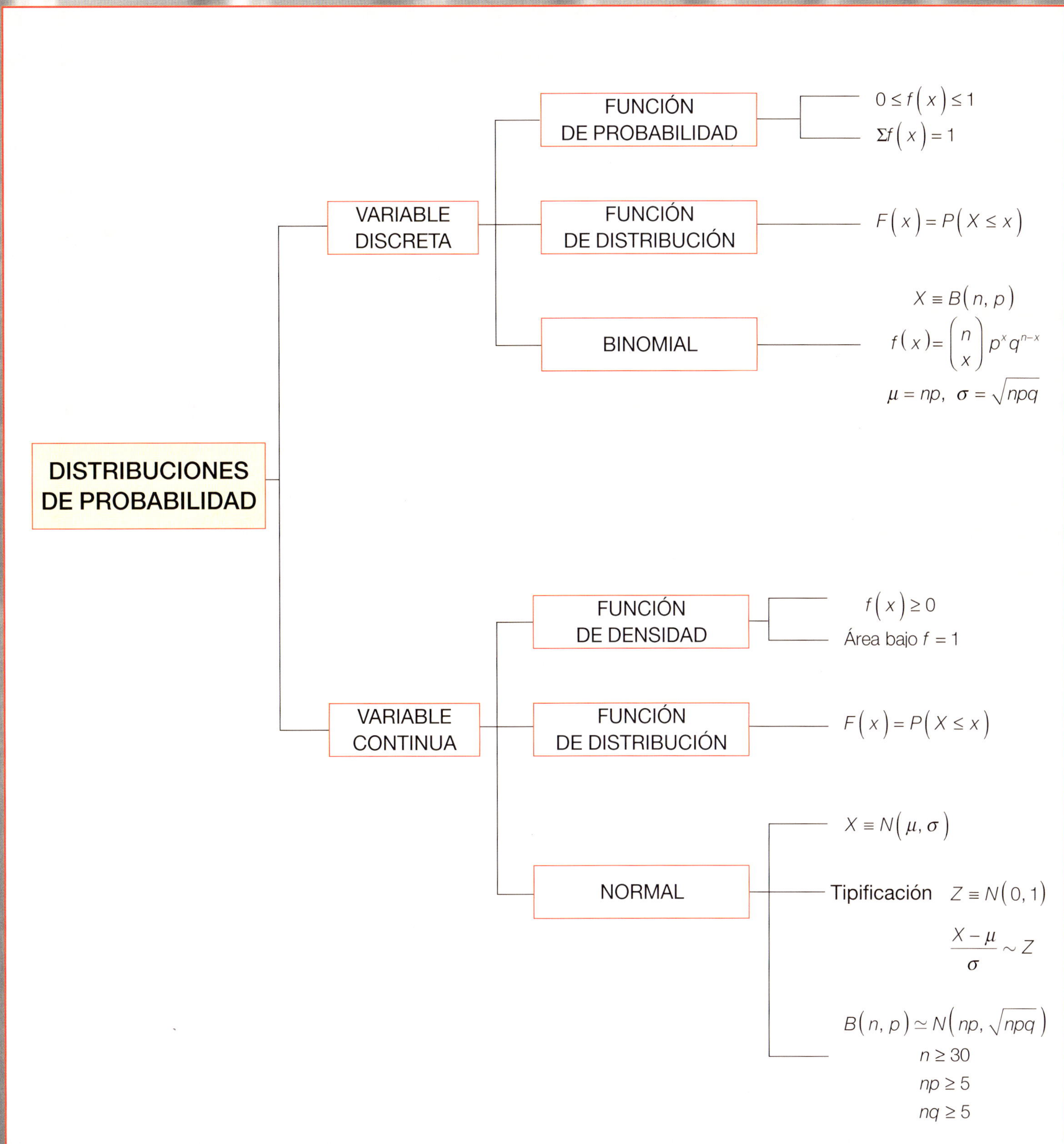

1. Distribuciones de probabilidad de variable discreta: binomial

Una **distribución de probabilidad** es una manera de asignar probabilidades a cada uno de los valores que puede tomar una variable, en este caso, discreta.

1.1. Función de probabilidad y función de distribución

La **función de probabilidad** de una variable discreta X asigna a cada valor $x_i \in X$, su probabilidad, es decir,

$$f(x_i) = P(X = x_i)$$

Esta función cumple los axiomas de la probabilidad que hemos estudiado en unidades anteriores: $0 \le f(x_i) \le 1$ para todos los valores $x_i \in X$ y, además, $\sum_i f(x_i) = 1$.

La **función de distribución** de una variable discreta X asigna a cada valor $x_i \in X$, la probabilidad de que la variable tome valores inferiores o iguales a x_i, es decir, $F(x_i) = P(X \le x_i)$.

Verifica que $F(x_i) = p(X \le x_i) = \sum_{j=1}^{i} f(x_j)$.

Observa

Observa que, para hallar la media y la desviación típica en una distribución de probabilidad, las probabilidades p_i y las frecuencias relativas $h_i = \frac{f_i}{N}$ están relacionadas, como has visto en unidades anteriores. Por tanto, la media μ y la desviación típica σ verifican:

$$\mu = \frac{\sum x_i f_i}{N} = \sum p_i x_i$$

$$\sigma = \sqrt{\frac{\sum f_i x_i^2}{N} - \mu^2} = \sqrt{\sum p_i x_i^2 - \mu^2}$$

Ejercicios resueltos

1. Halla la función de probabilidad y la función de distribución de la variable aleatoria discreta que describe la cantidad de caras que se obtienen al lanzar tres monedas al aire.

Solución:

Estamos ante una variable aleatoria discreta, X, que mide la cantidad de caras que se sacan al tirar tres monedas, de espacio muestral $E = \Omega = \{XXX, XXC, XCX, CXX, CCX, CXC, XCC, CCC\}$

$$p(X=0) = \frac{1}{8};\ p(X=1) = \frac{3}{8};\ p(X=2) = \frac{3}{8};\ p(X=3) = \frac{1}{8}$$

Función de probabilidad:

$$f(x) = \begin{cases} \frac{1}{8} & x = 0,\ 3 \\ \frac{3}{8} & x = 1,\ 2 \\ 0 & x \ne 0,\ 1,\ 2,\ 3 \end{cases}$$

Función de distribución:

$$F(x) = \begin{cases} 0 & x < 0 \\ \frac{1}{8} & 0 \le x < 1 \\ \frac{1}{2} & 1 \le x < 2 \\ \frac{7}{8} & 2 \le x < 3 \\ 1 & x \ge 3 \end{cases}$$

2. Representa mediante la función de probabilidad y la función de distribución la variable del ejercicio anterior.

Solución:

Función de probabilidad:

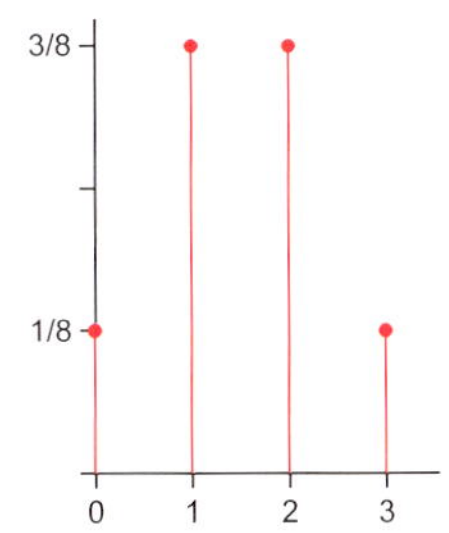

Función de distribución:

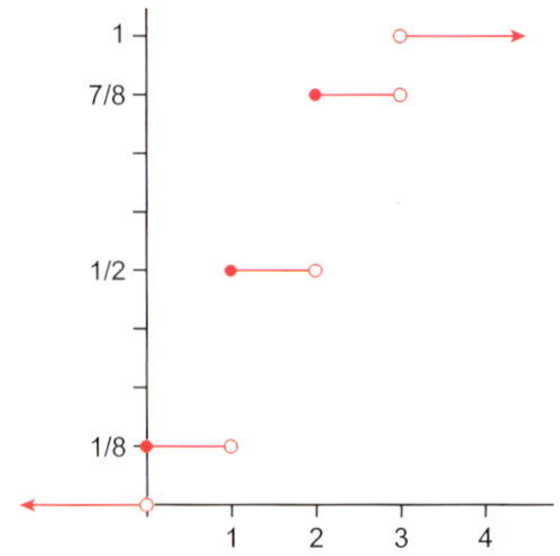

Ejercicios

1. La figura representa la gráfica de la función de probabilidad de una distribución discreta. Realiza la gráfica de su función de distribución.

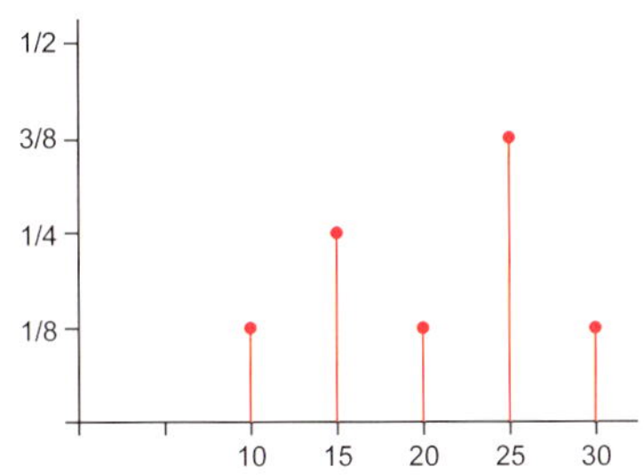

2. La figura representa la gráfica de la función de distribución de una distribución discreta. Realiza la gráfica de su función de probabilidad.

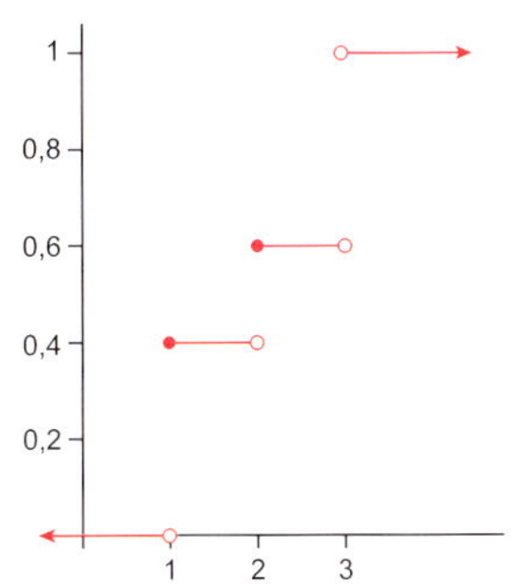

3. La figura representa la gráfica de la función de probabilidad de una distribución discreta. Calcula la media y la desviación típica de la distribución.

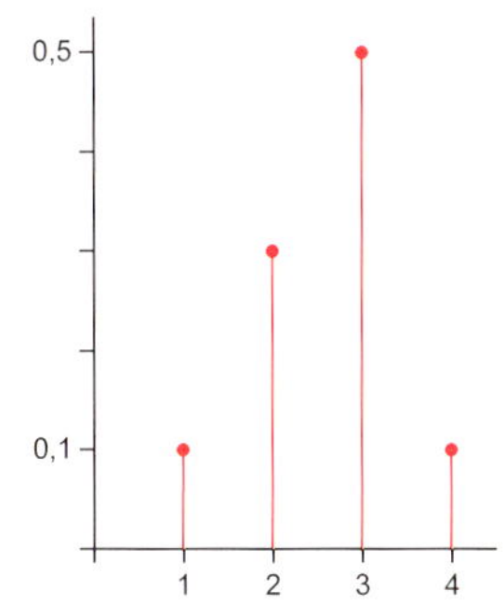

4. A esta representación de la distribución de probabilidad de una distribución discreta le falta una de las barras:

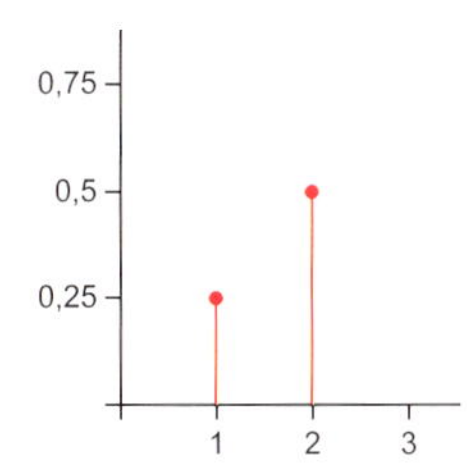

a) Completa la representación.

b) Realiza la gráfica de la función de distribución.

c) Halla la media y la desviación típica de la distribución.

1.2. Distribución binomial

Uno de los ejemplos más representativos de distribución de variable discreta es la distribución binomial. Si un suceso S se repite n veces de forma independiente, y X es la variable que mide cuántas de esas n veces ocurre S, decimos que esta variable sigue una **distribución binomial**, $X \equiv B(n, p)$, donde p es la probabilidad de que S ocurra, y $q = 1 - p$ es la probabilidad de que no ocurra.

Si $X \equiv B(n, p)$, diremos que n y p son los parámetros de la distribución, su **media** y **desviación típica** serán: $\mu = np$ y $\sigma = \sqrt{npq}$ y su **función de probabilidad**: $f(r) = p(X = r) = \binom{n}{r} p^r q^{n-r}$

Para calcular probabilidades, podemos aplicar la fórmula anterior o emplear la tabla de probabilidades de las principales distribuciones binomiales del final de la unidad.

Observa

Un **experimento de Bernoulli** es aquel que solo tiene dos resultados posibles, uno y su contrario. La distribución binomial es por tanto una generalización de una distribución de Bernoulli en la que el experimento se repite una cantidad de n veces, independientes unas de otras.

Ejercicios resueltos

1. Sea $X \equiv B(4; 0{,}35)$, calcula la probabilidad de:

   a) $p(X = 1)$ *b)* $p(X \leq 3)$

   Solución:

   a) $p(X = 1) = \binom{4}{1} 0{,}35^1 \cdot 0{,}65^3 = 0{,}384$

   b) Tenemos dos opciones, $p(X \leq 3) = p(X = 0) + p(X = 1) + p(X = 2) + p(X = 3)$ o bien, $p(X \leq 3) = 1 - p(X = 4)$ que es bastante más simple.

   Por tanto, $p(X \leq 3) = 1 - p(X = 4) = 1 - \binom{4}{4} 0{,}35^4 \cdot 0{,}65^0 = 0{,}985$.

   En la tabla del final de la unidad comprobamos los mismos resultados. Ajustamos primero en qué fila y columna debemos mirar con los parámetros de la distribución y después con las probabilidades solicitadas.

2. El 85 % de los móviles que sacan en una fábrica de telefonía no tienen problemas en la durabilidad de su batería. Si cogemos una muestra de cuatro teléfonos de esa fábrica, calcula:

   a) La probabilidad de que solo uno tenga problemas en su batería.

   b) La probabilidad de que ninguno tenga problemas en su batería.

   c) La probabilidad de que al menos uno tenga problemas en su batería.

   d) La media y desviación típica de la distribución.

   Solución:

   Se trata de un experimento que se ajusta a una distribución binomial de parámetros $n = 4$, $p = 0{,}15 \Rightarrow X \equiv B(4; 0{,}15)$. Cogemos esta probabilidad y no la que se da en el enunciado, porque todo el ejercicio gira en torno a que tenga problemas en la batería y no al contrario.

   a) $p(X = 1) = \binom{4}{1} 0{,}15 \cdot 0{,}85^3 = 0{,}368$ *b)* $p(X = 0) = \binom{4}{0} 0{,}15^0 \cdot 0{,}85^4 = 0{,}522$

   c) $p(X \geq 1) = 1 - p(X = 0) = 0{,}478$ *d)* $\mu = 4 \cdot 0{,}15 = 0{,}6$; $\sigma = \sqrt{4 \cdot 0{,}15 \cdot 0{,}85} = 0{,}714$

Ejercicios

5. Usa la tabla del final de la unidad para el cálculo de las siguientes probabilidades de una variable $X \equiv B(7; 0{,}45)$. Después usa la función de probabilidad de la binomial para calcularlas y comprueba que se obtienen los mismos resultados.

   a) $p(X \leq 6)$

   b) $p(3 < X < 5)$

   c) $p(X \geq 5)$

6. Una familia va a tener quintillizos.

   a) Elabora un diagrama de árbol y calcula la probabilidad de que haya exactamente 3 niñas.

   b) Usa la combinatoria para calcular la probabilidad de que haya exactamente 2 niñas.

   c) Utiliza la distribución binomial para comprobar las probabilidades anteriores.

   d) Si en lugar de ser quintillizos, hubieran sido octillizos, ¿qué probabilidades habría de que hubiera 5 niñas?

7. El 60 % de la población coge algún catarro a lo largo del invierno. Elegidas 10 personas al azar, calcula la probabilidad de que:

   a) Todas hayan estado sanas este invierno.

   b) Todas hayan tenido catarro este invierno.

   c) Exactamente tres hayan pasado un catarro.

   d) Más de 4 pero menos de 7 hayan tenido catarro.

   e) Menos de 9 hayan estado sanas.

8. La experiencia dice que ocho de cada 10 personas investigadas por robo han cometido realmente el delito. Si ahora están investigando a 15 individuos:

   a) ¿Cuántos se espera que hayan cometido el delito?

   b) ¿Cuál es la desviación típica?

9. Al lanzar una chincheta hay una probabilidad experimental de 0,7 de que caiga inclinada con la punta hacia el suelo, y el resto de las veces cae con la punta hacia arriba. Si lanzamos 18 veces la chincheta, calcula la probabilidad de que:

   a) Al menos una vez caiga inclinada.

   b) Caiga con la punta hacia arriba exactamente 5 veces.

   c) Caiga con la punta hacia el suelo al menos 6 veces, pero sin llegar a 9.

2. Distribuciones de probabilidad de variable continua: normal

Una distribución de probabilidad es una manera de asignar probabilidades a cada uno de los valores que puede tomar una variable, en este caso, continua.

2.1. Función de densidad y función de distribución

La **función de densidad** de una variable continua X se denota $f(x)$ y cumple que $f(x) \geq 0$ para todo x. Las probabilidades están directamente relacionadas con el área bajo la curva $f(x)$ y, por tanto, el área comprendida bajo la función y el eje de abscisas es 1.

La **función de distribución** de una variable continua X asigna a cada valor x, la probabilidad de que la variable tome valores inferiores o iguales a x. Se denota $F(x)$ y verifica que:

$$F(x) = p(X \leq x) = \text{ área bajo la curva } f(x) \text{ desde } -\infty \text{ hasta } x$$

Observa

Las definiciones relativas a las distribuciones de probabilidad son las mismas en variables discretas y continuas. La diferencia es que en las primeras podemos realizar sumas, pues los valores que puede tomar la variable son «finitos», pero en las segundas no podemos realizar sumas «infinitas», y en su lugar aparecen integrales, que no has aprendido a calcular todavía. Existen algunos casos muy sencillos, que permiten calcular las áreas sin cálculo integral.

Ejercicios resueltos

1. Dada función de densidad $f(x) = \begin{cases} 0 & x < 1 \\ \dfrac{1}{4} & 1 \leq x \leq 5 \\ 0 & x > 5 \end{cases}$, halla las siguientes probabilidades hallando el área bajo la función de densidad:

   a) $p(2 < X < 4)$ *b)* $p(X > 3)$ *c)* $p(X \leq 6)$ *d)* $p(X = 3)$

Solución:

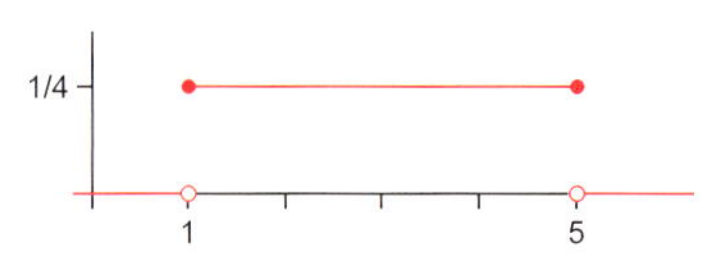

La función es de densidad ya que $f(x) \geq 0$ para todo x y que el área comprendida bajo toda la función es la que ocupa un rectángulo de base $5 - 1 = 4$ y altura $\frac{1}{4}$, es decir, 1.

a) $p(2 < X < 4) = (4 - 2) \cdot \frac{1}{4} = \frac{1}{2}$

b) $p(X > 3) = (5 - 3) \cdot \frac{1}{4} = \frac{1}{2}$ pues para los valores mayores que 5 el área es 0.

c) $p(X \leq 6) = 1$ porque se acumula el área del rectángulo completo.

d) $p(X = 3) = 0$ porque no existe área sobre un punto, necesitamos un intervalo.

Observa

Si la distribución es continua, el valor de las probabilidades puntuales es nula, $p(X = x) = 0$, es decir, un punto concreto no tiene probabilidad y, por tanto, $p(X \leq k) = p(X < k)$. Esto es debido a que no podemos considerar que exista área bajo un punto de una curva: únicamente existe área entre dos valores.

2. Calcula el valor del parámetro a para que la función $f(x)=\begin{cases}0 & x<2\\ ax & 2\le x<4\\ 0 & x\ge 4\end{cases}$ corresponda a una función de densidad. A continuación, halla $p(2<X\le 3)$.

Solución:

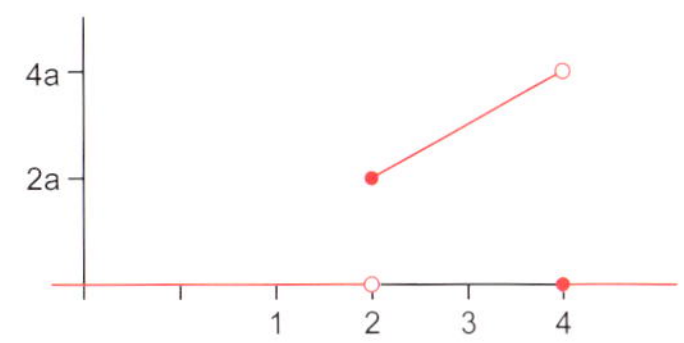

Es un trapecio de bases $2a$ y $4a$ y altura $4-2=2$ unidades $\Rightarrow A=\dfrac{(2a+4a)\cdot 2}{2}=1\Rightarrow a=\dfrac{1}{6}$

La función de densidad será $f(x)=\begin{cases}0 & x<2\\ \dfrac{x}{6} & 2\le x<4\\ 0 & x\ge 4\end{cases}\Rightarrow p(2<X\le 3)=\dfrac{\left(\dfrac{1}{3}+\dfrac{1}{2}\right)\cdot 1}{2}=\dfrac{5}{12}$

Ejercicios

10. Dada la función $f(x)=\begin{cases}0 & x<0\\ mx & 0\le x\le 8\\ 0 & x>8\end{cases}$

a) Calcula m para que sea función de densidad.

b) Representa la función en los ejes de coordenadas.

c) Calcula $p(0<X<4)$, $p(X>3)$, $p(4<X\le 6)$, $p(X=5)$.

11. Halla la función de distribución $F(x)=p(X\le x)$ de la variable aleatoria cuya función de densidad se muestra en el ejercicio anterior.

12. Dada la función $f(x)=\begin{cases}0 & x<1\\ m & 1\le x\le 3\\ 4m & 3<x\le 8\\ 0 & x>8\end{cases}$

a) Calcula m para que sea función de densidad.

b) Calcula $p(0<X<4)$.

13. Halla la función de distribución $F(x)=p(X\le x)$ de la variable aleatoria cuya función de densidad se muestra en el ejercicio anterior.

14. El tiempo de estudio, en horas, de los asistentes a una biblioteca pública se puede aproximar por una distribución de probabilidad continua de función de densidad:

$f(x)=\begin{cases}0 & x<0\\ a & 0\le x\le 4\\ 0 & x>4\end{cases}$

Calcula el parámetro a y halla la probabilidad de que, escogido un estudiante al azar, estudie:

a) Menos de 4 horas.

b) Menos de 3 horas.

c) Entre 1 y 2,5 horas.

Recuerda

La más representativa de las distribuciones normales es aquella con parámetros $\mu = 0$ y $\sigma = 1$ que se denota $Z \equiv N(0,1)$. Su función de densidad es simétrica respecto de 0, es decir, simétrica respecto del eje Y.

2.3. Distribución normal

Uno de los ejemplos más representativos de distribución de variable continua es la distribución normal, denotada $X \equiv N(\mu, \sigma)$, de gran importancia debido a la gran cantidad de situaciones que permite modelar, tanto naturales como sociales: talla, peso, efectos de productos farmacológicos, cociente intelectual...

Los parámetros de la distribución μ y σ son la media y desviación típica, respectivamente.

Trabajar con la función de densidad de la distribución normal puede resultar bastante complicado y laborioso, y mucho más si lo que se necesita es calcular probabilidades acumuladas, que requeriría del cálculo de áreas bajo la campana de Gauss y, por tanto, del cálculo integral. Para resolver este problema, se han elaborado tablas para el cálculo rápido de estas probabilidades en variables Z que siguen una distribución **normal estándar**, es decir, de media 0 y desviación típica 1, $Z \equiv N(0,1)$. Dicha tabla la puedes encontrar al final de la unidad.

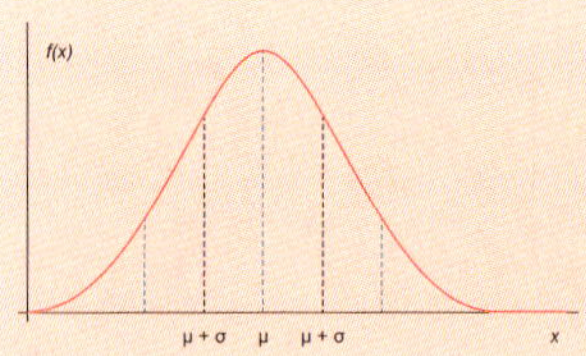

Observa

Si $X \equiv N(\mu, \sigma)$, la variable está definida para cualquier valor real y su función de densidad es $f(x) = \dfrac{1}{\sigma\sqrt{2\pi}} e^{\frac{-1}{2}\left(\frac{x-\mu}{\sigma}\right)^2}$.

Su gráfica es continua y simétrica respecto de la media μ de la distribución que, además, es el máximo relativo de la función. Su forma recibe el nombre de campana de Gauss.

Ejercicios resueltos

3. Emplea la tabla de la distribución normal $Z \equiv N(0,1)$ para calcular las siguientes probabilidades:

a) $p(Z \le 2{,}16)$ b) $p(Z > 1{,}25)$ c) $p(0{,}2 < Z \le 1)$

d) $p(Z < -1{,}27)$ e) $p(Z \ge -3)$ f) $p(-2{,}19 < Z < 0{,}42)$

Solución:

La tabla indica las probabilidades de expresiones del tipo $p(Z \le z)$ con $z \ge 0$. Para cualquier otra probabilidad, deberemos utilizar las propiedades de la campana de Gauss, es decir, su simetría respecto de $\mu = 0$ y que el área bajo la campana es exactamente 1.

En este ejercicio nos aportan datos sobre la fila y columna que debemos buscar y el resultado de la probabilidad lo encontraremos en el interior de la tabla. Las unidades y las décimas nos dan una fila, y las centésimas, una columna.

a) Localizamos la fila correspondiente a 2,1, y la columna de 0,06 $\Rightarrow p(Z \le 2{,}16) = F(2{,}16) = 0{,}9846$.

b) El área total es 1, por tanto, $p(Z > 1{,}25) = 1 - p(Z < 1{,}25) = 1 - F(1{,}25) = 1 - 0{,}8944 = 0{,}1056$.

c)

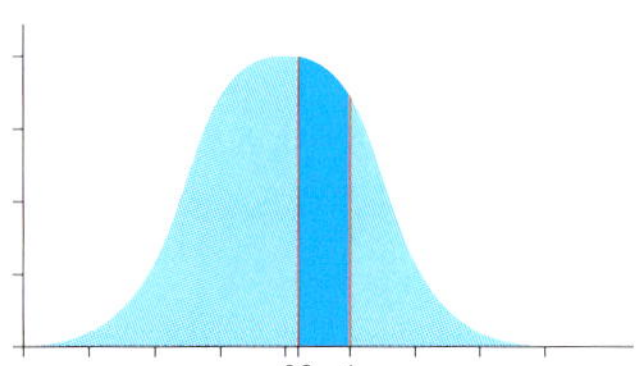

$p(0{,}2 < Z \le 1) = p(Z \le 1) - p(Z < 0{,}2) = F(1) - F(0{,}2) = 0{,}8413 - 0{,}5793 = 0{,}262$

d)

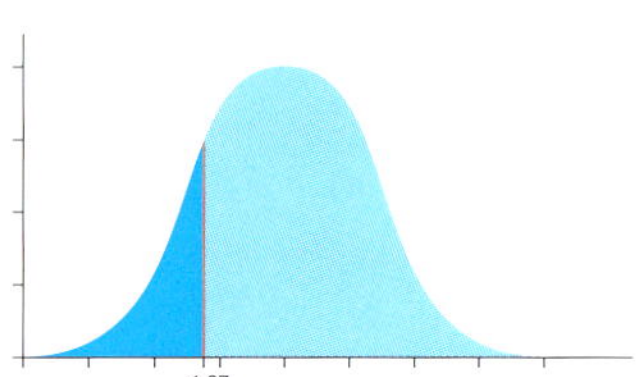

$p(Z < -1{,}27) = p(Z > 1{,}27) = 1 - p(Z \le 1{,}27) = 1 - F(1{,}27) = 1 - 0{,}8980 = 0{,}102$

e) $p(Z \geq -3) = p(Z < 3) = F(3) = 0{,}9987$

f) $p(-2{,}19 < Z < 0{,}42) = p(Z < 0{,}42) - p(Z < -2{,}19) = p(Z < 0{,}42) - [1 - p(Z < 2{,}19)] =$
$= F(0{,}42) - 1 + F(2{,}19) = 0{,}6628 - 1 + 0{,}9857 = 0{,}6485$

4. Calcula la z en cada caso:

a) $p(Z \leq z) = 0{,}9778$ *b)* $p(Z > z) = 0{,}8461$ *c)* $p(Z \leq z) = 0{,}2946$ *d)* $p(-z < Z \leq z) = 0{,}4648$

Solución:

En este caso se nos da la probabilidad, es decir, debemos buscar en el interior de la tabla y el resultado que debemos dar es la fila y columna que le corresponde.

Observa que en el interior de la tabla aparecen únicamente probabilidades $p \geq 0{,}5$, cualquier otra probabilidad inferior requerirá de transformaciones.

a) $p(Z \leq z) = 0{,}9778 \Rightarrow z = 2{,}01$

b) $p(Z > z) = 0{,}8461 \Rightarrow$ empleando la simetría: $p(Z \leq -z) = 0{,}8461 \Rightarrow -z = 1{,}02 \Rightarrow z = -1{,}02$

c) $p(Z \leq z) = 0{,}2946 \Rightarrow$ z es negativa.

$p(Z \leq -z) = 0{,}7054 \Rightarrow -z = 0{,}54 \Rightarrow z = -0{,}54$

d) $p(-z < Z \leq z) = 0{,}4648$

$p(-z < Z \leq z) = p(Z \leq z) - p(Z \leq -z) = p(Z \leq z) - [1 - p(Z \leq z)] = 2p(Z \leq z) - 1 = 0{,}4648 \Rightarrow$
$\Rightarrow p(Z \leq z) = 0{,}7324 \Rightarrow z = 0{,}62$

Ejercicios

15. La gráfica acampanada de cualquier distribución normal verifica por ejemplo, que el área comprendida en intervalos de radio $\lambda\sigma$ alrededor de la media μ son siempre constantes, independientemente del valor de los parámetros de la distribución normal.

En concreto, si $X \equiv N(\mu, \sigma)$, siempre se verifica que $p(\mu - \sigma < X < \mu + \sigma) = 0{,}6826$; $p(\mu - 2\sigma < X < \mu + 2\sigma) = 0{,}9544$; $p(\mu - 3\sigma < X < \mu + 3\sigma) = 0{,}9974$

Compruébalo para la $Z \equiv N(0,1)$, es decir, para $\mu = 0$, $\sigma = 1$.

16. Emplea la tabla de la distribución $Z \equiv N(0, 1)$ para calcular las siguientes probabilidades:

a) $p(Z \leq 1{,}87)$ *b)* $p(Z > 2{,}03)$ *c)* $p(-0{,}21 < Z \leq 1{,}05)$ *d)* $p(Z < -2{,}61)$

e) $p(Z \geq -1{,}09)$ *f)* $p(-2{,}7 < Z < -2{,}1)$ *g)* $p(-4 < Z < 4)$

17. Calcula z en cada caso:

a) $p(Z \leq z) = 0{,}791$ *b)* $p(Z > z) = 0{,}9898$ *c)* $p(Z \leq z) = 0{,}1685$

d) $p(Z > z) = 0{,}0228$ *e)* $p(-z < Z \leq z) = 0{,}903$

2.3.1. Tipificación de $X \equiv N(\mu, \sigma)$ en $Z \equiv N(0,1)$

La tipificación nos permite transformar una variable $X \equiv N(\mu, \sigma)$ en otra $Z \equiv N(0, 1)$ para la cual sí podemos usar la tabla. Para ello, hacemos el siguiente cambio de variable $\rightarrow \dfrac{X-\mu}{\sigma} = Z$

Ejercicios resueltos

5. Calcula las siguientes probabilidades, tipificando previamente la distribución normal en cada caso:

   a) $p(X \geq 5{,}82)$ si $X \equiv N(4, 2)$ *b)* $p(X > -1{,}2)$ si $X \equiv N(0{,}5; 4)$ *c)* $p(104{,}2 < X < 110)$ si $X \equiv N(106{,}9)$

Solución:

a) $p(X \geq 5{,}82) = p\left(\dfrac{X-\mu}{\sigma} \geq \dfrac{5{,}82-4}{2}\right) = p(Z \geq 0{,}91) = 1 - p(Z < 0{,}91) = 1 - F(0{,}91) = 0{,}1814$

b) $p(X > -1{,}2) = p\left(\dfrac{X-\mu}{\sigma} > \dfrac{-1{,}2-0{,}5}{4}\right) = p(Z > -0{,}425) = p(Z < 0{,}425) = \dfrac{F(0{,}42)+F(0{,}43)}{2} = 0{,}6646$

c) $p(104{,}2 < X < 110) = p\left(\dfrac{104{,}2-106}{9} < \dfrac{X-\mu}{\sigma} < \dfrac{110-106}{9}\right) = p(-0{,}2 < Z < 0{,}44) =$

$= p(Z < 0{,}44) - p(Z < -0{,}2) = p(Z < 0{,}44) - \left[1 - p(Z < 0{,}2)\right] = F(0{,}44) - 1 + F(0{,}2) = 0{,}2493$

2.3.2. Aproximación de la binomial por la normal

Cuando *n* es lo suficientemente grande, la distribución binomial $X_B \equiv B(n, p)$ se puede aproximar por una distribución normal $X_N \equiv N(\mu, \sigma)$ de parámetros $\mu = np$, $\sigma = \sqrt{npq}$:

$$X_B \equiv B(n, p) \approx X_N \equiv N\left(np, \sqrt{npq}\right)$$

En la práctica, podemos suponer que el error en la aproximación es aceptable si $n \geq 30$ y $np \geq 5$, $nq \geq 5$.

Sin embargo, no podemos olvidar que la distribución binomial es discreta y la normal es continua, con lo que a cada valor puntual de la binomial inicial se le debe asignar una probabilidad no nula en la normal. Esto se consigue realizando correcciones por continuidad, es decir, asociando a cada probabilidad puntual de la binomial un pequeño intervalo que contenga a dicho punto en la normal, para otorgarle así una probabilidad no nula.

Ejercicios resueltos

6. Si $X \equiv B(30; 0{,}3)$ calcula:

   a) $p(X = 13)$ con la fórmula de la binomial. *b)* $p(X = 13)$ aproximando la binomial a una normal. *c)* $p(X > 15)$

   d) $p(1 \leq X < 18)$ *e)* $p(X \leq 11)$

Solución:

a) $p(X=13)=\binom{30}{13}0,3^{13}\cdot 0,7^{17}=0,0444$

b) $X_B\equiv B(30;\,0,3)$ se puede aproximar por $X_N\equiv N(9;\,2,51)$ $\left(\mu=np=9,\ \sigma=\sqrt{npq}=2,51\right)$

$$p(X_B=13)\approx p(12,5<X_N<13,5)=p\left(\frac{12,5-9}{2,51}<\frac{X_N-\mu}{\sigma}<\frac{13,5-9}{2,51}\right)=$$

$$=p(1,39<Z<1,79)=F(1,79)-F(1,39)=0,0456$$

c) $p(X_B>15)\approx p(X_N>15,5)=p\left(\frac{X_N-\mu}{\sigma}>\frac{15,5-9}{2,51}\right)=p(Z>2,59)=1-p(Z<2,59)=1-F(2,59)=0,0048$

d) $p(1\le X_B<18)\approx p(0,5\le X_N<17,5)=p(-3,39\le Z<3,39)=$

$=p(Z<3,39)-p(Z<-3,39)=F(3,39)-(1-F(3,39))=0,9997-(1-0,999)=0,9994$

e) $p(X_B\le 11)\approx p(X_N\le 11,5)=p(Z\le 1)=F(1)=0,8413$

Ejercicios

18. Calcula las siguientes probabilidades tipificando las distribuciones normales que aparecen en cada apartado:

a) $p(X\ge 5,3)$ con $X\equiv N(5;\,1,2)$

b) $p(X<2,43)$ con $X\equiv N(3;\,0,8)$

c) $p(1,54<X<3,01)$ con $X\equiv N(2;\,5,7)$

d) $p(0,5\le X\le 1)$ con $X\equiv N(0,6;\,0,5)$

19. El cociente intelectual de la población en una región de un país se puede aproximar por una distribución normal de media 100 puntos y desviación típica 15 puntos.

a) ¿Cuál es la probabilidad de que una persona tenga un cociente intelectual superior a 130?

b) ¿Cuál es la probabilidad de que una persona tenga un cociente comprendido entre 90 y 115 puntos?

c) ¿Cuántos puntos de cociente intelectual debe tener una persona para estar entre el 33 % de los más elevados?

d) ¿Qué porcentaje de la población tiene al menos 80 puntos de cociente intelectual? Si dicha población consta de 5 000 habitantes, ¿de cuántas personas estamos hablando?

20. Calcula las siguientes probabilidades aproximando las distribuciones binomiales a distribuciones normales:

a) $p(X_B=56)$ con $X_B\equiv B(70;\,0,8)$

b) $p(3<X_B\le 38)$ con $X_B\equiv B(50;\,0,2)$

c) $p(X_B\ge 29)$ con $X_B\equiv B(30;\,0,9)$

d) $p(X_B<60)$ con $X_B\equiv B(100;\,0,5)$

21. El 15 % de las canastas encestadas en un partido de la NBA son triples.

a) Calcula la probabilidad de que en las 8 primeras canastas haya habido al menos un triple.

b) Calcula la probabilidad de que en las 8 primeras canastas haya habido más de 5 triples.

c) Si en un partido concreto se han encestado en total 123 canastas, calcula la probabilidad de que 19 hayan sido triples.

d) Si en otro partido se han encestado en total 200 canastas, calcula la probabilidad de que haya habido más de 15 pero, como mucho, 30 triples.

Síntesis

Función de probabilidad y función de distribución de variable discreta

Función de probabilidad

$f(x_i) = P(X = x_i)$

Verifica: $0 \le f(x_i) \le 1$, $\sum_i f(x_i) = 1$

Función de distribución

$F(x_i) = P(X \le x_i)$

Verifica: $F(x_i) = \sum_{j=1}^{i} f(x_j)$

Distribución binomial $X \equiv B(n, p)$

Media

$\mu = np$

Desviación típica

$\sigma = \sqrt{npq}$

Función de probabilidad

$f(r) = p(X = r) = \binom{n}{r} p^r q^{n-r}$

Función de probabilidad y función de distribución de variable continua

Función de densidad

$f(x) \ge 0$ para todo x

El área bajo la curva $f(x)$ es 1.

Función de distribución

$F(x) = p(X \le x) =$ área bajo la curva $f(x)$ desde $-\infty$ hasta x

Distribución normal $X \equiv N(\mu, \sigma)$

Hallar probabilidades de $Z \equiv N(0, 1)$

Si $z > 0 \rightarrow$

$p(Z < z) = F(z) \rightarrow$ unidades y décimas en las filas de la tabla, centésimas en las columnas.

$p(Z > z) = 1 - p(Z < z) = 1 - F(z)$

$p(Z > -z) = p(Z < z) = F(z)$

$p(Z < -z) = p(Z > z) = 1 - p(Z < z) = 1 - F(z)$

$p(a < Z < b) = p(Z < b) - p(Z < a)$

Tipificación

Si $X \equiv N(\mu, \sigma) \Rightarrow Z = \dfrac{X - \mu}{\sigma} \equiv N(0, 1)$

Aproximación de la binomial por la normal

Si $n \ge 30$ y $np \ge 5$, $nq \ge 5 \Rightarrow X_B \equiv B(n, p) \approx X_N \equiv N(np, \sqrt{npq})$

Problemas tipo

Función de probabilidad y función de distribución de variable discreta

22. Escribe la función de probabilidad y la función de distribución de la variable que nos da la cantidad de caras que se obtienen al lanzar cuatro monedas.

$E = \{CCCC, CCCX, CCXC, CXCC, XCCC, CCXX, CXCX, CXXC, XCCX, XCXC, XXCC, XXXC, XXCX, XCXX, CXXX, XXXX\}$

$$f(x) = \begin{cases} \frac{1}{16} & \text{si } x = 0 \\ \frac{1}{4} & \text{si } x = 1 \\ \frac{3}{8} & \text{si } x = 2 \\ \frac{1}{4} & \text{si } x = 3 \\ \frac{1}{16} & \text{si } x = 4 \\ 0 & \text{si } x \neq 0, 1, 2, 3, 4 \end{cases} \qquad F(x) = \begin{cases} 0 & \text{si } x < 0 \\ \frac{1}{16} & \text{si } 0 \leq x < 1 \\ \frac{5}{16} & \text{si } 1 \leq x < 2 \\ \frac{11}{16} & \text{si } 2 \leq x < 3 \\ \frac{15}{16} & \text{si } 3 \leq x < 4 \\ 1 & \text{si } x \geq 4 \end{cases}$$

Distribución binomial

23. Una marca de cereales ha introducido un premio en 1 de cada 5 cajas. Si hemos comprado 5 cajas:

a) Calcula la probabilidad que nos toquen 2 premios.

b) Calcula la probabilidad de que nos toque algún premio.

c) ¿Cuántos premios se espera que nos hayan tocado?

$X = \text{n.º de premios} \equiv B\left(5, \frac{1}{5}\right) \Rightarrow$ *a)* $p(X = 2) = \binom{5}{2}\left(\frac{1}{5}\right)^2\left(\frac{4}{5}\right)^3 = 0{,}2048$

b) $p(X \geq 1) = 1 - p(X = 0) = 1 - \binom{5}{0}\left(\frac{1}{5}\right)^0\left(\frac{4}{5}\right)^5 = 0{,}6723$

c) La esperanza es la media $\mu = 5 \cdot \frac{1}{5} = 1$ premio

Función de probabilidad y función de distribución de variable continua

24. Dada la siguiente función, justifica que se trata de una función de densidad y determina su función de distribución:

$$f(x) = \begin{cases} \frac{2x+2}{9} & \text{si } -1 \leq x \leq 2 \\ 0 & \text{si } x < -1 \text{ o } x > 2 \end{cases}$$

$f(-1) = 0$ y es una función creciente, por lo que $f(x) \geq 0$ para todo x.

Como $f(-1) = 0$ y $f(2) = \frac{2}{3}$, se trata de un triángulo de base $2 - (-1) = 3$ y de altura $\frac{2}{3} \Rightarrow$ área $= \frac{3 \cdot \frac{2}{3}}{2} = 1 \Rightarrow$ sí es función de densidad.

Si $-1 \leq x \leq 2 \Rightarrow$ triángulo $\Rightarrow$ base $= x - (-1) = x + 1$, altura $= \frac{2x+2}{9}$

$$A = \frac{(x+1)\frac{2x+2}{9}}{2} = \frac{(x+1)^2}{9} \Rightarrow F(x) = \begin{cases} 0 & \text{si } x < -1 \\ \frac{(x+1)^2}{9} & \text{si } -1 \leq x \leq 2 \\ 1 & \text{si } x > 2 \end{cases}$$

Distribución normal

25. Si $X \equiv N(10,2)$, calcula:

a) $p(X \le 12{,}5)$

b) $p(X > 11{,}8)$

c) $p(X < 9{,}6)$

d) $p(X \ge 7{,}34)$

e) $p(10{,}6 < X \le 13{,}4)$

f) $p(6{,}92 \le X \le 9{,}06)$

g) $p(8{,}8 \le X < 10{,}9)$

a) $p\left(\frac{X-10}{2} \le \frac{12{,}5-10}{2}\right) = p(Z \le 1{,}25) = F(1{,}25) = 0{,}8944$

b) $p\left(\frac{X-10}{2} > \frac{11{,}8-10}{2}\right) = p(Z > 0{,}9) = 1 - p(Z < 0{,}9) =$
$= 1 - F(0{,}9) = 1 - 0{,}8159 = 0{,}1841$

c) $p\left(\frac{X-10}{2} < \frac{9{,}6-10}{2}\right) = p(Z < -0{,}2) = p(Z > 0{,}2) = 1 - F(0{,}2) = 0{,}4207$

d) $p\left(\frac{X-10}{2} \ge \frac{7{,}34-10}{2}\right) = p(Z \ge -1{,}33) = p(Z \le 1{,}33) = F(1{,}33) = 0{,}9082$

e) $p\left(\frac{10{,}6-10}{2} < \frac{X-10}{2} \le \frac{13{,}4-10}{2}\right) = p(0{,}3 < Z \le 1{,}7) =$
$= p(Z \le 1{,}7) - p(Z \le 0{,}3) = F(1{,}7) - F(0{,}3) = 0{,}9554 - 0{,}6179 = 0{,}3375$

f) $p\left(\frac{6{,}92-10}{2} \le \frac{X-10}{2} \le \frac{9{,}06-10}{2}\right) = p(-1{,}54 \le Z \le -0{,}47) =$
$= p(0{,}47 \le Z \le 1{,}54) = F(1{,}54) - F(0{,}47) = 0{,}9382 - 0{,}6808 = 0{,}2574$

g) $p\left(\frac{8{,}8-10}{2} \le \frac{X-10}{2} < \frac{10{,}9-10}{2}\right) = p(-0{,}6 \le Z < 0{,}45) =$
$= p(Z < 0{,}45) - p(Z < -0{,}6) = F(0{,}45) - (1 - F(0{,}6)) =$
$= 0{,}6736 - 1 + 0{,}7257 = 0{,}3993$

26. Si $X \equiv N(50, 4)$, halla x para que:

a) $p(X \le x) = 0{,}9$

b) $p(X < x) = 0{,}305$

c) $p(X > x) = 0{,}95$

d) $p(X \ge x) = 0{,}2$

e) $p(50 - x < X \le 50 + x) = 0{,}99$

a) $p\left(\frac{X-50}{4} \le \frac{x-50}{4}\right) = p\left(Z \le \frac{x-50}{4}\right) = F\left(\frac{x-50}{4}\right) = 0{,}9$

$\rightarrow \frac{x-50}{4} = 1{,}28 \Rightarrow x = 55{,}12$

b) $p\left(\frac{X-50}{4} < \frac{x-50}{4}\right) = p\left(Z < \frac{x-50}{4}\right) = 0{,}305$

Como la probabilidad es menor que 0,5, $\frac{x-50}{4}$ es negativo.

$F\left(-\frac{x-50}{4}\right) = 1 - 0{,}305 = 0{,}695 \rightarrow -\frac{x-50}{4} = 0{,}51 \Rightarrow x = 47{,}96$

Distribución normal *(Cont.)*

c) $p\left(\frac{X-50}{4} > \frac{x-50}{4}\right) = p\left(Z > \frac{x-50}{4}\right) = 0,95 \to p\left(Z < -\frac{x-50}{4}\right) = 0,95$

$F\left(-\frac{x-50}{4}\right) = 0,95 \to -\frac{x-50}{4} = 1,645 \Rightarrow x = 43,42$

d) $p\left(\frac{X-50}{4} \geq \frac{x-50}{4}\right) = p\left(Z \geq \frac{x-50}{4}\right) = 0,2 = p\left(Z < \frac{x-50}{4}\right) = 0,8$

$F\left(\frac{x-50}{4}\right) = 0,8 \to \frac{x-50}{4} = 0,84 \Rightarrow x = 53,36$

e) $p\left(\frac{50-x-50}{4} < \frac{X-50}{4} \leq \frac{50+x-50}{4}\right) = p\left(-\frac{x}{4} < Z \leq \frac{x}{4}\right) = 0,99$

$p\left(Z \leq \frac{x}{4}\right) - p\left(Z \leq -\frac{x}{4}\right) = p\left(Z \leq \frac{x}{4}\right) - \left(1 - p\left(Z \leq \frac{x}{4}\right)\right) = 2F\left(\frac{x}{4}\right) - 1 = 0,99 \to$

$F\left(\frac{x}{4}\right) = 0,995 \to \frac{x}{4} = 2,575 \Rightarrow x = 10,3$

Aproximación de la binomial por la normal

27. En un parque natural, se ha anillado a un 20 % de las aves acuáticas que allí anidan. Si capturan para su estudio a 100 aves acuáticas, determina la probabilidad de que estén anilladas:

a) Menos de 30 aves.

b) Al menos 25 aves.

c) Entre 22 y 28 aves, ambos valores incluidos.

d) Exactamente 20 aves.

X = n.º de aves previamente anilladas $\equiv B(100;\ 0,2) \approx N(20,\ 4)$

a) $p(X_B < 30) \approx p(X_N < 29,5) = p\left(\frac{X_N - 20}{4} < \frac{29,5-20}{4}\right) =$

$= p(Z < 2,375) = 0,9912$

b) $p(X_B \geq 25) \approx p(X_N \geq 24,5) = p\left(\frac{X_N - 20}{4} \geq \frac{24,5-20}{4}\right) =$

$= p(Z \geq 1,125) = 1 - \frac{0,8686 + 0,8708}{2} = 0,1303$

c) $p(22 \leq X_B \leq 28) \approx p(21,5 \leq X_N \leq 28,5) = p\left(\frac{21,5-20}{4} \leq \frac{X_N - 20}{4} \leq \frac{28,5-20}{4}\right) =$

$= p(0,375 \leq Z \leq 2,125) = \frac{0,9830 + 0,9834}{2} - \frac{0,6443 + 0,6480}{2} = 0,3371$

d) $p(X_B = 20) \approx p(19,5 < X_N < 20,5) = p\left(\frac{19,5-20}{4} < \frac{X_N - 20}{4} < \frac{20,5-20}{4}\right) =$

$= p(-0,125 \leq Z \leq 0,125) = F(0,125) - (1 - F(0,125)) = 2\frac{0,5478 + 0,5517}{2} - 1 = 0,0995$

Ejercicios y problemas

Distribuciones de probabilidad de variable discreta: binomial

28. Halla la función de probabilidad y la función de distribución de la variable aleatoria que da la cantidad de caras que se obtienen al lanzar cinco monedas. Halla su media y desviación típica.

29. Halla la función de probabilidad y la función de distribución de la variable aleatoria que da la suma de las puntuaciones de dos dados. Halla su media y desviación típica.

30. Calcula *k* para completar la siguiente función de probabilidad y halla su función de distribución.

$$f(x)=\begin{cases}0{,}15 & \text{si } x=1\\ 0{,}25 & \text{si } x=2\\ k & \text{si } x=3\\ 0{,}4 & \text{si } x=4\\ 0 & \text{si } x\neq 1,2,3,4\end{cases}$$

31. Un dado está trucado de forma que cada cara tiene una probabilidad de salir proporcional al número que figura en dicha cara. Determina la función de probabilidad y de distribución correspondientes.

32. Dada la gráfica de la función de probabilidad, traza la gráfica de la función de distribución.

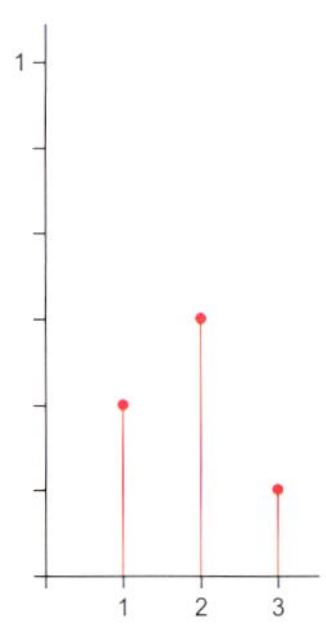

33. Dada la gráfica de la función de distribución, traza la gráfica de la función de probabilidad.

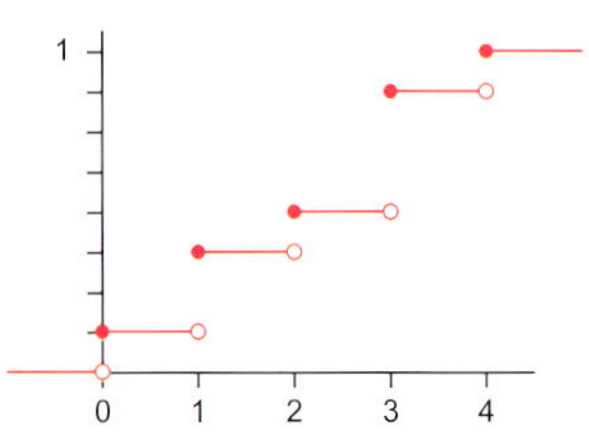

34. Usa la tabla del final de la unidad para hallar las siguientes probabilidades de una variable $X \equiv B(6;\,0{,}25)$.

a) $p(X=2)$ b) $p(X\geq 1)$

35. Usa la tabla del final de la unidad para hallar las siguientes probabilidades de una variable $X \equiv B(8;\,0{,}65)$

a) $p(X=5)$ b) $p(X\geq 6)$

36. Calcula las siguientes probabilidades de una variable $X \equiv B(10;\,0{,}2)$.

a) $p(X=3)$ b) $p(X<2)$

37. Calcula las siguientes probabilidades de una variable $X \equiv B\left(30;\,\frac{1}{3}\right)$.

a) $p(X=10)$ b) $p(X\geq 3)$

38. Si lanzamos 10 monedas al azar, calcula la probabilidad de que salgan:

a) La misma cantidad de caras que de cruces.

b) Más de 8 caras.

c) Al menos 3 caras.

d) ¿Cuántas caras esperamos que salgan?

39. Lanzamos un dado seis veces seguidas.

a) ¿Cuál es la probabilidad de que no salga ningún seis?

b) ¿Cuál es la probabilidad de que salgan todo seises?

c) ¿Cuál es la probabilidad de que salga más de un seis?

d) ¿Cuántos seises esperamos que salgan?

40. En el juego de dados se gana si sale un 7 o un 11. Si lanzo cinco veces, determina la probabilidad de:

a) Ganar todas las veces.

b) Perder todas las veces.

c) Ganar alguna vez.

d) Perder alguna vez.

e) ¿Cuántas veces esperamos ganar?

41. Extraemos una carta de una baraja española, la miramos, la introducimos de nuevo en el mazo y barajamos. Si repetimos esta acción 15 veces, halla la probabilidad de que:

a) salgan exactamente 4 cartas de bastos

b) salgan 4 o más cartas de bastos

42. Este año ha aprobado el examen de acceso a la universidad el 90 % de los estudiantes que se presentaron. Si elegimos 12 personas al azar de las que se han presentado, determina cuál es la probabilidad de que:

a) Hayan aprobado todos.

b) Haya suspendido alguno.

c) Haya el doble de aprobados que de suspensos.

d) Haya entre 8 y 10 aprobados (ambos valores incluidos).

43. En una nueva colección han sacado unos cromos de edición especial de forma que, de cada 100 cromos, solo 3 son de este tipo. Los empaquetan en sobres en grupos de 8, seleccionados al azar.

a) Halla la probabilidad de que comprando un único sobre salga algún cromo especial.

b) ¿Y si compramos 2 sobres?

44. De los cromos del ejercicio anterior, ¿cuántos sobres tendría que comprar para que la probabilidad de que me toque alguno de edición especial sea al menos de 0,9?

45. El 70 % de las declaraciones de la renta salen a devolver. Si elegimos 20 personas al azar que hayan hecho la declaración, calcula la probabilidad de que:

a) Todas hayan resultado a devolver.

b) Alguna haya tenido que pagar.

c) Hayan resultado a devolver más de 17.

46. Si $X \equiv B(4;\,0{,}4)$, halla la media o esperanza de dos maneras, y comprueba que se obtiene el mismo resultado:

a) $\mu = np$ *b*) $\mu = \sum x_i p_i$

47. Si $X \equiv B(4;\,0{,}4)$, halla la desviación típica de dos maneras, y comprueba que se obtiene el mismo resultado:

a) $\sigma = \sqrt{npq}$ *b*) $\sigma = \sqrt{\sum x_i^2 p_i - \mu^2}$

Distribuciones de probabilidad de variable continua: normal

48. Demuestra en cada caso que la función dada es una función de densidad:

a) $f(x) = \begin{cases} 0 & \text{si } x < -1 \\ \dfrac{1}{3} & \text{si } -1 \le x < 2 \\ 0 & \text{si } x \ge 2 \end{cases}$

b) $f(x) = \begin{cases} 0 & \text{si } x < 1 \\ 2x - 2 & \text{si } 1 \le x < 2 \\ 0 & \text{si } x \ge 2 \end{cases}$

49. Halla la función de distribución correspondiente a cada función de densidad del ejercicio anterior.

50. Demuestra en cada caso que la función dada es una función de densidad:

a) $f(x) = \begin{cases} 0 & \text{si } x < -1 \\ \dfrac{x}{4} + \dfrac{1}{2} & \text{si } -1 \le x < 1 \\ 0 & \text{si } x \ge 1 \end{cases}$

b) $f(x) = \begin{cases} 0 & \text{si } x \le 0 \\ x & \text{si } 0 < x \le 1 \\ -x + 2 & \text{si } 1 < x \le 2 \\ 0 & \text{si } x > 2 \end{cases}$

51. Halla la función de distribución correspondiente a cada función de densidad del ejercicio anterior.

51. Halla el valor de m para que la función

$f(x) = \begin{cases} 0 & \text{si } x < 2 \\ m & \text{si } 2 \le x < 6 \\ 0 & \text{si } x \ge 6 \end{cases}$ sea función de densidad.

53. Halla el valor de m para que la función

$f(x) = \begin{cases} 0 & \text{si } x < 1 \\ m(x-1) & \text{si } 1 \le x < 5 \\ 0 & \text{si } x \ge 5 \end{cases}$ sea función de densidad.

54. Halla qué relación deben cumplir los números positivos a y b para que la función $f(x)=\begin{cases}0 & \text{si } x\le 0\\ ax+b & \text{si } 0<x\le 3\\ 0 & \text{si } x>3\end{cases}$ sea función de densidad. Halla también entre qué valores debe estar a y entre qué valores debe estar b.

55. Dada la función de distribución

$$F(x)=\begin{cases}0 & \text{si } x<-2\\ \dfrac{(x+2)^2}{16} & \text{si } -2\le x<2\\ 1 & \text{si } x\ge 2\end{cases}$$

halla las siguientes probabilidades:

a) $p(X=1)$ b) $p(X<-3)$ c) $p(X\ge 3)$

d) $p(X\le 1)$ e) $p(X\ge 0)$ f) $p(-1<X\le 1)$

56. Dada la función de densidad

$$f(x)=\begin{cases}0 & \text{si } x\le -2\\ \dfrac{x+4}{16} & \text{si } -2<x\le 2\\ 0 & \text{si } x>2\end{cases}$$

halla las siguientes probabilidades:

a) $p(X=1)$ b) $p(X<-3)$ c) $p(X\ge 3)$

d) $p(X\le 1)$ e) $p(X\ge 0)$ f) $p(-1<X\le 1)$

57. Dada la función de distribución

$$F(x)=\begin{cases}0 & \text{si } x<0\\ \dfrac{x}{4} & \text{si } 0\le x<4\\ 1 & \text{si } x\ge 4\end{cases}$$

halla la función de densidad de la que procede.

58. En la cosecha, la distribución de la longitud de los tallos de trigo en metros se puede aproximar por una distribución de probabilidad continua de función de densidad:

$$f(x)=\begin{cases}0 & x<0\\ x & 0\le x<1\\ 2-x & 1\le x<2\\ 0 & x\ge 2\end{cases}$$

Calcula la probabilidad de que, escogido un tallo de trigo al azar, mida:

a) Menos de 1 metro. b) Más de 1,5 metros.

c) Entre 0,5 y 0,75 metros. d) Entre 0,75 y 1,5 metros.

59. La distribución de salarios, en euros, de una empresa se puede aproximar por una distribución de probabilidad continua de función de densidad:

$$f(x)=\begin{cases}0 & x<1000\\ \dfrac{3}{4000} & 1000\le x<1500\\ \dfrac{1}{1000} & 1500\le x<2000\\ \dfrac{1}{4000} & 2000\le x<2500\\ 0 & x\ge 2500\end{cases}$$

Halla la probabilidad de que, elegido un trabajador de la empresa al azar, este cobre:

a) Menos de 1 250 €. b) Más de 1 750 €.

c) Entre 1 300 y 2 300 €.

60. Si $Z\equiv N(0,1)$, calcula:

a) $p(Z=1{,}25)$ b) $p(Z<2{,}37)$

c) $p(Z\ge 0{,}86)$ d) $p(1{,}05\le Z\le 1{,}76)$

61. Si $Z\equiv N(0,1)$, calcula:

a) $p(Z<-2{,}96)$ b) $p(Z>1{,}03)$

c) $p(-1{,}76<Z\le 0{,}26)$ d) $p(-3{,}27\le Z\le 2{,}54)$

62. Si $Z\equiv N(0,1)$, calcula:

a) $p(Z\le -0{,}75)$ b) $p(Z>-3{,}02)$

c) $p(-1{,}87\le Z<0)$ d) $p(-2{,}36<Z\le -0{,}94)$

63. Si $Z\equiv N(0,1)$, calcula z para que:

a) $p(Z\le z)=0{,}7088$ b) $p(Z>z)=0{,}1423$

c) $p(Z\ge z)=0{,}9940$ d) $p(Z<z)=0{,}0475$

64. Si $Z\equiv N(0,1)$, calcula z para que $p(-z\le Z\le z)$ sea:

a) 0,8714 b) 0,5990

c) 0,9960 d) 0,2282

65. Si $X \equiv N(9, 2)$, calcula:

a) $p(X < 10)$ b) $p(X > 12)$

c) $p(X \leq 8{,}5)$ d) $p(X \geq 7{,}9)$

66. Si $X \equiv N(10; 2{,}5)$, calcula:

a) $p(X \leq 15)$ b) $p(X < 9)$

c) $p(X \geq 12{,}2)$ d) $p(X > 8{,}2)$

67. Si $X \equiv N(24, 5)$, calcula:

a) $p(X \leq 29)$ b) $p(X > 26{,}5)$

c) $p(X < 23)$ d) $p(X \geq 21{,}4)$

68. Si $X \equiv N(50, 6)$, calcula:

a) $p(56 < X \leq 59)$ b) $p(46{,}4 \leq X < 47)$

c) $p(48{,}5 < X < 51{,}8)$ d) $p(48{,}8 \leq X \leq 62{,}3)$

69. Si $X \equiv N(100; 7{,}5)$, calcula:

a) $p(112 \leq X < 121)$ b) $p(76 \leq X \leq 83{,}5)$

c) $p(88{,}75 < X \leq 97)$ d) $p(86{,}5 < X < 106{,}75)$

70. Si $X \equiv N(15, 4)$, calcula *x* para que:

a) $p(X \leq x) = 0{,}88$ b) $p(X < x) = 0{,}05$

c) $p(X > x) = 0{,}25$ d) $p(X \geq x) = 0{,}8$

71. Si $X \equiv N(21, 5)$, calcula *x* para que:

a) $p(X < x) = 0{,}7$ b) $p(X \leq x) = 0{,}32$

c) $p(X \geq x) = 0{,}99$ d) $p(X > x) = 0{,}48$

72. Si $X \equiv N(95, 10)$, calcula *x* para que:

a) $p(95 < X \leq x) = 0{,}4$

b) $p(95 - x \leq X \leq 95 + x) = 0{,}92$

73. Si $X \equiv N(40, 9)$, calcula *x* para que:

a) $p(40 - x \leq X < 40 + x) = 0{,}39$

b) $p(40 - x < X < 40 + x) = 0{,}86$

74. Halla la media de una variable normal *X* de desviación típica 4, de la que conocemos que $p(X \leq 6{,}92) = 0{,}719$.

75. Halla la desviación típica de una variable normal *X* de media 15, de la que conocemos que $p(X \leq 12{,}3) = 0{,}1841$.

76. En una fábrica de patatas fritas han comprobado que la máquina de envasado introduce una cantidad de patatas fritas en cada bolsa que puede aproximarse por una distribución normal de media 175 gramos y desviación típica 5 gramos. Si elegimos al azar una de las bolsas de patatas de esa fábrica, calcula la probabilidad de que su peso:

a) Sea menor de 188 gramos.

b) Sea mayor de 169 gramos.

c) Esté entre 165 y 185 gramos.

77. Los test de calidad que se realizan en una fábrica de globos indican que el diámetro que alcanza un globo justo antes de explotar se puede aproximar por una variable normal de media 40 cm y desviación típica 10 cm.

Si seleccionamos al azar uno de los globos de la fábrica, halla la probabilidad de que su diámetro al explotar:

a) Sea mayor de 50 cm. b) Sea menor de 35 cm.

c) Esté entre 35 y 45 cm.

78. La nota en Matemáticas de los estudiantes de un instituto se puede aproximar por una distribución normal de media 7,2 y desviación típica 1,8. Si elegimos un alumno al azar, calcula la probabilidad de que:

a) Haya aprobado. b) Haya sacado 9 o más.

c) Haya sacado entre 6 y 8.

79. La estatura de los habitantes de cierta ciudad se puede aproximar por una variable normal de media 165 centímetros y desviación típica 15 cm. Si elegimos al azar un habitante de dicha ciudad, determina la probabilidad de que su estatura:

a) Sea menor de 175 cm. b) Sea menor de 153 cm.

c) Esté entre 160 y 180 cm.

80. El peso de los habitantes de la ciudad del ejercicio anterior se puede aproximar por una variable normal de media 65 kg y desviación típica 12 kg. Si seleccionamos al azar una persona de esa ciudad, halla la probabilidad de que pese:

a) Menos de 62 kg. b) Más de 80 kg. c) Entre 58 y 60 kg.

81. La temperatura a las 15:00 del 1 de agosto en una ciudad se puede modelizar por una variable normal de media 36 °C y desviación típica 3 °C. Halla la probabilidad de que el próximo 1 de agosto a las 15:00, la temperatura en esa ciudad sea:

a) Menor de 28 °C. *b)* Mayor de 40 °C.

82. La emisión de gases que se revisa en las estaciones de ITV se mide en porcentaje de monóxido de carbono. Esta medida sigue una distribución normal de media 3 % y desviación típica 1 %. Si un coche se considera no apto cuando supera un 3,5 %, ¿qué porcentaje de los coches que pasan por la estación de ITV no será apto?

83. A lo largo de un año se ha medido el pH de una piscina y se ha observado que sigue una distribución normal de media 7,45 y desviación típica 0,15. El pH no debe bajar de 7,2, ya que el agua irritaría la piel y los ojos. Tampoco debe subir de 7,6, pues el cloro perdería su efecto desinfectante.

Si elegimos un día al azar, ¿cuál es la probabilidad de que el pH esté entre los valores deseados?

84. Los niveles de colesterol de una población se pueden aproximar a una variable normal de media 178 mg/dl y desviación típica 25 mg/dl. ¿Qué porcentaje de dicha población supera el límite de 200 mg/dl de colesterol? ¿Y 250 mg/dl?

85. Un operario de una maderera corta listones de forma que la medida resultante se aproxima a una variable normal de media 979 mm y desviación típica 23 mm. Su supervisor ha descartado el 2,28 % de los listones por resultar demasiado cortos. ¿Qué longitud ha considerado el supervisor como la mínima admisible?

86. En una oposición hay 2 000 candidatos, de los cuales van a ser seleccionados 100 para el puesto de trabajo. Si la nota de los candidatos en la oposición se puede aproximar por una variable normal de media 6,1 y desviación típica 1,3, ¿cuál será la nota del último candidato seleccionado?

87. Las notas de acceso a la universidad de cierto año se pueden modelizar por una variable normal de media 7,3 y desviación típica 1,5. Si 500 alumnos han pedido plaza para cursar determinado grado y solo hay 150 vacantes en dicha carrera, ¿cuál es la nota de corte de este año en ese grado?

88. Sea $X \equiv B(50; 0,4)$. Halla las siguientes probabilidades aproximando por la normal:

a) $p(X < 25)$ *b)* $p(X > 15)$

c) $p(X \leq 18)$ *d)* $p(X \geq 29)$

89. Si lanzamos un dado 120 veces, halla la probabilidad de que la cantidad de unos que salen:

a) Sea, al menos, 25.

b) Sea menor que 17.

c) Esté entre 22 y 30, ambos valores incluidos.

90. Lanzamos un dado 50 veces y contamos cuántos unos salen. Halla la probabilidad de que salgan exactamente 8 unos:

a) Usando la fórmula de la binomial.

b) Aproximando la binomial por la normal.

Compara ambos resultados.

91. Repite el ejercicio anterior, lanzando ahora 100 veces el dado, y calculando la probabilidad de que salgan 16 unos. ¿Es mejor la aproximación de este ejercicio o la del ejercicio anterior?

92. Si lanzamos una moneda 1 600 veces, ¿cuál es la probabilidad de que salgan entre 790 y 810 caras, ambos valores incluidos?

93. En una competición de dardos, la probabilidad de hacer diana es de $\frac{1}{10}$. Si se han realizado 200 lanzamientos en la competición, determina la probabilidad de que el número de dianas haya sido:

a) Inferior a 25. *b)* No superior a 18.

c) Al menos 15 y menor de 25.

94. El 5 % de los productos que se venden en una tienda resultan devueltos en el periodo de prueba. Si hoy hemos vendido 300 unidades, halla la probabilidad de que:

a) Se devuelvan al menos 20.

b) No se devuelvan más de 11.

95. El 15 % de una población es diabética. Si seleccionamos 75 personas al azar, halla la probabilidad de que:

a) Haya más de 15 diabéticos.

b) No haya más de 10 diabéticos.

96. El 20 % de los coches de una ciudad no tienen etiqueta indicativa del grado de contaminación que producen. En el garaje de mi comunidad hay 200 coches. Determina la probabilidad de que el número de coches sin etiqueta en mi garaje sea mayor que 35 y no supere los 50.

Evalúate

1. Un delantero practica en sus entrenamientos con series de cuatro lanzamientos a puerta. Si se sabe que este jugador tiene una proporción de éxito en uno de cada dos lanzamientos:

   a) Obtén la función de probabilidad de esta distribución y su representación.

   b) Obtén la función de distribución de esta distribución y su representación.

2. Si $X \equiv B\left(3, \frac{1}{4}\right)$, calcula empleando la tabla o la función de densidad:

   a) $p(X = 2)$ b) $p(X > 1)$ c) $p(X \leq 2)$

3. Si contestamos al azar una prueba tipo test de 10 preguntas con tres opciones de respuesta (siendo correcta solo una de ellas), calcula la probabilidad de:

   a) Sacar un sobresaliente (9 o 10).

   b) Sacar un notable (7 u 8).

   c) Aprobar.

   d) Suspender con un 4.

4. Calcula el valor del parámetro a para que la función $f(x) = \begin{cases} 0 & x < 0 \\ ax & 0 \leq x < 5 \\ 0 & x \geq 5 \end{cases}$ corresponda a una función de densidad. A continuación, halla:

   a) $p(2 < X \leq 3)$ b) $p(X = 1)$ c) $p(X > 1)$

5. Emplea la tabla de la normal $Z \equiv N(0, 1)$ y calcula las siguientes probabilidades:

   a) $p(-1{,}35 < Z)$ b) $p(Z \leq -2{,}17)$

   c) $p(-2{,}9 < Z \leq -0{,}64)$

6. Emplea la tabla de la normal $Z \equiv N(0, 1)$ y calcula z en cada caso:

   a) $p(Z < z) = 0{,}5199$ b) $p(Z > z) = 0{,}9616$

   c) $p(-z \leq Z < z) = 0{,}5468$

7. La estatura de los alumnos de 1.º Bachillerato se puede aproximar por una normal $X \equiv N(160, 10)$. Calcula la probabilidad de que, escogido un alumno al azar de este nivel, tenga una altura comprendida entre 151 y 173 cm.

8. Los resultados de los opositores a un cierto empleo se pueden aproximar por una normal $X \equiv N(6{,}5; 2{,}3)$.

   a) Si las plazas se están adjudicando a partir del 8, ¿qué proporción de opositores obtendrá plaza?

   b) Si solo hay 30 plazas y se han presentado 250 opositores, ¿a partir de qué nota están haciendo el corte para obtener plaza?

   c) ¿Cuál es la probabilidad de que, escogido un opositor al azar, este tenga una nota entre 6 y 7?

9. Calcula, aproximando la binomial $X_B \equiv B\left(75, \frac{1}{3}\right)$ a una normal, la probabilidad $p(25 \leq X_B < 50)$.

10. Realiza el ejercicio 3 de este epígrafe suponiendo ahora que la prueba tipo test consta de 100 preguntas de triple respuesta. ¿Qué probabilidad tendrás de sacar un sobresaliente, es decir, al menos 90 respuestas correctas?

TIC 3: Trabajar con Excel
Bloque III: Estadística y probabilidad

Tabla de distribución binomial *B*(*n*, *p*)

$$P(x=r)=\binom{n}{r}p^r q^{n-r}$$

		p									
n	*r*	**0,05**	**0,10**	**0,15**	**0,20**	**0,25**	**0,30**	**0,35**	**0,40**	**0,45**	**0,50**
1	0	0,9500	0,9000	0,8500	0,8000	0,7500	0,7000	0,6500	0,6000	0,5500	0,5000
	1	0,0500	0,1000	0,1500	0,2000	0,2500	0,3000	0,3500	0,4000	0,4500	0,5000
2	0	0,9025	0,8100	0,7225	0,6400	0,5625	0,4900	0,4225	0,3600	0,3025	0,2500
	1	0,0950	0,1800	0,2550	0,3200	0,3750	0,4200	0,4550	0,4800	0,4950	0,5000
	2	0,0025	0,0100	0,0225	0,0400	0,0625	0,0900	0,1225	0,1600	0,2025	0,2500
3	0	0,8574	0,7290	0,6141	0,5120	0,4219	0,3430	0,2746	0,2160	0,1664	0,1250
	1	0,1354	0,2430	0,3251	0,3840	0,4219	0,4410	0,4436	0,4320	0,4084	0,3750
	2	0,0071	0,0270	0,0574	0,0960	0,1406	0,1890	0,2389	0,2880	0,3341	0,3750
	3	0,0001	0,0010	0,0034	0,0080	0,0156	0,0270	0,0429	0,0640	0,0911	0,1250
4	0	0,8145	0,6561	0,5220	0,4096	0,3164	0,2401	0,1785	0,1296	0,0915	0,0625
	1	0,1715	0,2916	0,3685	0,4096	0,4219	0,4116	0,3845	0,3456	0,2995	0,2500
	2	0,0135	0,0486	0,0975	0,1536	0,2109	0,2646	0,3105	0,3456	0,3675	0,3750
	3	0,0005	0,0036	0,0115	0,0256	0,0469	0,0756	0,1115	0,1536	0,2005	0,2500
	4	0,0000	0,0001	0,0005	0,0016	0,0039	0,0081	0,0150	0,0256	0,0410	0,0625
5	0	0,7738	0,5905	0,4437	0,3277	0,2373	0,1681	0,1160	0,0778	0,0503	0,0313
	1	0,2036	0,3281	0,3915	0,4096	0,3955	0,3602	0,3124	0,2592	0,2059	0,1563
	2	0,0214	0,0729	0,1382	0,2048	0,2637	0,3087	0,3364	0,3456	0,3369	0,3125
	3	0,0011	0,0081	0,0244	0,0512	0,0879	0,1323	0,1811	0,2304	0,2757	0,3125
	4	0,0000	0,0005	0,0022	0,0064	0,0146	0,0284	0,0488	0,0768	0,1128	0,1563
	5	0,0000	0,0000	0,0001	0,0003	0,0010	0,0024	0,0053	0,0102	0,0185	0,0313
6	0	0,7351	0,5314	0,3771	0,2621	0,1780	0,1176	0,0754	0,0467	0,0277	0,0156
	1	0,2321	0,3543	0,3993	0,3932	0,3560	0,3025	0,2437	0,1866	0,1359	0,0938
	2	0,0305	0,0984	0,1762	0,2458	0,2966	0,3241	0,3280	0,3110	0,2780	0,2344
	3	0,0021	0,0146	0,0415	0,0819	0,1318	0,1852	0,2355	0,2765	0,3032	0,3125
	4	0,0001	0,0012	0,0055	0,0154	0,0330	0,0595	0,0951	0,1382	0,1861	0,2344
	5	0,0000	0,0001	0,0004	0,0015	0,0044	0,0102	0,0205	0,0369	0,0609	0,0938
	6	0,0000	0,0000	0,0000	0,0001	0,0002	0,0007	0,0018	0,0041	0,0083	0,0156
7	0	0,6983	0,4783	0,3206	0,2097	0,1335	0,0824	0,0490	0,0280	0,0152	0,0078
	1	0,2573	0,3720	0,3960	0,3670	0,3115	0,2471	0,1848	0,1306	0,0872	0,0547
	2	0,0406	0,1240	0,2097	0,2753	0,3115	0,3177	0,2985	0,2613	0,2140	0,1641
	3	0,0036	0,0230	0,0617	0,1147	0,1730	0,2269	0,2679	0,2903	0,2918	0,2734
	4	0,0002	0,0026	0,0109	0,0287	0,0577	0,0972	0,1442	0,1935	0,2388	0,2734
	5	0,0000	0,0002	0,0012	0,0043	0,0115	0,0250	0,0466	0,0774	0,1172	0,1641
	6	0,0000	0,0000	0,0001	0,0004	0,0013	0,0036	0,0084	0,0172	0,0320	0,0547
	7	0,0000	0,0000	0,0000	0,0000	0,0001	0,0002	0,0006	0,0016	0,0037	0,0078
8	0	0,6634	0,4305	0,2725	0,1678	0,1001	0,0576	0,0319	0,0168	0,0084	0,0039
	1	0,2793	0,3826	0,3847	0,3355	0,2670	0,1977	0,1373	0,0896	0,0548	0,0313
	2	0,0515	0,1488	0,2376	0,2936	0,3115	0,2965	0,2587	0,2090	0,1569	0,1094
	3	0,0054	0,0331	0,0839	0,1468	0,2076	0,2541	0,2786	0,2787	0,2568	0,2188
	4	0,0004	0,0046	0,0185	0,0459	0,0865	0,1361	0,1875	0,2322	0,2627	0,2734
	5	0,0000	0,0004	0,0026	0,0092	0,0231	0,0467	0,0808	0,1239	0,1719	0,2188
	6	0,0000	0,0000	0,0002	0,0011	0,0038	0,0100	0,0217	0,0413	0,0703	0,1094
	7	0,0000	0,0000	0,0000	0,0001	0,0004	0,0012	0,0033	0,0079	0,0164	0,0313
	8	0,0000	0,0000	0,0000	0,0000	0,0000	0,0001	0,0002	0,0007	0,0017	0,0039

Tabla de distribución normal *N*(0, 1)

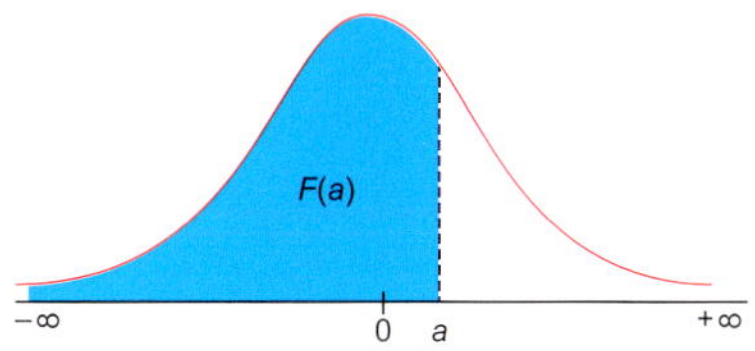

$$F(a) = P(Z \leq a)$$

a	0,00	0,01	0,02	0,03	0,04	0,05	0,06	0,07	0,08	0,09
0,0	0,5000	0,5040	0,5080	0,5120	0,5160	0,5199	0,5239	0,5279	0,5319	0,5359
0,1	0,5398	0,5438	0,5478	0,5517	0,5557	0,5596	0,5636	0,5675	0,5714	0,5753
0,2	0,5793	0,5832	0,5871	0,5910	0,5948	0,5987	0,6026	0,6064	0,6103	0,6141
0,3	0,6179	0,6217	0,6255	0,6293	0,6331	0,6368	0,6406	0,6443	0,6480	0,6517
0,4	0,6554	0,6591	0,6628	0,6664	0,6700	0,6736	0,6772	0,6808	0,6844	0,6879
0,5	0,6915	0,6950	0,6985	0,7019	0,7054	0,7088	0,7123	0,7157	0,7190	0,7224
0,6	0,7257	0,7291	0,7324	0,7357	0,7389	0,7422	0,7454	0,7486	0,7517	0,7549
0,7	0,7580	0,7611	0,7642	0,7673	0,7704	0,7734	0,7764	0,7794	0,7823	0,7852
0,8	0,7881	0,7910	0,7939	0,7967	0,7995	0,8023	0,8051	0,8078	0,8106	0,8133
0,9	0,8159	0,8186	0,8212	0,8238	0,8264	0,8289	0,8315	0,8340	0,8365	0,8389
1,0	0,8413	0,8438	0,8461	0,8485	0,8508	0,8531	0,8554	0,8577	0,8599	0,8621
1,1	0,8643	0,8665	0,8686	0,8708	0,8729	0,8749	0,8770	0,8790	0,8810	0,8830
1,2	0,8849	0,8869	0,8888	0,8907	0,8925	0,8944	0,8962	0,8980	0,8997	0,9015
1,3	0,9032	0,9049	0,9066	0,9082	0,9099	0,9115	0,9131	0,9147	0,9162	0,9177
1,4	0,9192	0,9207	0,9222	0,9236	0,9251	0,9265	0,9279	0,9292	0,9306	0,9319
1,5	0,9332	0,9345	0,9357	0,9370	0,9382	0,9394	0,9406	0,9418	0,9429	0,9441
1,6	0,9452	0,9463	0,9474	0,9484	0,9495	0,9505	0,9515	0,9525	0,9535	0,9545
1,7	0,9554	0,9564	0,9573	0,9582	0,9591	0,9599	0,9608	0,9616	0,9625	0,9633
1,8	0,9641	0,9649	0,9656	0,9664	0,9671	0,9678	0,9686	0,9693	0,9699	0,9706
1,9	0,9713	0,9719	0,9726	0,9732	0,9738	0,9744	0,9750	0,9756	0,9761	0,9767
2,0	0,9772	0,9778	0,9783	0,9788	0,9793	0,9798	0,9803	0,9808	0,9812	0,9817
2,1	0,9821	0,9826	0,9830	0,9834	0,9838	0,9842	0,9846	0,9850	0,9854	0,9857
2,2	0,9861	0,9864	0,9868	0,9871	0,9875	0,9878	0,9881	0,9884	0,9887	0,9890
2,3	0,9893	0,9896	0,9898	0,9901	0,9904	0,9906	0,9909	0,9911	0,9913	0,9916
2,4	0,9918	0,9920	0,9922	0,9925	0,9927	0,9929	0,9931	0,9932	0,9934	0,9936
2,5	0,9938	0,9940	0,9941	0,9943	0,9945	0,9946	0,9948	0,9949	0,9951	0,9952
2,6	0,9953	0,9955	0,9956	0,9957	0,9959	0,9960	0,9961	0,9962	0,9963	0,9964
2,7	0,9965	0,9966	0,9967	0,9968	0,9969	0,9970	0,9971	0,9972	0,9973	0,9974
2,8	0,9974	0,9975	0,9976	0,9977	0,9977	0,9978	0,9979	0,9979	0,9980	0,9981
2,9	0,9981	0,9982	0,9982	0,9983	0,9984	0,9984	0,9985	0,9985	0,9986	0,9986
3,0	0,9987	0,9987	0,9987	0,9988	0,9988	0,9989	0,9989	0,9989	0,9990	0,9990
3,1	0,9990	0,9991	0,9991	0,9991	0,9992	0,9992	0,9992	0,9992	0,9993	0,9993
3,2	0,9993	0,9993	0,9994	0,9994	0,9994	0,9994	0,9994	0,9995	0,9995	0,9995
3,3	0,9995	0,9995	0,9995	0,9996	0,9996	0,9996	0,9996	0,9996	0,9996	0,9997
3,4	0,9997	0,9997	0,9997	0,9997	0,9997	0,9997	0,9997	0,9997	0,9997	0,9998
3,5	0,9998	0,9998	0,9998	0,9998	0,9998	0,9998	0,9998	0,9998	0,9998	0,9998
3,6	0,9998	0,9998	0,9999	0,9999	0,9999	0,9999	0,9999	0,9999	0,9999	0,9999
3,7	0,9999	0,9999	0,9999	0,9999	0,9999	0,9999	0,9999	0,9999	0,9999	0,9999
3,8	0,9999	0,9999	0,9999	0,9999	0,9999	0,9999	0,9999	0,9999	0,9999	0,9999
3,9	1,0000	1,0000	1,0000	1,0000	1,0000	1,0000	1,0000	1,0000	1,0000	1,0000

Solucionario de Evalúate

Unidad 1 (pág. 31)

1. e: irracional, real log10: natural, entero, racional, real

   $\sqrt[3]{-27}$: entero, racional, real $3,4\widehat{1}$: racional, real $7,\widehat{9}$: natural, entero, racional, real

2. *a*) Valor real: $5,\widehat{45} = \dfrac{60}{11}$

   Valor aproximado: $5,455 = \dfrac{1\,091}{200}$

   $$E_a = \left|\frac{60}{11} - \frac{1091}{200}\right| = \frac{1}{2\,200};\ E_r = \frac{1}{2\,200} : \frac{60}{11} = \frac{1}{12\,000}$$

   b) $\varepsilon = \dfrac{1}{2} \cdot 10^1 = 5$

   $$\text{Cota error relativo} = \frac{5}{750 - 5} \approx 0,0067 = 0,67\,\%$$

3. 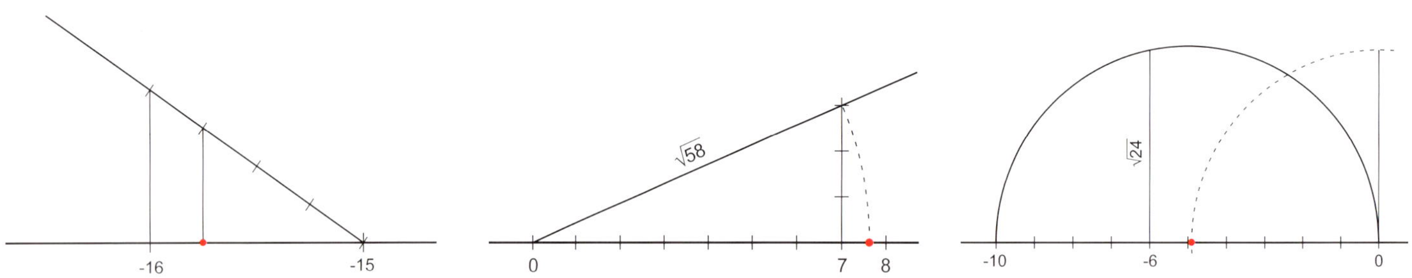

4.

Intervalo o semirrecta	Entorno	Desigualdad	Representación gráfica
$(4,\ 7)$	$E(5,5;\ 1,5)$	$x \in \mathbb{R} \,/\, 4 < x < 7$	
$(-4,\ 0) \cup (0,\ 4)$	$E^*(0,\ 4)$	$x \in \mathbb{R} \,/\, -4 < x < 4,\ x \neq 0$	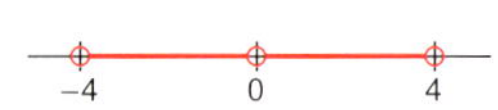
$(-\infty,\ 5]$	No es posible.	$x \in \mathbb{R} \,/\, x \leq 5$	
$[3,\ 8]$	No es posible.	$x \in \mathbb{R} \,/\, 3 \leq x \leq 8$	

5. $$f(x)=\begin{cases}2x(-x+2)-(x+1)(5-6x) & x<\frac{5}{6}\\ 2x(-x+2)-(x+1)(-5+6x) & \frac{5}{6}\le x\le 2\\ 2x(x-2)-(x+1)(-5+6x) & x>2\end{cases}=\begin{cases}4x^2+5x-5 & x<\frac{5}{6}\\ -8x^2+3x+5 & \frac{5}{6}\le x\le 2\\ -4x^2-5x+5 & x>2\end{cases}$$

6. a) $|x+4|=2\Rightarrow\{-6,-2\}$

b) $|2x-5|\le 1\Rightarrow\left|x-\frac{5}{2}\right|\le\frac{1}{2}\Rightarrow[2,\ 3]$

c) $|7-3x|>2\Rightarrow|-7+3x|>2\Rightarrow\left|-\frac{7}{3}+x\right|>\frac{2}{3}\Rightarrow\left(-\infty,\ \frac{5}{3}\right)\cup(3,\ +\infty)$

7. a) $(3{,}2\cdot 10^{-56}-2{,}8\cdot 10^{-57}):(4\cdot 10^{-30})=2{,}92\cdot 10^{-56}:(4\cdot 10^{-30})=7{,}3\cdot 10^{-27}$

b) $(8{,}1\cdot 10^{34}+3{,}8\cdot 10^{36})^2\cdot(9{,}8\cdot 10^{-87})=(3{,}881\cdot 10^{36})^2\cdot(9{,}8\cdot 10^{-87})=1{,}506\cdot 10^{73}\cdot(9{,}8\cdot 10^{-87})=1{,}476\cdot 10^{-13}$

8. a) $\frac{2\sqrt{3}-3\sqrt{2}}{6\sqrt{6}}\cdot\frac{\sqrt{6}}{\sqrt{6}}=\frac{6\sqrt{2}-6\sqrt{3}}{36}=\frac{\sqrt{2}-\sqrt{3}}{6}$

b) $2\sqrt[3]{24}-5\sqrt[3]{81}+\frac{2}{3}\sqrt[3]{375}=4\sqrt[3]{3}-15\sqrt[3]{3}+\frac{10}{3}\sqrt[3]{3}=\frac{-23}{3}\sqrt[3]{3}$

c) $\frac{2\sqrt[3]{18}-\sqrt[3]{12}}{3\sqrt[3]{36}}\cdot\frac{\sqrt[3]{6}}{\sqrt[3]{6}}=\frac{2\sqrt[3]{108}-\sqrt[3]{72}}{18}=\frac{6\sqrt[3]{4}-2\sqrt[3]{9}}{18}=\frac{3\sqrt[3]{4}-\sqrt[3]{9}}{9}$

d) $\left(\sqrt[3]{\sqrt[5]{2^{15}\cdot 2^4}}\right)^2=\left(\sqrt[15]{2^{19}}\right)^2=\sqrt[15]{2^{38}}=4\sqrt[15]{2^8}$

9. a) $\log_5\sqrt[3]{\frac{1}{5^4}}=-\frac{4}{3}$

b) $\log_4 2^{20}=\log_4 4^{10}=10$

c) $\log_{\sqrt[3]{25}}\sqrt[5]{125^{-2}}=\frac{\log_5\sqrt[5]{125^{-2}}}{\log_5\sqrt[3]{25}}=\frac{-\frac{6}{5}}{\frac{2}{3}}=-\frac{9}{5}$

d) $\ln\sqrt[4]{\frac{1}{\frac{1}{e^3}}}=\ln e^{\frac{3}{4}}=\frac{3}{4}$

10. $2\log 18-5\log 2+1-\log 12=\log 18^2-\log 2^5+\log 10-\log 12=\log\frac{18^2\cdot 10}{2^5\cdot 12}=\log\frac{2^2\cdot 3^4\cdot 2\cdot 5}{2^5\cdot 2^2\cdot 3}=\log\frac{3^3\cdot 5}{2^4}$

Unidad 2 (pág. 57)

1. $x \cdot 1{,}025 = 30\,500$, por tanto cobraba 29 756,10 €.

2. $0{,}995 \cdot 1{,}02 \cdot 0{,}99 = 1{,}0048 \Rightarrow$ sube un 0,48%.

3. Interés simple: $I = \dfrac{15\,000 \cdot 5 \cdot 6}{100} = 4\,500 \Rightarrow 19\,500$ €.
   Interés compuesto: $C_f = 15\,000 \cdot 1{,}045^6 = 19\,533{,}9$ € que es más ventajoso.

4.

	Cantidad al inicio del año	Cantidad al final del año
Primer año	5 000	5 150
Segundo año	10 150	10 454,5
Tercer año	15 454,5	15 918,14
Cuarto año	20 918,14	21 545,68

5. $C = \dfrac{50\,000 \cdot 0{,}045}{1{,}045^{31} - 1{,}045} = 784{,}28$ €.

6. $C_p = \dfrac{400\left[1{,}0017^6 - 1\right]}{0{,}0017 \cdot 1{,}0017^6} = 2\,385{,}78$ €.

Mes	Mensualidad de amortización	Deuda pendiente antes del pago	Intereses	Capital amortizado	Deuda pendiente después del pago
0	—	—	—	—	2 385,78
1	400	2 386,06	4,05	395,94	1 989,84
2	400	1 989,84	3,38	396,61	1 593,23
3	400	1 593,23	2,71	397,29	1 195,94
4	400	1 195,94	2,03	397,97	797,97
5	400	797,97	1,36	398,64	399,33
6	400	399,33	0,67	399,33	0,0

7. $C = \dfrac{C_p r (1+r)^t}{(1+r)^t - 1} = \dfrac{300\,000 \cdot 0{,}0017 \cdot 1{,}0017^{420}}{1{,}0017^{420} - 1} = 999{,}96$ €.

8. *a)* $\left[\left(1 + \dfrac{0{,}07}{2}\right)^2 - 1\right] \cdot 100 = 7{,}12\,\%$.   *b)* $\left[\left(1 + \dfrac{0{,}07}{12}\right)^{12} - 1\right] \cdot 100 = 7{,}23\,\%$.

9.

Año	IPC
2019	—
2020	5 %
2021	10,33 %

10. La subida de sueldo es de 2,2 % lo cual es ligeramente inferior al IPC. Es decir, su poder adquisitivo disminuye.

Unidad 3 (pág. 75)

1. a) $2x-(3x+1)\left(\frac{5x}{2}-3\right)-\left(\frac{x}{2}+2\right)^2=\frac{-31x^2}{4}+\frac{13x}{2}-1$

b) $(3x^2-x+4)(2x+5)=6x^3+13x^2+3x+20$

c) $3-(-1+2x)(2x+1)-(4-x)^2=3-(4x^2-1)-(16-8x+x^2)=-5x^2+8x-12$

2. a) $C(x)=3x^6-3x^5+3x^4-3x^3+3x^2-3x+2,\ R(x)=8$

b) $C(x)=\frac{4x^2}{3}-\frac{17x}{9}-\frac{17}{27},\ R(x)=\frac{10}{27}$

c) $C(x)=x^3+x^2+x,\ R(x)=-x+1$

3. a) $(-3x^2-5x)^2=9x^4+30x^3+25x^2$

b) $\left(\frac{3x}{4}+\frac{x^2}{2}\right)\left(\frac{-x^2}{2}+\frac{3x}{4}\right)=\frac{9x^2}{16}-\frac{x^4}{4}$

c) $\left(-\frac{2}{x}+\frac{x}{4}\right)^2=\frac{4}{x^2}-1+\frac{x^2}{16}$

4. $\frac{16x^{16}-96x^{12}+216x^8-216x^4+81}{1\,296x^4}$

5. a) $2(x-1)(3x+1)(x+2)$ b) $(3-x)(x+2)x$ c) $(2x+3)^2(1-x)$

6. a) $x=1,\ x=\frac{-1}{3},\ x=-2$ b) $x=3,\ x=-2,\ x=0$ c) $x=\frac{-3}{2},\ x=1$

7. Aplicando el teorema del resto $R=2\cdot(-1)^{50}-3\cdot(-1)^{23}+4=2+3+4=9$

8. a) $\frac{6x^2-21x-12}{2(x^2-4)}$ b) $\frac{-7}{3(x-1)}$

9. a) $\frac{2(1-x)(x+2)}{4x(x-1)}\cdot\frac{x^2}{(x+2)(x-2)}=\frac{-x}{2(x-2)}$

b) $\frac{x(3x-1)(x+2)}{(x-5)(2x+1)}:\frac{2x^2(3x-1)}{2(2x+1)}=\frac{2(2x+1)x(3x-1)(x+2)}{2x^2(3x-1)(x-5)(2x+1)}=\frac{x+2}{x(x-5)}$

10. $\frac{2(3-x)(x+1)-4(3x+1)(x-7)+3x(x+1)(x-1)}{2(x-1)(x-7)(x+1)}=\frac{3x^3-14x^2+81x+34}{2(x-1)(x-7)(x+1)}$

Unidad 4 (pág. 99)

1. $\dfrac{2(x+2)(3x+1)}{2(x+2)(x-2)} - \dfrac{(x-2)(15x-5)}{2(x+2)(x-2)} = \dfrac{20x}{2(x+2)(x-2)} \Rightarrow 6x^2 + 14x + 4 - 15x^2 + 35x - 10 = 20x \Rightarrow$

$\Rightarrow -9x^2 + 29x - 6 = 0 \Rightarrow x = \dfrac{-29 \pm 25}{-18} = \left\langle \begin{array}{l} 3 \\ \dfrac{2}{9} \end{array} \right.$ Ambas soluciones son válidas.

2. $\left(\sqrt{10+x}+2\right)^2 = \left(\sqrt{15-10x}\right)^2 \Rightarrow 10 + x + 4 + 4\sqrt{10+x} = 15 - 10x \Rightarrow \left(4\sqrt{10+x}\right)^2 = \left(1-11x\right)^2 \Rightarrow$

$\Rightarrow 16(10+x) = 1 + 121x^2 - 22x \Rightarrow 121x^2 - 38x - 159 = 0 \Rightarrow x = \dfrac{38 \pm 280}{242} = \left\langle \begin{array}{l} -1 \\ \dfrac{159}{121} \end{array} \right.$

De las cuales solo es válida la entera.

3. *a)* $3^{2x-1} = \sqrt[5]{27^{x+1}} \Rightarrow 3^{2x-1} = 3^{\frac{3x+3}{5}} \Rightarrow 2x - 1 = \dfrac{3x+3}{5} \Rightarrow 10x - 5 = 3x + 3 \Rightarrow 7x = 8 \Rightarrow x = \dfrac{8}{7}$

b) $\log_2 x^3 = -\dfrac{3}{4} \Rightarrow x^3 = 2^{\frac{-3}{4}} \Rightarrow x = 2^{\frac{-1}{4}} = \dfrac{1}{\sqrt[4]{2}}$

4. $(x+2)(3x^2-1)(2x^2+1) = 0 \Rightarrow x = -2,\ x = \pm\dfrac{\sqrt{3}}{3}$

5. $x = -3,\ y = 2,\ z = 1$

6. $\begin{cases} \sqrt{x^2+4y-1} = x+2y+3 \\ y+2x = -4 \end{cases} \Rightarrow \begin{cases} \sqrt{x^2+4y-1} = x+2y+3 \\ y = -4-2x \end{cases} \Rightarrow \sqrt{x^2-17-8x} = -3x-5 \Rightarrow x = -3, x = -\dfrac{7}{4}$

Si $x = -3 \Rightarrow y = 2$ (válida) y si $x = -\dfrac{7}{4} \Rightarrow y = \dfrac{-1}{2}$ (válida)

7. $x \in \left(-\infty, \dfrac{13}{9}\right]$

8. $x \in (-\infty, 0) \cup [1, 2]$

9. 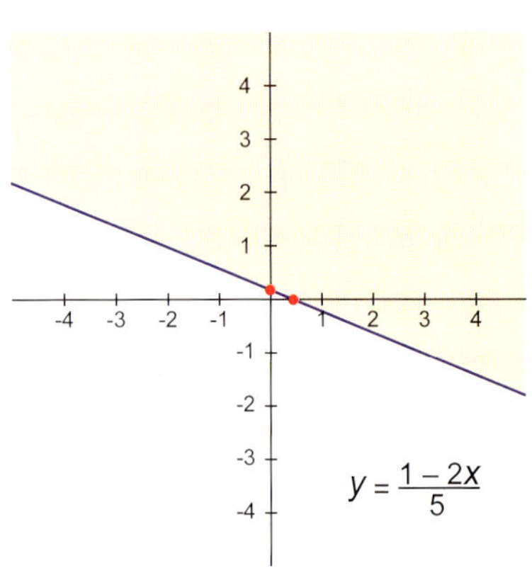

10. $\begin{cases} x \in (-3, 0) \\ x \in \left[\dfrac{-7}{2}, -2\right) \end{cases} \Rightarrow x \in (-3,\ -2)$

Unidad 5 (pág. 145)

1. *a)* $x \neq 2,\ x^2 - 1 > 0 \Rightarrow \text{Dom}f(x) = (-\infty, -1) \cup (1, 2) \cup (2, +\infty)$ *b)* $2x - 1 \geq 0,\ x^2 + 3x \geq 0 \Rightarrow \text{Dom}g(x) = \left[\frac{1}{2}, +\infty\right)$

2. *a)* $(f \circ g)(x) = f\left((1-x)^2\right) = \dfrac{2(1-x)^2 + 1}{3(1-x)^2} = \dfrac{3 - 4x + 2x^2}{3 - 6x + 3x^2}$

b) $y = \dfrac{2x+1}{3x} \Rightarrow x = \dfrac{2y+1}{3y} \Rightarrow 3xy = 2y + 1 \Rightarrow y(3x - 2) = 1 \Rightarrow y = \dfrac{1}{3x-2}$

3. *a)* $\lim\limits_{x \to +\infty} f(x) = -\infty$ *b)* $\lim\limits_{x \to -\infty} f(x) = -2$ *c)* $\lim\limits_{x \to 1} f(x) = 1$ *d)* $\lim\limits_{x \to -3} f(x) = 0$ *e)* $\lim\limits_{x \to -1^-} f(x) = +\infty;\ \lim\limits_{x \to -1^+} f(x) = -\infty$

4. *a)* $\lim\limits_{x \to 1} \dfrac{x^2 - 6x + 5}{x^2 - x} = \dfrac{0}{0} = \lim\limits_{x \to 1} \dfrac{x - 5}{x} = -4$

b) $\lim\limits_{x \to +\infty} \left(\sqrt{x^2 + 3x} - \sqrt{x^2 - 2x}\right) = \infty - \infty = \lim\limits_{x \to +\infty} \dfrac{x^2 + 3x - x^2 + 2x}{\left(\sqrt{x^2 + 3x} + \sqrt{x^2 - 2x}\right)} = \dfrac{5}{2}$ *c)* $\lim\limits_{x \to 0} \dfrac{x^2 - 4x}{x^3 - x^2} = \dfrac{0}{0} = \lim\limits_{x \to 0} \dfrac{x - 4}{x^2 - x} = \dfrac{-4}{0} = \mp\infty$

5. *a)* $\lim\limits_{x \to +\infty} f(x) = +\infty$ *b)* $\lim\limits_{x \to -\infty} f(x) = \dfrac{-\infty}{0^+} = -\infty$ *c)* $\lim\limits_{x \to e^-} (x^2 + 1) = e^2 + 1 \neq \lim\limits_{x \to e^+} \ln x = 1$, luego el límite no existe.

d) $\lim\limits_{x \to 0^-} \dfrac{x}{e^x} = 0 \neq \lim\limits_{x \to 0^+} (x^2 + 1) = 1$, luego el límite no existe. *e)* $\lim\limits_{x \to -5} f(x) = -5e^5$

6. *a)* Se trata de una hipérbola de asíntotas $x = 3,\ y = 1$.

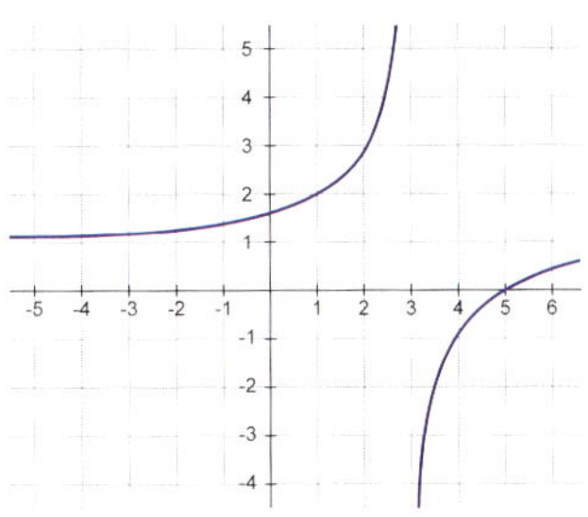

b) Se trata de la función coseno dilatada en horizontal y en vertical y con una simetría de eje horizontal.

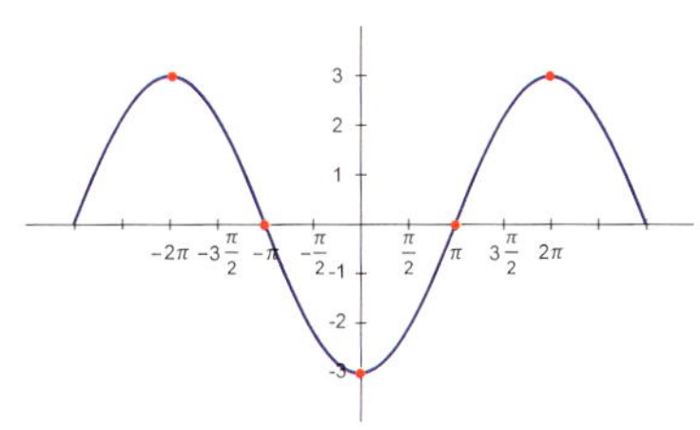

7. $y = -4|5 + x| = \begin{cases} 20 + 4x & x \leq -5 \\ -20 - 4x & x > -5 \end{cases}$

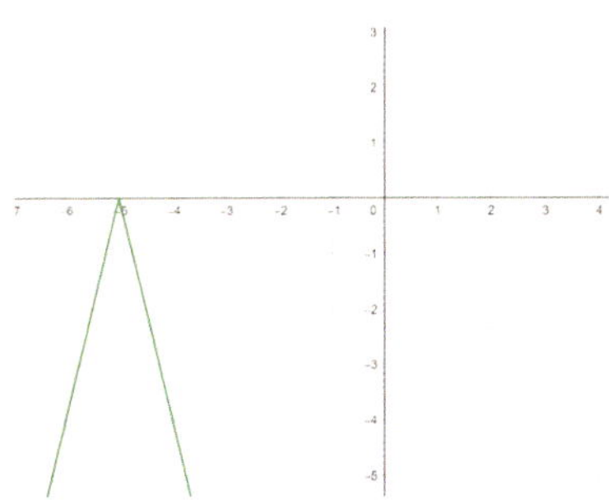

8. $f'(x) = 6x - 5 \Rightarrow f'(0) = -5 = m_{tg}$

9. $f'(x) = -6(2x - 1)^{-2} = \dfrac{-6}{(2x-1)^2}$

10. *a)* $f'(x) = 6x \ln x + 3x$

b) $h(x) = \log \sqrt[3]{x(x+1)^{10}} = \dfrac{1}{3}\log x + \dfrac{10}{3}\log(x+1) \Rightarrow h'(x) = \dfrac{1}{3x\ln 10} + \dfrac{10}{3(x+1)\ln 10}$

Unidad 6 (pág. 169)

1. $\lim_{x\to -1} \frac{2(x-1)(x+1)}{x+1} = -4$ evitable en $x = -1$.

$$y = \begin{cases} \frac{2x^2-2}{x+1} & x \neq -1 \\ -4 & x = -1 \end{cases}$$

2. Asíntota horizontal por la izquierda en $y = \frac{1}{2}$, y por la derecha en $y = 0$. Asíntota vertical en $x = -\frac{3}{2}$.

3. $y = \frac{-3x^2}{(x-1)(x-4)}$

4. $f'(a) = e^a = 1 \Rightarrow a = 0 \Rightarrow y - 1 = 1(x-0)$

5. La función es continua salvo en $x = 0$, $x = 2$, que estudiaremos por separado:

$\lim_{x\to 0^-} f(x) = 0 = \lim_{x\to 0^+} f(x)$ Continua en $x = 0$. $\lim_{x\to 2^-} f(x) \neq \lim_{x\to 2^+} f(x)$ No continua.

La función será, por tanto, derivable en todo punto salvo en $x = 2$ (por no ser continua) y en $x = 0$, que estudiaremos por separado.

$f'(0^-) = -1 = f'(0^+)$ luego es derivable en $\mathbb{R} - \{2\}$.

6. $y' = \ln x + 1 = 0 \Leftrightarrow \ln x = -1 \Rightarrow x = e^{-1}$. Decrece en $\left(0, \frac{1}{e}\right)$ y crece en $\left(\frac{1}{e}, +\infty\right)$ con un mínimo en $\left(\frac{1}{e}, -\frac{1}{e}\right)$.

7. Es la función parte entera $\Rightarrow y = \begin{cases} 2 & x \in [0,1) \\ 4 & x \in [1,2) \\ 6 & x \in [2,3) \\ \vdots \end{cases} \Rightarrow y = 2[x] + 2$

La función no es continua, ni derivable en $x \in \mathbb{N}$ y su dominio es $[0, +\infty)$.

8. $x = \frac{y^2}{2} \Rightarrow y^2 = 2x$ Minimizar $x^2 - y^2 \Rightarrow f(x) = x^2 - 2x \Rightarrow f'(x) = 2x - 2 = 0 \Rightarrow x = 1$ posible máximo o mínimo. Estudiando el crecimiento resulta ser mínimo. Luego, los números son 1 y $\sqrt{2}$.

9. $y' = \ln x + 1 \Rightarrow y'' = \frac{1}{x} \neq 0$ la función es siempre cóncava en su dominio. No tiene puntos de inflexión.

10. Su dominio es $(0, +\infty)$, corta el eje X en (1, 0), no tiene asíntotas.

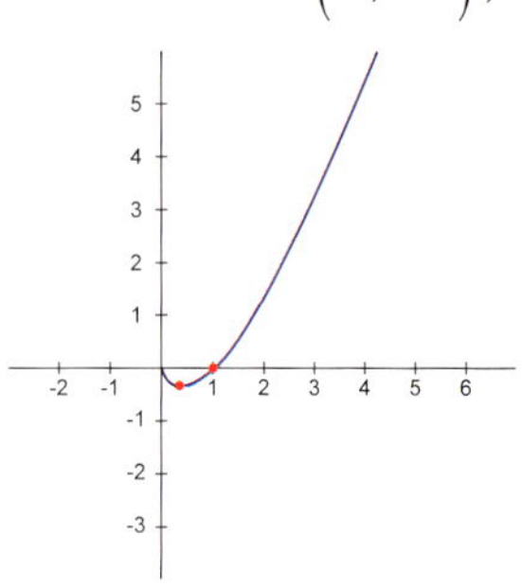

Unidad 7 (pág. 191)

1.

x_i	0	1	2	3	4
f_i	6	8	10	7	5

$Mo = 2;\ \bar{x} = 1{,}92;\ S = 1{,}277;\ S^2 = 1{,}632;\ R = 4;\ Q_1 = 1,\ Q_2 = 2,\ Q_3 = 3$

2.

Intervalo	$[1,4)$	$[4,7)$	$[7,10)$	$[10,13)$	$[13,16]$
x_i	2,5	5,5	8,5	11,5	14,5
f_i	9	5	7	4	11

$Mo \in [13,16];\ \bar{x} = 8{,}75;\ S = 4{,}71;\ S^2 = 22{,}19;\ R = 15;\ Q_1 \in [2{,}5;5{,}5),\ Q_2 \in [7,10),\ Q_3 \in [13,16]$

3.

x_i	7	8	9	10	11
f_i	4	6	0	2	1

$\bar{x} = 8{,}23;\ S = 1{,}25;\ p_{40} = 8$

4.

x_i	1	3	5	7
f_i	1400	1800	900	3100

$\bar{x} = 4{,}58;\ S = 2{,}38;\ p_{80} \in [6,8)$

5.

x_i	7	8	9	10
f_i	7	4	5	4

y_i	1	2	3
f_i	5	8	7

6.

X	1	2	2	3	3	3	4	4	5	6	6	7
Y	4	3	4	1	2	3	1	2	1	0	1	0

7. Ejercicio 5: $\bar{x} = 8{,}3;\ S_x = 1{,}14;\ \bar{y} = 2{,}1;\ S_y = 0{,}77$

$$S_{XY} = \frac{337}{20} - 8{,}3 \cdot 2{,}1 = -0{,}58$$

Ejercicio 6: $\bar{x} = 3{,}83;\ S_x = 1{,}77;\ \bar{y} = 1{,}83;\ S_y = 1{,}344$

$$S_{XY} = \frac{59}{12} - 3{,}83 \cdot 1{,}83 = -2{,}092$$

8. Ejercicio 5: $r = \dfrac{-0{,}58}{1{,}14 \cdot 0{,}77} = -0{,}66$ correlación negativa y media

$r^2 = 0{,}44$ El 44 % de la variación de la variable Y queda explicada por la variación de X.

Ejercicio 6: $r = \dfrac{-2{,}092}{1{,}77 \cdot 1{,}344} = -0{,}8795$ correlación negativa y fuerte

$r^2 = 0{,}77$ El 77 % de la variación de la variable Y queda explicada por la variación de X.

9. $y - 2{,}1 = \dfrac{-0{,}58}{1{,}14^2}(x - 8{,}3) \Rightarrow y = 2{,}46$

10. $x - 3{,}83 = \dfrac{-2{,}092}{1{,}344^2}(y - 1{,}83) \Rightarrow x = 3{,}05$

Unidad 8 (pág. 217)

1. Fijamos una persona y colocamos el resto a su alrededor de todas las formas posibles, es decir, 4! = 24 formas posibles.

2. $C_{49,6} = \binom{49}{6} = 13\,983\,816$ combinaciones posibles

Así, la probabilidad de ganar el premio mayor es $\frac{1}{13\,983\,816}$.

3. *a)* «número múltiplo de 10» $= \{50R, 30V, 20R, 10V\}$

b) «rojo» $= \{50R, 20R, 5R\}$

c) «verde y múltiplo de 3» $= \{30V\}$

d) «rojo y primo» $= \{5R\}$

4. *a)* $p(B - A) = 0{,}19$ *b)* $p(A|B) = \frac{0{,}3}{0{,}49} = 0{,}61$ *c)* $p(A \cup \overline{B}) = 0{,}8 + 0{,}01 = 0{,}81$ *d)* $p(\overline{B}|\overline{A}) = \frac{0{,}01}{0{,}2} = 0{,}05$

5. *a)* $\frac{4}{5}$ *b)* $\frac{3}{5}$ *c)* $\frac{1}{5}$ *d)* $\frac{1}{5}$

6. *a)* $\frac{3}{6} \cdot \frac{2}{5} \cdot \frac{1}{4} = \frac{1}{20}$ *b)* $\frac{2}{6} \cdot \frac{1}{5} \cdot \frac{1}{4} + \frac{2}{6} \cdot \frac{3}{5} \cdot \frac{1}{4} + \frac{3}{6} \cdot \frac{2}{5} \cdot \frac{1}{4} + \frac{3}{6} \cdot \frac{2}{5} \cdot \frac{1}{4} = \frac{1}{6}$ *c)* $\frac{2}{6} \cdot \frac{1}{5} \cdot \frac{1}{4} + \frac{2}{6} \cdot \frac{1}{5} \cdot \frac{1}{4} + \frac{1}{6} \cdot \frac{2}{5} \cdot \frac{1}{4} = \frac{1}{20}$

7. *a)* $\frac{10}{36} = \frac{5}{18}$ *b)* $\frac{18}{36} = \frac{1}{2}$

8.

	Perro	Gato	
Macho	25	25	50
Hembra	40	20	60
	65	45	110

a) $\frac{25}{110} = \frac{5}{22}$

b) $\frac{25}{50} = \frac{1}{2}$

c) $\frac{40}{65} = \frac{8}{13}$

9. *a)* $\frac{1\,135}{1\,520} \cdot 0{,}15 + \frac{385}{1\,520} \cdot 0{,}25 = 0{,}175$ *b)* $\frac{385}{1\,520} = 0{,}25$ *c)* $\frac{385}{1\,520} \cdot 0{,}75 = 0{,}19$ *d)* $\frac{\frac{1\,135}{1\,520} \cdot 0{,}15}{0{,}175} = 0{,}64$ *e)* 0,75

10. La probabilidad experimental se acerca más a la teórica cuantas más veces repitamos el experimento. La moneda de Joan no está trucada.

Unidad 9 (pág. 239)

1. $E = \Omega = \left\{ \begin{array}{l} XXXX, GXXX, XGXX, XXGX, XXXG, GGXX, GXGX, GXXG, \\ XGGX, XGXG, XXGG, GGGX, GGXG, GXGG, XGGG, GGGG \end{array} \right\}$

Consideremos la distribución que mide la cantidad de goles marcados:

$$p(X=0)=\frac{1}{16};\ p(X=1)=\frac{4}{16}=\frac{1}{4};\ p(X=2)=\frac{6}{16}=\frac{3}{8};\ p(X=3)=\frac{4}{16}=\frac{1}{4};\ p(X=4)=\frac{1}{16}$$

La función de probabilidad será:

$$f(x)=\begin{cases} \frac{1}{16} & x=0,4 \\ \frac{1}{4} & x=1,3 \\ \frac{3}{8} & x=2 \\ 0 & x\neq 0,1,2,3,4 \end{cases}$$

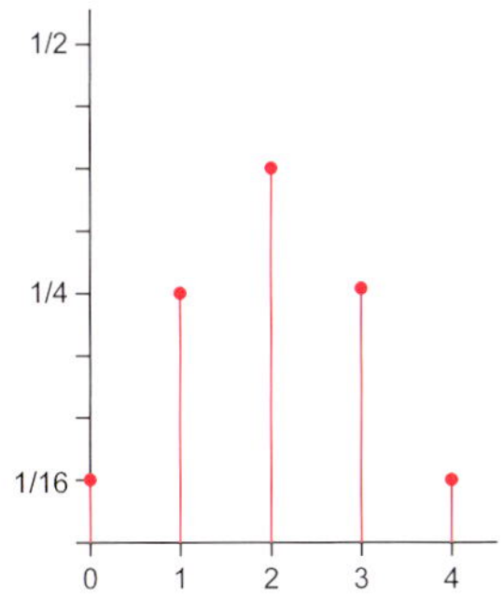

La función de distribución será:

$$F(x)=\begin{cases} 0 & x<0 \\ \frac{1}{16} & 0\leq x<1 \\ \frac{5}{16} & 1\leq x<2 \\ \frac{11}{16} & 2\leq x<3 \\ \frac{15}{16} & 3\leq x<4 \\ 1 & x\geq 4 \end{cases}$$

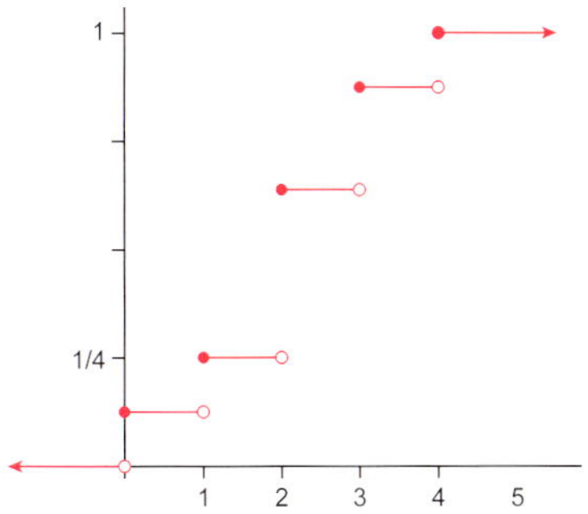

2. *a*) 0,1406 *b*) 0,1562 *c*) 0,9844

3. $X \equiv B\left(10; \frac{1}{3}\right)$

a) $p\left(X \geq 9\right) = p\left(X = 9\right) + p\left(X = 10\right) = 0{,}00034 + 0{,}000017 = 0{,}000357$

b) $p\left(7 \leq X \leq 8\right) = 0{,}0163 + 0{,}003 = 0{,}0193$

c) $p\left(X \geq 5\right) = 0{,}1366 + 0{,}0569 + 0{,}0193 + 0{,}000357 = 0{,}21316$

d) $p\left(X = 4\right) = 0{,}2276$

4. $\frac{5 \cdot 5a}{2} = 1 \Rightarrow a = \frac{2}{25}$

a) $p\left(2 < X \leq 3\right) = \frac{\left(\frac{4}{25} + \frac{6}{25}\right) \cdot 1}{2} = \frac{1}{5}$ *b*) $p\left(X = 1\right) = 0$ *c*) $p\left(X > 1\right) = \frac{\left(\frac{2}{25} + \frac{10}{25}\right) \cdot 4}{2} = \frac{24}{25}$

5. *a*) 0,9115 *b*) 0,015 *c*) 0,9981 − 0,7389 = 0,2592

6. *a*) 0,05 *b*) −1,77 *c*) 0,75

7. $p\left(151 < X < 173\right) = p\left(-0{,}9 < Z < 1{,}3\right) = 0{,}7191$

8. *a*) $p\left(X \geq 8\right) = p\left(Z \geq 0{,}65\right) = 0{,}2578$

b) $p\left(X \geq x\right) = \frac{30}{250} = 0{,}12 \Rightarrow p\left(Z \geq \frac{x - 6{,}5}{2{,}3}\right) = 0{,}12 \Rightarrow \frac{x - 6{,}5}{2{,}3} = 1{,}175 \Rightarrow x = 9{,}2$

c) $p\left(6 \leq X \leq 7\right) = p\left(-0{,}22 \leq Z \leq 0{,}22\right) = 0{,}1742$

9. $p\left(25 \leq X_B < 50\right) \approx p\left(24{,}5 \leq X_N < 49{,}5\right) = p\left(\frac{24{,}5 - 25}{4{,}08} \leq Z < \frac{49{,}5 - 25}{4{,}08}\right) =$

$= p\left(-0{,}12 < Z < 6\right) = 1 - \left(1 - 0{,}5478\right) = 0{,}5478$

10. $X_B \equiv B\left(100; \frac{1}{3}\right)$ se aproxima por $X_N \equiv N\left(33{,}33; 4{,}71\right)$

$p\left(X_B \geq 90\right) \approx p\left(X_N > 89{,}5\right) = p\left(Z > 11{,}9\right) \approx 0$ es prácticamente imposible sacar sobresaliente respondiendo al azar.